中国科学院科学出版基金资助出版

信息科学与技术基础丛书

数 理 逻 辑

基本原理与形式演算

李 未 著

科学出版社

北 京

内 容 简 介

数理逻辑是以公理系统和数学证明为研究对象的数学分支，对信息科学与技术的发展具有指导作用. 本书共分十章，系统介绍数理逻辑的基本原理与形式演算. 前五章涵盖了经典数理逻辑的核心内容，包括一阶语言的语法与模型，形式推理系统，可计算性与可表示性，哥德尔定理. 后五章的内容是作者的研究心得. 这部分阐述了形式理论的版本序列及其极限，修正演算系统，过程模式及其性质，以及归纳推理理论，给出了三个语言环境的思想以及元语言环境的基本原理，并描述了信息社会中科学研究的工作流程.

本书前五章可作为大学本科生的数理逻辑教材，而后五章可向有关专业的研究生讲授. 本书也可供数学、信息与技术和其他自然科学专业的本科生、研究生和有关科研人员参考.

图书在版编目 (CIP) 数据

数理逻辑：基本原理与形式演算/李未著. —北京：科学出版社，2007
（信息科学与技术基础丛书）

ISBN 978-7-03-020096-9

I. 数… II. 李… III. 数理逻辑 IV. O141

中国版本图书馆 CIP 数据核字 (2007) 第 166299 号

责任编辑：林　鹏　陈玉琢 / 责任校对：林青梅
责任印制：赵德静 / 封面设计：王　浩

科 学 出 版 社 出版
北京东黄城根北街 16 号
邮政编码：100717
http://www.sciencep.com

中国科学院印刷厂 印刷
科学出版社发行　　各地新华书店经销

*

2007 年 11 月第 一 版　　开本：B5 (720×1000)
2008 年 9 月第二次印刷　　印张：17
印数：2 501—5 500　　　字数：300 000

定价：58.00 元
(如有印装质量问题，我社负责调换〈科印〉)

《信息科学与技术基础丛书》序

迅猛发展的信息科学与技术将人类社会带入了信息时代. 半个多世纪以来, 众多学者为信息科学的建立、信息技术的发展和信息社会的进步作出了不懈的努力. 然而, 要为信息科学与技术奠定坚实的基础, 我们仍然面临很多问题与挑战. 无论是科学研究和技术革新, 还是基础教育和学科建设, 都需要我们继续付出艰苦的劳动.

如何加强和深化信息科学的基础研究, 完善已有的创新成果, 为信息技术的持续发展提供保障? 如何将重要的学术思想、理论和方法系统化, 将信息科学与技术各个分支中的基本原理、核心内容和最新进展结合起来? 如何让学术论著同时服务于科研与教学, 使其相辅相成、相互促进? 这些问题的解决将会使我国信息科学与技术的基础教育和学术研究的质量得到显著提高.

《信息科学与技术基础丛书》是为解决上述问题所做的一种尝试. 这套丛书旨在收录信息科学与技术领域的研究专著. 要求每部著作中都有一定篇幅的内容是著者的原创性研究成果, 并且结构合理、内容充实、论证严密、写作规范. 这套丛书可以作为研究生和高年级本科生的教材和教学参考书. 入选这套丛书的每部著作都至少需要通过两位同行专家的评审.

这套丛书的出版离不开作者、出版社与编委会的通力合作和诸多同仁的支持. 在此我们向支持丛书出版工作的所有个人和单位表示诚挚的谢意, 并热切期待来自读者的批评、指正和帮助, 使这套丛书能够不断完善, 成为信息科学与技术方面的重要文献.

李未

2007 年 8 月 10 日

第二次印刷说明

　　本书出版后，为了检验它是否适合读者自学之用，我组织了一个讨论班，邀请了计算机和数学专业的十二位同学和两位老师参加. 他们中间有博士生和硕士生，也有大学三年级的学生. 讨论班的做法是参加者以自学为主，每人在讨论班上讲一章或其相关内容，之后进行讨论. 半年的实践证明这样做的效果是好的. 对于像一阶语言形式推理系统的完全性、可表示性定理、哥德尔不完全性定理和修正演算等，这些我过去花了数年时间才搞明白的内容，他们一次就基本抓住了要点.

　　这个讨论班的副产品是，对本书中的错误和疏漏又进行了一次像软件测试一样的排查. 根据排查的结果，我对本书作了修订. 其中主要的修改包括：第 3 章推理树的定义，第 4 章例 4.3 关于循环不变式的表示和第 9 章引理 9.3 的证明. 这些修改将使本书在第二次印刷后错误更少. 在这里我要向参加讨论班的同学和老师表示衷心的感谢.

　　最后需要特别指出，本书的写作和出版都是在国家重点基础研究计划关于海量信息的组织与管理的两个项目的支持下完成的. 项目编号是 G1990032700 和 2005CB321900.

作　者

2008 年 9 月 5 日

序

经典数理逻辑是数学基础的重要组成部分,是以数学的方法,特别是公理系统和数学证明,为研究对象的数学分支. 它的核心内容包括一阶语言的语法理论,一阶语言的模型理论,形式推理系统及其可靠性和完全性,可计算性理论和哥德尔的两个定理,即形式理论的不完全性定理和关于形式理论的协调性定理. 从数理逻辑的发展历史来看,这些理论都是百余年来从数学的研究方法中总结和抽象出来的,主要结论大多是在 20 世纪 40 年代之前证明的.

1990 年,我在德国萨尔布吕肯大学 (Universität des Saarlandes) 担任了一年祖思 (Konrad Zuse) 讲座教授,给计算机系学生开设了一门数理逻辑课程;之后又在丹麦和国内讲了几次,并对其中的某些内容做过多次专题讲座. 随着我对数理逻辑理解的加深,对它的研究兴趣也越来越浓,并由此萌生了为生活在信息社会中的大学生和从事科学研究的人们,写一本数理逻辑书的想法.

产生这一愿望的原因来自下述认识. 20 世纪 40 年代,人们发明了计算机,不久又定义了高级程序设计语言并在计算机上加以实现. 自此之后,计算机科学、人工智能和计算机软硬件技术得到了迅猛发展. 这对数理逻辑产生了深刻影响. 数理逻辑的概念、理论和方法在这种发展中得到了广泛的应用,而这种发展反过来又对数理逻辑的研究提出了新的要求,这可以从两方面加以说明.

一方面,数理逻辑原本是关于数学的公理系统和数学证明的一般理论,但它所建立的概念、理论和方法,不仅在程序设计语言的研究中获得了完全的认同,而且在计算机软硬件设计和实现技术方面起到了原则性的指导作用. 例如,结构归纳方法是为定义一阶语言的语法而发明的,可是现在每一个程序设计语言都是用这种方法定义的,所以有关程序设计语言的性质,原则上都可以用一阶语言的方法加以研究. 又如,根据一阶语言及其模型理论,皮亚诺算术是一阶语言的一个形式理论,而小学课本中包括加、减、乘、除四则运算的自然数系是该理论的一个模型. 这种区分在理论研究方面是重要的,只有如此,哥德尔定理才得以证明,可是这种作法,对人们日常的数学和计算实践,既不自然,也无必要. 但是就程序设计语言来说,如果将用此语言写的程序,与经过编译之后产生的可执行代码加以区分,并将后者与编译程序合在一起,作为该语言的模型,那么这种区分就不仅仅是理论研究上的需要,而且在实践上也是不可或缺的. 若非如此,程序设计语言就无法在计算机上使用. 再例如,经典数理逻辑中最难懂的部分是哥德尔不完全性定理的证明,特别是证明中项或逻辑公式的哥德尔数和哥德尔项的使用. 它之所以难懂, 是因为从纯数学的角度来看, 很难找到对这种证明方法的直观解释. 但是从程序设计的角度来看, 其直观解释就是指针的思想. 具体地说, 用指针将每一个项或逻辑公式指向其相应的哥德尔项, 而其哥德尔数就是指针指向的地址, 在此地址中存储着哥德尔项. 只有这样做, 才能将项和逻辑公式这两种不同类型的语法对象都转换为一阶语言的项, 才能在一阶语言中解决"自指语句"的描述问题.

由于上述原因, 我希望写这样一本书, 它不仅能从数学基础的角度研究数理逻辑, 而且还能在方法论层面上, 对生活在信息社会、从事科学技术研究的人们有所启迪. 因此, 这本书不仅要用抽象代数、数论等数学理论解释数理逻辑的概念、理论和方法, 还要用计算机、程序设计语言和软件的实践来解释它们, 要将数理逻辑的概念、理论和方法与计算机、程序设计语言和软件的研究与发展联系起来.

另一方面, 计算机科学、人工智能和计算机软硬件技术经过六十多年发展所积淀下来的知识, 蕴含着经典数理逻辑所不能涵盖的概念、理论和方法. 为此, 人们进行了不懈的努力, 力求将它们抽象和总结出来, 进而丰富和充实经典数理逻辑的内容, 以便对信息科学和技术的发展起到理论上的指导作用. 因此我又希望, 这本书能在经典数理逻辑现有成果的基础上, 将自己对这些概念、理论和方法的认识和理解加以总结, 作为对经典数理逻辑进行拓广和发展的一次尝试. 概括起来, 我的主要研究工作是以下述四个基本问题为出发点展开的.

一、关于软件版本问题. 首先, 每一个软件系统都是用程序设计语言编写的, 是一个形式系统, 而这个系统的需求说明, 也称规约, 可以用一阶语言的形式理论来描述. 其次, 每一个软件系统的实现都不是一蹴而就的, 它至少要由需求说明、软件编制和软件测试三部分人员, 经过频繁交流与紧密合作, 对系统进行多次测试与修改, 方可完成. 因此, 在软件开发和应用的实践中, 每一个软件系统都是以版本的形式出现的. 只有对软件系统的版本加以区分, 才能支持设计、编程和测试人员的交流与合作. 由此可见, 软件系统的版本是一个基本概念, 版本反映软件系统的进化. 随之而来的版本序列同样是基本概念, 因为它记录了一个软件系统的进化过程和变化趋势. 所以, 数理逻辑要发展, 就应该将形式理论的版本和版本序列作为新的研究对象; 只有这样做, 才能描述和研究形式理论的进化过程.

二、关于软件测试问题. 测试是软件开发中不可缺少的重要环节, 只有经过严格测试的软件才能被使用. 为此, 人们研制了许多软件工具, 使测试工作日趋专业化. 尽管如此, 对软件的测试仍需要投入大量人力, 而且测试人员的素质和经验仍然与测试质量和效率密切相关, 所以软件测试尚处于"工艺性技术"阶段. 总体上说, 软件测试是由测试样例的制定和对软件错误的修正两部分组成的. 这两部分都是逻辑推理的结果. 首先, 测试样例是人们通过对软件系统的需求说明进行逻辑分析之后设计出来的，因此它是逻辑推理的结果. 其次，在使用测试样例对软件进行测试的过程中，如果测试结果与软件需求说明的预期不一致，那么人们必须以测试结果作为依据，通过逻辑推理找出原因，进行错误定位，再加以改正. 所以对软件错误的修正也是逻辑推理的结果. 如果我们将数学证明与软件错误的修正加以比较，那么就不难看出，数学证明是逻辑推理，是经典数理逻辑的研究对象. 我们可以建立形式推理系统，并证明这个推理系统的可靠性和完全性，从而可以使用计算机作为辅助工具进行数学定理的证明. 与之相比，软件测试中对软件错误的修正也是逻辑推理，所以它也应该像数学证明一样，成为数理逻辑的研究对象. 我们也可以建立形式化的错误修正系统，并证明这个系统的可靠性和完全性，进而可以使用计算机作为辅助工具，实现软件纠错的"机械化". 如果这个目标能实现，那么这种在数理逻辑抽象层面上的研究成果，将会对提高软件测试效率起到理论上的指导作用.

三、关于软件开发方法问题. 每一个软件产品都是开发出来的，软件的开发方法决定了软件的质量和成本. 总体上说，软件开发方法主要是由构造软件系统的若干规则和流程组成的，它的每一步，虽然不像程序那样可以在计算机上执行，但都必须具有可操作性，或可构造性. 由于可计算性是经典数理逻辑的研究对象，我们可以定义指令系统和程序设计语言，通过编制程序解决每一个可计算的问题. 由于计算过程只是一种特殊的构造过程，所以构造过程也应作为数理逻辑的研究对象. 我们可以通过定义可构造性，设计描述软件开发方法的构造性语言，进而从数理逻辑的抽象层面，研究软件开发方法所应具有的数学性质.

四、关于元语言环境问题. 一阶语言和它们的模型是在元语言环境中定义并加以说明的，而许多重要的定理也都是在元语言环境中加以证明的. 这必然对元语言环境有所要求，有所限制. 数理逻辑发展到这一阶段，对一阶语言的元语言环境所必须遵守的原理问题，应该给出明确的回答.

从更广泛的意义上来说，每一个数学和自然科学理论的形成都是一个进化过程，而在这一过程中，这些理论在不同阶段都具有版本的特征，只不过它们，特别是数学，与软件开发相比，通常是由为数不多的专家群体，在很长时间内完成的，其原理和公理的规模远比软件系统来得小，而产生的时间又远比软件版本来得长，所以版本的问题不像在软件系统的设计与生产中显得那么突出. 实际上，从版本和版本序列的观点来看，与其说经典数理逻辑是以公理系统为研究对象，不如说它是以公理系统的一个阶段版本为研究对象更为准确. 总之，在数学和自然科学理论不断完善的过程中，也同样存在着版本和版本序列、理论的修正、科学研究的方法以及元语言环境等问题. 这些都是数理逻辑发展到现阶段应该解决的问题.

十几年来，我对这些问题的研究和探索始终没有停止过，它已成为我生活的一部分. 研究的心得和成果，择其要者，都写进了这本书中. 本书共有十章，内容分为两部分. 第一部分由前五章组成, 主要介绍经典数理逻辑的核心内容. 第二部分由后五章组成, 主要研究形式理论的版本、版本序列及其极限、形式理论的修正、过程模式、形式理论的进化、归纳推理问题以及元语言环境的基本原理. 相对于经典数理逻辑而言, 第二部分内容都是新的, 是作者的研究心得.

由于是一本数理逻辑的专著, 本书在写作深度和严谨性方面, 以数理逻辑经典著作为标准: 凡概念都给出了严格的定义, 并通过例子加以说明; 凡定理都给出了严格的证明, 并力求给出证明的细节; 凡引用的结论和方法均给出了原创者和出处. 本书可以作为信息科学类研究生的专业基础课教材, 前 5 章还可以作为大学本科生的数理逻辑教科书.

尽管在过去的几年中, 作者对书稿进行了多次重大修改, 但摆在读者面前的这一版, 仍难免有不足, 甚至错误. 我真诚地欢迎读者的每一个批评和建议.

老伴孟华是最早建议我将自己对数理逻辑的理解和研究工作总结成书的人. 这些年, 她和女儿李晓耕将出书当成是我们家最重要的事. 没有她们的爱心和坚持不懈的支持和鼓励, 这本书还不知要拖多久才能出版. 张玉平是本书每一章和每次重要修改的第一位读者, 他热情地提出了许多有益的建议. 马声明、罗杰和作者一道, 对本书进行了仔细的阅读和讨论, 并尽其所能对所发现的错误逐一修改. 罗杰完成了电子版的编辑、排版和改错工作. 周巢尘院士阅读了本书第 4 章的初稿; 作者根据他的建议做了修改, 给出了可表示性定理的证明路线图, 并和罗杰、马声明一道在附录 3 中给出了该定理的详细证明. 对他们的鼓励、支持和帮助, 作者表示最诚挚的感谢. 在本书出版之际, 作者还要衷心感谢科学出版社, 感谢他们对本书始终保持着热情和耐心!

作　者

2007 年 4 月 28 日于北航

符号对照表

$\varnothing$	空集
$\supsetneq$	真包含
$\supseteq$	包含
$\subsetneq$	真包含于
$\subseteq$	包含于
$\cup$	并集
$\cap$	交集
$\in$	属于
$\neg$	否定
$\vee$	或者
$\wedge$	并且
$\rightarrow$	如果 $\cdots\cdots$ 那么 $\cdots\cdots$
$\leftrightarrow$	当且仅当
$\forall$	对所有 $\cdots\cdots$
$\exists$	存在 $\cdots\cdots$
$\doteq$	等词
$\mathscr{L}_c$	常元符号集合
$\mathscr{L}_f$	函数符号集合
$\mathscr{L}_P$	谓词符号集合
$\mathscr{A}$	初等算术语言
$+$	加法符号
$\cdot$	乘法符号
S	后继函数符号
$\&$	哥德尔编码函数
$\max$	最大值
rk	秩
$\mathbb{N}$	自然数系统
$\vdash$	形式推理关系
$\vDash$	逻辑推理关系

Th	形式理论闭包
Π	初等算术理论
$\longrightarrow$	程序状态转换关系
$\lim$	极限运算符号
$\rightarrowtail$	归结关系
$\Vdash$	力迫关系
$\mapsto$	必要前提
$\Longrightarrow$	R 转换关系
$\longrightarrow$	归纳推理关系
$\bowtie$	先入协调关系

目　录

第 1 章　一阶语言的语法

众所周知，程序设计语言，例如 BASIC、Pascal 和 C 语言等，都是用来编写程序的形式语言. 一个程序通常描述一种算法，而算法是某个问题的计算过程或解决方案. 本章将介绍另一种形式语言 —— 一阶语言.

人们使用一阶语言描述领域知识，特别是数学和自然科学知识. 平面几何的公理、定理和推论，自然数的各种性质，物理学中的定律和原理等，都是一阶语言的描述对象.

人们通常从事物的性质入手来描述某个领域的知识. 每条性质都用一个或几个命题来描述. 下述命题分别描述了有关数论、物理学和人与人之间关系三个不同领域的知识：

> "1 是自然数."
> "没有两个不同的自然数有相同的后继."
> "如果 $a > 1$ 并且 a 不能被 2 整除，那么 a 是奇数."

这三个命题刻画了关于自然数的三个性质，它们是有关数论的知识.

> "光子是一刚体."
> "光速与发光体的速度无关."
> "如果刚体不受力的作用，那么它处于静止状态或者做匀速直线运动."

这三个命题描述了光子、光速和刚体运动的性质，它们是关于物理学的知识.

> "孔子是人."
> "子思是孔子的后代."
> "如果甲是乙的后代，而乙又是丙的后代，那么甲是丙的后代."

这三个命题描述了人与人之间关系的知识.

根据常理，领域知识是由描述事物性质和关系的命题组成的，这些命题的核心部分构成了公理系统. 例如，几何学的欧几里得公理系统，代数学中的群、环和域理论，以及牛顿力学甚至量子力学的定律和原理的全体都可视为公理系统. 计算机软件功能的需求说明和各种知识库也都是描述领域知识的公理系统. 一阶语言是描述公理系统的形式语言.

计算机程序使用指令或语句描述能满足客户需求的实施方案，告诉计算机怎样进行操作，对问题进行求解. 程序的用途是进行计算. 与之相比，公理系统用命题描述领域知识所涉及的事物的性质和关系，人们通过对命题的逻辑分析和逻辑推理，确定命题之间的逻辑关系，把握领域知识的逻辑结构. 公理系统是数学证明的前提.

我们说程序设计语言是形式语言，这是指程序设计语言是建立在一个或几个字符集合之上，并由程序声明、表达式和程序语句等几种语法对象组成，而且每一种语法对象都有特定的语法结构，并被一组语法规则严格界定. 只有严格按照语法规则编写程序，才能把算法和实施方案变为计算机可执行的机械操作. 与程序设计语言相比，一阶语言也是一种形式语言，它也建立在几个字符集合之上，它由不同的语法对象组成，而且每种语法对象都有特定的语法结构，并用语法规则定义. 严格按照一阶语言的语法规则描述公理系统，将把人们对领域知识的逻辑分析和数学证明变成符号演算.

一阶语言与程序设计语言的不同之处在于：每个特定领域的知识都需要使用特定的一阶语言来描述，而任何可计算问题都可以用一个程序设计语言所编写的程序来实现.

让我们讨论一个一阶语言应包含哪些字符集合和语法对象. 一阶语言的字符也称为符号. 每个一阶语言使用的符号应包括两类. 一类是与特定领域知识有关的符号，它们是这个语言专有的符号，也被称为关于领域知识的符号. 另一类是描述每一个领域知识都必须用到的符号. 它们对所有领域知识都是通用的，被称为逻辑符号.

由于一阶语言主要通过描述事物的性质，来描述数学和自然科学知识，而这些性质或者与数量有关或者与特定领域知识有关. 所以，与特定领域知识有关的符号又分为两类，一类符号用来描述与数量有关的性质，它们被称为常元符号和函数符号. 另一类符号是用来描述与特定领域知识有关的性质，它们被称为谓词符号. 下面是关于常元符号、函数符号和谓词符号的例子.

(1) 关于常元符号. 对数学而言，0、圆周率 π、自然对数 e 等都是常量. 对物理学而言，重力加速度、万有引力常数和光速是物理学的常量. 对人与人之间关系而言，"孔子"和"子思"(孔子的孙子) 都是常量，每个人的姓名都应是一个常量. 在一阶语言中，领域知识的每一个常量用一个常元符号来描述.

(2) 关于函数符号. 对数论而言，函数符号至少应包括后继函数，即加"1"函数 $\sigma(x) = x + 1$，它是一元函数，还应包括加法与乘法，它们是二元函数. 对于物理学，除上述函数外，还应包括 $\sin x$, $\cos x$, $\ln x$ 和 $\exp x$ 等. 在一阶语言中，领域知识的每一个函数用一个函数符号来描述.

(3) 关于谓词符号. "素数"、"偶数"和"奇数"等是自然数的基本性质，"="、"<"等是数论的基本逻辑关系，"刚体"、"速度"和"力"等是物理学

的基本概念，而"后代"是人与人之间关系中的基本关系. 在关于领域知识的公理系统中，一个概念常用一种性质描述. 在数学研究中，一种基本性质可以用一个谓词符号来描述. 例如，我们用 natural(x) 表示"x 是自然数"，用 even(y) 表示"y 是偶数"，用 rigid(z) 表示"z 是刚体"，而 $P(x,y)$ 表示"x 是 y 的后代"等. 在一阶语言中，领域知识中的基本性质用谓词符号来表示或描述.

有三类符号对描述所有特定领域的知识都是必需的. 在一阶语言中，它们被称为逻辑符号. 它们是变元、逻辑连接词符号和量词符号.

第一类符号是函数中出现的自变量. 例如，前面几个例子中出现的 x, y, z 都是自变量，与程序中定义的变量一样. 在一阶语言中，它们被称为变元.

第二类符号是在命题中出现的逻辑连接词. 每一个数学和自然科学命题都是由基本性质经逻辑连接词组合而成的. 对大多数关于数学和自然科学知识的命题，人们常用的逻辑连接词有五个，而其它的逻辑连接词大多可以用这五个逻辑连接词表示出来. 这五个逻辑连接词是：

"······ 的否定"、"······ 并且 ······"、"······ 或者 ······"、
"如果 ······ 那么 ······"、"······ 当且仅当 ······".

例如，在命题"如果 $1 < a$ 并且 a 不能被 2 整除，那么 a 是奇数"中，"不能被 2 整除"是"被 2 整除"的否定，而"$1 < a$ 并且 a 不能被 2 整除"是用"并且"连接的. 最后，整个命题呈"如果 ······ 那么 ······"的形式. 命题"处于静止状态或者做匀速直线运动"的连接词是"或者".

与程序设计语言一样，一阶语言引入专用符号表示逻辑连接词. 下表给出了上述逻辑连接词的符号表示：

逻辑连接词	否定	并且	或者	如果 ······ 那么 ······	当且仅当
专用符号	$\neg$	$\wedge$	$\vee$	$\rightarrow$	$\leftrightarrow$

使用上述专用符号，"如果孔融是子思的后代，子思是孔子的后代，那么孔融是孔子的后代"这个命题就可以表示为：

$$(P(孔融，子思) \wedge P(子思，孔子)) \rightarrow P(孔融，孔子)$$

第三类逻辑符号是描述一般规律所使用的量词，它涉及领域知识的单个对象或所有对象，包括"对每一对象 ······"和"对某个对象 ······". 在一阶语言中用下述符号表示：

量词	对所有 x ······	存在 x ······
专用符号	$\forall x \cdots$	$\exists x \cdots$

使用关于量词的专用符号, 命题 "对所有 x, y, z, 若 x 是 y 的后代且 y 是 z 的后代, 则 x 是 z 的后代" 就表示成:

$$\forall x \forall y \forall z ((P(x, y) \land P(y, z)) \to P(x, z))$$

并读作: 对所有 x, y, z, 如果 $P(x, y)$ 成立并且 $P(y, z)$ 成立, 那么 $P(x, z)$ 成立. 在上式中, 括号表示了逻辑连接词的优先顺序. 如果没有 $(P(x, y) \land P(y, z))$ 的外层括号, $P(x, y) \land P(y, z) \to P(x, z)$ 是读作 "$P(x, y)$ 成立并且如果 $P(y, z)$ 成立, 那么 $P(x, z)$ 成立", 还是读作 "如果 $P(x, y)$ 成立并且 $P(y, z)$ 成立, 那么 $P(x, z)$ 成立" 呢? $(P(x, y) \land P(y, z))$ 的外层括号规定了必须采用后一种读法. 在一阶语言中, 括号也是一种不可缺少的符号.

一个程序设计语言可能包含若干种语法对象, 而一阶语言只有两种语法对象. 这就是 "项" 和 "逻辑公式". 项描述领域知识中的常量、变量和函数, 而逻辑公式描述领域知识中的命题. 后面我们将看到, 一阶语言的 "项" 和 "逻辑公式" 被不同的语法规则定义.

综上所述, 一阶语言是一种描述数学和自然科学命题的形式语言. 引入一阶语言的目的是把对领域知识的逻辑分析和数学证明转变为符号演算. 我们简要地说明了一个一阶语言所应具有的符号和语法成分. 本章的目的是给出一阶语言的严格定义, 包括: 确定一阶语言的符号集合, 引入关于项和逻辑公式的语法规则, 并研究项和逻辑公式的转换关系. 本章也将讨论定义一阶语言语法规则的方法 (称为结构归纳方法), 以及这种方法导致的数学证明技术.

应该指出, 在历史上, 一阶语言的出现早于程序设计语言. 人们是在对一阶语言的理论进行研究时, 界定了什么是问题的可计算性. 在发明了计算机之后, 为了让更多的人方便地使用计算机, 人们才运用在一阶语言研究中早已成熟的定义形式语言的方法设计了程序设计语言. 随着计算机的广泛普及, 程序设计语言和程序设计课程早已经进入中小学课堂. 通过程序设计语言的使用, 关于一阶语言的若干基本思想也已被人们广泛接受和使用. 所以, 本书在介绍一阶语言时, 把它们与程序设计语言进行比较, 目的是使人们把一阶语言中抽象的数学概念和研究方法与人们日常的计算机操作实践结合起来, 使一阶语言的概念和方法变得容易理解和把握.

1.1   一阶语言的符号

尽管前面我们已经指出, 一阶语言是用于描述领域知识的形式语言, 为了讨论它的性质, 我们还是从一个比较抽象的层面来介绍它. 一个一阶语言由下述符号集合定义.

定义 1.1 一阶语言

每个一阶语言的字符集由两类符号集合组成. 一类称为逻辑符号集合, 另一类称为非逻辑符号集合或领域知识符号集合. 它的逻辑符号集合包括:

V: 变元符号集合. 它由可数个 (也包括 0 个) 变元符号组成, 变元符号用 x_1, $x_2, \cdots, x_n, \cdots$ 表示.

C: 逻辑连接词符号集合. 它由逻辑连接词符号 $\neg, \wedge, \vee, \rightarrow$ 和 $\leftrightarrow$ 组成, 分别读作 "……的否定"、"……并且……"、"……或者……"、"如果……那么……"、"……当且仅当……".

Q: 量词符号集合. 它包括 $\forall$ 和 $\exists$, 分别读作 "对所有……"、"存在某个……".

E: 等词符号集合. 它只包含一个符号 $\doteq$, 读作 "等于", 称等词.

P: 括号集合. 它包括 "(" 和 ")", 读作 "左括号" 与 "右括号".

如前所述, 每个一阶语言都有自己特定的 3 个非逻辑符号集合.

$\mathscr{L}_c$: 常元符号集合. 它由可数 (包括 0) 个常元符号组成. 常元符号用 $c_1, c_2, \cdots$ 表示.

$\mathscr{L}_f$: 函数符号集合. 它由可数 (包括 0) 个函数符号组成. 函数符号用 f_1, $f_2, \cdots$ 表示. 用 $f x_1 \cdots x_m$ 表示 m 元函数符号, 其中 $m \geqslant 1$ 为变元符号的个数, 称为函数符号的元.

$\mathscr{L}_P$: 谓词符号集合. 它由可数 (包括 0) 个谓词符号组成. 谓词符号用 $P_1, P_2, \cdots$ 表示. 用 $P x_1 \cdots x_m$ 表示 m 元谓词符号, 其中 $m \geqslant 1$ 为变元符号的个数, 称为谓词符号的元.

每个一阶语言的逻辑符号集合都相同, 但不同的一阶语言的非逻辑符号集合则不同. 需要指出的是, $\doteq$ 实际上也是一个谓词符号. 今后我们用 $\mathscr{L}$ 代表一阶语言. 由于每个一阶语言的逻辑符号都相同, 所以, $\mathscr{L}$ 实际代表的是一阶语言的非逻辑符号集合.

下面给出一阶语言的一个例子, 称为初等算术语言. 在本书中, 它将被经常使用.

例 1.1 初等算术语言 $\mathscr{A}$

初等算术语言是一个一阶语言, 今后以 $\mathscr{A}$ 记之. 它的常元符号集为 $\{0\}$, 函数符号集为 $\{S, +, \cdot\}$, 谓词符号集为 $\{<\}$.

引入 S 的目的是为了描述算术中的后继函数或加 "1" 函数, 而二元函数符号 $+$ 和 $\cdot$ 分别表示算术中的加法和乘法. 谓词符号 "$<$" 描述了两个自然数间的小于关系.

在符号集合方面, 一阶语言与程序设计语言的不同之处至少有两点. 其一是,一个程序设计语言使用的符号可以描述任何算法, 而每个一阶语言的符号通常只描述某个特定领域的知识. 所以, 尽管每个一阶语言都有三个非逻辑符号集合, 但不同的一阶语言的非逻辑符号集合是不同的, 这些非逻辑符号集合是由领域知识所决定的. 其二是, 一阶语言关于非逻辑符号的定义方式与程序设计语言也不同. 为了计算机实现的需要, 程序设计语言的基本符号是字符. 每个字符有一 ASCII 码与之对应. 每个程序所使用的常量和函数是用字符串定义的, 而且都规定了字符串的长度. 所以一个已实现的程序设计语言所描述的常量和函数的个数是有穷的. 与之相比, 一阶语言为了描述领域知识, 例如, 数论中的定义、公式和定理以及自然科学中的原理和定律, 采用了数学研究中的习惯作法, 用一个符号定义一个常元符号或一个函数符号或一个谓词符号, 并且容许它们有可数无穷多个.

为了今后叙述和使用的方便, 本书规定 V, $\mathscr{L}_c$, $\mathscr{L}_f$ 和 $\mathscr{L}_P$ 中使用的符号彼此不同, 为了与数学以及程序设计语言的习惯用法一致, 我们也使用小写字母 $x, y, z, \cdots$ 表示变元, 用 $f, g, h, \cdots$ 表示函数符号, 用大写字母 $P, Q, R, \cdots$ 表示谓词符号. 此外, 今后我们把常元符号和谓词符号简称为常元和谓词.

1.2   项

项是一阶语言的两种语法对象之一. 一阶语言的项的概念和定义方法, 与程序设计语言的算术表达式及其定义方法是一致的, 但是更具有一般性.

定义 1.2   项

一阶语言 $\mathscr{L}$ 中的项被下述三个规则归纳地定义:

T_1: 每一个常元是一个项;

T_2: 每一个变元是一个项;

T_3: 如果 $t_1, \cdots, t_n$ 是项, 而 f 是一个 n 元函数符号, 那么 $ft_1\cdots t_n$ 是一个项.

定义 1.2 中的规则称为 T 规则. 今后, 用 $\mathscr{L}_T$ 表示由语言 $\mathscr{L}$ 的所有项组成的集合.

定义 1.2 被称为结构归纳定义, 此定义也可以表示成下述形式:

$$t ::= c \mid x \mid ft_1\cdots t_n$$

这里 "|" 表示或者, "::=" 表示归纳定义. 上述形式被称为 Backus 范式 [Backus, 1959]. 每一个项都是一个符号串, 有时也称字符串.

例 1.2 $\mathscr{A}$ 的项

下述字符串：

$$S0, \ Sx_1, \ +S0SSx, \ \cdot x_1 + Sx_1x_2, \ SS <$$

除了 $SS <$ 之外，都是 $\mathscr{A}$ 的项.

对于由 $\mathscr{A}$ 的符号组成的任何有穷的字符串，使用 T 规则，在有限步内，我们可以判断它是否为 $\mathscr{A}$ 的项. 下面，让我们证明 $+S0SSx$ 是一个项.

(1) 0 是项. (根据 T_1.)

(2) x 是项. (根据 T_2.)

(3) $S0$ 是项. (根据 T_3, 因为 S 是一元函数符, 根据第 (1) 条, 0 是一个项.)

(4) Sx 是一个项. (根据 T_3, 因为 S 是一元函数符, 又根据第 (2) 条, 变元 x 是一个项.)

(5) SSx 是一个项. (根据 T_3, 因为 S 是一元函数符, 而又根据第 (4) 条, Sx 是一个项.)

(6) $+S0SSx$ 是一个项. (根据 T_3, 因为 $+$ 是一个二元函数符, 再根据第 (3) 及 (5) 条, $S0$ 及 SSx 均是项.)

引入项的初衷是为了描述领域知识中的常量、变量和函数, 但是定义 1.2 告诉我们, 每一个项都是一个符号串, 其符号来自符号集合 V, $\mathscr{L}_c$ 和 $\mathscr{L}_f$, 而它的构成则严格根据 T 规则生成. 在第 2 章讨论一阶语言的语义时, 我们会看到, 项的确被解释为领域知识中的常量或变量或函数.

在例 1.2 中, 函数符号 S 可以被重复使用多次, 这是结构归纳定义的特征. 今后, 我们用

$$S^0 0 \ 表示 \ 0, \ 而 \ S^{n+1}0 \ 表示 \ S(S^n 0), \ 所以 \ S^n 0 \ 表示 \ \underbrace{SS \cdots S}_{n} 0$$

$S^n 0$ 只是一种缩写, 上标 n 表示"做 n 次后继运算".

还应指出, 一阶语言的项的写法与程序设计语言和数学课本中常量、变量和函数的写法基本相同, 只是少了括号. 例如, 项 $S0$ 和 Sx_1, 这种写法称为前缀 (prefix) 表示法. 在程序设计语言和数学课本中它们通常被写成 $S(0)$ 和 $S(x_1)$, 而 $+Sx_1x_2$ 的习惯写法是 $S(x_1) + x_2$, $\cdot x_1 + Sx_1x_2$ 的习惯写法是 $x_1 \cdot (S(x_1) + x_2)$. 今后, 在上下文不会产生误解时, 本书对这些常用函数也使用它们的习惯写法, 使之更便于阅读和理解. 这些习惯或简化的写法, 在严格意义下, 已经不再是由定义 1.2 所确定的 $\mathscr{A}$ 的项了, 而是这些项的"别名".

1.3 逻辑公式

逻辑公式是一阶语言的另一语法对象. 一阶语言的逻辑公式的概念和定义方法, 与程序设计语言的布尔表达式及其定义方法是一致的, 但是更具有一般性.

定义 1.3 逻辑公式

语言 $\mathscr{L}$ 中的逻辑公式, 简称公式, 用大写字母 $A, B, \cdots$ 表示, 并用下述五条规则归纳地定义.

F_1: 如果 t_1 和 t_2 为项, 那么 $t_1 \doteq t_2$ 是公式.

F_2: 如果 $t_1, \cdots, t_n$ 为 n 个项, 而 R 是一 n 元谓词, 那么

$$Rt_1 \cdots t_n$$

是公式.

F_3: 若 A 是公式, 则 $(\neg A)$ 是公式.

F_4: 若 A, B 是公式, 则

$$(A \wedge B), (A \vee B), (A \to B), (A \leftrightarrow B)$$

都是公式.

F_5: 若 A 是公式并且 x 是一变元, 那么

$$\forall x A \ \text{和} \ \exists x A$$

也是公式, x 称为约束变元.

由规则 F_1 和规则 F_2 定义的公式称为原子公式, 由规则 F_3、规则 F_4 和规则 F_5 定义的公式称为复合公式. 这些规则统称为 F 规则.

$(\neg A)$ 读作公式 A 的否定, $(A \wedge B), (A \vee B), (A \to B)$ 和 $(A \leftrightarrow B)$ 分别读作公式 A 和 B 的合取、A 和 B 的析取、A 蕴含 B 和 A 与 B 等价. $\forall x A$ 和 $\exists x A$ 被称为量词公式, 而 A 被称为量词公式的体. $\forall x A$ 和 $\exists x A$ 分别读作 "对所有 x, A" 和 "存在 x, A". 在不影响公式意义的前提下, 公式中多余的括号可以省略. 今后, 用 $\mathscr{L}_F$ 代表语言 $\mathscr{L}$ 的全体公式组成的集合.

上述结构归纳定义的 Backus 范式为

$$A ::= t_1 \doteq t_2 \mid Rt_1 \cdots t_n \mid \neg A \mid A \wedge B \mid A \vee B \mid A \to B \mid A \leftrightarrow B \mid \forall x A \mid \exists x A$$

每一个逻辑公式都是一个符号串, 有时也称字符串.

例 1.3 $\mathscr{A}$ 的公式

根据定义 1.3, 我们可以判定下述字符串

$$\forall x \neg (Sx \doteq 0) \quad \text{及} \quad \forall x \forall y (< xy \to (\exists z (y \doteq +xz)))$$

是否为 $\mathscr{A}$ 的公式. 下面我们来证明字符串 $\forall x \neg (Sx \doteq 0)$ 是 $\mathscr{A}$ 的公式.

(1) $Sx \doteq 0$ 是公式. (根据 F_1, 因为根据例 1.2, Sx 及 0 是项.)

(2) $\neg (Sx \doteq 0)$ 是公式. (根据 F_3 及 (1).)

(3) $\forall x \neg (Sx \doteq 0)$ 是公式. (根据 F_5 及 (2).)

类似地, 可以证明字符串 $\forall x \forall y (< xy \to (\exists z (y \doteq +xz)))$ 也是公式.

根据定义 1.3, 每个逻辑公式都是一个有穷字符串, 它的字符来自项以及谓词符号集合 $\mathscr{L}_P$、等词符号集合、逻辑连接词符号集合和量词符号集合, 它的生成严格根据 F 规则. 这就是形式语言定义语法对象的方法. 今后我们会看到, 使用这种方法才能把对命题的逻辑分析和数学证明变为符号演算.

我们曾指出, 逻辑公式的引入是为了描述命题, 而命题则被用来描述领域知识. 定义 1.3 告诉我们, 每个逻辑公式都是一个字符串, 那么如何把这种字符串与有具体内容的命题联系起来呢? 这要靠一种解释方法. 例如, 例 1.3 的第一个逻辑公式可以被解释为 "每一个自然数都大于或等于 0", 而第二个公式可以解释为 "如果 $x < y$, 那么必存在自然数 z 使得 $y = x + z$ 成立". 在第 2 章中, 我们将建立一种解释方法, 根据这种方法, 原子公式可被 "解释" 为一个基本命题, 而复合公式可以被 "解释" 为复合命题.

1.4 自由变元与替换

程序设计语言容许在程序中引入局部变量, 并且每个变量都有一个确定的作用域, 该变量只在其作用域中有效. 此外, 在过程和函数声明中, 容许人们使用形式参数. 形式参数也是一种变量, 在过程和函数被调用时, 它们被实际参数所替换. 程序设计语言的局部变量、形式参数、实际参数以及替换的思想与下面要介绍的一阶语言中约束变元、自由变元和对变元的替换的思想是一致的. 我们先看一个例子.

例 1.4 设 x, y, z 是三个不同的变元, 它们出现在下述公式中

$$A: \exists x ((P(x, y) \land \forall y R(x, y)) \to Q(x, z))$$

公式中出现的 P, R, Q 是三个二元谓词. 在谓词 P, R, Q 中出现的变元 x 被最外层的量词 $\exists$ 所约束, 它的作用域是 $((P(x, y) \land \forall y R(x, y)) \to Q(x, z))$. 在 R 中出现的 y 被

量词 $\forall$ 所约束，它的作用域是 $R(x,y)$，但是在谓词 P 中出现的 y 和在谓词 Q 中出现的 z 在公式中不受任何量词约束，它们在公式 A 中自由地出现. 它们是 A 的自由变元.

下面，我们给出自由变元的定义.

定义 1.4   项的自由变元

设 t 是 $\mathscr{L}$ 的一个项，而 $FV(t)$ 为项 t 的自由变元集合. 根据项的语法结构，$FV(t)$ 被结构归纳地定义如下：

$$
\begin{aligned}
FV(x) &= \{x\} & x\ \text{是一变元；}\\
FV(c) &= \varnothing & c\ \text{是一常元；}\\
FV(ft_1\cdots t_n) &= FV(t_1)\cup\cdots\cup FV(t_n) &
\end{aligned}
$$

如果 $x\in FV(t)$，那么称 x 是 t 的自由变元，或 x 在 t 中自由地出现. 如果 $FV(t)=\varnothing$，那么称 t 是一基项（或闭项）.

定义 1.5   公式的自由变元

设 A 是 $\mathscr{L}$ 的一个公式，而 $FV(A)$ 为公式 A 的自由变元集合. 根据公式的语法结构，$FV(A)$ 被归纳地定义如下：

(1) $FV(t_1 \doteq t_2) = FV(t_1)\cup FV(t_2)$；

(2) $FV(Pt_1\cdots t_n) = FV(t_1)\cup\cdots\cup FV(t_n)$；

(3) $FV(\neg A) = FV(A)$；

(4) $FV(A*B) = FV(A)\cup FV(B)$，其中 $*$ 代表 $\wedge,\vee,\to,\leftrightarrow$；

(5) $FV(\forall xA) = FV(A) - \{x\}$；

(6) $FV(\exists xA) = FV(A) - \{x\}$.

如果 $x\in FV(A)$，那么称 x 是公式 A 的自由变元，或 x 在 A 中自由地出现. 如果 $FV(A)=\varnothing$，那么称 A 是一语句. 语句是不含自由变元的公式.

例 1.5   根据定义 1.4 和定义 1.5，可以确定公式

$$\exists x((P(x,y)\wedge\forall yR(x,y))\to Q(x,z))$$

的自由变元. 具体计算步骤如下:

$$FV(\exists x((P(x,y) \wedge \forall y R(x,y)) \to Q(x,z)))$$
$$= FV((P(x,y) \wedge \forall y R(x,y)) \to Q(x,z)) - \{x\}$$
$$= (FV(P(x,y) \wedge \forall y R(x,y)) \cup FV(Q(x,z))) - \{x\}$$
$$= (FV(P(x,y)) \cup FV(\forall y R(x,y)) \cup \{x,z\}) - \{x\}$$
$$= (\{x,y\} \cup (FV(R(x,y)) - \{y\}) \cup \{x,z\}) - \{x\}$$
$$= (\{x,y\} \cup (\{x,y\} - \{y\}) \cup \{x,z\}) - \{x\}$$
$$= (\{x,y\} \cup \{x\} \cup \{x,z\}) - \{x\}$$
$$= (\{x,y,z\}) - \{x\}$$
$$= \{y,z\}.$$

应该说明的是, 这里的 y 是 $P(x,y)$ 中的 y, 而不是 $R(x,y)$ 中的 y, 请读者自己考虑一下这是为什么?

正如程序设计语言中函数和过程声明的形式参数, 在函数被调用时, 将被实际参数替换一样, 一个项或公式中的某一个自由变元可以被某一个项替换, 替换后, 变为一个新的项或公式.

定义 1.6 项的替换

令 s 和 t 为项. $s[t/x]$ 表示用项 t 去替换 s 的自由变元 x 之后得到的项. 根据项的结构, $s[t/x]$ 被归纳地定义如下:

$$y[t/x] = y, \qquad \text{如果 } y \neq x;$$
$$y[t/x] = t, \qquad \text{如果 } y = x;$$
$$c[t/x] = c, \qquad c \text{ 为常元};$$
$$ft_1 \cdots t_n[t/x] = ft_1[t/x] \cdots t_n[t/x].$$

需要注意的是: 定义中的等号 $=$ 是集合中元素的相等, 与一阶语言的 $\doteq$ 是不同的, $\doteq$ 是一阶语言的专用符号.

定义 1.7 公式替换

令 A 为一个含有自由变元 x 的公式, $A[t/x]$ 代表用项 t 去替换 A 的自由变元 x 后所得的公式, 有时也简记为 $A[t]$. 根据公式的语法结构, $A[t/x]$ 被归纳地定义如下:

(1) $((t_1 \doteq t_2)[t/x]) = (t_1[t/x] \doteq t_2[t/x]);$

(2) $Rt_1 \cdots t_n[t/x] = Rt_1[t/x] \cdots t_n[t/x]$;

(3) $(\neg A)[t/x] = \neg(A[t/x])$;

(4) $(A * B)[t/x] = A[t/x] * B[t/x]$，其中 $*$ 代表 $\wedge, \vee, \rightarrow, \leftrightarrow$;

(5) $(\forall xA)[t/x] = \forall xA$;

(6) $(\exists xA)[t/x] = \exists xA$;

(7) $(\forall yA)[t/x] = \forall yA[t/x]$，如果 $y \notin FV(t)$;

(8) $(\exists yA)[t/x] = \exists yA[t/x]$，如果 $y \notin FV(t)$;

(9) $(\forall yA)[t/x] = \forall zA[z/y][t/x]$，如果 $y \in FV(t)$, $z \notin FV(t)$, z 不在 A 中出现;

(10) $(\exists yA)[t/x] = \exists zA[z/y][t/x]$，如果 $y \in FV(t)$, $z \notin FV(t)$, z 不在 A 中出现.

在规则 (9) 和 (10) 中，条件 $z \notin FV(t)$ 和 z 不在 A 中出现表示变元 z 是一个关于 t 和 A 的新变元，z 既不是 t 的自由变元，也不是 A 中的自由变元和约束变元.

例 1.6   替换

令 $t = fc$, f 为一元函数符号，c 为常元. 用 t 替换例 1.5 中公式的自由变元 y.

$$(\exists x(P(x,y) \wedge \forall yR(x,y)) \rightarrow Q(x,z)))[fc/y]$$
$$= \exists x(((P(x,y) \wedge \forall yR(x,y)) \rightarrow Q(x,z))[fc/y])$$
$$= \exists x((P(x,y) \wedge \forall yR(x,y))[fc/y] \rightarrow Q(x,z)[fc/y])$$
$$= \exists x((P(x,y)[fc/y] \wedge (\forall yR(x,y))[fc/y] \rightarrow Q(x,z))$$
$$= \exists x((P(x,fc) \wedge \forall yR(x,y)) \rightarrow Q(x,z))$$

定义 1.7 给出了三组关于量词公式的替换规则. 第一组由规则 (5) 和规则 (6) 组成. 它们表明：只能对量词公式的自由变量进行替换. 第二组由规则 (7) 和规则 (8) 组成. 它们表明：如果量词公式的约束变元不是项 t 的自由变元，对量词公式的替换就是对它的体进行替换. 第三组由规则 (9) 和规则 (10) 组成，下面的例子说明了它们的作用.

例 1.7   设 $A = \exists y(y < x)$. 令 $t = y$. 考虑替换 $A[t/x]$. 因为 $x \neq y$，如果按第二组规则，则得

$$(\exists y(y < x))[y/x] = \exists y(y < y).$$

这个结果与我们的经验不符合. 因为，若把 A 解释成

对任给的整数 x，存在 y 使 $y < x$ 成立.

在整数中，这个命题是对的. 我们当然希望对 x 进行替换后，命题仍是对的. 可是替换后的命题变成了

存在一整数 y，使 $y < y$ 成立.

这意思就不对了. 问题出在：用来替换 x 的 y 是 A 的约束变元. 一般来说，如果 t 的自由变元不是 A 中的约束变元，这就是第二组规则中的条件 $y \notin FV(t)$，在这种情况下，应使用第二组规则进行替换. 如果 t 中的某个自由变元 y 是 A 中的某个约束变元，那么第三组规则中的条件 $y \in FV(t)$ 成立. 此时，如果仍用第二组规则进行替换，就会出现上例指明的错误. 解决的方法是引入一个新变元 z，它既不是 t 中的自由变元，又不是 A 中的自由变元和约束变元. 替换时，先把量词的约束变元 y 换成 z，使 t 的自由变元不再是 A 中的约束变元，然后，按第二组规则做替换 $[t/x]$ 就不会出错了. 这就是规则 (9) 和规则 (10) 的作用.

根据规则 (10)，这个例子的正确作法是

$$(\exists y(y < x))[y/x] = (\exists z(y < x)[z/y])[y/x]$$
$$= \exists z(z < x)[y/x]$$
$$= \exists z(z < y)$$

而替换的结果就可以解释成

对任给的整数 y，存在 z 使 $z < y$ 成立.

这与我们的期望是一致的.

总之，如果 A 是量词公式 $\forall yB$ 或 $\exists yB$，那么有两组规则完成替换 $A[t/x]$. 如果 $y \notin FV(t)$，那么我们称 t 关于 y 对 A 自由，并且用规则 (7) 和规则 (8) 进行替换. 如果 $y \in FV(t)$，那么我们称 t 关于 y 受 A 约束，而且只能用规则 (9) 和规则 (10) 进行替换.

1.5　公式的哥德尔项

一阶语言的项和公式虽然是两个不同的语法对象，但它们之间并非决然不可转换. 本节以初等算术语言 $\mathscr{A}$ 为例，介绍一种用项表示公式的方法，或者说，公式的间接表示方法. 这种方法是哥德尔 (Gödel) 发明的 [Gödel, 1931]. 它的基本思想是：先将每一个公式 A 对应于一个自然数 $\&A$，此数称为公式 A 的哥德尔数. 这种将公式对应于自然数的方法被称为哥德尔编码. 然后，再将每一个自然数 $\&A$ 对应于一个项 $S^{\&A}0$，称为 A 的哥德尔项. 两步合在一起，就把 $\mathscr{A}$ 中的每一个公式 A 表示成一个项 $S^{\&A}0$，而且这种表示是一一对应的.

哥德尔的间接表示方法与计算机指令中的间接寻址以及程序设计语言中的指针的方法是一致的. 让我们用 C 语言的指针加以说明. 设 x 为一个整型变量，p 为一个

整型指针变量, $\&x$ 表示 x 的地址. 语句 $p = \&x$ 执行后, p 指向 x 的地址, 而 $*p$ 表示地址 $\&x$ 中的内容. 如果用指针术语来解释哥德尔的间接表示方法, 这就是把一阶语言的公式 A (字符串) 作为 C 程序的变量名, 公式 A 的哥德尔数 $\&A$ 就相当于变量 A 的存储地址, 而 A 的哥德尔项 $S^{\&A}0$ 就是地址 $\&A$ 中的内容. 这样一来, 指针的实现算法就相当于哥德尔编码方法.

哥德尔编码方法是一种递归算法, 它根据项和公式的结构归纳地确定符号、项和公式的哥德尔数. 作法是先将 $\mathscr{L}$ 中每一符号编码, 而项或公式的编码由组成这个项或公式的子项和子公式的编码归纳地定义. 在哥德尔编码中使用了下述序列数的概念.

定义 1.8   序列数

设 $a_1, a_2, \cdots, a_n$ 为自然数. $\langle a_1, a_2, \cdots, a_n \rangle$ 称为 $a_1, a_2, \cdots, a_n$ 的序列数, 它表示自然数 $p_1^{a_1+1} \cdot p_2^{a_2+1} \cdot \cdots \cdot p_n^{a_n+1}$, 其中 $p_1, \cdots, p_n$ 为前 n 个素数, 即

$$\langle a_1, a_2, \cdots, a_n \rangle = p_1^{a_1+1} \cdot p_2^{a_2+1} \cdot \cdots \cdot p_n^{a_n+1}$$

其中 $a_i, 0 < i \leqslant n$ 称为此序列数的第 i 个元素.

序列数是一自然数. 序列数的任何一个元素 a_i, 仍可以是一序列数; 但不是每一个自然数都是序列数, 例如, 0 就不是序列数.

定义 1.9   哥德尔编码

$\mathscr{A}$ 的哥德尔编码为一映射 $\&: \mathscr{A} \to \mathbb{N}$. $\&$ 把 $\mathscr{A}$ 的每一个符号、项和公式对应于一个自然数. 根据 $\mathscr{A}$ 的符号、项和公式的语法结构, $\&$ 被归纳地定义如下:

1. 符号

$$\&(0) = 1 \qquad\qquad \&(\neg) = 13$$
$$\&(S) = 3 \qquad\qquad \&(\vee) = 15$$
$$\&(+) = 5 \qquad\qquad \&(\wedge) = 17$$
$$\&(\cdot) = 7 \qquad\qquad \&(\to) = 19$$
$$\&(\doteq) = 9 \qquad\qquad \&(\forall) = 21$$
$$\&(<) = 11 \qquad\qquad \&(\exists) = 23$$

2. 变元

$$\&(x_n) = 25 + 2 \cdot n \qquad\qquad n \in \mathbb{N}$$

3. 项

$$\&(St) = \langle \&S, \&t \rangle$$
$$\&(t_1 * t_2) = \langle \&(*), \&t_1, \&t_2 \rangle \quad \text{其中 } * \text{ 代表 } +, \cdot$$

4. 公式

$$\&(t_1 * t_2) = \langle \&(*), \&t_1, \&t_2 \rangle \qquad \text{其中} * \text{代表} < \text{及} \doteq$$

$$\&(\neg A) = \langle \&(\neg), \&A \rangle$$

$$\&(A * B) = \langle \&(*), \&A, \&B \rangle \qquad \text{其中} * \text{代表} \wedge, \vee, \rightarrow, \leftrightarrow$$

$$\&(\forall x_n A) = \langle \&(\forall), \&(x_n), \&A \rangle$$

$$\&(\exists x_n A) = \langle \&(\exists), \&(x_n), \&A \rangle$$

例 1.8　哥德尔数

根据哥德尔编码规则, 我们可以确定每一公式的哥德尔数. 例如, 令公式 A 为:

$$\forall x_3 \exists x_1 \; x_3 \doteq x_1 + x_2,$$

A 的哥德尔数是

$$\&(\forall x_3 \exists x_1 \; x_3 \doteq x_1 + x_2)$$

$$= \langle \&(\forall), \&(x_3), \&(\exists x_1 \; x_3 \doteq x_1 + x_2) \rangle$$

$$= \langle 21, 31, \&(\exists x_1 \; x_3 \doteq x_1 + x_2) \rangle$$

$$= \langle 21, 31, \langle 23, 27, \&(x_3 \doteq x_1 + x_2) \rangle \rangle$$

$$= \langle 21, 31, \langle 23, 27, \langle 9, 31, \langle 5, 27, 29 \rangle \rangle \rangle \rangle$$

$$= 2^{21+1} \cdot 3^{31+1} \cdot 5^{\langle 23,27,\langle 9,31,\langle 5,27,29 \rangle \rangle \rangle + 1}$$

$$= 2^{21+1} \cdot 3^{31+1} \cdot 5^{2^{23+1} \cdot 3^{27+1} \cdot 5^{\langle 9,31,\langle 5,27,29 \rangle \rangle + 1} + 1}$$

$$= 2^{21+1} \cdot 3^{31+1} \cdot 5^{2^{23+1} \cdot 3^{27+1} \cdot 5^{2^{9+1} \cdot 3^{31+1} \cdot 5^{2^{5+1} \cdot 3^{27+1} \cdot 5^{29+1} + 1} + 1} + 1}$$

下面的引理表明哥德尔编码建立了 $\mathscr{A}$ 与哥德尔数的一一对应关系.

引理 1.1　哥德尔编码是 $\mathscr{A}$ 到哥德尔数的一一映射.

证明　此结论是素数分解唯一性定理的直接推论. □

定义 1.10　哥德尔项

设 A 是 $\mathscr{A}$ 的公式并且 A 的哥德尔数是 $\&A$, A 的哥德尔项是 $S^{\&A}0$.

例 1.9　哥德尔项

公式 $\forall x_3 \exists x_1 \; x_3 \doteq x_1 + x_2$ 的哥德尔项是:

$$S^{2^{21+1} \cdot 3^{31+1} \cdot 5^{2^{23+1} \cdot 3^{27+1} \cdot 5^{2^{9+1} \cdot 3^{31+1} \cdot 5^{2^{5+1} \cdot 3^{27+1} \cdot 5^{29+1} + 1} + 1} + 1}} 0.$$

如果 $\mathscr{L}$ 是包含 $\mathscr{A}$ 的一阶语言, 它还含有除 $\mathscr{A}$ 以外的其他常元, 函数符号和谓词, 那么仍可采用上述方法, 定义它们的哥德尔数和哥德尔项. 哥德尔通过提出以他命名的编码方法把一阶语言的每一个公式对应于一个相应的项. 在第 5 章中, 我们会看到, 哥德尔的本意是在一阶语言中表示自指语句, 以便证明形式理论的不完全性. 可是哥德尔编码的思想却孕育了计算机中的间接寻址和程序设计中的指针技术的产生和广泛应用. 从这个意义上讲, 哥德尔是计算机 "间接寻址和指针方法" 的最早发明者.

1.6   结构归纳证明

前面关于一阶语言的项、公式、自由变元和替换的定义都是结构归纳型定义. 它们都是用结构归纳方法定义的. 本节讨论这种定义方法所派生出来的结构归纳证明方法.

以公式的定义为例, 采用结构归纳方法, 我们先直接规定什么是原子公式, 这就是等式和谓词, 然后使用三条规则 (实际上是七条规则) 定义什么是复合公式. 这些规则告诉我们一个复合公式是怎样由它的 "成分" 构成的. 这些规则可以用数学形式写出来. 例如, F_4 中关于析取公式的规则为: "如果 A, B 为公式, 那么 $A \vee B$ 为公式". 它可以写成下述 "分式" 的形式:

$$\frac{A \quad B}{A \vee B}$$

需要指出: 在分式的分子中出现的 A, B 代表任意逻辑公式, 它们可以被任意逻辑公式替换. 所以, 上述规则是一个生成析取公式的 "模式". 实际上, 结构归纳型定义中每一条规则, 都可以写成下述分式形式:

$$\frac{X_1 \ \cdots \ X_n}{X}$$

其中, 大写字母 $X_1, \cdots, X_n, X$ 表示对象. 分式的分子 $X_1 \ \cdots \ X_n$ 称为规则的前提, 分式的分母 X 称为结论. 这条规则可以理解为: 若前提 $X_1, \cdots, X_n$ 成立, 则结论 X 成立.

在科学研究中, 特别是在数学研究中, 我们常常要证明一类对象具有某种性质. 这往往是整个研究中最困难的部分. 至今还有许多数学猜想尚未找到严格证明. 但是, 如果这个对象是用结构归纳方法定义的, 有关它的性质的证明就变得相当简单, 甚至成为一种例行程序. 因为在这种情况下, 我们只需验证原子对象具有这个性质, 然后再证明每一复合对象也具有这个性质, 那么所有对象就都具有这种性质了. 对复合对象而言, 根据结构归纳定义, 它是某一规则的结论. 为此, 只要证明, 对每一条定义复合对象的规则, 如果该规则中的前提具有这种性质, 那么可以推出它的

结论也具有这种性质就足够了. 这种证明方法称为结构归纳证明方法, 简称结构归纳法. 该方法可被严格地陈述如下:

方法 1.1 结构归纳法

假定集合 **Z** 被一组规则定义. 要证明集合 **Z** 具有性质 Ψ, 只要证明:

I_1: 每一个直接定义的原子对象具有性质 Ψ;

I_2: 对每条规则

$$\frac{X_1 \ \cdots \ X_n}{X}$$

如果 $X_1, \cdots, X_n$ 都具有性质 Ψ, 那么可以证明 X 也具有性质 Ψ.

I_1 称为归纳基. I_2 中列出的条件 "如果 $X_1, \cdots, X_n$ 都具有性质 Ψ" 称为结构归纳假设.

如果把这种结构归纳证明法应用到关于项和公式的证明中, 可归结为下述证明模式:

方法 1.2 项具有性质 Ψ 的证明

如果要证明每个项具有性质 Ψ, 只要证明:

T_1': 每个变元具有性质 Ψ;

T_2': 每个常元具有性质 Ψ;

T_3': 如果项 $t_1, \cdots, t_n$ 都具有性质 Ψ 并且 f 是 n 元函数符号, 那么 $ft_1 \cdots t_n$ 也具有性质 Ψ.

方法 1.3 公式具有性质 Ψ 的证明

要证明每个公式具有性质 Ψ, 只要证明:

F_1': 设 t_1, t_2 为任意两个项, 则 $t_1 \doteq t_2$ 具有性质 Ψ;

F_2': 对任意的 n 元谓词 R 及项 $t_1, \cdots, t_n$, 公式 $Rt_1 \cdots t_n$ 具有性质 Ψ;

F_3': 如果公式 A 具有性质 Ψ, 那么 $(\neg A)$ 具有性质 Ψ;

F_4': 如果公式 A 和公式 B 具有性质 Ψ, 那么 $(A \wedge B)$, $(A \vee B)$, $(A \rightarrow B)$ 及 $(A \leftrightarrow B)$ 都具有性质 Ψ;

F_5': 如果公式 A 具有性质 Ψ, 那么公式 $\forall x A$ 及 $\exists x A$ 也都具有性质 Ψ.

下面先看一个例子.

例 1.10 对任意给定的一阶语言 $\mathscr{L}$, $\mathscr{L}$ 的每一公式所包含的左括号 "(" 和右括号 ")" 的数量相等.

证明 先对项做结构归纳证明:

T_1': 每个变元 x 不带括号，故结论成立；

T_2': 每个常元 c 也不带括号，故结论也成立；

T_3': 对任意项 $ft_1 \cdots t_n$，其中 f 是 n 元函数符号，对项 t_i, $i = 1, \cdots, n$，根据结构归纳假设，其所含左右括号数量都相等. 根据方法 1.2 的 T_3'，项 $ft_1 \cdots t_n$ 并未增加新括号，而它所包含的左右括号个数等于 $t_1, \cdots, t_n$ 中包含的左右括号个数的总和，所以结论对项成立.

对公式的结构归纳证明：

F_1': 结论对 $t_1 \doteq t_2$ 成立，因为 t_1, t_2 是项，根据第一部分证明，结论对 t_1, t_2 成立，组成公式 $t_1 \doteq t_2$ 并未增加新括号.

F_2': 结论对 $Rt_1 \cdots t_n$ 成立，因为 $t_1, \cdots, t_n$ 都是项，根据第一部分证明，结论对 $t_1, \cdots, t_n$ 成立，而 R 为一 n 元谓词，它本身不包含括号，组成公式 $Rt_1 \cdots t_n$ 未增加新括号.

F_3': 假定 A 为公式且它所含的左括号和右括号的数量相同. 由定义 1.3，$(\neg A)$ 所含的左括号和右括号的数量相同.

F_4': 假定结论对公式 A 和 B 都成立. 不妨假设 A 含有 n 个左括号及 n 个右括号，B 含有 m 个左括号和 m 个右括号. 根据定义 1.3，公式 $(A \wedge B)$ 含有 $n+m+1$ 个左括号和 $n+m+1$ 个右括号. 所以结论对 $(A \wedge B)$ 成立. 类似地可证结论对 $(A \vee B)$, $(A \rightarrow B)$, $(A \leftrightarrow B)$ 也成立.

F_5': 假定公式 A 所含左括号和右括号个数相同. 根据定义 $\forall x A$ 及 $\exists x A$ 含有的左括号和右括号个数与 A 相同.

结论得证.   □

实际上，凡是可以用结构归纳法证明的性质，都可以用数学归纳法证明. 在这个意义下，我们说结构归纳法证明是合理的. 连接结构归纳法和数学归纳法的桥梁就是项和公式的秩.

定义 1.11　项的秩

一个项 t 的秩是一个自然数，用 $\mathrm{rk}(t)$ 表示，它可被归纳地定义如下：

(1) $\mathrm{rk}(c) = 1$；

(2) $\mathrm{rk}(x) = 1$；

(3) $\mathrm{rk}(ft_1 \cdots t_n) = \max\{\mathrm{rk}(t_1), \cdots, \mathrm{rk}(t_n)\} + 1$，

这里 $\max\{k_1, \cdots, k_n\}$ 是 $k_1, \cdots, k_n$ 中的最大者，而 $k_1, \cdots, k_n$ 为自然数.

定义 1.12　公式的秩

一个公式 A 的秩是一个自然数，用 $\mathrm{rk}(A)$ 表示，它可被归纳地定义如下：

(1) $\mathrm{rk}(Pt_1 \cdots t_n) = 1$;

(2) $\mathrm{rk}(t_1 \doteq t_2) = 1$;

(3) $\mathrm{rk}(\neg A) = \mathrm{rk}(A) + 1$;

(4) $\mathrm{rk}(A * B) = \max\{\mathrm{rk}(A), \mathrm{rk}(B)\} + 1$，其中 $*$ 代表 $\vee, \wedge, \rightarrow$ 及 $\leftrightarrow$；

(5) $\mathrm{rk}(\forall x A) = \mathrm{rk}(A) + 1$;

(6) $\mathrm{rk}(\exists x A) = \mathrm{rk}(A) + 1$.

一阶语言是本书的研究对象，它的语法对象只包括项及公式，而这两者又都是用结构归纳方法定义的，所以结构归纳证明将在书中被广泛使用. 由于绝大多数程序设计语言的语法结构也都是用结构归纳方法 (Backus 范式) 定义的，因此结构归纳法也是证明程序的各种性质的基本方法. 推而广之，所有用结构归纳方法定义的对象的性质原则上都可以用结构归纳法证明. 证明过程近乎于一种例行程序. 这就为使用或部分地使用计算机完成这类证明成为可能. 在计算机科学和人工智能的研究中，这是计算机辅助证明系统和计算机自动证明系统的理论基础.

既然结构归纳方法有这样的优点，如果对每一个数学对象都用结构归纳方法定义，数学证明不就变得简单了许多吗? 遗憾的是，并非每一个数学对象都可以这样定义，今后我们会看到一些不能被归纳定义的对象. 问题的难点恰恰在于弄清哪些对象可以被归纳地定义，哪些则不能.

第 2 章　一阶语言的模型

第 1 章中出现了两种"语言". 由定义 1.1、定义 1.2 和定义 1.3 界定的一阶语言，我们称之为对象语言，而用以解释或说明一阶语言的语言，我们称之为一阶语言的元语言，或一阶语言的元语言环境. 例如，在例 1.3 中，逻辑公式 $\exists z(y \doteq +xz)$ 中出现的"$\doteq$"是一阶语言的符号，而把此公式解释为命题"存在自然数 z，使得 $y = x + z$ 成立"，在命题中出现的 $=$ 是中学代数中使用的相等关系，它是元语言中的相等关系.

对一阶语言的研究也包括对一阶语言的解释的研究，这就是一阶语言的语义理论或模型理论，其基本出发点如下.

(1) 对象语言和元语言的广泛性　哪里有学术研究，哪里就会出现对象语言和元语言的问题. 例如，物理学家需要引入专有名词和特殊符号代表特定的物理概念和物理量，并用微分方程式描述物理学规律. 这些专有名词、特殊符号和方程组成了物理学的对象语言. 这种对象语言的作用是使用这些名词、符号和方程式揭示出现实世界中大量物理现象所遵从的一般规律. 物理学家用以解释这些名词、符号和方程的自然语言则是这种对象语言的元语言. 又如，我们学英语时，英语就成了对象语言，而用以解释英语的汉语就成了元语言. 所以，在英汉词典中，英语词条属于对象语言范畴，而用以解释英语词条的汉语是其元语言. 一般而言，对象语言通过引入专有名词和符号界定研究对象的范围，而元语言用人们已有的知识来解释对象语言的名词和符号. 一阶语言是一种对象语言，它的特点是使用结构归纳方法来界定其符号、项和逻辑公式.

(2) 对象语言和元语言的相对性　对象语言和元语言之间并没有一个绝对的界限. 一个语言可以在此环境下是对象语言，而在彼环境下又成了元语言. 例如，C 语言是一种程序设计语言. 在 C 语言文本中，C 语言是对象语言，而 C 程序是其语法对象. 而在文本中用于解释 C 语句的自然语言是元语言，通过自然语言的解释，我们才懂得每条 C 语言语句的含义. 但是，当我们用 C 语言去解释 Java 程序时，C 语言又成了元语言，因为通过 C 语言的解释，我们才懂得一个 Java 程序如何在计算机上执行. 一般而言，一个语言在它作为对象语言时，它的符号和语法对象所取得的准确性和已被人们证明的结论，在它作为元语言时，就可以用来解释和说明相应对象语言的符号和语法对象，并用来证明该对象语言中不同语法对象之间的关系. 这是人类从事科学研究的基本方法. 所以，我们也可以把一阶语言作为元语言，来解释描述领域知识的某个对象语言，并证明其对象之间的逻辑关系.

(3) 解释的基本要素　　元语言对对象语言进行解释. 要把对象语言中的符号和语法对象解释清楚，需要下述两个基本要素. 一是需要把元语言中的特定的领域知识作为解释的载体，这个载体通常是一个数学系统，称为论域. 二是需要一种确定的解释方法，把对象语言的符号和对象解释为载体中相应的元素. 例如，规定一阶语言是对象语言，而 f 为其二元函数符号，P 是其二元谓词符号. 根据第 1 章中的定义，知

$$A: \quad \forall x \forall y \forall z (Pxy \rightarrow Pfxzfyz)$$

是一个公式，也是一个符号串. 如果问它代表什么意思，我们很难立即给出回答. 如果我们选定自然数系作为解释的载体，规定变元 x, y, z 只能取自然数，并把二元函数符号 f 解释为自然数的加法，即 fxz 表示 $x + z$，把二元谓词 P 解释为自然数的"小于"关系，那么 Pxy 表示 $x < y$. 我们再把量词符号及约束变元 $\forall x$ 解释为"对任意自然数 x"，逻辑连接词符号 $\rightarrow$ 解释为"如果 $\cdots\cdots$ 那么 $\cdots\cdots$". 作了这些说明后，公式 A 被解释为下述关于自然数域的真命题：

对任意自然数 x, y, z，如果 $x < y$，那么 $(x + z) < (y + z)$.

通过这个例子，我们可以看出，元语言提供的环境应包括论域，还应包括确定的解释方法. 对这个例子，论域是自然数系，而解释方法包括：把 f 解释为自然数加法、把 P 解释为自然数之间的小于关系等，除此之外，还应包括对量词符号 $\forall$ 和逻辑连接词符号 $\rightarrow$ 的解释. 论域和解释方法合在一起构成了一阶语言的模型. 这个例子告诉我们，每个一阶语言的项和公式本是有确定语法结构的字符串. 在论域和解释方法确定之后，它的常元符号和函数符号被解释为论域中的元素和函数，而它的谓词符号则被解释为论域上的基本概念和关系，而它的项被解释为论域中的元素，公式被解释为论域中的命题. 在这种情况下我们说，语言的每一个项的语义是论域的一个元素，每一个逻辑公式被解释为论域中的一个命题，而此逻辑公式的语义是这个命题的真假性.

(4) 论域和解释方法的多样性　　对于 (3) 中的公式 A，我们把实数域作为论域，并把变元的取值范围改为全体实数，将 f 解释为实数域上的乘法，将 P 解释为实数域上的小于关系，而逻辑连接词 $\forall$ 和 $\rightarrow$ 的解释仍保持不变. 在这种情况下，公式 A 就被解释为下述关于实数域的命题：

对任意实数 x, y, z，如果 $x < y$，那么 $x \cdot z < y \cdot z$.

在实数域内，这个命题不再为真，因为当 z 为负数时，此命题不成立. 所以，对同一个一阶语言，可以有不同的论域和不同的解释方法.

(5) 逻辑连接词符号语义的不变性   从上面的例子我们可以看出，对于不同的论域和不同的解释，一阶语言的项和公式的语义可以完全不同. 但是，在前面两个例子中，对逻辑连接词符号的解释都是不变的，或者说，逻辑连接词符号的语义与论域和解释方法无关. 逻辑连接词符号语义的不变性是把对领域知识的逻辑分析转变为符号演算的关键.

(6) 在同一论域和解释中语言身份的双重性   前面我们曾讨论过在不同的论域和解释中，语言的身份可以不同. 本段要说明的是，在同一论域和解释中，一种语言可以既是对象语言，又是元语言. 例如，语言学家研究汉语时，被研究的汉语是对象语言，而用以解释这种研究的仍是汉语，它又成了元语言. 典型的例子是新华字典. 字典中的汉语词条是被研究的对象，属于对象语言范畴，而用以解释词条的那段文字也是汉语，但却属于元语言范畴，它们被用以说明词条的含义. 一般地说，对象语言的一类对象组成了一个集合，例如一阶语言的项组成的集合，它原本属于对象语言范围，但是因为集合中的每一个对象，例如一个项，也是一个集合的元素，所以，这些对象组成的集合也是元素的集合，自然也可以用此集合作为载体，来解释一阶语言的常元符号、函数符号和谓词符号. 只要解释的方法合理，它就可以成为对象语言的论域. 这就是在同一论域和解释中，一个语言身份的双重性. 本章将给出语言身份双重性的一个典型例子，称为 Herbrand 域. 此论域是证明一阶语言形式推理系统的完全性的关键.

总之，把对象语言和元语言加以区别，把对象语言和论域以及解释方法加以区分，并用数学的方法加以精确地定义和研究，是人类在关于知识的一般理论方面的一个重大进步. 今后我们会看到，这样做不仅有助于消除元语言环境中命题的多义性和歧义性，而且还可以把对有关领域知识的命题的逻辑分析和数学证明转变为符号演算. 一般而言，如果一个事物可以用某种语言描述，那么就可针对此事物设计一种对象语言，并通过定义解释方法确定对象语言语法成分的语义.

本章介绍关于一阶语言的模型的主要概念和研究结果. 2.1 节引入论域、解释和结构的概念，并引入关于论域中命题的排中原理. 2.2 节给出赋值和模型的概念. 2.3 节讨论什么是项的语义. 2.4 节给出逻辑连接词的语义，这些语义在一阶语言、它的模型和元语言环境中都是不变的. 2.5 节讨论逻辑公式的语义. 2.6 节给出公式和公式集合的可满足性和永真性. 2.7 节专门介绍关于"等价符号"的永真公式. 2.8 ~ 2.10 节引入 Hintikka 集合，Herbrand 论域以及 Hintikka 集合的可满足性等概念. 2.11 节介绍替换引理，该引理的证明在附录 2 中给出.

2.1   论域与解释

前面已经说明，要使一阶语言的项和公式有意义，我们需要先确定论域和解释，然后才能给出一阶语言的常元、函数符号和谓词在论域中的解释. 本节目的是对论域和解释做一个数学描述.

论域是一个数学系统，记作 $\mathbb{M}$. 它由三部分组成：第一部分是一个非空元素集合 M，M 包含 $\mathbb{M}$ 的基本元素. 第二部分是一个 M 上的非空的函数集合，其中的每一函数以一个 M 或多个 M 的笛卡儿 (Descartes) 积为定义域并以 M 为值域. 第三部分是一个关于 M 的非空命题集合，每一个命题表示 M 的元素之间、函数之间以及元素和函数之间的逻辑关系. 自然数系统 $\mathbb{N}$、有理数系统 $\mathbb{Q}$ 和实数系统 $\mathbb{R}$ 都是论域的典型例子. 在许多场合，人们习惯上用集合 M 代表数学系统 $\mathbb{M}$，并称 M 为论域. 今后，除非特别说明，我们将采用这种习惯用法，即对 M 和 $\mathbb{M}$ 不加以区分.

关于 $\mathbb{M}$ 有两点必须加以说明. 第一点，在一阶语言的定义中，我们引入了常元、函数符号、谓词和逻辑公式，它们都是语法对象，是字符串. 而关于论域，我们则使用了常量、函数、关系和命题这些概念，它们就是通常在数学教科书中使用的概念，它们的意义是明确的. 本章将使用它们说明一阶语言的常元、函数符号、谓词和逻辑公式的含义. 第二点，关于论域 $\mathbb{M}$ 的命题，本书采用下述基本假定，称为排中原理.

原理 2.1   排中原理

论域 $\mathbb{M}$ 中的每个命题要么为真，要么为假，别无它选.

排中原理是经典逻辑的基本原理，它在本书中的地位，相当于平行线公理之于平面几何，或伽利略变换之于经典力学.

解释是一种对应关系，是一种映射. 此映射将一阶语言中的每一个常元符号解释为 M 中的一个元素，将每一个 n 元函数符号解释为 M 上的一个 n 元函数，并将每一个 n 元谓词符号解释为 M 上的一个 n 元关系. 论域与解释合在一起称为结构. 它的定义如下：

定义 2.1 $\mathscr{L}$ 的结构

一阶语言 $\mathscr{L}$ 的结构 $\mathbf{M}$ 是一偶对，记为

$$\mathbf{M} = (M, I)$$

其中

(1) M 是一非空集合，称为论域；

(2) I 是从 $\mathscr{L}$ 到 M 的映射，简称为解释，记为 $I : \mathscr{L} \to M$，它满足下列三个条件.

    i. 对 $\mathscr{L}$ 中每一常元符号 c，$I(c)$ 是 M 中的元素.

    ii. 对 $\mathscr{L}$ 中每一 n 元函数符号 f，$I(f)$ 是 M 上的 n 元函数.

iii. 对 $\mathscr{L}$ 中的每一 n 元谓词符号 P，$I(P)$ 是 M 上的一个 n 元关系.

为了书写方便，$I(c)$, $I(f)$ 和 $I(P)$ 常被写成 $c_{\mathbf{M}}$，$f_{\mathbf{M}}$ 和 $P_{\mathbf{M}}$，它们分别被称为常元符号 c，函数符号 f 和谓词符号 P 在结构 $\mathbf{M}$ 中的解释，或者关于结构 $\mathbf{M}$ 的语义.

例 2.1 $\mathscr{A}$ 的结构

对例 1.1 给出的初等算术语言 $\mathscr{A}$，本章将通过此例和接下来的三个例子，即例 2.1 ~ 2.4，说明一阶语言语义的基本思想.

$\mathscr{A}$ 的常元符号为 0，函数符号有 $\{S, +, \cdot\}$，谓词符号只有一个，它是 $<$. 我们定义偶对 $\mathbf{N} = (\mathbb{N}, I)$，其中论域 $\mathbb{N}$ 为自然数系. 令 s 为 $\mathbb{N}$ 上的加 1 函数，即 $s(x) = x + 1$；$+$, $\cdot$ 代表 $\mathbb{N}$ 上的加法和乘法；$<$ 为 $\mathbb{N}$ 上的小于关系. 我们进一步定义解释映射 I 如下：

$$I(0) = 0$$
$$I(S) = s$$
$$I(+) = +$$
$$I(\cdot) = \cdot$$
$$I(<) = <$$

上式左边的 0, S, $+$, $\cdot$ 和 $<$ 是对象语言环境使用的符号，即 $\mathscr{A}$ 的常元符号，函数符号和谓词符号. 等式右边的 0, s, $+$, $\cdot$ 和 $<$ 是论域中使用的数学符号，即它们分别是自然数集合 $\mathbb{N}$ 的常数 0 和它的加 1 函数 s、加法、乘法以及小于关系. 解释映射 I 将常元符号 0 解释为自然数 0，将一元函数符号 S 解释为自然数集合上的加 1 运算 s，将二元函数符号 $+$ 和 $\cdot$ 分别解释为自然数集合上的加法和乘法，将二元谓词符号 $<$ 解释为自然数集合上的小于关系. 而 $\mathbf{N}$ 是初等算术语言 $\mathscr{A}$ 的一个结构. 解释映射是在元语言环境中定义的，在定义中使用的 $=$ 是元语言环境中的等号.

今后为了区分一阶语言、结构和元语言中使用的符号，在一阶语言中，我们用常元、变元、函数符号、谓词、逻辑连接词符号和量词符号，而在结构和元语言中的符号，我们分别称为常量、变量、函数、原子命题或基本命题、逻辑连接词和量词. 区分这些符号的方法之一是用不同的字体或不同颜色的文字进行排印. 例如，在新华字典中，作为对象语言的词条用黑体，而解释这些词条的汉语 (元语言) 则用宋体. 本书没有这样做的原因是语言身份的双重性. 建议读者在阅读本书时，要注意区分书中的符号是一阶语言的符号，还是论域中使用的符号或是元语言中的符号，这是理解许多重要结果的关键.

2.2   赋值与模型

在第 1 章中，我们已经指出：一阶语言的自由变元是从初等代数公式中的变量或参数，以及程序设计语言中过程声明的形式参数抽象出来的. 在程序设计语言中，带形式参数的过程声明是不能执行的. 只有在过程被调用时, 形式参数被赋值以后, 它的过程体才能被执行. 类似地, 对于一阶语言, 如果项和公式中有自由变元出现, 即使确定了论域和解释, 这些项和公式的语义仍要依赖于对这些自由变元所赋的值.

定义 2.2 赋值

赋值 σ 是一个定义域为变元集合 V, 值域为 M 的映射, 记为 $\sigma: V \to M$. 赋值 σ 把 $\mathscr{L}$ 中的每一个变元 x, 赋以论域 M 中的一个元素 $a \in M$, 记为 $\sigma(x) = a$. 全体赋值组成的集合记为 $[V \to M]$.

把结构和赋值合在一起, 构成了一阶语言的模型.

定义 2.3 模型

给定一阶语言 $\mathscr{L}$, 以及它的结构 $\mathbf{M}$ 和赋值 σ. 偶对 $(\mathbf{M}, \sigma)$ 称为 $\mathscr{L}$ 的一个模型.

例 2.2 $\mathscr{A}$ 的模型

根据例 2.1, $\mathbf{N} = (\mathbb{N}, I)$, 令赋值 $\sigma(x_n) = n$, 从而 $(\mathbf{N}, \sigma)$ 构成 $\mathscr{A}$ 的一个模型. 在此模型下, 不仅 $\mathscr{A}$ 的常元, 函数符号和谓词符号在自然数集合中得到了解释, 而且 $\mathscr{A}$ 的每一个变元也有了确定的值.

对每一个赋值 σ, 都可以定义下述与之相关的赋值. 在定义项和公式的语义时, 该赋值将被经常使用.

定义 2.4 赋值 $\sigma[x_i := a]$

设 $a \in M$ 并且 $\sigma: V \to M$ 是一赋值. 赋值 $\sigma[x_i := a]$ 定义如下.

$$\sigma[x_i := a](y) = \begin{cases} \sigma(y), & \text{如果 } y \neq x_i, \\ a, & \text{如果 } y = x_i. \end{cases}$$

这个定义告诉我们, 赋值 $\sigma[x_i := a]$ 将 a 赋于变元 x_i, 而对其余变元, 它与 σ 的取值完全一样.

2.3 项 的 语 义

对于一个一阶语言 $\mathscr{L}$, 一旦确定了它的模型 $(\mathbf{M}, \sigma)$, 变元和常元被解释为 M 中的元素, 函数符号被解释为 M 上的函数, 项也就随之被解释为论域 M 的元素, 或者说, 项被 "指称" 为论域 M 中的元素. 这就是项的语义.

定义 2.5 项的语义

给定一阶语言 $\mathscr{L}$, 结构 $\mathbf{M} = (M, I)$ 和赋值 $\sigma : V \to M$. 在模型 $(\mathbf{M}, \sigma)$ 下, 项 t 的语义是 M 中的一个元素, 它用 $t_{\mathbf{M}[\sigma]}$ 表示, 并被归纳地定义:

(1) $x_{\mathbf{M}[\sigma]} = \sigma(x)$, x 为一变元符号;

(2) $c_{\mathbf{M}[\sigma]} = c_{\mathbf{M}}$, c 为一常元符号;

(3) $(ft_1 \cdots t_n)_{\mathbf{M}[\sigma]} = f_{\mathbf{M}}((t_1)_{\mathbf{M}[\sigma]}, \ldots, (t_n)_{\mathbf{M}[\sigma]})$.

(1) 说明变元 x 的语义是赋值 σ 在 x 的取值, 它是 M 的一个元素. (2) 说明常元 c 的语义是 $c_{\mathbf{M}}$, 即 $I(c)$, 在结构 $\mathbf{M}$ 下, 是 I 在 c 的取值, 它也是 M 的一个元素. (3) 说明项 $ft_1 \cdots t_n$ 的语义仍是 M 的一个元素. 它可以这样得到: 把 f 解释为 M 中的 n 元函数 $f_{\mathbf{M}}$, 即 $I(f)$, 分别求 $(t_i)_{\mathbf{M}[\sigma]}$, 得到论域 M 中的 n 个值; 再求函数 $f_{\mathbf{M}}$ 在 $((t_1)_{\mathbf{M}[\sigma]}, \ldots, (t_n)_{\mathbf{M}[\sigma]})$ 的值.

例 2.3 $\mathscr{A}$ 的项

在例 2.2 给出的模型 $(\mathbf{N}, \sigma)$ 中, $\mathscr{A}$ 中的函数符号 $+$ 被解释为自然数加法, S 被解释为自然数加 1 运算. 因此, 项 $+x_1 S x_7$ 的解释是 9, 或者说该项在模型 $(\mathbf{N}, \sigma)$ 下的语义是 9. 获得此解释的计算过程如下:

$$
\begin{aligned}
(+x_1 S x_7)_{\mathbf{N}[\sigma]} &= (x_1)_{\mathbf{N}[\sigma]} + (S x_7)_{\mathbf{N}[\sigma]} \\
&= 1 + ((x_7)_{\mathbf{N}[\sigma]} + 1) \\
&= 1 + (7 + 1) \\
&= 9
\end{aligned}
$$

项 $+S0SSx_1$ 在模型 $(\mathbf{N}, \sigma)$ 下的解释是 4. 计算过程如下:

$$
\begin{aligned}
(+S0SSx_1)_{\mathbf{N}[\sigma]} &= (S0)_{\mathbf{N}[\sigma]} + (SSx_1)_{\mathbf{N}[\sigma]} \\
&= s(0) + (SS(x_1))_{\mathbf{N}[\sigma]} \\
&= 1 + s(1) + 1 \\
&= 1 + 2 + 1 \\
&= 4
\end{aligned}
$$

2.4   逻辑连接词符号的语义

到目前为止, 对给定的模型, 我们知道了如何确定每个项和谓词的语义, 但这还不足以确定每一公式在此模型中被解释为哪一个命题, 以及该命题为真还是为假. 只有当逻辑连接词符号的语义被严格界定之后, 这两个问题才能被解决. 例如, 公式

$$\exists x(x < 4 \vee x < 2)$$

应被解释为下述命题:

$$\text{``存在 } x\text{, 使 } x < 4 \text{ 或者 } x < 2.\text{''}$$

在这里,我们使用了对量词符号 ∃ 和逻辑连接词符号 ∨ 的习惯解释,即把 ∨ 解释为"或者"并把 ∃ 解释为"存在". 但是,此命题在论域 $\mathbb{N}$ 中的真假性还是确定不下来,因为在现实社会中,人们对"或者"有两种不同的理解. 一种是"排它的或者",这是在 exclusive 意义下的或者,认为"A 或者 B 成立"是指:"要么 A 成立,要么 B 成立,别无它选". 在这种情况下,只有当 $x = 2, 3$ 时,公式"$x < 2$ 或者 $x < 4$"为真. 另一种是"容它的或者",这是在 inclusive 意义下的或者,认为"A 或者 B 成立"是指:"A 与 B 中至少有一个成立". 因此,当 $x = 0, 1, 2, 3$ 时,公式"$x < 2$ 或者 $x < 4$"均为真. 这两种结果是由于逻辑连接词符号语义的不同导致的.

为了避免逻辑连接词符号的多义性,我们就必须对逻辑连接词符号的语义给以统一而严格地界定. 作法是:把每个逻辑连接词符号的语义都定义为一个真值函数,此函数的定义域是一个真值集合或两个真值集合的笛卡儿积,而函数值是一个真假值.

定义 2.6 真值集

真值集合 Bool 为 $\{\text{T}, \text{F}\}$,它只包含两个元素,T 表示真,F 表示假.

定义 2.7 逻辑连接词符号的语义

对于一阶语言而言,逻辑连接词符号 ¬ 的真值函数为 $\mathbf{B}_\neg$,其自变量是 X,X 只能取 T 与 F,而函数值 $\mathbf{B}_\neg(X)$ 由下述真值表定义:

X	T	F
$\mathbf{B}_\neg(X)$	F	T

设二元函数 $\mathbf{B}_\vee$, $\mathbf{B}_\wedge$, $\mathbf{B}_\rightarrow$ 和 $\mathbf{B}_\leftrightarrow$ 分别为逻辑连接词符号 ∨, ∧, → 及 ↔ 的真值函数. 它们被下述真值表定义:

X	Y	$\mathbf{B}_\vee(X, Y)$	$\mathbf{B}_\wedge(X, Y)$	$\mathbf{B}_\rightarrow(X, Y)$	$\mathbf{B}_\leftrightarrow(X, Y)$
T	T	T	T	T	T
T	F	T	F	F	F
F	T	T	F	T	F
F	F	F	F	T	T

$\mathbf{B}_\neg$ 的真值表说明：如果 X 为真，即取真值 T，那么 $\mathbf{B}_\neg(X)$ 的值为 F，即为假. 反之，如果 X 取值 F，那么 $\mathbf{B}_\neg(X)$ 的值为 T.

我们以 $\mathbf{B}_\vee(X, Y)$ 说明逻辑连接词符号 $\vee$ 的语义. 变量 X 和 Y 的真假值只有四种不同的组合，即 (T, T), (T, F), (F, T) 和 (F, F). 当 X 和 Y 取值 (T, F) 时，从开头为 $\mathbf{B}_\vee$ 的列向下，并以 (T, F) 为开头的行向右，行和列的交叉点 T 就是 $\mathbf{B}_\vee$(T, F) 的值. 真值表定义的 $\mathbf{B}_\vee$ 也可以用下述方法定义：

$$\mathbf{B}_\vee(X, Y) = \begin{cases} \mathrm{T}, & \text{如果 } X = \mathrm{T} \text{ 并且 } Y = \mathrm{T}, \\ \mathrm{T}, & \text{如果 } X = \mathrm{T} \text{ 并且 } Y = \mathrm{F}, \\ \mathrm{T}, & \text{如果 } X = \mathrm{F} \text{ 并且 } Y = \mathrm{T}, \\ \mathrm{F}, & \text{如果 } X = \mathrm{F} \text{ 并且 } Y = \mathrm{F}. \end{cases}$$

函数 $\mathbf{B}_\wedge$, $\mathbf{B}_\to$ 和 $\mathbf{B}_\leftrightarrow$ 均可用类似的方法定义.

上述真值函数的定义告诉我们：逻辑连接词符号语义的真值函数的自变量从真值集取值，这些真值函数的值与一阶语言的结构和赋值无关，而是由逻辑连接词符号唯一确定.

2.5　公式的语义

在给定了模型并定义了逻辑连接词符号的语义之后，每个公式将被解释为论域中的一个命题. 由于模型中的每个命题都有对错之分，真假之辨，所以这个公式在此模型下的语义，自然地被定义为相应命题的真假值. 对给定的模型，用结构归纳方法可以定义逻辑公式的语义. 原子公式的语义由结构和赋值直接确定，而复合公式的语义由其子公式的真假值及逻辑连接词符号的语义决定.

定义 2.8　公式的语义

设 $\mathbf{M}$ 和 σ 分别为一阶语言 $\mathscr{L}$ 的结构和赋值，而 A 为 $\mathscr{L}$ 的公式. 公式 A 在模型 $(\mathbf{M}, \sigma)$ 下的语义是一个真假值，用 $A_{\mathbf{M}[\sigma]}$ 表示，被结构归纳地定义如下：

(1) $(Pt_1 \cdots t_n)_{\mathbf{M}[\sigma]} = P_{\mathbf{M}}((t_1)_{\mathbf{M}[\sigma]}, \ldots, (t_n)_{\mathbf{M}[\sigma]})$;

(2) $(t_1 \doteq t_2)_{\mathbf{M}[\sigma]} = \begin{cases} \mathrm{T}, & \text{如果 } (t_1)_{\mathbf{M}[\sigma]} = (t_2)_{\mathbf{M}[\sigma]}, \\ \mathrm{F}, & \text{否则}; \end{cases}$

(3) $(\neg A)_{\mathbf{M}[\sigma]} = \mathbf{B}_\neg(A_{\mathbf{M}[\sigma]})$;

(4) $(A \vee B)_{\mathbf{M}[\sigma]} = \mathbf{B}_\vee(A_{\mathbf{M}[\sigma]}, B_{\mathbf{M}[\sigma]})$;

(5) $(A \wedge B)_{\mathbf{M}[\sigma]} = \mathbf{B}_\wedge(A_{\mathbf{M}[\sigma]}, B_{\mathbf{M}[\sigma]})$;

(6) $(A \to B)_{\mathbf{M}[\sigma]} = \mathbf{B}_\to(A_{\mathbf{M}[\sigma]}, B_{\mathbf{M}[\sigma]})$;

(7) $(A \leftrightarrow B)_{\mathbf{M}[\sigma]} = \mathbf{B}_{\leftrightarrow}(A_{\mathbf{M}[\sigma]}, B_{\mathbf{M}[\sigma]})$;

(8) $(\forall x_i A)_{\mathbf{M}[\sigma]} = \begin{cases} \mathrm{T}, & \text{对任意 } a \in M, A_{\mathbf{M}[\sigma[x_i := a]]} = \mathrm{T} \text{ 成立,} \\ \mathrm{F}, & \text{否则;} \end{cases}$

(9) $(\exists x_i A)_{\mathbf{M}[\sigma]} = \begin{cases} \mathrm{T}, & \text{存在 } a \in M, \text{使 } A_{\mathbf{M}[\sigma[x_i := a]]} = \mathrm{T} \text{ 成立,} \\ \mathrm{F}, & \text{否则.} \end{cases}$

如果 $A_{\mathbf{M}[\sigma]}$ 为真, 那么称公式 A 在模型 $(\mathbf{M}, \sigma)$ 中为真, 或 A 在模型 $(\mathbf{M}, \sigma)$ 中成立.

定义 2.8 的式 (1) 说明: 在结构 $\mathbf{M}$ 和赋值 σ 下, P 被解释为 M 中的 n 元关系 $P_{\mathbf{M}}$, 即 $I(P)$, t_i 被解释为论域 M 中的元素 $(t_i)_{\mathbf{M}[\sigma]}$, 而谓词 $Pt_1 \cdots t_n$ 的解释是一个真假值, 表示在模型 $(\mathbf{M}, \sigma)$ 中 n 元关系 $P_{\mathbf{M}}$ 在点 $((t_1)_{\mathbf{M}[\sigma]}, \ldots, (t_n)_{\mathbf{M}[\sigma]})$ 成立与否.

定义 2.8 的式 (2) 说明: 在结构 $\mathbf{M}$ 和赋值 σ 下, 如果 $(t_1)_{\mathbf{M}[\sigma]}$ 和 $(t_2)_{\mathbf{M}[\sigma]}$ 相等, 那么公式 $(t_1 \doteq t_2)$ 在模型 $(\mathbf{M}, \sigma)$ 中的语义为真, 否则它为假.

定义 2.8 的式 (3) 说明: 在结构 $\mathbf{M}$ 和赋值 σ 下, 公式 $\neg A$ 的真假值正好与公式 A 的真假值相反.

对于定义 2.8 中的式 (4) ~ (7), 我们以式 (4) 为例加以说明. 等式中的 $A_{\mathbf{M}[\sigma]}$, $B_{\mathbf{M}[\sigma]}$ 及 $(A \vee B)_{\mathbf{M}[\sigma]}$ 分别表示 A, B 及 $A \vee B$ 在结构 $\mathbf{M}$ 及赋值 σ 下的语义, 即真假值. 根据上节给出的 $\mathbf{B}_{\vee}$ 的定义, 知

$$(A \vee B)_{\mathbf{M}[\sigma]} = \begin{cases} \mathrm{T}, & \text{如果 } A_{\mathbf{M}[\sigma]} = \mathrm{T} \text{ 且 } B_{\mathbf{M}[\sigma]} = \mathrm{T}, \\ \mathrm{T}, & \text{如果 } A_{\mathbf{M}[\sigma]} = \mathrm{T} \text{ 且 } B_{\mathbf{M}[\sigma]} = \mathrm{F}, \\ \mathrm{T}, & \text{如果 } A_{\mathbf{M}[\sigma]} = \mathrm{F} \text{ 且 } B_{\mathbf{M}[\sigma]} = \mathrm{T}, \\ \mathrm{F}, & \text{如果 } A_{\mathbf{M}[\sigma]} = \mathrm{F} \text{ 且 } B_{\mathbf{M}[\sigma]} = \mathrm{F}. \end{cases}$$

式 (8) 说明: 对给定的结构 $\mathbf{M}$ 和赋值 σ, 如果将公式 A 中的自由变元 x_i 赋以 M 的**任意**元素 a 后, 公式 A 在此结构和赋值下的解释均为真, 那么 $\forall x_i A$ 为真, 否则它为假.

式 (9) 说明: 对给定的结构 $\mathbf{M}$ 和赋值 σ, 如果将公式 A 中的自由变元 x_i 赋以 M 中**某一**元素 a 后, A 在此结构和赋值下的解释为真, 那么 $\exists x_i A$ 为真, 否则它为假.

读者需要注意, 表达式 $A_{\mathbf{M}[\sigma[x_i := a]]}$ 表示公式 A 在结构 $\mathbf{M}$ 和赋值 $\sigma[x_i := a]$ 下所取的真假值. 它与第 1 章引入的 $A[a/x_i]$ 不同. 后者是一阶语言的公式, 是一字符串, 是将 A 中自由出现的变元 x_i 用字符 a 替换之后所得的公式. 总之, 这两者是不同的, 前者是真假值, 是语义函数的值; 而后者是一个字符串, 是一个逻辑公式.

例 2.4　$\mathscr{A}$ 的公式

根据例 2.2 中定义的结构 **N** 和赋值 σ，$\mathscr{A}$ 的项 $(+x_1Sx_7)$ 被解释为 9，也就是说 $(+x_1Sx_7)_{\mathbf{N}[\sigma]} = 9$. 又知 $(x_9)_{\mathbf{N}[\sigma]} = 9$，根据定义 2.8 式 (2)，知

$$(+x_1Sx_7 \doteq x_9)_{\mathbf{N}[\sigma]} = \mathrm{T}$$

成立. 这说明，在模型 $(\mathbf{N}, \sigma)$ 中，公式 $+x_1Sx_1 \doteq x_9$ 成立.

由于 $\sigma(x_n) = n$，知 $(x_2)_{\mathbf{N}[\sigma]} = 2$ 和 $(x_4)_{\mathbf{N}[\sigma]} = 4$ 成立.

设 x 为一个新变元，对赋值 $\sigma[x := 1]$，即 x 取自然数 1，不难验证：

$$(< xx_4)_{\mathbf{N}[\sigma[x:=1]]} = \mathrm{T} \; 及 \; (< xx_2)_{\mathbf{N}[\sigma[x:=1]]} = \mathrm{T} \; 成立.$$

再根据 $\mathbf{B}_\vee$ 的定义，知

$$(< xx_4 \vee < xx_2)_{\mathbf{N}[\sigma[x:=1]]} = \mathrm{T}$$

根据定义 2.8 式 (9)，有

$$(\exists x(< xx_4 \vee < xx_2))_{\mathbf{N}[\sigma]} = \mathrm{T}$$

成立. 这个等式表示，在模型 $(\mathbf{N}, \sigma)$ 下，公式 $\exists x(< xx_4 \vee < xx_2)$ 被解释为下述命题：

$$"存在 x, 使 x < 4 或 x < 2",$$

而且这是一个真命题. 所以在模型 $(\mathbf{N}, \sigma)$ 下，公式 $\exists x(< xx_4 \vee < xx_2)$ 为真.

这个例子给出了确定一个公式的语义的三个步骤：第一步，要定义模型，即确定论域，定义解释映射，引入对变元的赋值；第二步，要根据定义 2.5，从常元和变元开始，归纳地确定公式中出现的每个项的语义；第三步，再根据定义 2.8，从原子公式开始，归纳地确定该公式在论域中被解释成的命题，并确定此命题的真假，而这个真假值就是该公式在此模型下的语义.

至此，我们已经给出了初等算术语言 $\mathscr{A}$ 的论域 N，结构 **N**，以及它的项和逻辑公式的语义.

熟悉程序设计语言的读者可能会发现，程序与它的可执行代码和编译程序之间的关系，同一阶语言与它的论域、解释和赋值之间的关系的类似性. 例如，如果把 Java 作为对象语言，并把 C 程序的全体作为论域，记为 **C**，那么 Java 语言的解释程序 I_J 就可视作解释映射，而对 Java 语言和解释程序 I_J 的说明是在一个自然语言环境下进行的，这个自然语言环境就是它们的元语言环境. 在这种情况下，每个 Java 程序是一个语法对象，而该程序的语义就是执行了解释程序 I_J 后生成的 C 程

序，$(\mathbf{C}, I_J)$ 就可视作 Java 语言的一个"模型". 类似地，如果把 C 语言作为对象语言，而把处理器芯片的可执行代码组成的集合作为论域 $\mathbb{C}$，那么 C 语言的编译程序 C_I 就在起解释映射的作用，它把每个 C 程序编译成一段可执行的机器代码，而这段机器代码就是该 C 程序在这个机器环境下的语义，$(\mathbb{C}, C_I)$ 就可视作 C 语言的一个"模型". 而对 C 语言和编译程序 C_I 的说明也是在一个自然语言环境下进行的，这个自然语言环境就是它们的元语言环境. 总之，一阶语言、模型和元语言环境之间的关系，以及程序设计语言、实现语言和自然语言环境之间的关系，都可以用对象语言、模型和元语言环境这种方法描述出来. 这种方法对于在软件设计与开发过程中，避免语法对象的歧义性，保证实现方案的正确性都是必不可少的.

2.6　可满足性和永真性

前几节，我们介绍了模型，即论域、解释和赋值的概念，讨论了在给定模型之后，如何确定项和公式的语义的问题. 本节将讨论另一类问题，即对给定的公式 A 或公式集合 Γ，是否存在某一个模型 $\mathbf{M}$，使该公式或公式集合在此模型下为真的问题，以及对所有模型，该公式或公式集合是否均为真的问题. 这两个问题分别被称为公式或公式集合的可满足性和永真性问题.

定义 2.9　可满足性

给定一阶语言 $\mathscr{L}$ 和它的公式 A 和公式集合 Γ. 如果存在模型 $(\mathbf{M}, \sigma)$，使得

$$A_{\mathbf{M}[\sigma]} = \mathrm{T}　成立,$$

那么称公式 A 关于模型 $(\mathbf{M}, \sigma)$ 是可满足的 (satisfiable)，简称 A 可满足，也称模型 $(\mathbf{M}, \sigma)$ 满足 A，记为 $\mathbf{M} \models_\sigma A$. 如果 A 是一个语句，那么记为 $\mathbf{M} \models A$.

如果 Γ 中的每一个公式关于模型 $(\mathbf{M}, \sigma)$ 都是可满足的，即

$$\mathbf{M} \models_\sigma A　对任意 A \in \Gamma 成立,$$

那么称公式集合 Γ 关于模型 $(\mathbf{M}, \sigma)$ 可满足，简称公式集合 Γ 可满足，也称模型 $(\mathbf{M}, \sigma)$ 满足公式集合 Γ 或 $(\mathbf{M}, \sigma)$ 是 Γ 的模型，记为 $\mathbf{M} \models_\sigma \Gamma$. 如果 Γ 是由语句组成的集合，那么记为 $\mathbf{M} \models \Gamma$.

定义 2.10　永真性

称公式 A 是永真的或有效的 (valid)，如果 A 对 $\mathscr{L}$ 的任意模型 $(\mathbf{M}, \sigma)$ 均可满足，即 $\mathbf{M} \models_\sigma A$，对任意结构 $\mathbf{M}$ 和任意赋值 σ 成立，记为 $\models A$.

称公式集合 Γ 是永真的或有效的，如果 Γ 中的每一个公式 A 都是永真的，记为 $\models \Gamma$.

永真公式，也称重言式，是与模型无关的公式，它们在任何模型下都为真. 永真公式在形式逻辑的发展历史中占有重要地位.

例 2.5　公式

$$A \vee \neg A$$

是永真公式.

对于公式 $A \vee \neg A$，设 $(\mathbf{M}, \sigma)$ 为任意给定的模型. 根据 2.1 节的排中原理，命题 $A_{\mathbf{M}[\sigma]}$ 要么为真，要么为假. 如果 $A_{\mathbf{M}[\sigma]}$ 为真，根据定义 2.8 式 (4)，$(A \vee \neg A)_{\mathbf{M}[\sigma]}$ 为真；反之，如果 $A_{\mathbf{M}[\sigma]}$ 为假，根据定义 2.8 式 (3) 关于 $\neg A$ 的语义，命题 $(\neg A)_{\mathbf{M}[\sigma]}$ 为真，再根据定义 2.8 式 (4)，命题 $(A \vee \neg A)_{\mathbf{M}[\sigma]}$ 仍为真. 所以对任意模型 $(\mathbf{M}, \sigma)$，公式 $A \vee \neg A$ 恒真.

例 2.6　公式

$$\forall x(x \doteq x)$$

是永真公式.

证明　对任意给定的模型 $(\mathbf{M}, \sigma)$，

$$(x)_{\mathbf{M}[\sigma]} = (x)_{\mathbf{M}[\sigma]}$$

成立. 根据定义 2.8 式 (2)，也就是

$$(x \doteq x)_{\mathbf{M}[\sigma]} = \mathrm{T}$$

成立. 所以，对任意 $a \in M$，

$$(x \doteq x)_{\mathbf{M}[\sigma[x := a]]} = \mathrm{T}$$

成立. 根据定义 2.8 式 (8)，知 $\forall x(x \doteq x)$ 是永真公式.　　　　　□

定义 2.11　逻辑结论

设 A 为公式，Γ 为公式集合. 如果 $\mathbf{M}$ 为任意结构，σ 为任意赋值，并且

$$如果\ \mathbf{M} \models_\sigma \Gamma\ 成立，则有\ \mathbf{M} \models_\sigma A\ 成立，$$

那么称 A 是 Γ 的逻辑结论或语义结论，记为 $\Gamma \models A$，也称 $\Gamma \models A$ 有效.

在定义 2.9、定义 2.10 和定义 2.11 中，符号 $\models$ 出现在 4 种不同类型的语义关系式中，它们是：

$$\mathbf{M} \models_\sigma A, \quad \mathbf{M} \models A, \quad \models A, \quad \Gamma \models A$$

⊨ 在每种语义关系式中的含义不同, 区别这些关系式的简单方法是: 当 **M** 和 σ 同时出现时, 表示此式仅对给定的 **M** 及 σ 成立; 当 σ 不出现时, 表示此式对任意 σ 成立; 当 **M** 及 σ 均不出现时, 表示此式对任意 **M** 和任意 σ 成立. $\Gamma \models A$ 也是一个语义关系式, 它表示对任意 **M** 和任意 σ, 如果 Γ 为真, 那么 A 也为真. 下述引理在今后证明逻辑推理规则的完全性时要用到.

引理 2.1   如果 $\Gamma \models A$, 那么公式集合 $\Gamma \cup \{\neg A\}$ 不可满足.

证明   用反证法. 假定存在结构 **M** 和赋值 σ 使 $\Gamma \cup \{\neg A\}$ 满足, 那么 $\mathbf{M} \models_\sigma \Gamma$ 和 $\mathbf{M} \models_\sigma \neg A$ 均成立. 由于 $\Gamma \models A$ 成立, 根据定义 2.11, 如果 $\mathbf{M} \models_\sigma \Gamma$ 成立, 那么 $\mathbf{M} \models_\sigma A$ 必成立. 这就导致了矛盾, 根据排中原理, 在同一模型下, A 和 $\neg A$ 不能同时成立. □

2.7 关于 ↔ 的永真公式

在一阶语言的研究中, 关于逻辑连接词符号 ↔ 的永真公式具有特殊意义, 因为它们定义了逻辑连接词符号的等价性, 从而可以减少逻辑连接词符号的使用个数.

引理 2.2   关于 ↔ 的永真公式

下述关于 ↔ 的公式是永真公式:

(1) $\models (A \wedge B) \leftrightarrow \neg(\neg A \vee \neg B)$;

(2) $\models (A \to B) \leftrightarrow \neg A \vee B$;

(3) $\models (A \leftrightarrow B) \leftrightarrow \neg(\neg(\neg A \vee B) \vee \neg(\neg B \vee A))$;

(4) $\models \forall x A \leftrightarrow \neg \exists x \neg A$.

证明   让我们先证明第一个公式是永真的. 根据定义 2.8 式 (7), 只要证明: 对任意结构 **M** 和赋值 σ,

$$(A \wedge B)_{\mathbf{M}[\sigma]} \ \text{与} \ (\neg(\neg A \vee \neg B))_{\mathbf{M}[\sigma]}$$

具有相同的真假值即可. 根据定义 2.8, 构造下表:

$A_{\mathbf{M}[\sigma]}$	T	T	F	F
$B_{\mathbf{M}[\sigma]}$	T	F	T	F
$(\neg A)_{\mathbf{M}[\sigma]}$	F	F	T	T
$(\neg B)_{\mathbf{M}[\sigma]}$	F	T	F	T
$(\neg A \vee \neg B)_{\mathbf{M}[\sigma]}$	F	T	T	T
$(\neg(\neg A \vee \neg B))_{\mathbf{M}[\sigma]}$	T	F	F	F
$(A \wedge B)_{\mathbf{M}[\sigma]}$	T	F	F	F
$((A \wedge B) \leftrightarrow \neg(\neg A \vee \neg B))_{\mathbf{M}[\sigma]}$	T	T	T	T

由于对任意给定的 $\mathbf{M}$ 和 σ, 命题 $A_{\mathbf{M}[\sigma]}$ 和命题 $B_{\mathbf{M}[\sigma]}$ 的真假性只有 4 种组合. 它们是 (T, T), (T ,F), (F, T) 和 (F, F). 上表说明, 对于这 4 种情况, 公式 $(A \wedge B) \leftrightarrow \neg(\neg A \vee \neg B)$ 恒真. 用类似方法, 可以证明其它 3 个公式的永真性. □

根据定义 2.8 式 (7), 公式 $A \leftrightarrow B$ 永真, 当且仅当对任意结构 $\mathbf{M}$ 和任意赋值 σ, $A_{\mathbf{M}[\sigma]}$ 与 $B_{\mathbf{M}[\sigma]}$ 取相同的真假值. 在这种情况下, 我们称公式 A 与 B 等价. 从语法的角度看, 公式 A 与公式 B 是不同的字符串, 但是, 从语义的角度看, 对任意模型 $(\mathbf{M}, \sigma)$, 命题 $A_{\mathbf{M}[\sigma]}$ 与 $B_{\mathbf{M}[\sigma]}$ 的真假性都相同. 所以, 如果 $A \leftrightarrow B$ 永真, 那么凡是 A 出现的地方均可用 B 替代, 因为这样做对公式 A 与 B 的解释没有任何影响. 引理 2.2 的公式 (1) ~ (4) 说明凡是 $A \wedge B$, $A \to B$, $A \leftrightarrow B$ 以及 $\forall x A$ 出现的地方均可用公式 $\neg(\neg A \vee \neg B)$, $\neg A \vee B$, $\neg(\neg(\neg A \vee B) \vee \neg(\neg B \vee A))$ 以及 $\neg \exists x \neg A$ 分别代换. 这就说明, 一阶语言只要使用 $\neg$, $\vee$ 以及 $\exists$ 这三个逻辑连接词就足够了. 还有几种组合也有相同的功效, 它们是: $\{\neg, \vee, \forall\}$, $\{\neg, \wedge, \exists\}$, $\{\neg, \wedge, \forall\}$, $\{\neg, \to, \forall\}$ 和 $\{\neg, \to, \exists\}$.

为此, 本书在使用结构归纳方法证明某些引理、定理和推论时, 为了缩短证明的篇幅, 只考虑两个逻辑连接词符号和一个量词符号就足够了. 例如 $\neg$, $\vee$ 以及 $\exists$, 而关于逻辑连接词符号 $\wedge$, $\to$, $\leftrightarrow$ 和量词符号 $\forall$ 的证明将被省略, 因为包含它们的公式可以被只包含 $\neg$, $\vee$ 和 $\exists$ 的等价公式所替代.

2.8　Hintikka 集合

上节告诉我们, 要证明一个公式集合是可满足的, 只要找到一个模型 $(\mathbf{M}, \sigma)$, 即一个论域 M, 一个解释映射 I 和一个赋值 σ, 使集合内每一公式为真就可以了. 作为一个例子, 本节和下一节将介绍一种语句集合, 称为 Hintikka 集合, 并证明每一个 Hintikka 集合都是可满足的. 讨论 Hintikka 集合的重要性有如下两方面原因: ①此集合的可满足性是第 3 章证明一阶语言的形式推理系统的完全性的关键. ②有关 Hintikka 集合可满足性的证明方法具有典型性. 在证明过程中, 人们使用了一种模型, 称为 Herbrand 模型, 这种模型与本章开头所说的对象语言的双重性密切相关.

定义 2.12　Herbrand 域

设 $\mathscr{L}$ 为给定的一阶语言，而 H 为由 $\mathscr{L}$ 的项组成的非空子集. H 被结构归纳地定义如下：

(1) 如果 c 是一个常元，那么 $c \in H$；

(2) 如果 f 是一个 n 元函数符号，并且项 $t_1, \ldots, t_n \in H$，那么 $ft_1 \cdots t_n \in H$.
H 称为 $\mathscr{L}$ 的 Herbrand 域或项论域，而 H 的元素则称为 Herbrand 项或基项.

定义 2.12 告诉我们，Herbrand 域是一阶语言 $\mathscr{L}$ 的不包含变元的项组成的集合，它是项集合的子集. 例如，对于初等算术语言 $\mathscr{A}$，x, $Sx + S0$ 和 $SS0 + S0$ 都是 $\mathscr{A}$ 的项，但前两者不是基项，只有 $SS0 + S0$ 才是基项，是 $\mathscr{A}$ 的 Herbrand 域的元素.

定义 2.13　Hintikka 集合

设 H 为一阶语言 $\mathscr{L}$ 的 Herbrand 域. 称 Ω 为关于 H 的 Hintikka 集合，如果对任意公式 A，Ω 满足下述 7 个条件.

(1) 如果 A 是一个原子公式，那么要么 $A \in \Omega$，要么 $\neg A \in \Omega$[①].

(2) 公式 $\neg\neg A \in \Omega$，如果 $A \in \Omega$.

(3) 公式 $A \vee B \in \Omega$，如果 $A \in \Omega$ 或者 $B \in \Omega$. 公式 $\neg(A \vee B) \in \Omega$，如果 $\neg A \in \Omega$ 并且 $\neg B \in \Omega$.

(4) 公式 $A \wedge B \in \Omega$，如果 $A \in \Omega$ 并且 $B \in \Omega$. 公式 $\neg(A \wedge B) \in \Omega$，如果 $\neg A \in \Omega$ 或者 $\neg B \in \Omega$.

(5) 公式 $A \to B \in \Omega$，如果 $\neg A \in \Omega$ 或者 $B \in \Omega$. 公式 $\neg(A \to B) \in \Omega$，如果 $A \in \Omega$ 并且 $\neg B \in \Omega$.

(6) 公式 $\exists x A \in \Omega$，如果存在一个项 $t \in H$，使得 $A[t/x] \in \Omega$. 公式 $\neg\exists x A \in \Omega$ 成立，如果对所有 $t \in H$，均有 $\neg A[t/x] \in \Omega$ 成立.

(7) 公式 $\forall x A \in \Omega$，如果对所有 $t \in H$，均有 $A[t/x] \in \Omega$. 公式 $\neg\forall x A \in \Omega$ 成立，如果存在一个项 $t \in H$，使得 $\neg A[t/x] \in \Omega$ 成立.

需要指出的是：上述定义中的公式其实全都是语句，因为 Herbrand 域是所有不含变元的项的集合，而且 2.8 节和 2.9 节中所有的公式，都不含有自由变元，都是语句. 我们将在 2.10 节中讨论含有自由变元的 Herbrand 域.

Hintikka 集合具有下述性质.

[①] 对于等词，我们规定 $t \overset{.}{=} t \in \Omega$. 有的书 [Gallier, 1986] 对等词的性质进行了深入的讨论，而本书重在讨论一阶语言的基本原理，所以没有对等词进行专门的讨论，只把它作为一个一般的谓词来处理.

引理 2.3   设 Ω 为 $\mathscr{L}$ 的 Hintikka 集. 对 $\mathscr{L}$ 的任意公式 A, 要么 $A \in \Omega$ 成立, 要么 $\neg A \in \Omega$ 成立.

证明   使用结构归纳法证明此引理.

首先, 如果 A 是原子公式. 根据 Hintikka 集合的定义 2.13 的条件 (1), 要么 $A \in \Omega$, 要么 $\neg A \in \Omega$. 如果 A 是复合公式, 那么考虑 A 的结构如下:

(1) 设 A 为 $\neg B$. 根据结构归纳假设, 要么 $B \in \Omega$, 要么 $\neg B \in \Omega$. 由定义 2.13 的条件 (2), 这就是要么 $\neg(\neg B) \in \Omega$, 要么 $\neg B \in \Omega$.

(2) 设 A 为 $B \vee C$. 根据结构归纳假设, 对公式 B 和 C 有 4 种可能: $B \in \Omega$ 并且 $C \in \Omega$, $B \in \Omega$ 并且 $\neg C \in \Omega$, $\neg B \in \Omega$ 并且 $C \in \Omega$, 以及 $\neg B \in \Omega$ 并且 $\neg C \in \Omega$. 根据 Hintikka 集合的定义, 前 3 种情况, 就是 B 或者 C 属于 Ω, 即 $B \vee C \in \Omega$, 而第 4 种情况就是 $\neg B \in \Omega$ 并且 $\neg C \in \Omega$, 由定义 2.13 的条件 (3) 可知 $\neg(B \vee C) \in \Omega$. 所以, 要么 $B \vee C \in \Omega$ 成立, 要么 $\neg(B \vee C) \in \Omega$ 成立.

(3) 设 A 为 $B \wedge C$. 根据结构归纳假设, 对公式 B 和 C 有 4 种可能: $B \in \Omega$ 并且 $C \in \Omega$, $B \in \Omega$ 并且 $\neg C \in \Omega$, $\neg B \in \Omega$ 并且 $C \in \Omega$, 以及 $\neg B \in \Omega$ 并且 $\neg C \in \Omega$. 根据 Hintikka 集合的定义, 第 1 种情况就是 $B \in \Omega$ 并且 $C \in \Omega$, 即 $B \wedge C \in \Omega$. 而后 3 种情况, 就是 $\neg B$ 或者 $\neg C$ 属于 Ω, 由定义 2.13 的条件 (4) 可知 $\neg(B \wedge C) \in \Omega$, 所以, 要么 $B \wedge C \in \Omega$ 成立, 要么 $\neg(B \wedge C) \in \Omega$ 成立.

(4) A 为 $B \to C$ 的证明与 A 为 $B \vee C$ 的证明类似.

(5) 设 A 为 $\exists x B$. 根据结构归纳假设, 对任意 $t \in H$, 要么 $B[t/x] \in \Omega$, 要么 $\neg B[t/x] \in \Omega$. 如果存在 $t \in H$, 使得 $B[t/x] \in \Omega$, 那么根据定义 2.13 的条件 (5), $\exists x B \in \Omega$. 如果对任意 $t \in H$, 均有 $\neg B[t/x] \in \Omega$ 成立, 那么根据定义 2.13 的条件 (5), 这就是 $\neg \exists x B \in \Omega$ 成立. 所以, 要么 $\exists x B \in \Omega$ 成立, 要么 $\neg \exists x B \in \Omega$ 成立.

(6) 设 A 为 $\forall x B$. 根据结构归纳假设, 对任意 $t \in H$, 要么 $B[t/x] \in \Omega$, 要么 $\neg B[t/x] \in \Omega$. 如果存在 $t \in H$, 使得 $\neg B[t/x] \in \Omega$, 那么根据定义 2.13 的条件 (6), $\neg \forall x B \in \Omega$. 如果对任意 $t \in H$, 均有 $B[t/x] \in \Omega$ 成立, 那么根据定义 2.13 的条件 (6), 这就是 $\forall x B \in \Omega$ 成立. 所以, 要么 $\forall x B \in \Omega$ 成立, 要么 $\neg \forall x B \in \Omega$ 成立. $\square$

2.9   Herbrand 模型

本节证明 Hintikka 集合的可满足性. 根据定义 2.9, 我们必须找到一个模型 $(\mathbf{M}, \sigma)$, 使 Hintikka 集合中的每一个公式为真. 构造此模型的基本思路如下: 对给定的一阶语言 $\mathscr{L}$, $\mathscr{L}$ 的 Herbrand 域 H 是一个集合, 尽管 H 的每一个元素都是一个项, 是一个字符串, 但是由于 H 也是一个集合, 所以我们就可以把 H 作为定义域和值域来定义函数, 还可以使用 $\mathscr{L}$ 的谓词, 在 H 和函数的基础上来定义原子命题与复合命题，从而构造出基于 H 的论域 $\mathbb{H}$.

定义 2.14 $\mathbb{H}$ 中的函数

令 H 为 Herbrand 域，f 为 $\mathscr{L}$ 的任意 n 元函数符号. 称 f_H 为 $\mathbb{H}$ 中的一个 n 元函数，如果其定义域是 $H \times \cdots \times H$，而其值域是 H，并且定义

$$f_H(t_1, \ldots, t_n) = ft_1 \cdots t_n.$$

定义 2.14 说明，f_H 是论域 $\mathbb{H}$ 中的 n 元函数. 当 f_H 的 n 个自变量分别取值为 H 中的 n 个元素 $t_1, \ldots, t_n$ 时，f_H 的函数值也是一个元素 $ft_1 \cdots t_n$，它们就是 H 中的基项.

定义 2.15 $\mathbb{H}$ 中的命题

令 P 是 $\mathscr{L}$ 的 n 元谓词. 称 P_H 是 $\mathbb{H}$ 中的 n 元关系，或原子命题，如果对 H 中的 n 个元素 $t_1, \ldots, t_n$，定义

$$P_H(t_1, \ldots, t_n) = Pt_1 \cdots t_n.$$

$\mathbb{H}$ 中的命题或者是原子命题，或者是命题通过逻辑连接词 $\neg, \wedge, \vee, \rightarrow, \leftrightarrow$ 和量词 $\forall, \exists$ 连接而成的复合命题.

对于 $\mathbb{H}$，关键的问题是如何确定命题的真假性. 根据引理 2.3，对于 $\mathscr{L}$ 的每个 Hintikka 集合 Ω 和任意公式 A，要么 $A \in \Omega$ 成立，要么 $\neg A \in \Omega$ 成立. 所以规定：凡是属于集合 Ω 的公式都是 $\mathbb{H}$ 中的真命题.

定义 2.16 $\mathbb{H}$ 中的命题的真假性

设 H 为 Herbrand 域，而 Ω 为一个关于 H 的 Hintikka 集合. 对 $\mathbb{H}$ 中的任意命题 A，如果 $A \in \Omega$，那么定义 A 为真. 在此定义下，$\mathbb{H}$ 成为关于 Ω 的论域，记为 $\mathbb{H}_\Omega$.

我们在 2.8 节中定义了 Herbrand 域 H，本节定义了 $\mathbb{H}$ 中的函数和命题. 在引入 Hintikka 集合后，我们又进一步定义了论域 $\mathbb{H}$ 中命题的真假性，从而得到了论域 $\mathbb{H}_\Omega$. 我们只要能确定解释映射，就定义了 $\mathscr{L}$ 的模型. 这种模型称为 Herbrand 模型. 它是 $\mathscr{L}$ 的、关于 Hintikka 集合 Ω 的 Herbrand 模型. 将一阶语言 $\mathscr{L}$ 中的常元、函数符号和谓词解释为定义 2.12、定义 2.14 和定义 2.15 中定义的论域 $\mathbb{H}$ 中的常量、函数和原子命题，就解决了定义解释映射的问题.

下面让我们首先定义不含变元的 Herbrand 模型. 按照本章前面的约定，除非特别说明，我们将不再区分论域 $\mathbb{H}$, $\mathbb{H}_\Omega$ 和 Herbrand 域 H.

定义 2.17   关于 Ω 的 Herbrand 模型

设 $\mathscr{L}$ 为一阶语言，H 是 $\mathscr{L}$ 的 Herbrand 域，Ω 是 $\mathscr{L}$ 的关于 H 的一个 Hintikka 集合. I_H 为 H 对 $\mathscr{L}$ 的解释映射，其定义如下：

(1) $I_H(c) = c$；

(2) $I_H(f) = f_H$；

(3) $I_H(P) = P_H$.

称 (H, I_H) 为 $\mathscr{L}$ 的关于 Hintikka 集合 Ω 的 Herbrand 结构，记为 $\mathbf{H}$. 令 $\sigma : V \to H$ 是 $\mathscr{L}$ 的关于 Herbrand 域 H 的任意一个赋值，称 $(\mathbf{H}, \sigma)$ 为 $\mathscr{L}$ 的关于 Hintikka 集合 Ω 的 Herbrand 模型，记为 $\mathbf{H}_\Omega$.

在定义 2.17 中，等式 (1) 定义常元 c 的语义. 等式左边的 c 是一个常元符号，而等式右边的 c 是 Herbrand 域 H 的一个元素，它表示常元符号 c 被解释为元素 c. 等式 (2) 左边的 f 是一个函数符号，右边的 f_H 是左边 f 的解释，f_H 是一个映射，它把 H 中的 n 个元素 $t_1, \cdots, t_n$ 映射到 H 的元素 $ft_1 \cdots t_n$. 同样地，等式 (3) 左边的 P 是一个谓词符号，而右边的 P_H 是左边 P 的解释，P_H 是一个映射，它把 H 中的 n 个元素 $t_1, \cdots, t_n$ 映射到 H 的元素 $Pt_1 \cdots t_n$，后者是论域 $\mathbb{H}$ 中的一个原子命题，它描述了这些元素之间的关系，而此关系是否成立，由它是否属于集合 Ω 来决定.

引理 2.4   如果项 $t \in H$，那么

$$t_{\mathbf{H}_\Omega[\sigma]} = t$$

成立.

证明   使用结构归纳法.

(1) 若 $t = c$. 根据 Herbrand 域的定义，则 $c_{\mathbf{H}_\Omega[\sigma]} = c$.

(2) 若 $t = ft_1 \cdots t_n$，则

$$
\begin{aligned}
&(ft_1 \cdots t_n)_{\mathbf{H}_\Omega[\sigma]} \\
&= f_H(t_{1\mathbf{H}_\Omega[\sigma]}, \ldots, t_{n\mathbf{H}_\Omega[\sigma]}) \quad \text{（根据项的语义定义）} \\
&= f_H(t_1, \ldots, t_n) \quad \text{（根据对 } t_1, \ldots, t_n \text{ 的归纳假设）} \\
&= ft_1 \cdots t_n \quad \text{（根据 } f_H \text{ 的定义.）}
\end{aligned}
$$

$\square$

引理 2.5   令 Ω 是一阶语言 $\mathscr{L}$ 的一个 Hintikka 集. 对任意公式 A,

$$\mathbf{H}_\Omega \models_\sigma A \text{ 成立，当且仅当 } A \in \Omega \text{ 成立.}$$

证明   只要证明：对任意公式 A, $A_{\mathbf{H}_\Omega[\sigma]} = \mathrm{T}$ 当且仅当 $A \in \Omega$. 我们用数学归纳法证明此引理，对公式 A 的秩 $\mathrm{rk}(A)$ 做归纳.

若 $\mathrm{rk}(A) = 1$，那么 A 是一原子公式. 令 A 为 $Pt_1 \cdots t_n$. 有

$$(Pt_1 \cdots t_n)_{\mathbf{H}_\Omega[\sigma]} = \mathrm{T} \qquad \text{根据谓词的语义定义，就是}$$

当且仅当 $\quad P_H(t_{1\mathbf{H}_\Omega[\sigma]}, \ldots, t_{n\mathbf{H}_\Omega[\sigma]}) = \mathrm{T} \qquad$ 而根据引理 2.4，这又是

当且仅当 $\quad P_H(t_1, \ldots, t_n) = \mathrm{T} \qquad$ 再根据定义 2.16，这就是

当且仅当 $\quad Pt_1 \cdots t_n \in \Omega \qquad$ 成立.

假定对 $\mathrm{rk}(A) = k$ 的公式 A 引理成立. 考虑 $\mathrm{rk}(A) = k + 1$ 的情况. 在这种情况下，A 只能是 $\neg B, B \vee C, B \wedge C, B \to C, B \leftrightarrow C, \forall xB$ 及 $\exists xB$ 中之一，并且对公式 B 和 C 本引理成立. 现仅对下述三种情况证明引理的结论:

(1) 若 A 为 $\neg B$，则

$$(\neg B)_{\mathbf{H}_\Omega[\sigma]} = \mathrm{T} \qquad \text{根据 } \neg \text{ 的语义，即}$$

当且仅当 $\quad B_{\mathbf{H}_\Omega[\sigma]} = \mathrm{F} \qquad$ 根据归纳假设，这就是

当且仅当 $\quad B \notin \Omega \qquad$ 根据引理 2.3，也就是

当且仅当 $\quad \neg B \in \Omega \qquad$ 成立.

(2) 若 A 为 $B \vee C$，则有

$$(B \vee C)_{\mathbf{H}_\Omega[\sigma]} = \mathrm{T} \qquad \text{根据 } \vee \text{ 的语义，即}$$

当且仅当 $\quad \mathbf{B}_\vee(B_{\mathbf{H}_\Omega[\sigma]}, C_{\mathbf{H}_\Omega[\sigma]}) = \mathrm{T} \qquad$ 根据函数 $\mathbf{B}_\vee$ 的定义，即

当且仅当 $\quad B_{\mathbf{H}_\Omega[\sigma]} = T$ 或 $C_{\mathbf{H}_\Omega[\sigma]} = \mathrm{T} \qquad$ 根据归纳假设，这就是

当且仅当 $\quad B \in \Omega$ 或 $C \in \Omega$ 成立 $\qquad$ 根据定义 2.13 和引理 2.3

当且仅当 $\quad B \vee C \in \Omega \qquad$ 成立.

(3) 若 A 为 $\exists xB$. $(\exists xB)_{\mathbf{H}_\Omega[\sigma]} = \mathrm{T}$ 成立，根据 $\exists$ 的语义定义，就是当且仅当存在 $t \in H$，使得 $B_{\mathbf{H}_\Omega[\sigma[x:=t]]} = \mathrm{T}$ 成立. 注意到赋值 $\sigma[x := t]$ 是将变元 x 赋以值 t，而 $\mathscr{L}$ 的项 t 就是 Herbrand 域的元素，所以将 B 中的变元 x 用项 t 进行替换后，所得公式 $B[t/x]$ 在 $\mathbf{H}_\Omega$ 下的语义就是 $B_{\mathbf{H}_\Omega[\sigma[x:=t]]}$. 故有 $B_{\mathbf{H}_\Omega[\sigma[x:=t]]} = (B[t/x])_{\mathbf{H}_\Omega[\sigma]}$ 成立. 所以 $(\exists xB)_{\mathbf{H}_\Omega[\sigma]} = \mathrm{T}$ 成立，当且仅当存在 $t \in H$ 使得 $(B[t/x])_{\mathbf{H}_\Omega[\sigma]} = \mathrm{T}$ 成立. 因为 $\mathrm{rk}(B[t/x]) = \mathrm{rk}(B) = k$，根据归纳假设，即当且仅当存在 $t \in H$ 使得 $B[t/x] \in \Omega$ 成立. 再根据定义 2.13 和引理 2.3，这就是当且仅当 $\exists xB \in \Omega$ 成立. $\qquad \square$

定理 2.1 Hintikka 集合的可满足性

若 Ω 是一阶语言 $\mathscr{L}$ 的一个 Hintikka 集合，那么 Ω 可满足，并且 $\mathscr{L}$ 的 Herbrand 模型 $\mathbf{H}_\Omega$ 是使 Ω 满足的模型.

证明 直接从引理 2.5 得出. $\qquad \square$

细心的读者可能已经发现，在 Herbrand 模型中，涉及原子公式的语义和证明时，我们对等词符号 $\doteq$ 的语义并未论及. 实际上，要证明引理 2.5 对等词符号也成立，还需要再做些技术处理. 原因如下：如果原子公式 $t_1 \doteq t_2$ 属于 Ω，根据定义 2.8 关于 $\doteq$ 的语义定义，应有 $t_{1\mathbf{H}_\Omega[\sigma]} = t_{2\mathbf{H}_\Omega[\sigma]}$ 成立. 而根据引理 2.4，又知 $t_{1\mathbf{H}_\Omega[\sigma]} = t_1$ 及 $t_{2\mathbf{H}_\Omega[\sigma]} = t_2$，也就是应有 $t_1 = t_2$ 才对. 由于 H 是一个 Herbrand 域，它的元素是 $\mathscr{L}$ 的项，所以 t_1 和 t_2 在形式上必须相同才对. 但我们知道在初等算术中有 $x_1 + Sx_2 \doteq S(x_1 + x_2)$，由此可以推知 $SS0 \doteq +S0S0$. 在这里 $SS0$ 和 $+S0S0$ 是形式上不同的项 (字符串). 那么如何处理 "两个 (形式上) 不同的元素必须相等" 这一要求呢? 解决的方法是引入数学中常用的等价关系，根据等价关系确定等价类；并构造一个以等价类作为元素的论域. 作法是：如果 $t_1 \doteq t_2 \in \Omega$，则令 $t_1 \sim t_2$，并证明 $\sim$ 是一个等价关系. 根据这个等价关系，定义等价类 $\bar{t} = \{t' \mid t \sim t'\}$，并定义以等价类为元素的论域 $\overline{\mathbb{H}}$. 只有这样做才能使形式不同，但是 $t \doteq t' \in \Omega$ 成立的项，在论域 $\overline{\mathbb{H}}$ 中都以一个元素 $\bar{t}$ 为代表. 在这种情况下，引理 2.5 中的 $\mathbf{H}_\Omega$，就应变成 $\overline{\mathbf{H}}_\Omega$，而引理 2.5 应变成：

$$\overline{\mathbf{H}}_\Omega \models_\sigma A \text{ 成立，当且仅当 } A \in \Omega \text{ 成立.}$$

2.10　含有变元的 Herbrand 模型

在 Herbrand 模型 $\mathbf{H}_\Omega$ 的论域中，每个元素都是 $\mathscr{L}$ 的 Herbrand 项，它们是语言 $\mathscr{L}$ 的不包含变元的项. 根据 2.9 节开头提出的字符串也是集合的元素的想法，我们可以推广 Herbrand 模型的定义，使得此模型包括 $\mathscr{L}$ 的所有的项，即包括含有自由变元的项.

一般地说，常元通过映射 I 被解释为论域中的元素，而变元通过赋值 σ 也被解释为论域中的元素，由于赋值 σ 也是一个映射，从模型的角度看，常元与变元有共通之处. 为此我们的作法是：对于语言 $\mathscr{L}$，定义语言 $\mathscr{L}^+$，使得 $\mathscr{L}_C^+ \supset \mathscr{L}_C$，并且 $\mathscr{L}$ 中的每个变元 x，都对应于 $\mathscr{L}^+$ 的常元集合中的一个常元 c_x，并假定不同的变元对应的常元也不同. 在此定义下，这两个一阶语言的常元集合之间具有下述关系：

$$\mathscr{L}_C^+ = \mathscr{L}_C \cup \{c_x \mid x \in V \text{ 是 } \mathscr{L} \text{ 的变元, } c_x \notin \mathscr{L}_C\}$$

对于语言 $\mathscr{L}^+$，我们同样可以定义 Herbrand 域 H^+ 及 Hintikka 集 Ω^+，因而可以得到 $\mathscr{L}^+$ 关于 Hintikka 集 Ω^+ 的 Herbrand 模型 $\mathbf{H}_{\Omega^+}$. 此模型可以用以下方式转化为项和逻辑公式具有自由变元的 $\mathscr{L}$ 的 Herbrand 模型 $\mathbf{H}_{\Omega^+}^-$.

定义 2.18　t^+ 和 s^-

如果 t 是语言 $\mathscr{L}$ 的项，那么按照以下方式定义 $\mathscr{L}^+$ 的 Herbrand 项 t^+：

(1) 如果 t 是 $\mathscr{L}$ 的常元，那么定义 t^+ 是 t；

(2) 如果 t 是某个变元 x，那么定义 t^+ 是 c_x；

(3) 如果 t 是 $ft_1 \cdots t_n$，那么定义 t^+ 是 $ft_1^+ \cdots t_n^+$.

如果 s 是语言 $\mathscr{L}^+$ 的 Herbrand 项，那么按照下述方式定义 $\mathscr{L}$ 的项 s^-：

(1) 如果 s 是 $\mathscr{L}^+$ 的常元并且 $s \in \mathscr{L}_C$，那么定义 s^- 就是 s；

(2) 如果 s 是 $\mathscr{L}^+$ 的常元 c_x，那么定义 s^- 是 x，其中 x 是 $\mathscr{L}$ 的变元；

(3) 如果 s 是 $fs_1 \cdots s_n$，那么定义 s^- 是 $fs_1^- \cdots s_n^-$.

引理 2.6　如果 t 是一阶语言 $\mathscr{L}$ 的项，s 是一阶语言 $\mathscr{L}^+$ 的 Herbrand 项，那么有

$$(t^+)^- = t; \qquad (s^-)^+ = s.$$

证明　使用结构归纳法证明. □

推论 2.1　一一对应

在一阶语言 $\mathscr{L}$ 的项和一阶语言 $\mathscr{L}^+$ 的 Herbrand 项之间存在着一一对应关系.

证明　可由引理 2.6 直接得出. □

定义 2.19　A^+ 与 A^-

对于 $\mathscr{L}$ 的每个公式 A，按照以下方式定义 $\mathscr{L}^+$ 的语句 A^+：

(1) 如果 A 是 $Pt_1 \cdots t_n$，那么 $(Pt_1 \cdots t_n)^+$ 是语句 $Pt_1^+ \cdots t_n^+$；

(2) 如果 A 是 $\neg B$，那么 $(\neg B)^+$ 是语句 $\neg B^+$；

(3) 如果 A 是 $B \vee C$，那么 $(B \vee C)^+$ 是语句 $B^+ \vee C^+$；

(4) 如果 A 是 $B \wedge C$，那么 $(B \wedge C)^+$ 是语句 $B^+ \wedge C^+$；

(5) 如果 A 是 $B \to C$，那么 $(B \to C)^+$ 是语句 $B^+ \to C^+$；

(6) 如果 A 是 $\exists x B$，那么 $(\exists x B)^+$ 是语句 $\exists x B^+$，这里的 $^+$ 只对 B 中的不是 x 的自由变元起作用.

(7) 如果 A 是 $\forall x B$，那么 $(\forall x B)^+$ 是语句 $\forall x B^+$，这里的 $^+$ 只对 B 中的不是 x 的自由变元起作用.

对于 $\mathscr{L}^+$ 的每个语句 A，按照以下方式定义 $\mathscr{L}$ 的公式 A^-：

(1) 如果 A 是 $Pt_1 \cdots t_n$，那么 $(Pt_1 \cdots t_n)^-$ 是公式 $Pt_1^- \cdots t_n^-$；

(2) 如果 A 是 $\neg B$，那么 $(\neg B)^-$ 是公式 $\neg B^-$；

(3) 如果 A 是 $B \vee C$，那么 $(B \vee C)^-$ 是公式 $B^- \vee C^-$；

(4) 如果 A 是 $B \wedge C$，那么 $(B \wedge C)^-$ 是语句 $B^- \wedge C^-$；

(5) 如果 A 是 $B \to C$，那么 $(B \to C)^-$ 是语句 $B^- \to C^-$；

(6) 如果 A 是 $\exists x B$, 那么 $(\exists x B)^-$ 是公式 $\exists x B^-$.

(7) 如果 A 是 $\forall x B$, 那么 $(\forall x B)^-$ 是语句 $\forall x B^-$.

与引理 2.6 类似, 我们可以用结构归纳法证明下述引理.

引理 2.7   如果 A 和 B 分别是 $\mathscr{L}$ 的公式和 $\mathscr{L}^+$ 的语句, 那么有

$$(A^+)^- = A; \qquad (B^-)^+ = B.$$

定义 2.20   对于语言 $\mathscr{L}^+$ 的 Herbrand 模型 $\mathbf{H}_{\Omega^+}$, 定义 $\mathscr{L}$ 的含有自由变元的 Herbrand 模型 $\mathbf{H}_{\Omega^+}^-$ 如下:

(1) $\mathbf{H}_{\Omega^+}^-$ 的论域是由 s^- 构成的, 其中 s 是语言 $\mathscr{L}^+$ 的 Herbrand 项.

(2) 对于每个 f, $(f t_1 \cdots t_n)_{\mathbf{H}_{\Omega^+}^-} = f t_1 \cdots t_n$.

(3) $(P t_1 \cdots t_n)_{\mathbf{H}_{\Omega^+}^-} = P t_1 \cdots t_n$.

由引理 2.6 可知, $\mathbf{H}_{\Omega^+}^-$ 的论域实际上是 $\mathscr{L}$ 的项的集合.

定义 2.21   模型 $\mathbf{H}_{\Omega^+}^-$ 中公式的语义

对 $\mathscr{L}$ 中的任意公式 A, 如果 $\mathbf{H}_{\Omega^+} \models A^+$, 那么 $\mathbf{H}_{\Omega^+}^- \models A$.

根据 $\mathscr{L}^+$ 的 Hintikka 集合 Ω^+, 可以定义 $\mathscr{L}$ 的公式集合 $(\Omega^+)^- = \{A^- | A \in \Omega^+\}$. 引理 2.7 表明下述引理成立.

引理 2.8 $\mathbf{H}_{\Omega^+}^- \models A$ 成立, 当且仅当 $A \in (\Omega^+)^-$.

根据定义 2.19, 引理 2.6 和引理 2.7, 我们可以用结构归纳法证明:

引理 2.9   如果语言 $\mathscr{L}^+$ 的语句集合 Ω^+ 是 Hintikka 集合, 那么语言 $\mathscr{L}$ 的公式集合 $(\Omega^+)^-$ 也是 Hintikka 集合.

我们可以根据引理 2.8 直接证明以下定理.

定理 2.2   含有变元的 Hintikka 集合的可满足性

任意含有变元的 Hintikka 集合都是可满足的.

我们可以直接定义含有变元的 Herbrand 域、含有变元的 Hintikka 集合以及含有变元的 Herbrand 模型, 并用含有变元的 Herbrand 模型证明含有变元的 Hintikka 集合的可满足性, 有些作者也是这样做的. 实际上, 只要在定义 2.12 中增加: 如果 x 是 $\mathscr{L}$ 的一个变元, 那么 $x \in H$ 即可. 本书采用了分别定义不含变元的 Herbrand 模型和

含有变元的 Herbrand 模型的办法, 原因有二: 一是这样做更便于初学者理解, 二是不含变元的 Herbrand 域对本书第 9 章处理归纳问题是必不可少的.

2.11 替 换 引 理

在 2.9 节引理 2.5 的证明中, 在证明公式为 $\exists xB$ 的情况时, 对于 Herbrand 模型, 我们使用了性质

$$B_{\mathbf{H}_\Omega[\sigma[x:=t_{\mathbf{H}_\Omega[\sigma]}]]} = (B[t/x])_{\mathbf{H}_\Omega[\sigma]}.$$

这里公式左边的 $\sigma[x := t_{\mathbf{H}_\Omega[\sigma]}]$ 是一个赋值, 而此式中的 $t_{\mathbf{H}_\Omega[\sigma]}$ 是 H 的一个元素. 上述等式表明: 在模型 $(\mathbf{H}_\Omega, \sigma)$ 中, 对公式 $B[t/x]$ 的解释有两种不同的作法, 第一种是先求得 t 在模型 $(\mathbf{H}_\Omega, \sigma)$ 的解释, 之后再解释公式 B, 并对 B 中出现的自由变元 x 直接用 t 的解释代入. 这就是上述等式左边的含义. 另一种是先用项 t 对 B 中的自由变元 x 进行 (语法) 替换之后, 再对 B 进行解释. 这就是上述等式右边的含义, 而上述等式说明这两种作法的结果是一样的. 本节将证明, 对一阶语言而言, 这个性质具有一般性. 这就是下面给出的替换引理.

引理 2.10   替换引理

设 $\mathscr{L}$ 是一阶语言, $\mathbf{M}$ 和 σ 分别是 $\mathscr{L}$ 的结构与赋值. 设 t, t' 和 A 分别为 $\mathscr{L}$ 的项和公式. 下述两个等式

$$(t[t'/x])_{\mathbf{M}[\sigma]} = t_{\mathbf{M}[\sigma[x:=t'_{\mathbf{M}[\sigma]}]]}$$

$$(A[t/x])_{\mathbf{M}[\sigma]} = A_{\mathbf{M}[\sigma[x:=t_{\mathbf{M}[\sigma]}]]}$$

成立.

值得说明的是, 在前面定义公式的语义时, 我们曾经指出过符号 $[t/x]$ 是一阶语言的替换操作, 是字符串在语法层面上的操作, 而 $\sigma[x := t_{\mathbf{M}[\sigma]}]$ 是一个赋值, 它表示变元 x 将取论域 M 的元素 $t_{\mathbf{M}[\sigma]}$ 为值. $A[t/x]$ 与 $A_{\mathbf{M}[\sigma[x:=t_{\mathbf{M}[\sigma]}]]}$ 的区别在于: 前者是一阶语言的公式, 是一个字符串, 后者是 A 在 x 取值为 $t_{\mathbf{M}[\sigma]}$ 的模型中的解释, 是一个真假值. 让我们以替换引理的第二个等式为例, 说明引理的意义. 等式左边的 $(A[t/x])_{\mathbf{M}[\sigma]}$ 表示先对公式 A 中的自由变元 x 用项 t 进行替换之后, 然后在模型 $(\mathbf{M}, \sigma)$ 中对其进行解释. 等式右边的 $A_{\mathbf{M}[\sigma[x:=t_{\mathbf{M}[\sigma]}]]}$ 表示先在模型 $(\mathbf{M}, \sigma)$ 中, 对项 t 和 A 进行解释, 再把 t 的解释赋给 A 中的自由变元 x, 进而确定命题的真假. 替换引理的第二个等式说明: 这两种作法的结果相同. 根据定义 1.6 和定义 1.7, 替换是一种符号操作, 也可以称为替换演算, 替换引理说明先进行替换再解释与分别进行解释再求值是可交换的, 从而保证了替换演算的合理性.

　　此替换引理的证明具有典型性，因为证明既涉及对一阶语言的项和公式的替换，这是关于语法层面的一种符号操作，又用到了一阶语言的模型中有关解释和赋值的概念，关键是证明本身还使用了结构归纳法. 所以，如果能够独立地给出此引理的证明，说明读者已经理解和掌握了本书前两章的内容. 附录 2 给出了引理的证明细节，以供读者参考.

第 3 章　　形式推理系统

在第 2 章中，我们引入了逻辑结论的概念. 我们称公式 A 是公式集合 Γ 的逻辑结论，当且仅当对任意模型，如果此模型使 Γ 为真，那么它也使 A 为真. 这种定义逻辑结论的方法是从应用的角度给出的，它与人们关于领域知识的逻辑结论的认识是一致的.

以平面几何为例，如果令 Γ 代表欧几里得公设集合，而 A 代表命题"三角形的内角和等于 $180°$"，那么 A 是 Γ 的逻辑结论. 这表明，不论是关于平面几何的何种应用环境，只要该环境所涉及的点、线和面的关系符合欧几里得公设的规定，那么此环境中出现的三角形的内角之和都是 $180°$.

根据定义 2.11，要确定 A 是 Γ 的逻辑结论，就必须验证，对所有的结构和赋值，如果 Γ 真，那么 A 也真. 但是，几何学采用了与此不同的方法，即证明的方法，来确认逻辑结论. 在几何中，每一逻辑结论都是被证明过的结论，而不是验证了所有模型 (应用环境) 之后得出的结论. 例如，"三角形三内角和等于 $180°$"是一个定理. 它是被证明出来的，是证明的结果，简称证明结论. 而证明过程本身只与欧几里得公设以及已被证明的定理有关，并不涉及此定理的任何应用环境. 更一般地，人们认为：**在数学和自然科学理论中，那些已被证明的命题都是该理论的逻辑结论，反之亦然**. 这被称为等效原理. 实际上，证明结论和逻辑结论的这种等效性是数学和自然科学研究中的基本约定. 在此基本约定之下，数学证明成为既能确定逻辑结论，而又避免对该结论所有可能的应用环境进行验证的有效方法.

本章的目的是证明：对一阶语言而言，等效原理是正确的. 为此，本章将使用前两章引入的一阶语言的概念和方法，定义什么是证明结论，然后严格证明逻辑结论与证明结论的等效性. 为此，让我们以平面几何为例，分析数学证明的构成，探讨描述证明结论与逻辑结论两者间关系所需的基本概念.

(1) 证明结论的描述　每一个数学理论乃至每一个领域知识都像平面几何一样，以一组命题作为出发点. 这组命题通常被称为公理系统. 在平面几何中，它们是欧几里得公设，而在物理学中，它们是牛顿定律、相对性原理和万有引力定律等. 使用前两章引入的术语，一个公理系统可以用公式集合 Γ 描述，而公理系统中的每一个公理可以用 Γ 中的一个公式描述. 为了说明公理和命题的关系，我们先引入符号 $\vdash$，并读作"推导出"或"证明出"，并引入**序贯**① $\Gamma \vdash A$ 表示 Γ 为推理的前提，而 A 是

---

① 在本章的 3.1 节中将引入严格定义.

待证明的命题. 如果以 Γ 为前提, 能证明 A 成立, 那么称序贯 $\Gamma \vdash A$ 可证, 并称 A 是 Γ 的证明结论, 否则称 $\Gamma \vdash A$ 不成立或不可证.

(2) 数学证明的构成　每一个几何定理的"证明"都是一篇论证文字, 它由有限个段落组成. 在每个"证明"中, 公设和已经证明的定理是证明的前提, 而被证明的命题是证明结论. 组成"证明"的每一个段落的结构与此证明的整体结构一样, 也分为前提和结论.

下面让我们剖析一个简单的几何证明. 为了使这段分析文字明晰易读, 用 P 代表"多边形是一个三角形", Q 代表"多边形内角和为 $180°$". 这样, 定理"如果多边形是三角形, 那么其内角和为 $180°$", 就可以用 $P \rightarrow Q$ 来描述, 而其逆否命题"如果多边形内角和不是 $180°$, 则此多边形不是三角形", 就可以用 $\neg Q \rightarrow \neg P$ 来描述. 下面, 我们给出此逆否命题的证明, 它由四个段落组成:

第一段. 已知的前提是 $P \rightarrow Q$, 证明的目标是 $\neg Q \rightarrow \neg P$. 使用序贯的表示方法, 就是要证明

$$P \rightarrow Q \vdash \neg Q \rightarrow \neg P$$

成立.

第二段. 根据关于 $\vdash$ 的说明和 $\rightarrow$ 的语义, 要证明 $\neg Q \rightarrow \neg P$ 成立, 只要证明 $P \rightarrow Q$ 成立而且 $\neg Q$ 也成立的情况下, $\neg P$ 成立即可. 这样, 前提变为 $P \rightarrow Q, \neg Q$, 而目标变成 $\neg P$. 写成序贯的形式, 也就是要证明

$$P \rightarrow Q, \neg Q \vdash \neg P$$

成立.

第三段. 根据 $\rightarrow$ 的语义, 在前提中出现的 $P \rightarrow Q$ 成立, 就是 $\neg P$ 成立或者 Q 成立. 因此, 只要证明不论哪种情况都有 $\neg P$ 成立, 此逆否命题也就得证了. 如果用序贯的形式来描述, 那么此逆否命题的证明就转化为证明如下两式

$$\neg P, \neg Q \vdash \neg P \text{ 和 } Q, \neg Q \vdash \neg P$$

均成立.

第四段. 对左边的序贯, 其结论 $\neg P$ 是前提之一, 而前提是成立的, 所以, 左边的序贯成立. 对于右边的序贯, 前提既包括 Q 又包括 $\neg Q$, 这表明, 前提是矛盾的, 故由此可以推出任何结论, 所以, 右边的序贯也成立. 到此为止, 逆否命题 $\neg Q \rightarrow \neg P$ 得到证明.　　　　　　　　　　　　　　　　　　　□

上面四个段落组成了三角形内角和定理的逆否命题的证明, 是使用序贯的形式写出的证明.

(3) 推理规则是关于逻辑连接词的演算规则　　让我们对上述证明的组成做进一步分析.

首先，如果用 P 代表"两个三角形的两条对应边相等并且这两条边所夹的角也相等"，而 Q 代表"两三角形全等"，那么 $P \to Q$ 代表三角形全等定理. 它的逆否命题是"如果两三角形不全等，那么这两个三角形有两条对应边不全相等或其夹角不相等"，即 $\neg Q \to \neg P$. 如果完整地写出此逆否命题的证明，我们会发现组成此证明的段落与第 (2) 条给出的证明是一样的. 再者，如果我们用 P 代表"内错角相等"，Q 代表"两直线平行"，那么 $\neg Q \to \neg P$，即"如果两直线不平行，那么内错角不等"是个定理. 而其逆否命题是"如果内错角相等，那么两直线平行"，即 $P \to Q$. 如果完整地写出证明，我们仍会发现证明的段落结构与前面还是一样的.

这说明，逆否命题的证明与 P 和 Q 所代表的具体内容无关，它只与前提和目标中出现的逻辑连接词有关，而且证明中的每一段落都是关于逻辑连接词 $\to$ 或 $\neg$ 的一次操作. 在一阶语言语法范围内，这种操作可以描述为对逻辑连接词符号的演算. 例如，上述证明的第二段的核心是：要证明 $P \to Q \vdash \neg Q \to \neg P$ 成立，只要证明 $P \to Q, \neg Q \vdash \neg P$ 成立. 这个推理过程可以用下述分式表示：

$$\frac{P \to Q, \neg Q \vdash \neg P}{P \to Q \vdash \neg Q \to \neg P}$$

此分式是对分母中 $\vdash$ 右边出现 $\to$ 的一次演算. 演算规则如下：将分母序贯中符号 $\vdash$ 右边的 $\neg Q \to \neg P$ 进行拆分，将逻辑连接词 $\to$ 删除，再将 $\neg Q$ 移至符号 $\vdash$ 的左边，并将 $\neg P$ 保留在 $\vdash$ 右边，最后将演算后所得的新序贯 $P \to Q, \neg Q \vdash \neg P$ 作为分式的分子. 这个分式读作 $\neg Q \to \neg P$ 可以从 $P \to Q$ 推出，当且仅当 $\neg P$ 可以从 $P \to Q$ 和 $\neg Q$ 推出.

类似地，证明的第三段，其目标是证明 $P \to Q, \neg Q \vdash \neg P$ 成立. 而前提中的 $P \to Q$ 成立，根据第 2 章 $\to$ 的语义，就是当且仅当 $\neg P$ 成立或 Q 成立，所以，只要证明不论 $\neg P$ 成立还是 Q 成立，从前提都可推出 $\neg P$. 也就是，只要证明 $\neg P, \neg Q \vdash \neg P$ 与 $Q, \neg Q, \vdash \neg P$ 均成立，目标即可得证. 使用分式来表示这段推理过程，有：

$$\frac{\neg P, \neg Q \vdash \neg P \qquad Q, \neg Q \vdash \neg P}{P \to Q, \neg Q \vdash \neg P}$$

此分式是对分式的分母中 $\vdash$ 左边出现的 $\to$ 的演算. 此演算是将 $\vdash$ 左边的 $\to$ 删除，并产生两个新序贯 $\neg P, \neg Q \vdash \neg P$ 和 $Q, \neg Q \vdash \neg P$. 此分式读作：$P \to Q, \neg Q \vdash \neg P$ 成立，当且仅当 $\neg P, \neg Q \vdash \neg P$ 与 $Q, \neg Q \vdash \neg P$ 均成立.

从上面的讨论可以看出，数学证明中的每一个基本段落都是一段推理，这段推理可以归结为对前提或结论中出现的某个逻辑连接词的一次操作，而此操作，在一阶语言语法范围内，可以更一般地用对逻辑公式中的逻辑连接词符号的演算规则来描述. 演算规则可以写成分式形式. 分式的分子与分母都是序贯, 它们在是否可证的意义下互为充分必要条件. 这些演算规则又被称为形式推理规则, 分式的形式是由逻辑连接词的语义决定的. 最后, 对于一个逻辑连接词, 例如 $\rightarrow$, 如果它出现在分母序贯 $\vdash$ 的左边, 就说明它出现在证明的前提中, 而如果它出现在 $\vdash$ 的右边, 就说明它出现在证明的结论中, 逻辑连接词出现的位置不同, 演算规则的形式也由此而不同.

(4) 数学证明是由推理规则组成的树 如果我们把第 (2) 条中给出的证明的每个段落都用相应的分式表示, 并把这些分式连在一起, 那么逆否命题的证明就变成了下述树型结构:

$$\frac{\neg P, \neg Q \vdash \neg P \qquad Q, \neg Q \vdash \neg P}{\dfrac{P \rightarrow Q, \neg Q \vdash \neg P}{P \rightarrow Q \vdash \neg Q \rightarrow \neg P}}$$

这个树型结构的根在最下面, 叶在最上面. 树的每个结点都是一个序贯. 根结点 $P \rightarrow Q \vdash \neg Q \rightarrow \neg P$ 是证明的目标, 即证明结论. 树的每一结点与下一层结点构成关于某个逻辑连接词符号的推理规则. 树的叶结点是序贯 $\neg P, \neg Q \vdash \neg P$ 和 $Q, \neg Q \vdash \neg P$. 如果叶结点序贯均成立, 该树型结构构成一个证明.

(5) 推理系统的可靠性和完全性 在本章开头, 我们已经说明, 从开始接触数学证明时, 人们就接受了 "被证明的结论就是逻辑结论" 这一个基本约定. 它还被人们推广至对数学和自然科学理论的分析和推理, 这就是, 如果一个命题被严格证明, 那么在满足该理论初始假定的任何应用环境中, 此命题都成立和适用.

在引入一阶语言的语法和语义概念之后, 特别是在引入序贯的概念之后, 这个基本约定可以表述为:

$$\text{如果 } \Gamma \vdash A \text{ 可证, 那么 } \Gamma \models A \text{ 成立.}$$

这称为推理规则的可靠性 (soundness). 由于上述符号体系的引入, 人们自然地提出了下述问题:

$$\text{如果 } \Gamma \models A \text{ 成立, 那么 } \Gamma \vdash A \text{ 可证.}$$

这称为推理规则的完全性 (completeness). 本章将证明, 对一阶语言而言, 这两者都是成立的. 也就是, 一阶语言的形式推理系统, 即关于逻辑连接词符号和量词符号的演算规则组成的系统, 既具有可靠性, 又具有完全性.

本章 3.1 节将给出一组关于逻辑连接词符号和量词符号的推理规则，称为 **G** 推理系统. 此系统最早是由逻辑学家 Gentzen 给出的 [Gentzen, 1969]，本书使用了 Gallier 的符号 [Gallier, 1986]. 3.2 节引入推理树和证明树的概念，并给出有关推理树和证明树的实例. 在本章的 3.3 节、3.4 节和 3.5 节中，我们将定义一阶语言形式推理系统的可靠性、紧致性、协调性和完全性，并证明 **G** 系统既是可靠的，又是完全的. 本章 3.6 节将证明在数学和自然科学中经常使用的逻辑推理规则，都是 **G** 系统的导出规则，并在 3.7 节中对前 3 章引入的基本概念进行小结. 本章的内容通常被称为一阶语言的证明理论.

3.1　**G** 推理系统

本节介绍一种关于逻辑连接词符号和量词符号的形式推理系统，称为 **G** 系统. 本书选择 **G** 系统，是因为它的推理规则简单、对称性好，逻辑连接词符号和量词符号的演算规则与它们的语义之间的联系比较直观.

G 系统以序贯作为基本成分，它由公理和推理规则组成. 在 **G** 系统中，每一个逻辑连接词符号和量词符号都有左右两个推理规则. 每一个推理规则都是一个分式，分式的分母由一个序贯组成，称为规则的结论. 分式的分子由一个或两个序贯组成，称为规则的前提. 规则可以读作：规则的分母序贯可证，当且仅当组成规则分子的每一个序贯均可证.

在介绍 **G** 系统之前，需要对今后将要用到的符号加以说明. 前两章，我们用大写希腊字母 Γ, Δ, Λ 和 Θ 等表示逻辑公式的有穷集合，它们均可为空集. 例如，Γ 为集合 $\{A_1, \cdots, A_m\}$，而 Δ 代表集合 $\{B_1, \cdots, B_n\}$. 在序贯中，用公式序列表示公式集合更为方便. 例如，在序贯中，公式集合 $\{A_1, \cdots, A_m\}$ 可简单地表示为 $A_1, \cdots, A_m$. 因此，我们用 Γ, A, Δ 表示 $A_1, \cdots, A_m, A, B_1, \cdots, B_n$，而序列 A, Γ, Δ 或 Γ, Δ, A 等都是公式的有穷集合.

下面我们给出 **G** 系统的演算规则，这些规则的意义将在 3.3 节中给出.

定义 3.1　序贯

设 Γ, Δ 为公式的有穷集合.

$$\Gamma \vdash \Delta$$

称为序贯 (sequent)，Γ 称为序贯的前提 (antecedent)，Δ 称为序贯的结论 (succedent).

定义 3.2　公理

设 Γ, Δ, Λ, Θ 为有穷公式集合，A 为公式，则序贯

$$\Gamma, A, \Delta \vdash \Lambda, A, \Theta$$

称为公理 (axiom).

公理序贯之所以成立是因为证明结论中至少有一个公式包含在公理序贯的前提之中，故不证自明.

定义 3.3 ¬ 规则

$$\neg\text{-}L : \frac{\Gamma, \Delta \vdash A, \Lambda}{\Gamma, \neg A, \Delta \vdash \Lambda} \qquad \neg\text{-}R : \frac{A, \Gamma \vdash \Lambda, \Theta}{\Gamma \vdash \Lambda, \neg A, \Theta}$$

¬-L 规则表明，要证明 $\Gamma, \neg A, \Delta \vdash \Lambda$ 可证，必须证明 $\Gamma, \Delta \vdash A, \Lambda$ 可证，反之亦然.
¬-R 规则表明，要证明 $\Gamma \vdash \Lambda, \neg A, \Theta$ 可证，必须证明 $A, \Gamma \vdash \Lambda, \Theta$ 可证，反之亦然.

定义 3.4 ∨ 规则

$$\vee\text{-}L : \frac{\Gamma, A, \Delta \vdash \Lambda \qquad \Gamma, B, \Delta \vdash \Lambda}{\Gamma, A \vee B, \Delta \vdash \Lambda} \qquad \vee\text{-}R : \frac{\Gamma \vdash \Lambda, A, B, \Theta}{\Gamma \vdash \Lambda, A \vee B, \Theta}$$

∨-L 规则表明，要证明 $\Gamma, A \vee B, \Delta \vdash \Lambda$ 成立，必须证明 $\Gamma, A, \Delta \vdash \Lambda$ 和 $\Gamma, B, \Delta \vdash \Lambda$ 均成立，反之亦然. 对 ∨-R 规则也可作类似的说明. 以下 **G** 系统的关于逻辑连接词符号和量词符号的规则均可如此理解，故不再赘述.

定义 3.5 ∧ 规则

$$\wedge\text{-}L : \frac{\Gamma, A, B, \Delta \vdash \Lambda}{\Gamma, A \wedge B, \Delta \vdash \Lambda} \qquad \wedge\text{-}R : \frac{\Gamma \vdash \Lambda, A, \Theta \qquad \Gamma \vdash \Lambda, B, \Theta}{\Gamma \vdash \Lambda, A \wedge B, \Theta}$$

定义 3.6 → 规则

$$\rightarrow\text{-}L : \frac{\Gamma, \Delta \vdash A, \Lambda \qquad B, \Gamma, \Delta \vdash \Lambda}{\Gamma, A \rightarrow B, \Delta \vdash \Lambda} \qquad \rightarrow\text{-}R : \frac{A, \Gamma \vdash B, \Lambda, \Theta}{\Gamma \vdash \Lambda, A \rightarrow B, \Theta}$$

定义 3.7 ∀ 规则

$$\forall\text{-}L : \frac{\Gamma, A[t/x], \forall x A(x), \Delta \vdash \Lambda}{\Gamma, \forall x A(x), \Delta \vdash \Lambda} \qquad \forall\text{-}R : \frac{\Gamma \vdash \Lambda, A[y/x], \Theta}{\Gamma \vdash \Lambda, \forall x A(x), \Theta}$$

∀-L 规则表明，如果 $\Gamma, \forall x A(x), \Delta \vdash \Lambda$ 成立，那么 $\Gamma, A[t/x], \forall x A(x), \Delta \vdash \Lambda$ 成立，反之亦然. ∀-R 规则也可作类似的解释 [①].

---

① ∀-L 规则分子中出现的 $A[t/x]$ 和 ∀-R 规则分子中出现的 $A[y/x]$ 的作用是删除量词符号 ∀，而规则中出现的 t 和 y 是为生成序贯公理而选取的，它们的使用方法见下一节的例子. t 和 y 的含义将在 3.3 节关于 **G** 系统的可靠性的证明中给予详细说明.

定义 3.8   ∃ 规则

$$\exists\text{-}L: \frac{\Gamma, A[y/x], \Delta \vdash \Lambda}{\Gamma, \exists x A(x), \Delta \vdash \Lambda} \qquad \exists\text{-}R: \frac{\Gamma \vdash \Lambda, A[t/x], \exists x A(x), \Theta}{\Gamma \vdash \Lambda, \exists x A(x), \Theta}$$

在 ∀-R 规则和 ∃-L 规则中，变元 y 或者是 x 或者是一个新变元 (eigen-variable)，这里的"新"是指，y 是与 Γ, Λ, Δ 及 A 无关的变元. 在 ∀-L 规则和 ∃-R 规则中，t 是满足条件 $x \notin FV(t)$ 的一个项.

在上述诸规则的分母中出现的公式 $A \wedge B$, $A \vee B$, $A \rightarrow B$, $\neg A$, $\forall x A(x)$ 以及 $\exists x A(x)$，被称为该规则的主公式 (principal formula)，而在同一规则的分子中出现的公式 A, B, $A[t/x]$ 及 $A[y/x]$ 被称为该规则的辅公式 (side formula) [Gallier, 1986]. 一个 **G** 规则的主公式是那些在规则的分母中出现的并被分解的公式，而辅公式是那些在同一规则的分子中出现的、被逻辑推理规则分解后得到的子公式.

∧-L 规则和 ∨-R 规则告诉我们：在序贯 $A_1, \cdots, A_m \vdash B_1, \cdots, B_n$ 中，$\vdash$ 左边出现的逗号可看作逻辑连接词符号 ∧，而 $\vdash$ 右边出现的逗号可看作逻辑连接词符号 ∨.

严格地说，在每一推理分式中出现的公式 A 和 B 并不是某个一阶语言的公式，它们是一种变元，但它们与一阶语言的变元不同，它们不能被项替换，只能被公式替换，所以它们应被称为公式变元 (实际上，它们应该被写作 X 和 Y). 所以，每一条 **G** 规则都是一个推理模式 (scheme)，或称 **G** 规则模式. 在应用这些推理模式时，A 和 B 必须被该一阶语言的公式所替换，而集合 Γ, Δ, Λ 和 Θ 则应被相应的公式集合替换，替换之后所得的推理分式就变成了该规则模式的一个实例.

定义 3.9   推理规则的实例

设 $\mathscr{L}$ 为一个给定的一阶语言. 每一条 **G** 推理规则中出现的逻辑公式和逻辑公式集合变元 A, B 及 Γ, Δ 等，被 $\mathscr{L}$ 的公式和公式集合替换所得的推理分式，称为该推理规则的一个实例.

引理 3.1   删除规则

$$\frac{\Gamma \vdash A, \Lambda \quad \Delta, A \vdash \Theta}{\Gamma, \Delta \vdash \Lambda, \Theta}$$

成立.

证明   删除规则可以由 **G** 系统推导出来. 这一引理的证明比较复杂，有兴趣的读者可以参考 Gentzen 的删除规则消去定理 (Hauptsatz) 的证明 [Gentzen, 1969].   □

删除规则说明，如果 $\Gamma \vdash A, \Lambda$ 和 $\Delta, A \vdash \Theta$ 可证，那么 $\Gamma, \Delta \vdash \Lambda, \Theta$ 也可证. 反之，如果 $\Gamma, \Delta \vdash \Lambda, \Theta$ 可证，不一定存在 A，使得 $\Gamma \vdash A, \Lambda$ 和 $\Delta, A \vdash \Theta$ 可证. 此引

理说明, 凡使用删除规则进行的证明, 实际上都可以只用 **G** 规则完成, 从这一个角度看, 删除规则的作用类似于程序设计中的过程或函数的作用. 有的作者将删除规则作为一阶语言形式推理系统的一条规则使用 [Gallier, 1986]. 本书将采用这种处理方法, 把删除规则作为 **G** 系统的一条规则, 这样做可以简化本章中 **G** 系统的完全性的证明.

第 2 章告诉我们只要用两个逻辑连接词符号和一个量词符号, 例如 ∨, ¬ 和 ∀, 即可表示所有的逻辑连接词符号和量词符号, 所以 **G** 系统中只要保留关于以上两个逻辑连接词符号和一个量词符号的规则就足够了, 但是为了使用方便和人们的习惯, 我们在 **G** 系统中给出了每一个逻辑连接词符号和量词符号的推理规则.

3.2   推理树、证明树和可证序贯

3.1 节给出的每一条 **G** 推理规则都可表示成一个树型结构. 树的结点是序贯, 其根结点是推理规则的结论, 而其叶结点是规则的前提. 如果规则只有一个前提, 那么它是一个单枝树, 如果规则有两个前提, 那么它是一个双枝树. 公理是个单点树, 是树的叶.

公理   单前提规则   两前提规则

在本章开头, 我们已经看到过把证明写成树的例子, 下面是一个使用 **G** 推理规则得到证明树的例子.

例 3.1   可证序贯

证明序贯 $A \vdash B \to (A \land B)$ 成立. 先对此序贯 $\vdash$ 右边的 $\to$ 使用 $\to\text{-}R$ 规则, 再接着对右边的 $\land$ 使用 $\land\text{-}R$ 规则, 得到下面的证明树:

$$\cfrac{\cfrac{B, A \vdash A \qquad B, A \vdash B}{B, A \vdash A \land B}\ (2)}{A \vdash B \to (A \land B)}\ (1)$$

这里, 分式 (1) 是对 $A \vdash B \to (A \land B)$ 中的 $\to$ 使用 $\to\text{-}R$ 规则而得. 分式 (2) 是对 $B, A \vdash A \land B$ 中的 $\land$ 使用 $\land\text{-}R$ 规则而得. 此证明可以用下述证明树表示:

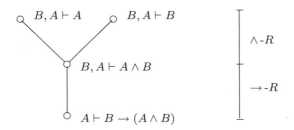

因为 $B, A \vdash A$ 及 $B, A \vdash B$ 都是公理实例，所以 $A \vdash B \to (A \land B)$ 成立.

一般地说，要证明任意给定的 $\Gamma \vdash A$ 成立，需要对 Γ 与 A 中出现的逻辑连接词符号和量词符号使用 **G** 推理规则，逐个对之进行删除，自底向上地构成一棵树. 此树的每一个结点都是一个序贯，而它的子树，只有单枝树和双枝树两种可能，它们分别是单前提推理规则和双前提推理规则的实例. 如果树的每一个叶结点都是公理的实例，那么 $\Gamma \vdash A$ 成立. 在证明过程中，使用 **G** 规则只涉及到 Γ 与 A 中出现的逻辑连接词符号和量词符号，是对这些符号的演算，所以这种证明又称为形式证明. 以下是关于推理树、证明树和形式证明的严格定义.

定义 3.10　推理树、证明树和形式证明

给定序贯 $\Gamma \vdash \Lambda$，树 $\mathcal{T}$ 被称为序贯 $\Gamma \vdash \Lambda$ 的推理树 (inference tree)，如果 $\mathcal{T}$ 的每一个结点为一个序贯，并且满足：

(1) 单点树是推理树，如果它的结点是一个序贯的实例.

(2) 若 $\mathcal{T}_1$ 是推理树，其根结点为序贯 $\Gamma' \vdash \Lambda'$，则树型结构：

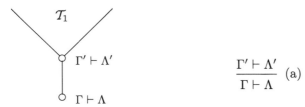

是关于 $\Gamma \vdash \Lambda$ 的推理树，如果分式 (a) 是 **G** 系统的某一个规则的实例.

(3) 若 $\mathcal{T}_1, \mathcal{T}_2$ 是推理树，其根结点序贯分别为 $\Gamma_1 \vdash \Lambda_1, \Gamma_2 \vdash \Lambda_2$，则树型结构：

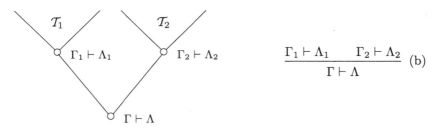

是关于 $\Gamma \vdash \Lambda$ 的推理树, 如果分式 (b) 是 **G** 系统的某一个规则的实例.

如果 $\mathcal{T}$ 是序贯 $\Gamma \vdash \Lambda$ 的有穷推理树并且其叶结点均为 **G** 公理实例, 那么称 $\mathcal{T}$ 是 $\Gamma \vdash \Lambda$ 的证明树 (proof tree).

称一个序贯可证, 如果此序贯的证明树存在, 而此证明树被称为序贯的形式证明, 并称 Λ 是 Γ 的形式结论. 反之, 则称序贯 $\Gamma \vdash \Lambda$ 不可证.

根据定义 3.10, 如果存在 $\Gamma \vdash \Lambda$ 的推理树, 但此树有一个叶结点不可再拆分, 而它又不是公理的实例, 那么此推理树不是证明树.

例 3.2   推理树

考虑序贯 $\neg P \rightarrow Q \vdash S \rightarrow R$. 可得推理树如下:

$$\cfrac{\cfrac{\cfrac{P, S \vdash R}{P \vdash S \rightarrow R}(3)}{\vdash \neg P, S \rightarrow R}(2) \qquad \cfrac{Q, S \vdash R}{Q \vdash S \rightarrow R}(4)}{\neg P \rightarrow Q \vdash S \rightarrow R}(1)$$

分式 (1) 是对分母 $\neg P \rightarrow Q \vdash S \rightarrow R$ 使用 $\rightarrow$-L 规则而得, 分子出现两个序贯: $\vdash \neg P, S \rightarrow R$ 和 $Q \vdash S \rightarrow R$. 对 $\vdash \neg P, S \rightarrow R$ 使用 $\neg$-R 规则, 得到分式 (2). 对分式 (2) 的分子 $P \vdash S \rightarrow R$, 使用 $\rightarrow$-R 规则, 得到 $P, S \vdash R$. 这就是分式 (3). 对序贯 $Q \vdash S \rightarrow R$ 中 $\vdash$ 右边的 $\rightarrow$ 使用 $\rightarrow$-R 规则, 得到 $Q, S \vdash R$, 这就是分式 (4). 根据定义 3.10, 此树是一推理树. 由于它的叶结点 $P, S \vdash R$ 和 $Q, S \vdash R$ 均不是公理的实例, 故此树是推理树而不是证明树.

例 3.3 $\forall$ 规则和 $\exists$ 规则的使用

考虑序贯 $\exists x P(x) \wedge Q(a) \vdash \forall y P(f(y))$. 这里 a 为常元, f 为一元函数符号, 而 P 和 Q 是一元谓词. 有推理树:

$$\cfrac{\cfrac{\cfrac{P(y_1), Q(a) \vdash P(f(y_2))}{P(y_1), Q(a) \vdash \forall y P(f(y))}(3)}{\exists x P(x), Q(a) \vdash \forall y P(f(y))}(2)}{\exists x P(x) \wedge Q(a) \vdash \forall y P(f(y))}(1)$$

(1) 是对分母中 $\vdash$ 左边的 $\wedge$ 使用 $\wedge$-L 规则而得. (2) 是对分母中 $\vdash$ 左边的 $\exists$ 使用 $\exists$-L 规则而得, y_1 是关于 $P, Q(a), \forall y P(f(y))$ 的新变元. (3) 是对分母中 $\vdash$ 右边的 $\forall$ 使用 $\forall$-R 规则而得, y_2 是关于 P, Q 另一新变元. 因为 y_1 和 $f(y_2)$ 是不同的项, 所以 $P(y_1)$ 和 $P(f(y_2))$ 是不同的原子公式. 因此 $P(y_1), Q(a) \vdash P(f(y_2))$ 不是公理的实例, 从而此树是推理树而不是证明树. 后面几节将告诉我们 $\exists x P(x) \wedge Q(a) \vdash \forall y P(f(y))$ 是一个不可证序贯.

例 3.4 ∀ 规则和 ∃ 规则的使用 (续)

考虑序贯 $\forall x P(x) \wedge \exists y Q(y) \vdash P(f(v)) \wedge \exists z Q(z)$. 其推理树如下:

$$\cfrac{\cfrac{P(f(v)), \forall x P(x), \exists y Q(y) \vdash P(f(v))}{\forall x P(x), \exists y Q(y) \vdash P(f(v))}(3) \qquad \cfrac{\cfrac{\cfrac{\forall x P(x), Q(y_1) \vdash Q(y_1), \exists z Q(z)}{\forall x P(x), Q(y_1) \vdash \exists z Q(z)}(5)}{\forall x P(x), \exists y Q(y) \vdash \exists z Q(z)}(4)}{} }{\cfrac{\forall x P(x), \exists y Q(y) \vdash P(f(v)) \wedge \exists z Q(z)}{\forall x P(x) \wedge \exists y Q(y) \vdash P(f(v)) \wedge \exists z Q(z)}(1)}(2)$$

分式 (1) 是对结论左边的 $\wedge$ 使用 $\wedge$-L 规则而得. 分式 (2) 是对其结论右边的 $\wedge$ 使用 $\wedge$-R 规则的结果. 分式 (3) 是对其结论左边的 $\forall x P(x)$ 使用 $\forall$-L 规则而得，并取规则中的 t 为 $f(v)$, 即用 $f(v)$ 替换 $P(x)$ 中的自由变元 x. 分式 (4) 是对结论左边的 $\exists y Q(y)$ 使用 $\exists$-L 规则而得，其中 y_1 为新变元, 它与 P, Q 无关. 分式 (5) 是对结论右边的 $\exists z Q(z)$ 使用 $\exists$-R 而得，并取规则中的 t 为 y_1, 即用 y_1 替换 $Q(z)$ 中的自由变元 z. 所以每一分式都是 **G** 规则的实例, 故此树是推理树. 因为此推理树的叶结点均为公理实例, 所以它又是证明树, 因此本例给出的序贯可证.

需要注意的是: 分式 (4) 和 (5) 的顺序是不能颠倒的. 因为对分式 (4) 的结论, 如果先使用 $\exists$-R 规则, 有:

$$\cfrac{\forall x P(x), \exists y Q(y) \vdash Q(t), \exists z Q(z)}{\forall x P(x), \exists y Q(y) \vdash \exists z Q(z)}(4')$$

其中 t 是项, 然后再对分式 (4') 分子左边的 $\exists y Q(y)$ 使用 $\exists$-L 规则得到:

$$\cfrac{\forall x P(x), Q(y_1) \vdash Q(t), \exists z Q(z)}{\forall x P(x), \exists y Q(y) \vdash Q(t), \exists z Q(z)}(5')$$

对分式 (4') 分子中 $\vdash$ 右边的 $\exists z Q(z)$ 使用 $\exists$-R 规则时, 替换 $Q[t/z]$ 中的 t 可以是任意的项, 例如, t 取常元 c. 而对分式 (5') 分母中 $\vdash$ 左边的 y_1 不是任意的, 它必须是一与 P, Q 及 $Q[t/y]$ 无关的新变元. 这样, 由于 $Q(y_1)$ 与 $Q(t)$ 不同, 而分式 (5') 的分子不构成公理实例, 所以, 此树是推理树, 但不是证明树.

这个例子表明, 在使用 **G** 系统进行形式证明时, 遇到 $\exists$ 时, 应先使用左规则, 之后再使用右规则. 在遇到 $\forall$ 时, 应先使用右规则, 之后再使用左规则.

通过上面几个例子, 我们不仅对证明树, 而且对它们的构造过程都有了一个感性认识. 尽管要证明的序贯可以各不相同, 证明树也随之各异, 但对有穷序贯, 设计一个对任何序贯都可用的证明过程或证明程序是可能的. 下面给出一种证明过程的基本思路.

G 系统形式证明的构造过程: CP

输入 过程 CP 把待证明的序贯 $\Gamma \vdash \Delta$ 作为此过程的输入;

输出 如果停机,则输出 $\Gamma \vdash \Delta$ 的推理树以及 $\Gamma \vdash \Delta$ 是否可证.

设被输入的待证明的序贯为

$$A_1, \cdots, A_m \vdash B_1, \cdots, B_n$$

CP 过程体:

(1) 以 $A_1, \cdots, A_m \vdash B_1, \cdots, B_n$ 为根结点生成证明树.

(2) 验证每一个叶结点是否是公理的实例. 如果存在叶结点 $A_1', \cdots, A_s'$ $\vdash B_1', \cdots, B_t'$ 不是公理的实例,则转到 (3). 否则转到 (7).

(3) 如果对 $1 \leqslant i \leqslant s$ 存在语法结构为 $\exists x A_i''(x)$ 的 A_i',则使用 $\exists\text{-}L$ 规则扩充推理树,之后转到 (2). 否则转到 (4).

(4) 如果对 $1 \leqslant j \leqslant t$ 存在语法结构为 $\forall x B_j''(x)$ 的 B_j',则使用 $\forall\text{-}R$ 规则扩充推理树,之后转到 (2). 否则转到 (5).

(5) 如果对 $1 \leqslant i \leqslant s$ 存在语法结构为 $\neg A_i''$ 或 $A_i'' \wedge A_i'''$ 或 $A_i'' \vee A_i'''$ 或 $A_i'' \to A_i'''$ 或 $\forall x A_i''(x)$ 的 A_i',则使用 **G** 系统相应的左规则扩充推理树,之后转到 (2). 否则转到 (6).

(6) 如果对 $1 \leqslant j \leqslant t$ 存在语法结构为 $\neg B_j''$ 或 $B_j'' \wedge B_j'''$ 或 $B_j'' \vee B_j'''$ 或 $B_j'' \to B_j'''$ 或 $\exists x B_j''(x)$ 的 B_j',则使用 **G** 系统相应的右规则扩充推理树,之后转到 (2). 否则转到 (8).

(7) 输出证明树以及 $\Gamma \vdash \Delta$ 可证.

(8) 输出推理树以及 $\Gamma \vdash \Delta$ 不可证.

熟悉程序设计的读者会发现,上面给出的证明过程是一个宽度优先搜索过程. 对此有兴趣的读者可以在书 [Gallier, 1986] 中找到完整的推理树生成过程. 人们已经证明,当序贯可证时,上述过程将在有穷步内停机并输出证明树. 但是当序贯不可证时,特别是在有量词出现的情况下,过程可能不终止,并产生一个无穷推理树. 例如,对于不可证序贯 $A \vdash \exists x B(x)$,CP 过程体的执行先从 (1) 到 (2),再依次转到 (3), (4), (5), (6),在 (6) 中对 $A \vdash \exists x B(x)$ 使用 $\exists\text{-}R$ 规则得到 $A \vdash B[t/x], \exists x B(x)$,然后又转到 (2),由于在此过程中 $\vdash$ 右边的 $\exists x B(x)$ 并未被消除,这一过程将一直继续下去,不能终止.

读者不难发现,本节给出的 CP 过程不是搜索效率最高的过程. 尽管如此,人们已经懂得:形式证明的出现,使数学定理的证明变为对前提和结论中所包含的逻辑连接词的符号演算,而上述 CP 过程的出现,进一步使数学定理的证明变成了一个机械性的搜索过程. 这种观念正在改变着数学甚至自然科学的研究内容和方式. 一方面,一部分数学家和科学家把精力更加集中在概念的提出和公理系统的建立方面. 另一方面,一部分计算科学与工程专家则把他们研究工作的重点放在:针对不同的领域知识，如何设计符号演算系统，使之进行更有效地推理和计算，以及如何设计证明和计算过程使其搜索效率更高，用起来更加方便等问题.

3.3 G 系统的可靠性

本章开头我们曾指出**凡是被证明的结论都是逻辑结论**. 在一阶语言中，这个基本约定可以表述为：

$$如果 \Gamma \vdash A 可证，那么 \Gamma \models A 成立.$$

这被称为 **G** 系统的可靠性，我们将在后面几节证明它的正确性. 证明的思路是：先证明对 **G** 系统的每一个规则，该规则分母序贯有反例，当且仅当至少有一个分子序贯有反例. 再证明分母序贯有效，当且仅当每一个分子序贯有效. 最后证明，如果序贯可证，那么序贯有效. 为此，我们必须把序贯的语义说明白.

定义 3.11 有效序贯

令 Γ 为公式序列 $A_1, \cdots, A_m$，Δ 为 $B_1, \cdots, B_n$. 称序贯 $\Gamma \vdash \Delta$ 有反例，如果存在一个结构 **M** 和一个赋值 σ 使

$$\mathbf{M} \models_\sigma A_i \ 及 \ \mathbf{M} \models_\sigma \neg B_j$$

对所有满足 $1 \leqslant i \leqslant m$ 和 $1 \leqslant j \leqslant n$ 的 i 和 j 都成立. 称此序贯有效，也称永真，如果对任意结构 **M** 和任意赋值 σ，

$$\mathbf{M} \models_\sigma \neg A_i \ 或 \ \mathbf{M} \models_\sigma B_j$$

对满足 $1 \leqslant i \leqslant m$ 和 $1 \leqslant j \leqslant n$ 的某一个 i 或某一个 j 成立.

根据定义 3.11，下述引理成立：

引理 3.2 定义 3.11 中序贯 $\Gamma \vdash \Delta$ 有效，当且仅当对任意结构 **M** 和任意赋值 σ，有

$$\mathbf{M} \models_\sigma (\neg A_1 \vee \cdots \vee \neg A_m \vee B_1 \vee \cdots \vee B_n)$$

成立.

证明 根据定义 3.11 直接得出. □

定义 3.11 和引理 3.2 告诉我们，序贯

$$A_1, \cdots, A_m \vdash B_1, \cdots, B_n$$

的有效性就是公式

$$(A_1 \wedge \cdots \wedge A_m) \rightarrow (B_1 \vee \cdots \vee B_n)$$

的永真性.

引理 3.3   对 G 系统的每一条规则, 分母序贯有反例, 当且仅当该规则的分子中至少一个序贯有反例.

证明   这里只证明引理对 ¬, ∨ 这两个逻辑连接词符号和 ∀ 这个量词符号的左右规则和删除规则成立.

¬-*L* 规则

$$\neg\text{-}L : \quad \frac{\Gamma, \Delta \vdash A, \Lambda}{\Gamma, \neg A, \Delta \vdash \Lambda}$$

根据定义 3.11, 分母序贯 $\Gamma, \neg A, \Delta \vdash \Lambda$ 有反例, 当且仅当存在结构 **M** 和赋值 σ, 使 Γ 和 Δ 中所包含的所有公式为真, 并使 $\neg A$ 为真, 又使 Λ 中所包含的所有公式为假. 根据 ¬ 的语义, 这就是, 当且仅当 **M** 和 σ 使 Γ 和 Δ 中所包含的所有公式为真, 并使 Λ 中包含的所有公式和 A 均为假. 根据定义 3.11, 这就是当且仅当 $\Gamma, \Delta \vdash A, \Lambda$ 有反例.

¬-*R* 规则

$$\neg\text{-}R : \quad \frac{A, \Gamma \vdash \Lambda, \Theta}{\Gamma \vdash \Lambda, \neg A, \Theta}$$

分母序贯 $\Gamma \vdash \Lambda, \neg A, \Theta$ 有反例, 当且仅当存在结构 **M** 和赋值 σ, 使 Γ 中所包含的所有公式为真, 使 Λ 和 Θ 中所包含的所有公式为假, 而且使 $\neg A$ 为假. 根据 ¬ 的语义, 这就是, 当且仅当 **M** 和 σ 使公式 A 以及 Γ 中所包含的所有公式为真, 并使 Λ 和 Θ 中包含的所有公式为假. 根据定义 3.11, 这就是当且仅当 $A, \Gamma \vdash \Lambda, \Theta$ 有反例.

∨-*L* 规则

$$\vee\text{-}L : \quad \frac{\Gamma, A, \Delta \vdash \Lambda \qquad \Gamma, B, \Delta \vdash \Lambda}{\Gamma, A \vee B, \Delta \vdash \Lambda}$$

根据定义 3.11, 分母序贯有反例, 当且仅当存在结构 **M** 和赋值 σ, 使 Γ 和 Δ 中的每一个公式为真, 并且使 $A \vee B$ 为真, 又使 Λ 中的每一个公式为假. 根据 ∨ 的语义, **M** 和 σ 使 $A \vee B$ 为真, 当且仅当它们使 A 为真或者使 B 为真. 也就是, 下述两种情况中至少有一种成立.

(1) **M** 和 σ 使 Γ, Δ 中所有公式及 A 为真, 并使 Λ 中所有公式为假. 这就是 $\Gamma, A, \Delta \vdash \Lambda$ 有反例.

(2) **M** 和 σ 使 Γ, Δ 中所有公式及 B 为真, 并使 Λ 为假. 这就是 $\Gamma, B, \Delta \vdash \Lambda$ 有反例.

所以, 分母序贯 $\Gamma, A \vee B, \Delta \vdash \Lambda$ 有反例, 当且仅当分子两序贯 $\Gamma, A, \Delta \vdash \Lambda$ 和 $\Gamma, B, \Delta \vdash \Lambda$ 中至少有一个有反例.

∨-R 规则

$$\vee\text{-}R: \quad \frac{\Gamma \vdash \Lambda, A, B, \Theta}{\Gamma \vdash \Lambda, A \vee B, \Theta}$$

根据定义 3.11,∨-R 规则的分母序贯有反例,当且仅当存在结构 $\mathbf{M}$ 和赋值 σ,使 Γ 中的每一个公式为真,使 Λ 和 Θ 中的每一个公式为假,并且使 $A \vee B$ 为假. 根据 $\vee$ 的语义,这就是当且仅当 $\mathbf{M}$ 和 σ 使 Γ 为真,使 Λ 和 Θ 中的每一个公式为假,并且使 A 和 B 均为假,也就是当且仅当 $\Gamma \vdash \Lambda, A, B, \Theta$ 有反例.

∀-L 规则

$$\forall\text{-}L: \quad \frac{\Gamma, A[t/x], \forall x A(x), \Delta \vdash \Lambda}{\Gamma, \forall x A(x), \Delta \vdash \Lambda}$$

根据定义 3.11,规则 ∀-L 的分母序贯有反例,当且仅当存在结构 $\mathbf{M}$ 和赋值 σ,使 Γ 和 Δ 中包括的所有公式为真,使 $\forall x A(x)$ 为真,并且使 Λ 中包含的所有公式为假. 根据 $\forall$ 的语义,$\forall x A(x)$ 为真,即对任意的元素 $a \in M$,$A_{\mathbf{M}[\sigma[x:=a]]}$ 为真. 对任意项 t,$t_{\mathbf{M}[\sigma]}$ 是论域 M 的元素,所以 $A_{\mathbf{M}[\sigma[x:=t_{\mathbf{M}[\sigma]}]]}$ 为真. 根据第 2 章的替换引理,又知

$$A_{\mathbf{M}[\sigma[x:=t_{\mathbf{M}[\sigma]}]]} = (A[t/x])_{\mathbf{M}[\sigma]}$$

对所有项 t 成立. 因此,若结构 $\mathbf{M}$ 和赋值 σ 使 $\forall x A(x)$ 真,则它们使 $A[t/x]$ 为真. 这也就是 $\Gamma, \forall x A(x), \Delta \vdash \Lambda$ 有反例,当且仅当 $\Gamma, A[t/x], \forall x A(x), \Delta \vdash \Lambda$ 有反例.

∀-R 规则

$$\forall\text{-}R: \quad \frac{\Gamma \vdash \Lambda, A[y/x], \Theta}{\Gamma \vdash \Lambda, \forall x A(x), \Theta}$$

其中 y 是一与 $\Gamma, \Lambda, \forall x A(x)$ 及 Θ 中变元不同的新变元.

根据定义 3.11,∀-R 规则的分母序贯有反例,当且仅当存在结构 $\mathbf{M}$ 和赋值 σ,使 Γ 为真,使 Λ 和 Θ 中所用公式为假,并使 $\forall x A(x)$ 为假. 根据 $\forall$ 的语义,$\mathbf{M}$ 及 σ 使 $\forall x A(x)$ 为假,当且仅当存在某一个元素 $m \in M$,使 $A_{\mathbf{M}[\sigma[x:=m]]} = \mathrm{F}$. 由于 y 是一个与 Γ, Λ, A 及 Θ 中变元不同的新变元,并令 σ 使 $\sigma(y) = m$. 根据替换引理有:

$$\begin{aligned}(A[y/x])_{\mathbf{M}[\sigma]} &= A_{\mathbf{M}[\sigma[x:=y_{\mathbf{M}[\sigma]}]]} \\ &= A_{\mathbf{M}[\sigma[x:=m]]} \\ &= \mathrm{F}\end{aligned}$$

这就是 $\mathbf{M}$ 和 σ 使 $A[y/x]$ 为假. 所以,分母序贯有反例,当且仅当 $\mathbf{M}$ 和 σ 使 Γ 为真,使 Λ 和 Θ 中所用公式为假,并 $A[y/x]$ 为假. 根据定义 3.11,这也就是分子序贯 $\Gamma \vdash \Lambda, A[y/x], \Theta$ 有反例.

删除规则

$$\frac{\Gamma \vdash A, \Lambda \quad \Delta, A \vdash \Theta}{\Gamma, \Delta \vdash \Lambda, \Theta}$$

根据定义 3.11, 分母序贯 $\Gamma, \Delta \vdash \Lambda, \Theta$ 有反例, 当且仅当存在结构 $\mathbf{M}$ 和赋值 σ, 使 Γ 和 Δ 中所包含的所有公式为真, 并使 Λ 和 Θ 中所包含的所有公式为假. 若公式 A 在结构 $\mathbf{M}$ 和赋值 σ 下为假, 根据定义 3.11, 这就是当且仅当 $\Gamma \vdash A, \Lambda$ 有反例; 若 A 在结构 $\mathbf{M}$ 和赋值 σ 下为真, 根据定义 3.11, 这就是当且仅当 $\Delta, A \vdash \Theta$ 有反例. 所以规则的分子中至少有一个序贯有反例. □

引理 3.4　规则的有效性

对 $\mathbf{G}$ 的每一条规则, 其分母序贯有效, 当且仅当此规则的每一个分子序贯有效.

证明　由于证明了引理 3.3, 本引理可用反证法证明. 首先, 对任何一条 $\mathbf{G}$ 规则, 如果规则的分母序贯有效, 则规则的分子中的每一序贯有效. 因为如果不然, 假定规则分子中某一个序贯有反例, 根据引理 3.3, 该规则的分母序贯必有反例, 而这与假定矛盾. 另一方面, 如果规则中的每一个分子序贯有效, 则规则的分母序贯有效. 因为如果不然, 假定规则分母序贯有反例, 根据引理 3.3, 规则的某一个分子序贯必有反例, 这又导致矛盾. □

引理 3.5　$\mathbf{G}$ 公理是有效的.

证明　$\mathbf{G}$ 公理 $\Gamma, A, \Delta \vdash \Lambda, A, \Theta$ 不可能有反例, 因为对任意的结构 $\mathbf{M}$ 和赋值 σ, 它们不可能使在 $\vdash$ 左边的 A 为真, 又使在 $\vdash$ 右边的同一个 A 为假. 根据定义 3.11, $\mathbf{G}$ 公理有效. □

使用引理 3.4 和引理 3.5, 可以证明 $\mathbf{G}$ 系统的可靠性.

定理 3.1　$\mathbf{G}$ 系统的可靠性

如果序贯 $\Gamma \vdash \Lambda$ 可证, 那么 $\Gamma \models \Lambda$ 成立.

证明　根据定理 3.1 的条件, 序贯 $\Gamma \vdash \Lambda$ 可证, 故存在关于此序贯的一个证明树 $\mathcal{T}$. 对树 $\mathcal{T}$ 进行结构归纳证明.

若 $\mathcal{T}$ 是单点树, 则它为公理的一个实例, 根据引理 3.5, 知此序贯有效. 若 $\mathcal{T}$ 不是单点树, 则有两种可能:

(1) $\mathcal{T}$ 是形式为

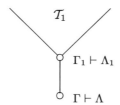

的一个证明树，其中 $\mathcal{T}_1$ 是关于 $\Gamma_1 \vdash \Lambda_1$ 的证明树，并且分式

$$\frac{\Gamma_1 \vdash \Lambda_1}{\Gamma \vdash \Lambda}$$

是 **G** 系统某一个规则的实例. 因为 $\mathcal{T}_1$ 是证明树，根据归纳假设，$\Gamma_1 \models \Lambda_1$ 成立. 再根据引理 3.4，知 $\Gamma \models \Lambda$ 成立.

(2) $\mathcal{T}$ 是形式为

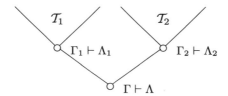

的一个证明树，其中 $\mathcal{T}_1, \mathcal{T}_2$ 分别是 $\Gamma_1 \vdash \Lambda_1$ 和 $\Gamma_2 \vdash \Lambda_2$ 的证明树，并且序贯：

$$\frac{\Gamma_1 \vdash \Lambda_1 \quad \Gamma_2 \vdash \Lambda_2}{\Gamma \vdash \Lambda}$$

是 **G** 系统的某一个推理规则的实例. 由于 $\mathcal{T}_1, \mathcal{T}_2$ 是证明树，根据归纳假设，$\Gamma_1 \models \Lambda_1$ 及 $\Gamma_2 \models \Lambda_2$ 均成立. 再根据引理 3.4，知 $\Gamma \models \Lambda$ 成立. □

3.4　紧致性和协调性

紧致性 (compactness) 讨论形式证明的有穷性，它回答形式证明的证明前提是否有穷的问题.

定理 3.2　紧致性

若 Γ 是一个公式集合，A 是一个公式并且序贯 $\Gamma \vdash A$ 可证，那么必存在有穷公式集合 Δ，使得 $\Delta \subseteq \Gamma$ 并且 $\Delta \vdash A$ 可证.

证明　　如果 $\Gamma \vdash A$ 可证，那么必存在以序贯 $\Gamma \vdash A$ 为根结点的证明树，而且该证明树是有穷的. 所以，证明树所使用的 **G** 规则实例也是有穷的. 设此规则实例集

合为 $\mathcal{R}$. 在 $\mathcal{R}$ 中只涉及 Γ 中有穷个公式，而这些公式又分为两类：一类是 Γ 中的公式，记为 $\{A_{n_1}, A_{n_2}, \cdots, A_{n_k}\}$；另一类是在 $\mathcal{R}$ 中的规则实例里出现的辅公式，记为 $\{A_{m_1}, \cdots, A_{m_l}\}$. 令 $\Delta = \{A_{n_1}, A_{n_2}, \cdots, A_{n_k}\}$，则 Δ 有穷，并且 $\Delta \subseteq \Gamma$ 成立. 根据证明树定义，将 $\Gamma \vdash A$ 的证明树中所有既不属于 Δ 又不属于 $\{A_{m_1}, \cdots, A_{m_l}\}$ 的公式删除就得到了 $\Delta \vdash A$ 的证明树. □

紧致性定理说明，如果序贯 $\Gamma \vdash A$ 可证，那么必存在 Γ 的有穷公式集合 Δ，使得 $\Delta \vdash A$ 可证. 这说明，即使序贯的前提 Γ 是公式的可数无穷集合，$\Gamma \vdash A$ 的形式证明也只与 Γ 所包含的有穷个公式有关. 所以，今后我们容许 **G** 系统的规则中序贯的前提是可数无穷公式集合. 当序贯 $\Gamma \vdash A$ 的前提 Γ 为可数无穷集合时，读者不难发现本章前面的引理和定理仍是正确的.

引理 3.6

(1) 如果 $\Gamma \vdash A$ 可证且 $\Sigma \supseteq \Gamma$，那么 $\Sigma \vdash A$ 可证.

(2) 如果 Λ 是一个公式集合，并且 $\Gamma \vdash A$ 可证，那么 $\Gamma \vdash A, \Lambda$ 可证.

证明　(1) 由 $\Gamma \vdash A$ 可证，知其有证明树 $\mathcal{T}$. 由于 $\Sigma \supseteq \Gamma$，令 $\Delta = \Sigma - \Gamma$，并在证明树 $\mathcal{T}$ 中出现的每个序贯中 $\vdash$ 的左边都添加 Δ，得到的树形结构 $\mathcal{T}'$ 就是 $\Sigma \vdash A$ 的证明树. 故 $\Sigma \vdash A$ 可证.

(2) 由 $\Gamma \vdash A$ 可证，知其有证明树 $\mathcal{T}$. 在证明树 $\mathcal{T}$ 中出现的每个序贯中 $\vdash$ 的右边都添加 Λ，得到的树形结构 $\mathcal{T}'$ 就是 $\Gamma \vdash A, \Lambda$ 的证明树. 故 $\Gamma \vdash A, \Lambda$ 可证. □

定义 3.12　协调性

设 Γ 为公式集合. 如果不存在一个公式 A，使序贯 $\Gamma \vdash A$ 与 $\Gamma \vdash \neg A$ 均可证，那么称 Γ 是协调的.

引理 3.7

(1) 如果公式集合 Γ 协调，那么存在公式 A 使序贯 $\Gamma \vdash A$ 不可证.

(2) 公式集合 Γ 不协调，当且仅当对任意公式 A，$\Gamma \vdash A$ 和 $\Gamma \vdash \neg A$ 均可证.

(3) 若公式集合 Γ 协调并且序贯 $\Gamma \vdash A$ 可证，那么公式集合 $\Gamma \cup \{A\}$ 协调 (也称 Γ 与 A 协调).

(4) 如果 $\Gamma \vdash A$ 不可证，那么 Γ 与 $\neg A$ 协调.

证明　(1) 用反证法证明. 假设不存在公式 A 使 $\Gamma \vdash A$ 不可证，那么对任意公式 B，$\Gamma \vdash B$ 和 $\Gamma \vdash \neg B$ 均可证，这与 Γ 协调相矛盾.

(2) 充分性：若对任意公式 A，$\Gamma \vdash A$ 和 $\Gamma \vdash \neg A$ 均可证，则由协调性的定义可知 Γ 不协调.

必要性：若 Γ 不协调，根据定义 3.12 可知，存在公式 B 使得序贯 $\Gamma \vdash B$ 和 $\Gamma \vdash \neg B$ 均可证. 根据 $\neg\text{-}R$ 规则有 $\Gamma, B \vdash$ 可证，再根据删除规则有 $\Gamma \vdash$ 可证. 由引理 3.6 可得，对任意公式 A，$\Gamma, \neg A \vdash$ 和 $\Gamma, A \vdash$ 均可证. 这也就是 $\Gamma \vdash A$ 和 $\Gamma \vdash \neg A$ 均可证.

(3) 用反证法证明. 假设集合 $\Gamma \cup \{A\}$ 不协调，那么对公式 A，$\Gamma, A \vdash A$ 和 $\Gamma, A \vdash \neg A$ 均可证，对后者使用 $\neg\text{-}R$ 规则，知 $\Gamma \vdash \neg A$ 可证. 根据条件，$\Gamma \vdash A$ 亦可证，这与 Γ 协调相矛盾.

(4) 用反证法证明. 如果 Γ 与 $\neg A$ 不协调，根据 (2) 就有 $\Gamma, \neg A \vdash A$ 可证. 再根据 $\neg\text{-}L$ 规则有 $\Gamma \vdash A$ 可证，这与 $\Gamma \vdash A$ 不可证相矛盾. $\qquad\square$

下面给出极大协调集的定义.

定义 3.13　极大协调集

称公式集合 Γ 是极大协调集，如果对任意公式 A，若 Γ 与 A 协调，则 $A \in \Gamma$.

如果 Γ 是极大协调集，那么 Γ 不但是协调的，而且是极大的.

引理 3.8　设 Γ 是极大协调集，A 是一个公式，$\Gamma \vdash A$ 当且仅当 $A \in \Gamma$.

证明　充分性：若 $A \in \Gamma$，由 G 公理可知 $\Gamma \vdash A$ 可证.

必要性：若 $\Gamma \vdash A$，则由引理 3.7 的 (3) 可知 Γ 与 A 协调，再由定义 3.13 可知 $A \in \Gamma$. $\qquad\square$

3.5　G 系统的完全性

如果 $\Gamma \models A$ 成立，那么 $\Gamma \vdash A$ 可证，即如果 A 是 Γ 的逻辑结论，那么 A 是 Γ 的形式结论，这称为 G 系统的完全性. 本节的目的是证明 G 系统的完全性，也就是证明：如果对任意的模型 $(\mathbf{M}, \sigma)$，由 $(\mathbf{M}, \sigma)$ 使 Γ 为真，可以得出它也使 A 为真，那么有 $\Gamma \vdash A$ 可证.

本节将分四步证明 G 系统的完全性. 首先，证明对任意协调公式集 Γ，必存在一种方法将 Γ 扩充为一个极大协调集合. 这种扩充方法被称为 Lindenbaum 扩充. 第二步，证明用 Lindenbaum 扩充方法所形成的极大协调集合都是 Hintikka 集合. 第三步，由于第 2 章已经证明 Hintikka 集合是可满足的，所以，根据前两步，证明每一个协调集合都是可满足的. 第四步，用反证法证明 G 系统的完全性. 因为如果 $\Gamma \models A$ 成立，但 $\Gamma \vdash A$ 不可证，那么根据引理 3.7 的 (4)，$\Gamma \cup \{\neg A\}$ 协调. 根据第三步，$\Gamma \cup \{\neg A\}$ 可满足，也就是，存在结构 $\mathbf{M}$ 和赋值 σ 使 Γ 和 $\neg A$ 都为真，而这与 $\Gamma \models A$ 成立相矛盾.

定义 3.14　Lindenbaum 扩充

设 Γ 是一个协调公式集合. 由于 $\mathscr{L}$ 的公式集合是可数集合, 故将 $\mathscr{L}$ 的公式排列成下述公式序列 [①]:

$$A_1, A_2, \cdots, A_n, \cdots$$

令 $\Gamma_1 = \Gamma$, 而 Γ_{n+1} 被归纳地定义如下:

$$\Gamma_{n+1} = \begin{cases} \Gamma_n \cup \{A_n\}, & \text{若 } \Gamma_n \text{ 与 } A_n \text{ 协调,} \\ \Gamma_n, & \text{如果不然.} \end{cases}$$

令

$$\Sigma = \bigcup_{n=1}^{\infty} \Gamma_n.$$

上述扩充过程称为 Lindenbaum 扩充过程. Σ 为 Γ 的 Lindenbaum 扩充.

引理 3.9　令 Γ 是一个协调公式集合. Γ 的 Lindenbaum 扩充 Σ 是一个包含 Γ 的极大协调公式集.

证明　根据引理的条件, $\Gamma \subseteq \Sigma$. 若引理不成立, 则或者 Σ 是不协调的, 或者 Σ 是协调的, 但不是极大的.

(1) 先证 Σ 的协调性, 用反证法. Σ 不协调, 则由协调性定义可知: 存在公式 A, 使得 $\Sigma \vdash A$ 和 $\Sigma \vdash \neg A$ 均可证. 根据紧致性定理, 存在 Σ 的有限子集 Δ, 使得 $\Delta \vdash A$ 和 $\Delta \vdash \neg A$ 均可证. 再由 Lindenbaum 扩充过程, 存在 $\Gamma_n \supseteq \Delta$, 由引理 3.6 可知 $\Gamma_n \vdash A$ 和 $\Gamma_n \vdash \neg A$ 均可证, 这与 Γ_n 的协调性矛盾.

(2) 再证 Σ 的极大性, 用反证法. Σ 协调但不极大, 存在 $A \notin \Sigma$ 且 Σ 与 A 协调. 设 A 在 Lindenbaum 扩充中的公式序列里记作 A_n. 若 A_n 与 Γ_n 协调, 则有 $A_n \in \Gamma_{n+1} \subseteq \Sigma$, 这与假设相矛盾. 若 A_n 与 Γ_n 不协调, 则存在公式 B, 使得 $\Gamma_n, A_n \vdash B$ 和 $\Gamma_n, A_n \vdash \neg B$ 均可证. 由于 $\Gamma_n \subseteq \Sigma$, 根据引理 3.6 有 $\Sigma, A_n \vdash B$ 和 $\Sigma, A_n \vdash \neg B$ 都可证, 这和 Σ 与 A 协调矛盾.　$\square$

Lindenbaum 扩充具有下述完备性.

引理 3.10　Σ 是 Γ 的 Lindenbaum 扩充, 则对任意公式 A, 要么 $A \in \Sigma$ 要么 $\neg A \in \Sigma$.

证明　根据 Lindenbaum 序列的构造过程, 不妨设 A 是 A_m.

___
① 例如, 可以将 $\mathscr{L}$ 中的公式按公式的秩和字典排序法排成一列.

若 Γ_m 与 A 协调. 根据 Lindenbaum 扩充过程，则有 $A_m \in \Gamma_{m+1}$，又因为 $\Gamma_{m+1} \subseteq \Sigma$，所以 $A_m \in \Sigma$，这就是 $A \in \Sigma$. 在这种情况下，$\neg A$ 不可能再属于 Σ. 因为若不然，$\neg A \in \Sigma$ 成立，那么 $\Sigma \vdash \neg A$ 和 $\Sigma \vdash A$ 均可证，这与 Σ 的协调性相矛盾.

若 Γ_m 与 A 不协调. 根据 Lindenbaum 扩充过程，则有 $A_m \notin \Gamma_{m+1}$，故 $A_m \notin \Sigma$，即 $A \notin \Sigma$. 在这种情况下必有 $\neg A \in \Sigma$. 因为，如果假设 $\neg A \notin \Sigma$，则由 Σ 的极大协调性知 $\neg A$ 与 Σ 不协调. 因为 Σ 与 A 也是不协调的，根据引理 3.7 的 (2)，$\Sigma, \neg A \vdash A$ 和 $\Sigma, A \vdash \neg A$ 均可证，所以有 $\Sigma \vdash A$ 和 $\Sigma \vdash \neg A$ 均可证. 这与 Σ 的协调性相矛盾. $\qquad\square$

引理 3.11 如果 Γ 是一个协调公式集合，而 Σ 是 Γ 的 Lindenbaum 扩充，那么 Σ 是 Hintikka 集.

证明 要证明 Σ 是 Hintikka 集，只要证明它符合 Hintikka 集合的定义即可. 证明如下：

(1) 根据引理 3.10，知对任意原子公式 A，要么 $A \in \Sigma$ 成立，要么 $\neg A \in \Sigma$ 成立.

(2) 如果 $A \in \Sigma$，由引理 3.8 知 $\Sigma \vdash A$ 可证. 根据 $\neg$-L 规则，$\Sigma, \neg A \vdash$ 可证. 再根据 $\neg$-R 规则，$\Sigma \vdash \neg\neg A$ 可证. 由引理 3.8 可知 $\neg\neg A \in \Sigma$ 成立.

(3) 如果 $A \in \Sigma$ 或者 $B \in \Sigma$，则由引理 3.8 可知 $\Sigma \vdash A$ 可证或者 $\Sigma \vdash B$ 可证. 根据引理 3.6 的 (2)，$\Sigma \vdash A, B$ 可证. 再根据 $\vee$-R 规则，$\Sigma \vdash A \vee B$ 可证. 由引理 3.8 可知 $A \vee B \in \Sigma$ 成立.

(4) 如果 $\neg A \in \Sigma$ 并且 $\neg B \in \Sigma$，由引理 3.8 可知，$\Sigma \vdash \neg A$ 和 $\Sigma \vdash \neg B$ 均可证. 根据 $\neg$-R 规则，$\Sigma, A \vdash$ 和 $\Sigma, B \vdash$ 均可证. 根据 $\vee$-L 规则，$\Sigma, A \vee B \vdash$ 可证. 再根据 $\neg$-R 规则，$\Sigma \vdash \neg(A \vee B)$ 也可证. 由引理 3.8 可知，$\neg(A \vee B) \in \Sigma$ 成立.

(5) 如果 $A \in \Sigma$ 并且 $B \in \Sigma$，由引理 3.8 可知，$\Sigma \vdash A$ 并且 $\Sigma \vdash B$，根据 $\wedge$-R 规则，$\Sigma \vdash A \wedge B$ 可证. 由引理 3.8 可知，$A \wedge B \in \Sigma$ 成立.

(6) 如果 $\neg A \in \Sigma$ 或 $\neg B \in \Sigma$，由引理 3.8 可知 $\Sigma \vdash \neg A$ 可证或者 $\Sigma \vdash \neg B$ 可证. 根据引理 3.6 的 (2)，$\Sigma \vdash \neg A, \neg B$ 可证. 再根据 $\neg$-R 规则，$\Sigma, A, B \vdash$ 可证. 又根据 $\wedge$-L 规则，$\Sigma, A \wedge B \vdash$ 可证. 最后根据 $\neg$-R 规则，$\Sigma \vdash \neg(A \wedge B)$ 可证. 由引理 3.8 可知 $\neg(A \wedge B) \in \Sigma$ 成立.

(7) 如果 $\neg A \in \Sigma$ 或 $B \in \Sigma$，由引理 3.8 可知 $\Sigma \vdash \neg A$ 可证或者 $\Sigma \vdash B$ 可证. 根据引理 3.6 的 (2)，$\Sigma \vdash \neg A, B$ 可证. 再根据 $\neg$-R 规则，$\Sigma, A \vdash B$ 可证. 又根据 $\rightarrow$-R 规则，$\Sigma \vdash A \rightarrow B$ 可证. 由引理 3.8 可知 $A \rightarrow B \in \Sigma$ 成立.

(8) 如果 $A \in \Sigma$ 并且 $\neg B \in \Sigma$，由引理 3.8 可知，$\Sigma \vdash A$ 和 $\Sigma \vdash \neg B$ 均可证. 根据 $\neg$-R 规则，$\Sigma, B \vdash$ 可证. 根据 $\rightarrow$-L 规则，$\Sigma, A \rightarrow B \vdash$ 可证. 再根据 $\neg$-R 规则，$\Sigma \vdash \neg(A \rightarrow B)$ 也可证. 由引理 3.8 可知，$\neg(A \rightarrow B) \in \Sigma$ 成立.

(9) 如果对所有 $t \in H$ 有 $\neg A[t/x] \in \Sigma$ 成立，其中 H 是含变元的 Herbrand 域，即全体项的集合，特别取 t 为 y，那么 $\neg A[y/x] \in \Sigma$，这里 y 是变元 x 或者是一个不在 A 和 Σ 中出现的变元. 由引理 3.8 可知，$\Sigma \vdash \neg A[y/x]$ 可证. 根据 $\neg$-R 规则，$\Sigma, A[y/x] \vdash$ 可证. 根据 $\exists$-L 规则，这就是 $\Sigma, \exists x A(x) \vdash$ 可证. 根据 $\neg$-R 规则，$\Sigma \vdash \neg(\exists x A(x))$ 也可证. 由引理 3.8 可知，$\neg(\exists x A(x)) \in \Sigma$ 成立.

(10) 如果存在 $t \in H$ 使得 $A[t/x] \in \Sigma$，那么 $\Sigma \vdash A[t/x]$ 可证. 根据 $\exists$-R 规则，$\Sigma \vdash \exists x A(x)$ 可证. 再根据引理 3.8 可知，$\exists x A(x) \in \Sigma$.

(11) 如果对所有 $t \in H$，有 $A[t/x] \in \Sigma$ 成立，特别取 t 为 y，那么 $A[y/x] \in \Sigma$ 成立，这里 y 是变元 x 或者是一个不在 A 和 Σ 中出现的变元. 由引理 3.8 可知，$\Sigma \vdash A[y/x]$ 可证. 根据 $\forall$-R 规则，$\Sigma \vdash \forall x A(x)$ 可证. 由引理 3.8 可知，$\forall x A(x) \in \Sigma$ 成立.

(12) 如果存在 $t \in H$ 使得 $\neg A[t/x] \in \Sigma$，那么 $\Sigma \vdash \neg A[t/x]$ 可证. 根据 $\neg$-R 规则，$\Sigma, A[t/x] \vdash$ 可证. 再根据 $\forall$-L 规则，$\Sigma, \forall x A(x) \vdash$ 可证. 又根据 $\neg$-R 规则，$\Sigma \vdash \neg(\forall x A(x))$ 可证. 最后由引理 3.8 可知 $\neg(\forall x A(x) \in \Sigma)$.

这就证明了 Σ 是一个 Hintikka 集合. $\Box$

定理 3.3   可满足性

如果 Γ 是协调公式集合，那么 Γ 可满足.

证明   首先使用 Lindenbaum 过程将 Γ 扩充为极大协调公式集合 Σ. 根据前面引理 3.11，知 Σ 是 Hintikka 集合. 再根据定理 2.2，知 Σ 可满足. 故 Γ 可满足. $\Box$

定理 3.4   完全性

令 Γ 为一个公式集合，A 为一个公式. 如果 $\Gamma \models A$ 成立，那么 $\Gamma \vdash A$ 可证.

证明   用反证法证明此定理. 假定 $\Gamma \vdash A$ 不可证，根据引理 3.7 的 (4)，知 $\Gamma \cup \{\neg A\}$ 协调，而根据前面定理 3.3，必存在结构 $\mathbf{M}$ 和赋值 σ，使 $\mathbf{M} \models_\sigma \Gamma$ 及 $\mathbf{M} \models_\sigma \neg A$ 均成立. 但由于 $\Gamma \models A$ 有效，$\mathbf{M} \models_\sigma A$ 必成立. 这与论域的排中原理相矛盾. $\Box$

综合本章前几节的结果，我们得到下述定理:

定理 3.5   令 Γ 为一个公式集合，A 为一个公式.

(1) $\Gamma \models A$ 有效，当且仅当 $\Gamma \vdash A$ 可证.

(2) Γ 可满足，当且仅当 Γ 协调.

证明   本定理第 (1) 条是可靠性定理 3.1 和完全性定理 3.4 的直接推论. 根据定理 3.3，如果 Γ 协调，那么 Γ 可满足. 所以只要证明: 如果 Γ 可满足，那么 Γ 协调，则本定理的第 (2) 条得证. 用反证法，假若 Γ 不协调. 根据定义，必存在公式 A，使

$\Gamma \vdash A$ 和 $\Gamma \vdash \neg A$ 均可证. 根据前面定理 3.1, $\Gamma \models A$ 和 $\Gamma \models \neg A$ 均有效. 由于 Γ 可满足, 必存在结构 $\mathbf{M}$ 和赋值 σ 使 Γ 为真, 从而也要使 A 和 $\neg A$ 为真, 这与论域的排中原理相矛盾, 所以 Γ 协调. □

此定理表明, 在一阶语言范围内, 我们在本章开头所提到的**凡证明结论均为逻辑结论, 反之亦然**这一原理成立. 如果某个领域知识能用一阶语言来描述, 那么这条定理为人们将此领域知识中的数学证明转换为符号演算提供了理论依据.

3.6 若干常用推理规则

在数学和自然科学研究中, 有些逻辑推理方法被人们经常使用, 它们是反证法规则、分情况证明规则、矛盾规则、逆否推理以及三段论规则等推理方法. 本节将按照 Hilbert《几何基础》中的形式, 给出一阶语言的形式推理规则 [Hilbert, 1899]. 这些规则都是单向规则, 根据 **G** 系统的完全性它们都可以作为 **G** 系统的导出规则加以证明. 因为后面几章也要用到这些导出规则, 为了简单起见, 本节将对这些导出规则给予语义上的证明.

反证法规则

$$\frac{\neg A, \Gamma \vdash B \quad \neg A, \Gamma \vdash \neg B}{\Gamma \vdash A}$$

证明 需要证明: 如果 $\neg A, \Gamma \vdash B$ 及 $\neg A, \Gamma \vdash \neg B$ 均可证, 那么 $\Gamma \vdash A$ 可证. 因为 $\neg A, \Gamma \vdash B$ 及 $\neg A, \Gamma \vdash \neg B$ 可证, 所以根据可靠性可知 $\neg A, \Gamma \models B$ 及 $\neg A, \Gamma \models \neg B$. 对于任意结构 $\mathbf{M}$ 及赋值 σ, 当 $\mathbf{M} \models_\sigma \Gamma$ 时, 若 $\mathbf{M} \models_\sigma A$ 不成立, 则 $\mathbf{M} \models_\sigma \neg A$, 因而 $\mathbf{M} \models_\sigma \neg A, \Gamma$, 而根据 $\neg A, \Gamma \models B$ 及 $\neg A, \Gamma \models \neg B$ 可以推出 $\mathbf{M} \models_\sigma B$ 及 $\mathbf{M} \models_\sigma \neg B$. 这与论域的排中原理相矛盾, 因而 $\mathbf{M} \models_\sigma A$ 成立. 所以 $\Gamma \models A$, 即 $\Gamma \vdash A$. □

分情况证明规则

$$\frac{A, \Gamma \vdash B \quad \neg A, \Gamma \vdash B}{\Gamma \vdash B}$$

证明 需要证明: 如果 $A, \Gamma \vdash B$ 及 $\neg A, \Gamma \vdash B$ 均可证, 那么 $\Gamma \vdash B$ 可证. 因为 $A, \Gamma \vdash B$ 及 $\neg A, \Gamma \vdash B$, 所以根据可靠性可知 $A, \Gamma \models B$ 及 $\neg A, \Gamma \models B$. 对于任意结构 $\mathbf{M}$ 及赋值 σ, 当 $\mathbf{M} \models_\sigma \Gamma$ 时, 以下证明 $\mathbf{M} \models_\sigma B$ 成立. 事实上, 若 $\mathbf{M} \models_\sigma A$, 则 $\mathbf{M} \models_\sigma A, \Gamma$, 因而根据 $A, \Gamma \models B$ 可知 $\mathbf{M} \models_\sigma B$; 若 $\mathbf{M} \models_\sigma \neg A$, 则 $\mathbf{M} \models_\sigma \neg A, \Gamma$, 因而根据 $\neg A, \Gamma \models B$ 可知 $\mathbf{M} \models_\sigma B$. 所以总有 $\mathbf{M} \models_\sigma B$, 即对于任意结构 $\mathbf{M}$ 及赋值 σ, 如果 $\mathbf{M} \models_\sigma \Gamma$ 成立, 那么 $\mathbf{M} \models_\sigma B$ 成立. 根据完全性定理可知 $\Gamma \vdash B$. □

矛盾规则

$$\frac{\Gamma \vdash A \quad \Gamma \vdash \neg A}{\Gamma \vdash B}$$

证明　需要证明：如果 $\Gamma \vdash A$ 及 $\Gamma \vdash \neg A$ 均可证，那么对任意公式 B，$\Gamma \vdash B$ 可证. 如果 $\Gamma \vdash A$ 及 $\Gamma \vdash \neg A$ 可证，则 Γ 不协调，再根据引理 3.7 (2) 可知对任意公式 B，$\Gamma \vdash B$ 可证.　　□

逆否推理

$$\frac{A, \Gamma \vdash B}{\neg B, \Gamma \vdash \neg A} \quad \text{或} \quad \frac{\Gamma \vdash A \to B}{\Gamma \vdash \neg B \to \neg A}$$

证明　第一个规则的证明如下. 如果 $A, \Gamma \vdash B$ 可证，那么 $\neg B, \Gamma \vdash \neg A$ 可证. 根据完全性定理，只需要证明对于任意结构 $\mathbf{M}$ 及赋值 σ，如果 $\mathbf{M} \models_\sigma \neg B, \Gamma$ 成立，那么 $\mathbf{M} \models_\sigma \neg A$ 成立. 如果 $\mathbf{M} \models_\sigma \neg A$ 不成立，那么 $\mathbf{M} \models_\sigma A$ 成立，因而 $\mathbf{M} \models_\sigma A, \Gamma$ 成立，而根据 $A, \Gamma \vdash B$ 及可靠性可知 $\mathbf{M} \models_\sigma B$，而这与 $\mathbf{M} \models_\sigma \neg B, \Gamma$ 相矛盾. 对第二个规则可作类似的证明.　　□

三段论规则

$$\frac{\Gamma \vdash A \quad \Gamma \vdash A \to B}{\Gamma \vdash B} \,(1) \qquad \frac{\Gamma \vdash A[t/x] \quad \Gamma \vdash \forall x(A(x) \to B(x))}{\Gamma \vdash B[t/x]} \,(2)$$

证明　对于规则 (1) 需要证明：如果 $\Gamma \vdash A$ 及 $\Gamma \vdash A \to B$ 均可证，那么 $\Gamma \vdash B$ 可证. 根据完全性定理，只需要证明对于任意结构 $\mathbf{M}$ 及赋值 σ，若 $\mathbf{M} \models_\sigma \Gamma$ 成立，那么 $\mathbf{M} \models_\sigma B$ 成立. 由于 $\Gamma \vdash A$ 可证，又因为 $\mathbf{M} \models_\sigma \Gamma$，根据可靠性可知 $\mathbf{M} \models_\sigma A$，而从 $\Gamma \vdash A \to B$ 可知 $\mathbf{M} \models_\sigma A \to B$. 所以根据定义 2.7 和定义 2.8，$\mathbf{M} \models_\sigma B$. 规则 (2) 的证明类似.　　□

3.7　证明论与模型论

到目前为止，本书系统地研究了与一阶语言的语法和语义有关的两组概念：

一阶语言　常元　函数符号　谓词　等词　原子公式　复合公式　替换

模型　常量　函数　关系　等号　原子命题　复合命题　赋值

本章又深入地研究了关于序贯的两组概念. 一组是可证性和有效性，另一组是协调性和可满足性.

形式证明　可证性　协调性

模型解释　有效性　可满足性

可证性是指序贯 $\Gamma \vdash A$ 可证. 如果 $\Gamma \vdash A$ 可证，那么称 A 是 Γ 的证明结论或形式结论. 证明结论的得出只与公理和推理规则有关，是通过构造证明树而得到的. 证明树的构造过程是有序地使用 **G** 系统规则的过程，而每一个形式推理规则，都是对公式中出现的某一个逻辑连接词符号或量词符号进行一次演算. 所以人们说，可证性是关于一阶语言的证明理论的概念，确认可证性涉及如何通过对逻辑连接词符号的演算，得出前提 Γ 的形式结论 A.

有效性是指 $\Gamma \models A$ 成立，在这种情况下，A 是 Γ 的逻辑结论. 逻辑结论的得出与模型有关，即与结构 **M** 和赋值 σ 有关. 只有当所有使 Γ 为真的模型，均使 A 为真，$\Gamma \models A$ 才有效. 所以人们说，有效性是关于一阶语言的模型理论的概念. 原则上，有效性必须通过验证 Γ 的所有模型才能被确认，所以它涉及逻辑结论 A 的模型或者说应用环境.

本章还证明了 **G** 推理系统的可靠性和完全性. 这就是：如果 $\Gamma \vdash A$ 可证，那么 $\Gamma \models A$ 有效；反之，如果 $\Gamma \models A$ 有效，那么 $\Gamma \vdash A$ 可证. 简言之，对一阶语言而言，就是**凡可证的均有效，凡有效的均可证**. 这是本书最重要的结论之一. 这说明对于一阶语言和它的模型，可证性和有效性是相互对应的概念，它们是等效的. 或者说，对于可以用一阶语言描述的领域知识的研究，本章开头关于数学和自然科学研究的基本约定是正确的.

协调性涉及是否存在公式 A，使 $\Gamma \vdash A$ 和 $\Gamma \vdash \neg A$ 均可证的问题，所以协调性是关于一阶语言的证明理论的概念，而可满足性则是关于一阶语言的模型理论的概念. 它们是另一组相互对应并等效的概念. 本章所证明的另一个重要结论是：如果 Γ 协调，那么 Γ 可满足；反之，如果 Γ 可满足，那么 Γ 协调. 由此可以得到证明协调性的常用方法：只要找到一个使 Γ 为真的模型，就证明了 Γ 的可满足性，由于可满足性与协调性的等效性，也就证明了 Γ 的协调性.

可满足性与有效性的区别是：只要存在一个结构 **M** 和一个赋值 σ 使 Γ 为真，Γ 即可满足. 而 $\Gamma \models A$ 有效是说：对所有结构 **M** 和所有赋值 σ，如果它们使 Γ 为真，那么它们也使 A 为真.

在这里，我们需要指出本书前 3 章的内容对数学和自然科学的理论研究方法的指导作用.

在引入一阶语言之前，人们所建立的数学和自然科学理论通常由常量、变量、函数和命题组成. 命题描述领域知识，它们又可以分为公理和推论. 公理的全体组成了公理系统，它们涉及常量、变量和函数之间的关系，以及它们所遵从的方程式等. 在这种意义下，每一个数学和自然科学理论都可以看作是一个数学系统，本书第 2 章把它们称为论域. 命题中出现的逻辑连接词，决定了命题之间的逻辑关系，而在所有论域中，同一个逻辑连接词的含义都是相同的，关于此逻辑连接词的推理规则也是不变的. 在本章开头, 我们曾说明, 对一个理论所包含的命题进行逻辑分析, 是对命题之间逻辑关系的分析, 是关于逻辑推理的前提和推论的分析, 是通过使用关于逻辑连接词的推理规则实现的. 所以在论域中, 对命题所进行的逻辑分析就是数学证明. 把公理系统和它的推论进行区分的优越性, 就在于这种方法把命题之间的逻辑分析变成了数学证明.

在引入了一阶语言之后, 由于它可以描述大多数数学和自然科学理论, 所以在一阶语言中, 可以对数学证明进行更一般和更深入地研究. 在对论域中的命题进行逻辑分析时, 尽管同一个逻辑连接词的推理规则在不同论域中是不变的, 但它们却是在具体的模型或元语言环境中被使用的, 所以在这种情况下, 不可能对逻辑连接词的推理系统的可靠性和完全性进行一般性的研究. 但是在一阶语言中, 上述具体的模型中的命题都变成了逻辑公式, 逻辑推理规则也都随之变成了逻辑连接词符号和量词符号的演算规则. 这种变化不仅使推理系统的可靠性和完全性得到证明, 而且在一个论域内进行的、与领域知识紧密相关的数学证明, 原则上都可以在一阶语言中, 转化为调用逻辑连接词符号和量词符号的演算规则的程序, 而形式推理系统的可靠性又保证了这种符号演算过程的正确性. 总之, 一阶语言的引入, 模型概念的提出, 以及形式推理系统的建立, 将论域中的数学证明, 转变为逻辑连接词符号和量词符号的演算, 这样既保证了符号演算的可靠性, 又提高了数学证明的机械化程度.

最后, 既然一阶语言的引入已经使数学证明转变为符号演算, 人们自然会问: 对于给定的公式集合 Γ 和一个与之不协调的公式 A, 能否也构造一个关于逻辑连接词符号和量词符号的演算系统, 用于删除 Γ 中与 A 不协调的公式, 并推导出 Γ 中与 A 协调的极大公式集合呢? 回答也是肯定的, 本书将在第 7 章中讨论和解决这个问题.

第 4 章　　可计算性与可表示性

　　一个特定领域的知识有两种. 一种是规约性知识 (specification)，另一种是实现性知识 (implementation)，也称构造性知识. 这二者描述同一个事物的两个侧面. 规约性知识通过描述事物的性质，说明事物"是什么"，它们通常包括原理、定律和定理，也包括功能描述和需求说明等. 实现性知识通过描述事物的构造及构造过程，告诉人们"怎么做"，它们通常包括算法、操作规程以及实现方法，也包括实例和案例等. 以自然数的乘法为例，交换律、结合律以及乘法对加法的分配律等都是规约性知识，每一条定律都用一个等式给出，描述乘法的一条性质，这些定律组成一个公理系统，说明乘法是什么. 而乘法表是实现性知识，它告诉人们如何计算两个自然数的乘积. 又例如，$x = m * n$ 是一个 C 语言的语句，对于计算机的处理器芯片而言，它是一条规约性知识，因为它不能被芯片直接识别并执行，只有当它被编译程序翻译成由"0"和"1"组成的一段二进制代码之后，这段代码才能被处理器芯片执行. 这段代码就是关于语句 $x = m * n$ 的一种实现性知识. 在数学中，人们通常用构造性 (constructive) 和非构造性分别概括实现性和规约性.

　　关于一个事物的规约性知识通常以公理系统的形式出现，而公理系统由若干公理组成，每个公理都是一个命题，而每个命题又是由若干基本概念通过逻辑连接词连接组成. 如果基本概念和原子命题可以被某个一阶语言的谓词描述，而命题中出现的函数又可以被此一阶语言的函数符号描述，那么命题就可以被该语言的语句或逻辑公式描述，而公理系统则可以被一个语句的集合所描述. 此语句集合被称为形式理论. 人们对规约性知识所进行的处理，主要包括推理和证明. 有关此事物的实现性知识通常是对规约性知识所引入的概念和函数的构造和实现方法的描述. 人们对实现性知识的处理主要包括构造、操作和计算等.

　　如果一个事物的规约性知识可以用一阶语言的形式理论来描述，而它的实现性知识能用一个数学系统来描述，那么根据第 2 章给出的模型的定义，此数学系统就是上述形式理论的一个模型. 在这种情况下，规约性知识和实现性知识之间的关系就可以用相应的形式理论和它们的模型之间的关系来描述.

　　由于规约性知识与实现性知识从两个不同侧面描述同一事物，它们被同一事物联系在一起，所以它们之间必然存在转换关系. 人们可以从两个方向研究转换关系. 一个是将实现性知识的构造和操作转换为规约性知识的公理或者定理，这被称为实现性知识在规约性知识中的可表示性. 另一个是将规约性知识的公理和定理转换为实现性知识中的构造、操作和计算过程，这被称为规约性知识在实现性知识中的可实现性.

第 2 章曾指出过对象语言和元语言的二重性，而某些领域知识也具有二重性，它们既有规约性，又有实现性. 本章提出规约性知识与实现性知识的主要目的，是研究这二者所具有的不同性质，并研究它们之间的关系.

本章将以自然数的四则运算为例，说明什么是四则运算的规约性知识和实现性知识，并证明四则运算的实现性知识的可表示性. 为此，4.1 节给出形式理论的定义. 形式理论是使用一阶语言描述规约性知识的基本形式. 这一节还将引入形式理论的完全性和极小性等概念. 4.2 节引入一阶语言 $\mathscr{A}$ 的形式理论 Π，它描述初等算术的公理系统，是关于自然数加法和乘法的规约性知识. Π 由九条公理组成，它们是关于一元函数符号 S，二元谓词 $<$，以及二元函数符号 $+$ 和 $\cdot$ 的公理. 4.3 节引入 P 过程，它是建立在自然数集合上的一个计算系统，是关于四则运算的实现性知识. P 过程是关于 C 语言内核的一个数学描述，它由过程说明和过程体组成，而过程体则由六种指令组成，它们分别是赋值指令、打印指令、条件指令、顺序指令、循环指令和过程调用指令. P 过程的执行分为停机和不停机两种. 此节将使用停机 P 过程来定义自然数集合上的可计算函数和可判定关系. 4.4 节讨论不同的计算系统以及它们之间的关系，这就是关于可计算性的 Church-Turing 论题. 4.5 ~ 4.8 节将证明每一个可计算函数和可判定关系在 Π 中都是可表示的. 这种可表示性对第 5 章证明哥德尔不完全性定理和协调性定理都是不可或缺的.

4.1 形 式 理 论

一阶语言的形式理论是本书的重要概念之一. 数学中的许多公理系统，自然科学中许多定律或原理，软件的规约 (software specification)，大规模集成电路的功能说明，以及人工智能中的知识库等都可以看作是形式理论的实例. 或者说，这些公理系统、定律和原理、软件规约以及电路的功能说明等，都可以用一阶语言的形式理论来描述.

定义 4.1 形式理论

设 Γ 是一阶语言 $\mathscr{L}$ 的有穷或可数无穷的语句集合. 如果 Γ 协调，则称 Γ 是一阶语言的形式理论，简称形式理论，而称 Γ 中的语句为 Γ 的公理. 如果 Γ 是一个形式理论，那么称语句集合

$$Th(\Gamma) = \{A \mid A \text{ 是 } \mathscr{L} \text{ 的语句，并且 } \Gamma \vdash A \text{ 可证}\}$$

为 Γ 的理论闭包. 如果 Γ = ∅, 那么

$$Th(\varnothing) = \{A \mid A \text{ 是 } \mathscr{L} \text{ 的语句, 并且 } \vdash A \text{ 可证}\}$$

是由全体重言式组成的集合.

如果 **M** 是 $\mathscr{L}$ 的模型, 并且 $\mathbf{M} \models \Gamma$, 那么称 **M** 是 Γ 的模型.

重言式是一阶语言的一种特殊公式, 它们在 $\mathscr{L}$ 的任何模型中都被解释为真命题. 本书将用大写希腊字母如 Γ 和 Δ 等表示形式理论, 并允许它们带有上下标. 形式理论既是由语句组成的集合, 也可视为语句序列.

形式理论通常被解释为模型中的公理系统. 一般情况下, 公理系统是没有自由变量出现的命题集合. 根据引理 3.7 如果语句集合 Γ 不协调, 那么任何语句都是 Γ 的形式结论. 在这种情况下, 形式理论将变得毫无意义. 所以形式理论必须具有协调性.

根据定义 4.1, 理论闭包 $Th(\Gamma)$ 是由 Γ 的全体形式结论组成的形式理论. 有些教科书把理论闭包定义为形式理论, 这样做可以简化某些定理的证明. 但本书没有采用这种定义方法, 因为不论 Γ 有穷与否, $Th(\Gamma)$ 都是一个无穷集合. 而在现实世界中, 自然科学理论、软件系统以及知识库等都是有穷的. 所以定义 4.1 所界定的形式理论比理论闭包更接近实际.

定义 4.2 $Th(\mathbf{M})$

如果 **M** 是一阶语言 $\mathscr{L}$ 的模型, 那么称语句集合

$$Th(\mathbf{M}) = \{A \mid A \text{ 是 } \mathscr{L} \text{ 的语句, 并且 } \mathbf{M} \models A\}$$

为 $\mathscr{L}$ 关于模型 **M** 的形式理论.

$Th(\mathbf{M})$ 是在模型 **M** 中的解释均为真的 $\mathscr{L}$ 语句的全体组成的集合. 在上下文不会引起误解的情况下, $Th(\mathbf{M})$ 也被称为 $\mathscr{L}$ 关于 **M** 的全体真命题组成的集合, 甚至简称为 **M** 的全体真命题组成的集合. $Th(\mathbf{M})$ 具有下述完全性.

定义 4.3 完全性

称形式理论 Γ 是完全的, 如果对任意语句 A, $\Gamma \vdash A$ 及 $\Gamma \vdash \neg A$ 中必有一个可证.

引理 4.1 对于语言 $\mathscr{L}$ 的任意模型 **M**, $Th(\mathbf{M})$ 是完全的.

证明 根据关于论域的排中原理, 对任意语句 A, $\mathbf{M} \models A$ 及 $\mathbf{M} \models \neg A$ 中必有一个为真. 如果前者为真, 那么根据 $Th(\mathbf{M})$ 的定义, 有 $A \in Th(\mathbf{M})$ 成立, 推出 $Th(\mathbf{M}) \vdash A$ 成立; 否则有 $\neg A \in Th(\mathbf{M})$, 即 $Th(\mathbf{M}) \vdash \neg A$ 成立. □

定义 4.4   极小理论

称形式理论 Γ 是一个极小理论，如果对任意的 $A \in \Gamma$，

$$Th(\Gamma - \{A\}) \neq Th(\Gamma)$$

成立.

下述引理可以从极小理论的定义直接推导出来.

引理 4.2   设 Γ 是一个极小理论，并且 $A \in \Gamma$，那么 $\Gamma - \{A\} \vdash A$ 和 $\Gamma - \{A\} \vdash \neg A$ 均不可证.

证明   使用反证法. 如果 $\Gamma - \{A\} \vdash A$ 可证，那么 $Th(\Gamma - \{A\}) = Th(\Gamma)$ 成立，这与 Γ 是一个极小理论相矛盾. 如果 $\Gamma - \{A\} \vdash \neg A$ 可证，那么 $\neg A \in Th(\Gamma)$ 成立. 而 $A \in \Gamma$ 成立，这与 Γ 的协调性相矛盾.   □

$\Gamma - \{A\} \vdash A$ 和 $\Gamma - \{A\} \vdash \neg A$ 均不可证，在本书中，这被称为 $\Gamma - \{A\}$ 与公式 A 独立. 所以极小理论是由彼此独立的公理组成的形式理论.

形式理论的极小性和公理之间的独立性概念，是从数学和自然科学中产生的. 数学中的大多数公理系统，例如群、环、域和初等算术等，都具有极小性. 自然科学的大多数理论也都是极小的，它们所包含的公理、原理和假设都彼此独立. 但是人们在计算机上使用的大多数软件系统、它们的规约以及知识库都不是极小的，因为对软件系统而言，效率和易用性是最重要的.

4.2   初等算术理论

人们是从算术开始学习和了解数学的，先从具体对象和事务中抽象出自然数的概念，接着学习自然数的加、减、乘、除运算，之后是分数和有理数，然后是无理数，再发展到函数、极限和微积分. 自然数论是研究自然数的性质的理论，是数学的根和起点. 本节将介绍初等算术语言 $\mathscr{A}$ 的一个形式理论，称为初等算术理论，简称为初等算术，记为 Π. 它是一个关于自然数加法和乘法的形式理论. 初等算术涉及形式理论的若干深刻的概念，例如，可计算性、可证明性、可表示性和不完全性等. 本章重点讨论可计算性和可表示性问题. 在第 5 章中，我们将证明初等算术 Π 的不完全性.

本书第 1 章引入了初等算术语言 $\mathscr{A}$. 它包含一个常元 0，一个一元函数符号 S，两个二元函数符号 $+$ 及 $\cdot$ 和一个二元谓词符号 $<$.

定义 4.5   初等算术理论 Π

初等算术理论 Π 是由 $\mathscr{A}$ 中的下述 9 个语句组成的形式理论.

$$A_1 \quad \forall x_1 \neg (Sx_1 \doteq 0)$$

$$A_2 \quad \forall x_1 \forall x_2 (Sx_1 \doteq Sx_2 \rightarrow x_1 \doteq x_2)$$

$$A_3 \quad \forall x_1 \forall x_2 (x_1 < Sx_2 \leftrightarrow (x_1 < x_2 \vee x_1 \doteq x_2))$$

$$A_4 \quad \forall x_1 \neg (x_1 < 0)$$

$$A_5 \quad \forall x_1 \forall x_2 (x_1 < x_2 \vee x_1 \doteq x_2 \vee x_2 < x_1)$$

$$A_6 \quad \forall x_1 (x_1 + 0 \doteq x_1)$$

$$A_7 \quad \forall x_1 \forall x_2 (x_1 + Sx_2 \doteq S(x_1 + x_2))$$

$$A_8 \quad \forall x_1 (x_1 \cdot 0 \doteq 0)$$

$$A_9 \quad \forall x_1 \forall x_2 (x_1 \cdot Sx_2 \doteq x_1 \cdot x_2 + x_1)$$

本书第 2 章给出了 $\mathscr{A}$ 的模型 $\mathbf{N}$. 设 N 为全体自然数组成的集合, 0 为自然数中的零. σ 表示 N 上的加 "1" 函数, 也称后继函数, 满足 $\sigma(n) = n + 1$. 模型 $\mathbf{N}$ 将 $\mathscr{A}$ 中的一元函数符号 S 解释为后继函数 σ; 将 $\mathscr{A}$ 中的二元函数符号 $+$ 和 $\cdot$ 分别解释为 N 上的加法和乘法, 而将 $<$ 解释为 N 上的小于关系. 我们可以验证 $\mathbf{N}$ 也是 Π 的一个模型. 根据定理 3.5, Π 是一个形式理论. $Th(\mathbf{N})$ 是 $\mathscr{A}$ 的、在 $\mathbf{N}$ 中为真的全体语句组成的集合.

初等算术 Π 的公理 A_1 和公理 A_2 用来描述一元函数符号 S 的性质. 在模型 $\mathbf{N}$ 中, 公理 A_1 被解释为: 0 不是任何自然数的后继. 公理 A_2 被解释为: 后继函数是一个单射.

公理 $A_3 \sim A_5$ 描述了二元谓词符号 $<$ 的性质. 在模型 $\mathbf{N}$ 中, 公理 A_3 被解释为: 自然数 x_1 小于自然数 x_2 的后继, 当且仅当 x_1 小于 x_2 或 x_1 等于 x_2. 公理 A_4 被解释为: 每一个自然数都不小于零. 公理 A_5 则被解释为: 任意两个自然数要么相等, 要么一个比另一个小.

公理 A_6 和公理 A_7 描述二元函数符号 $+$ 的性质. 在模型 $\mathbf{N}$ 中, 公理 A_6 被解释为: 0 加任意自然数等于该数. 公理 A_7 则描述加法与后继函数的关系: 自然数 x_1 与自然数 x_2 的后继之和等于二数之和的后继.

公理 A_8 和公理 A_9 描述二元函数符号 $\cdot$ 的性质. 在模型 $\mathbf{N}$ 中, 公理 A_8 被解释为: 任意自然数乘以 0 等于 0. 公理 A_9 描述乘法、加法和后继函数的关系, 可以解释为: 自然数 x_1 与自然数 x_2 的后继之积等于二数之积再加上 x_1.

皮亚诺 (Peano) 最先对初等算术进行了公理化研究. 他的算术只包括关于后继函

数的公理和数学归纳法. 数学归纳法在一阶语言中的形式化描述是下述公理.

$$A_{10} \quad (A[0/x_1] \wedge (A[S^n0/x_1] \to A[S^{n+1}0/x_1]))) \to \forall x_1 A(x_1)$$

公理 A_{10} 被解释为: 在模型 $\mathbf{N}$ 中, 如果 $A[0]$ 为真, 并且如果 $A[S^n0]$ 为真可以推出 $A[S^{n+1}0]$ 亦真, 那么 $\forall x_1 A(x_1)$ 为真. 公理 A_{10} 是一个语句 "模式": 因为 A_{10} 中的 A 是一个 "谓词变元", 它可以用任何一个一元谓词替换. 在下一章关于哥德尔不完全性定理和协调性定理的证明中, 只要使用 $A_1 \sim A_9$ 这九条公理就足够了. 所以本章的初等算术理论 Π 只包含九条公理.

本书把 0 作为一个特殊的自然数, 并作为 $\mathbb{N}$ 的关于 $<$ 关系的第一个元素. 在第 1 章中, 我们曾用

$$S^00 \text{ 代表 } 0, \quad S^{n+1}0 \text{ 代表 } S(S^n0), \quad S^n0 \text{ 代表 } \underbrace{SS\cdots S}_{n}0$$

这里 S^n0 只是一种缩写, 而不是 $\mathscr{A}$ 的项, 其上标 n 表示做 n 次后继运算, 而 $n \in \mathbb{N}$ 是自然数. 这种写法将在本章和第 5 章中大量使用.

为了后面使用方便, 我们可以在 Π 上引入非负减法符号 "$\dot{-}$":

$$A_{11} \quad \forall x_1 \forall x_2 \forall x_3((x_2 < x_1) \to ((x_3 \dot{=} x_1 - x_2) \leftrightarrow (x_2 + x_3 \dot{=} x_1)))$$

$$A_{12} \quad \forall x_1 \forall x_2 \forall x_3(\neg(x_2 < x_1) \to ((x_3 \dot{=} x_1 - x_2) \leftrightarrow (x_3 \dot{=} 0)))$$

本章后面出现的 $\dot{-}$ 均指由上述两条公理定义的非负减法. 使用这种方法, 我们还可以在 Π 上引入整除, 指数幂等其他函数符号.

在本节出现的 $\mathscr{A}$ 中的项和公式是字符串, 而 $\mathbf{N}$ 中与之对应的是自然数、函数和命题, 它们在 $\mathbf{N}$ 中都有实在的含义, 特别是 $\mathbf{N}$ 中的命题, 它们不仅有真假之分, 而且还描述了自然数的加法、减法、乘法以及后继函数之间的关系. 实际上, 建立在 $\mathbb{N}$ 上的自然数论包含许多远为丰富的数学理论. 例如, 级数和多项式理论等. 在 4.3 节中, 我们将介绍一种在自然数集合 $\mathbb{N}$ 上定义的计算系统, 称为 P 过程. 这个系统将被用于定义 $\mathbb{N}$ 上的可判定关系和可计算函数. 关于 P 过程的计算系统也是自然数论的一个组成部分. 在 4.3 节中, 我们将扩充模型 $\mathbf{N}$, 使 $\mathbf{N}$ 包含那些定义 P 过程所需的有关概念. 希望读者能把一阶语言 $\mathscr{A}$ 的项和公式, 模型 $\mathbf{N}$ 中的相应的函数和命题, 以及在 $\mathbb{N}$ 上定义的, 但却在模型 $\mathbf{N}$ 之外的概念、函数和命题区分开来, 后者称为一阶语言 $\mathscr{A}$ 的元语言环境. 区分这三者对理解本书的内容是十分必要的.

4.3　$\mathbb{N}$ 上的 P 过程

什么是可计算函数? 答案在每一个编写程序的读者心中, 尽管这些答案可能不一样. 最常见的回答是, 函数 $f(x)$ 是否可计算, 就在于能否可用一种程序设计语

言，例如 C 语言，设计一个以变量 x 为形式参数的函数 $F(x)$，使得当 x 被任意实参数 a 代入后，函数 $F(a)$ 在计算机上执行有限步后终止并返回值 $f(a)$.

本节将根据上述想法，在自然数集合 N 上定义一个计算系统，称为 P 过程，并使用 P 过程来定义可计算函数和可判定关系. P 过程、可计算函数和可判定关系都是关于自然数的四则运算的实现性知识.

定义 4.6 P 过程

P 过程是定义在自然数集合 N 上的计算系统. 每一个 P 过程都由过程声明和过程体组成. 过程声明由过程名、局部变量声明和子过程声明组成，过程体由指令组成.

过程名的形式为

$$\textbf{procedure } F(x_1,\ldots,x_k,x_{k+1})$$

其中 F 为过程名，$x_1,\ldots,x_k,x_{k+1}$ 为过程的形式参数. 其中 $x_1,\ldots,x_k$ 称为输入参数，可以有 0 个或者有穷多个；x_{k+1} 称为输出参数，它用来保存计算的结果，也称为过程的返回值. 在 P 过程被调用时，形式参数 $x_1,\ldots,x_k$ 被实际参数代换，而 x_{k+1} 被 0 代换，在这些代换完成之后过程体被执行.

每一个过程声明可包含有穷个局部变量声明：

$$x_{k+2},\ldots,x_{k+l};$$

关于局部变量有下述规定：局部变量的形式与形式参数相同，但不能重名，它们只在过程体的指令中被使用. 变量被用来存储中间计算结果. 称变量 x_i 的值是 m，即变量 x_i 存储自然数 m. 形式参数在过程体中被作为变量使用. 除形式参数之外，在过程体被执行前所有变量均被"缺省"地赋值为 0. 为了叙述方便，本书也允许用带上下标的 x,y,z 表示变量和形式参数. 每个过程声明可以包含有穷个 (包括 0 个) 子过程. 子过程的形式与过程相同.

定义 4.7 P 过程的指令

P 过程体允许使用六种指令. 它们是赋值指令，打印指令，条件指令，顺序指令，循环指令和过程调用指令. 前两条指令称为原子指令，后四条指令称为复合指令. 每条指令执行一种计算操作. 今后，用小写希腊字母 α 表示指令，并允许 α 带有上下标.

(1) 赋值指令

$$x := e$$

其中 e 为算术表达式. 每一个自然数 m、变量 x，以及任意两个算术表达式的和 $+$、差 $-$ 与积 $\times$ 都是算术表达式. 算术表达式的 Backus 范式是：

$$e ::= m \mid x \mid e_1 + e_2 \mid e_1 - e_2 \mid e_1 \times e_2$$

此指令首先计算算术表达式 e 的值，然后将 e 的值存入 x.

(2) 打印指令

$$\textbf{print}\ x$$

此指令打印变元 x 中储存的内容.

(3) 条件指令

$$\textbf{if}\ 0 < x\ \textbf{then}\ \alpha_1\ \textbf{else}\ \alpha_2$$

该指令首先检查 x 存储的值，如果它大于 0，那么执行指令 α_1，否则执行指令 α_2.

(4) 顺序指令

$$\alpha_1;\ \alpha_2$$

此指令说明，指令序列也是一个指令，相邻指令之间用 ";" 隔开. 顺序指令首先执行指令 α_1，α_1 执行结束后，执行指令 α_2.

(5) 循环指令

$$\textbf{while}\ 0 < x\ \textbf{do}\ \alpha$$

指令 α 称为循环体. 循环指令执行下述操作：检查 x，如果 x 大于 0，那么执行指令 α，否则指令执行完毕.

(6) 过程调用指令

$$F(m_1, \ldots, m_k, x_{k+1})$$

F 是一个 P 过程名，它具有 $k+1$ 个形式参数，其中前 k 个形式参数是输入参数，第 $k+1$ 个形式参数是输出参数. 过程调用指令首先将自然数 $m_1, \cdots, m_k$ 和 0 作为实际参数，将它们分别赋予过程 F 的形式参数 $x_1, \cdots, x_k$ 和 x_{k+1}，然后执行 F 的过程体. 在过程体开始执行时，x_{k+1} 的值为 0，而过程体执行终止后，x_{k+1} 存储的值是过程的输出值，或称计算结果. 这种指令是一种值调用指令 (call by value).

定义 4.8　P 过程体

过程体是指令的一个有穷序列：

$$\textbf{begin}\ \alpha\ \textbf{end}$$

它以 **begin** 开头，以 **end** 结尾. 如果过程体中出现调用指令，那么以被调用的过程名为名的 P 过程必须已经被定义. 当过程体的输入参数被实际参数替换后，过程体从 **begin** 后面的第一条指令开始，按指令出现的顺序，逐条执行该过程体中的指令，遇到 **end** 时过程执行终止，而计算结果存放于它的输出参数之中. 本书规定：在过程体内出现的过程调用指令不允许调用本过程及以本过程为子过程的过程.

Davis [Davis, 1958] 和 Ebbinghaus [Ebbinghaus, 1994] 已经证明:只要定义 $x := x+1$ 和 $x := x-1$ 两种赋值指令,再加上定义 4.7 的其余五种指令,就足以实现本节引入的赋值指令了. 本节引入了赋值指令的一般形式 $x := e$,只是为了与读者熟悉的程序设计语言一致,而且用起来更加方便.

严格地说,本节定义的 P 过程与读者熟悉的程序设计语言,例如 C 语言,所定义的函数是不同的. 每个程序设计语言都是形式语言,它们有严格的语法规定. 而 P 过程是在自然数集合 N 上定义的一个数学系统. 此系统旨在定义什么是计算过程,它没有程序设计语言那些严格而详细的语法规定. 例如,它没有关于自然数上限的规定. 又如,带下标的变量 x_k 是 P 过程的局部变量,但不符合 C 语言的语法规定,所以 x_k 是取值为自然数的变量,而不是 C 语言的局部变量符号. 实际上,P 过程是"程序"的一种数学模型,是每一个程序设计语言都应包含的、关于"计算机制"的内核. P 过程可以被用来定义自然数集合 N 上的可计算函数和可判定关系.

定义 4.9 停机 P 过程

设 $F(x_1, \ldots, x_k, x_{k+1})$ 是一个 P 过程. 如果对任意一组实际参数 $m_1, \ldots, m_k$,存在自然数 n,使得过程调用指令 $F(m_1, \ldots, m_k, x_{k+1})$ 执行有限步后终止,而 x_{k+1} 的返回值为 n,那么称 F 为停机过程,记为

$$F : m_1, \ldots, m_k \to n,$$

在只讨论 P 过程是否停机的情况下,也记为

$$F : m_1, \ldots, m_k \to \square.$$

如果存在一组实际参数 $m_1, \ldots, m_k$,使过程调用指令 $F(m_1, \ldots, m_k, x_{k+1})$ 的执行永不终止,那么称 F 为非停机过程,记为

$$F : m_1, \ldots, m_k \to \bot.$$

今后,我们用 $f(x_1, \ldots, x_k)$ 代表 f 是定义域为 $\mathbb{N} \times \cdots \times \mathbb{N}$,值域为 N 的 k 元函数,并且用 $f(m_1, \ldots, m_k)$ 代表函数 f 在点 $(m_1, \ldots, m_k)$ 的值.

定义 4.10 可计算函数

设 $f(x_1, \ldots, x_k)$ 是 N 上的 k 元函数. 称 f 是 N 上的可计算函数,如果存在 N 上的 P 过程 $F(x_1, \ldots, x_k, x_{k+1})$,使得

$$F : m_1, \ldots, m_k \to f(m_1, \ldots, m_k)$$

对所有实际参数 $m_1, \ldots, m_k$ 成立.

今后，我们用 $r(x_1, \ldots, x_k)$ 代表 r 是定义域为 $\mathbb{N} \times \cdots \times \mathbb{N}$，值域为 $\{1, 0\}$ 的 k 元关系，并且用 $r(m_1, \ldots, m_k)$ 代表关系 r 在点 $(m_1, \ldots, m_k)$ 的值. 值为 1 代表关系 r 在点 $(m_1, \ldots, m_k)$ 成立，值为 0 代表关系 r 在点 $(m_1, \ldots, m_k)$ 不成立.

定义 4.11　可判定关系

设 $r(x_1, \ldots, x_k)$ 是 $\mathbb{N}$ 上的 k 元关系. 称 r 是 $\mathbb{N}$ 上的可判定关系，当且仅当存在 $\mathbb{N}$ 上的 P 过程 $R(x_1, \ldots, x_k, x_{k+1})$，使得对任意 $m_1, \ldots, m_k$，如果关系 $r(m_1, \ldots, m_k)$ 成立，那么

$$R : m_1, \ldots, m_k \to 1$$

成立. 如果 $r(m_1, \ldots, m_k)$ 不成立，那么

$$R : m_1, \ldots, m_k \to 0$$

成立.

4.4　Church-Turing 论题

在 4.3 节中，我们用停机 P 过程定义了函数 F 的可计算性. 准确地说，这只是关于函数可计算性的一种定义方法，称为 P 可计算性. 历史上，有许多学者对可计算性问题进行过深入的研究，并提出了多种形式上不同的可计算性定义. 例如，哥德尔曾引入递归函数 (recursive function) 的概念，并用 $\mathbb{N}$ 上的函数是否是递归函数来定义可计算性 [Shoenfield, 1967]. 递归函数是在自然数集合 $\mathbb{N}$ 上定义的函数，是使用结构归纳方法定义的.

R1　$+$, $\cdot$, $<$, I_i^n 是递归函数. 这里 $+$ 和 $\cdot$ 分别代表加法和乘法，$<$ 代表小于关系，而 I_i^n 代表取 n 元数组 $(m_1, \ldots, m_n)$ 的第 i 个分量 m_i 的函数.

R2　如果 $G(m_1, \ldots, m_k)$ 及 $H_i(n)$, $i = 1, \ldots, k$ 是递归函数，而函数 $F(n)$ 由

$$F(n) = G(H_1(n), \ldots, H_k(n))$$

定义，那么 $F(n)$ 是递归函数.

R3　如果 $G(m, n)$ 是一个递归函数，并且对任意自然数 m，存在自然数 x，使 $G(m, x) = 0$ 成立，而

$$F(m) = \mu x \, (G(m, x) = 0)$$

那么 $F(m)$ 是递归函数. 在上述等式中，$\mu x \, (\cdots \, x \, \cdots)$ 代表使 $(\cdots \, x \, \cdots)$ 成立的最小的 x 值，所以 $F(m)$ 是：对给定的 m，使 $G(m, x) = 0$ 成立的最小 x 值，即 $F(m) = \min\{x \mid G(m, x) = 0\}$.

关于可计算性问题，图灵 (Turing) 引入了图灵机 (Turing machine) 的概念，并用函数能否用图灵机计算，来定义此函数的可计算性 [Turing, 1936]；丘奇 (Church) 则

建立了 λ 演算系统 (λ-calculus)，并提出用此演算系统来定义可计算性 [Church, 1941].
还有人提出使用寄存器机 (register machine) 来定义函数的可计算性 [Ebbinghaus,
1994] 等. 寄存器机可以视为汇编语言的一个数学模型.

上述这些关于函数可计算性的定义，使用不同的数学工具描述了提出者关于
"计算机制"的经验和直觉. 问题是，这些定义是否在数学上是一致的或等价的？它
们是否刻画了可计算性的数学本质？为此人们进行了深入的比较研究，并从理论上
证明了上述关于可计算性的定义都是彼此等价的.

证明的思路可概略地总结如下：证明几种不同的计算系统彼此等价，就是证明
它们可以互相表示或者互相实现. 下面给出一种证明递归函数、P 过程、寄存器机和
图灵机彼此互相表示的方法. 从哥德尔的递归函数开始，由于对每一个递归函数都可
设计出相应的停机 P 过程，所以，用递归函数定义的可计算函数都是在 P 过程定义
下可计算的. 又由于每一个停机 P 过程都可以用汇编语言实现，所以凡是在 P 过程
定义下可计算的函数又是在寄存器机定义下的可计算函数. 再下一步，由于寄存器机
是一种特殊的图灵机，从而凡是在寄存器机定义下的可计算函数都是在图灵机定义
下的可计算函数. 最后，由于可以证明，每一个图灵机都可以用一个递归函数来表
示，所以凡是在图灵机定义下的可计算函数，必是在递归函数定义下可计算的. 经过
这一系列的两两推断，上述几种定义的等价性就得到了证明. 用类似的方法可以证
明，λ 演算系统和图灵机可以互相表示或者互相实现.

丘奇和图灵最早认识到了关于可计算性的不同定义之间必须等价的重要性，为
此他们提出了下述 Church-Turing 论题.

原理 4.1   Church-Turing 论题
那些可接受的关于可计算性的定义彼此等价.

论题中所使用的"可接受"的含义是指：与人们关于计算的经验和直觉一致，
而"等价"的含义是指：一个在一种定义之下可计算的函数，在另一种定义下也是
可计算的，反之亦然.

自 Church-Turing 论题提出之日起，人们就认识到它不是一个定理，因为人们
不可能穷尽所有关于可计算性的定义，而且使用数学语言也无法描述"与人们关
于计算的经验和直觉一致"这类命题，所以对此论题似乎也不能做数学证明. 因
此，Church-Turing 论题只能是一个原理或公理.

Church-Turing 论题允许我们使用与递归函数的定义等价的任何一种计算系统来
定义可计算性. 实际上，本节讨论过的几种关于可计算性的定义都已被不同的教科书
采纳过. 在计算机广为普及的今天，可计算性对使用过计算机和编过程序的人来讲，
已不是一个抽象而难懂的概念. 所以，本书采用 P 过程介绍可计算性，因为这样做

更加直观易懂 [①].

4.5　可表示性问题

可计算函数的一个重要性质是它们在形式理论 Ⅱ 中的可表示性，即对在 N 上定义的每一个可计算函数 $f(x_1, \ldots, x_k)$，都存在 $\mathscr{A}$ 公式 $A_f(x_1, \ldots, x_k, x_{k+1})$，使得对任意自然数 $m_1, \ldots, m_k$ 及 m_{k+1}，有

(1) 如果 $f(m_1, \ldots, m_k) = m_{k+1}$ 成立，那么 $\Pi \vdash A_f[m_1, \ldots, m_k, m_{k+1}]$ 可证.

(2) 如果 $f(m_1, \ldots, m_k) \neq m_{k+1}$ 成立，那么 $\Pi \vdash \neg A_f[m_1, \ldots, m_k, m_{k+1}]$ 可证.

公式 $A_f(x_1, \ldots, x_k, x_{k+1})$ 被称为 $f(x_1, \ldots, x_k)$ 在 Ⅱ 中的表示. 上述的性质可以作为一条定理被证明. 根据定义 4.11，可判定关系可以视作取值为 0 和 1 的可计算函数，所以如果证明了可计算函数在 Ⅱ 中的可表示性，那么也就证明了可判定关系在 Ⅱ 中可表示性.

在 4.9 节中，定义 4.15 和定义 4.16 将给出在 N 上定义的函数与关系在 Ⅱ 中的可表示性的严格定义，而 4.9 节的定理 4.2 和定理 4.3 将阐明可计算函数与可判定关系在 Ⅱ 中的可表示性. 由于 P 过程是用结构归纳方法定义的，所以定理 4.2 和定理 4.3 都可以使用结构归纳方法加以证明，证明的基本思路如下.

(1) 由于每一个可计算函数都是被某一个停机 P 过程定义的，所以证明的关键是找到在 Ⅱ 中表示此停机 P 过程的逻辑公式.

(2) 由于每一个 P 过程的计算行为是由过程体决定的，所以问题又归结为寻找在 Ⅱ 中表示过程体的逻辑公式.

(3) 由于过程体是由指令组成的，所以必须给出在 Ⅱ 中表示每一条指令的逻辑公式.

(4) 为此，需要定义每一条指令的计算行为. 众所周知，一个程序状态是由当前指令和当前存储状态决定的. 一条指令的执行使当前程序状态转换为一个新的程序状态. 所以指令的计算行为可以用这两个程序状态间的转换关系式来定义.

(5) 如果能分别找到在 Ⅱ 中表示存储状态和程序状态转换关系式的逻辑公式，那么使用结构归纳方法，可以定义在 Ⅱ 中表示指令的逻辑公式，进而证明过程体的可表示性.

由于可证性和可计算性是在一阶语言和自然数集合上分别定义的，所以要给出可表示性定理的严格证明，必须考虑过程体结构的每一种可能情况，证明必须深入细节，而且比较冗长，详细的证明请参见附录 3. 本章虽然没有给出可表示性定理详

---

① Church-Turing 论题引发了证明不同的可计算性定义之间彼此等价的研究. 这些研究的思想和方法被计算机学者们广泛引用于计算复杂性的研究，取得了重要的成果，提出了像 NP 完全问题类等重要概念，以及 "P = NP 是否成立" 等具有重大理论和实践意义的问题 [Garey, Johnson, 1979].

尽的严格证明，但本章的下面几节将给出详细的证明路线图. 我们对于那些为了证明这两个定理所需引入的概念都给出了严格的定义，并通过实例做了说明，对所需的引理都给出了准确的表述.

4.6 *P* 过程的存储状态

从本节开始，我们将遵循上节给出的思路，讨论可表示性定理的证明问题. 为此，本节将定义什么是存储状态并给出它们在 Π 中的表示. 4.7 节将引入 *P* 过程指令的操作语义. 4.8 节将讨论指令在 Π 中的表示问题. 4.9 节将给出可表示性的严格定义和可表示性定理的数学描述. 在这几节讨论中，存储状态、程序状态、指令的操作演算系统、初始状态变量和终止状态变量等，都是在程序设计理论研究中被提出，并被广泛使用的概念和方法.

众所周知，在过程体执行的每一个时刻，程序状态由当前执行的指令和存储状态所决定，而存储状态由每一个变量的当前值所决定. 从数学的观点看，每一个存储状态都是变量集合到自然数集合 $\mathbb{N}$ 的一个映射. 在程序执行的不同时刻，程序状态不同，存储状态也不同.

定义 4.12 存储状态

设 F 是一个 *P* 过程，变量集合 $\mathbf{V} = \{x_1, \ldots, x_k, x_{k+1}\}$，其中 $\{x_1, \ldots, x_k\}$ 包括 F 的输入参数及过程体使用的局部变量，x_{k+1} 为输出参数. 每一个存储状态 σ 是变量集合 $\mathbf{V}$ 到 $\mathbb{N}$ 的一个映射，即

$$\sigma : \mathbf{V} \longrightarrow \mathbb{N}.$$

我们用

$$[x_i]_\sigma = m_i \ \text{或} \ x_i \mapsto m_i,$$

代表变量 x_i 在状态 σ 下的值为 m_i，其中 $m_i \in \mathbb{N}, 1 \leqslant i \leqslant k+1$.

为方便起见，我们规定 $\sigma[x_i \mapsto [e]_\sigma]$ 也代表一个存储状态，其定义如下：

$$[y]_{\sigma[x_i \mapsto [e]_\sigma]} = \begin{cases} [e]_\sigma & \text{如果 } y = x_i, \\ [y]_\sigma & \text{如果 } y \neq x_i, \end{cases}$$

其中 $[e]_\sigma$ 被归纳地定义为:

$$
\begin{aligned}
[m]_\sigma &= m. \\
[x_i]_\sigma &= m_i. \\
[e_1 + e_2]_\sigma &= [e_1]_\sigma + [e_2]_\sigma. \\
[e_1 - e_2]_\sigma &= [e_1]_\sigma - [e_2]_\sigma, \quad \text{如果 } [e_1]_\sigma \geqslant [e_2]_\sigma. \\
[e_1 - e_2]_\sigma &= 0, \quad\quad\quad\quad\quad \text{如果 } [e_1]_\sigma < [e_2]_\sigma. \\
[e_1 \cdot e_2]_\sigma &= [e_1]_\sigma \cdot [e_2]_\sigma.
\end{aligned}
$$

由于我们通常只使用有限个变量, P 过程的存储状态也记为

$$
(x_1 \mapsto m_1, \ldots, x_{k+1} \mapsto m_{k+1}).
$$

使用数学归纳法, 我们可以证明下述引理.

引理 4.3 　设 m, n 和 k 均为自然数.

(1) 如果 $m = n$ 成立, 那么 $\Pi \vdash S^m 0 \doteq S^n 0$ 可证.

(2) 如果 $m \neq n$ 成立, 那么 $\Pi \vdash \neg(S^m 0 \doteq S^n 0)$ 可证.

(3) 如果 $m + n = k$ 成立, 那么 $\Pi \vdash S^m 0 + S^n 0 \doteq S^k 0$ 可证.

(4) 如果 $m + n \neq k$ 成立, 那么 $\Pi \vdash \neg(S^m 0 + S^n 0 \doteq S^k 0)$ 可证.

(5) 如果 $m - n = k$ 成立, 那么 $\Pi \vdash S^m 0 - S^n 0 \doteq S^k 0$ 可证.

(6) 如果 $m - n \neq k$ 成立, 那么 $\Pi \vdash \neg(S^m 0 - S^n 0 \doteq S^k 0)$ 可证.

(7) 如果 $m \cdot n = k$ 成立, 那么 $\Pi \vdash S^m 0 \cdot S^n 0 \doteq S^k 0$ 可证.

(8) 如果 $m \cdot n \neq k$ 成立, 那么 $\Pi \vdash \neg(S^m 0 \cdot S^n 0 \doteq S^k 0)$ 可证.

根据定义 4.12, 我们可以得到表达式 e 在状态 σ 下的值在 Π 中的表示.

定义 4.13 　表达式的值在 Π 中的表示

设 σ 为一个存储状态. 令 $Tr([e]_\sigma)$ 为表达式 e 在状态 σ 下的值在 Π 中的表示. $Tr([e]_\sigma)$ 可归纳地定义如下:

(1) $Tr([m]_\sigma) = S^m 0$;

(2) 如果 $[x_i]_\sigma = m_i$, 并且 $m_i \in \mathbb{N}$, 那么 $Tr([x_i]_\sigma) = S^{m_i} 0$;

(3) $Tr([e_1 * e_2]_\sigma) = Tr([e_1]_\sigma) * Tr([e_2]_\sigma)$, 其中 $*$ 为 $+, -$ 或者 $\cdot$.

再根据定义 4.13 和引理 4.3, 下述引理也成立.

引理 4.4 　令 e 为 P 过程的算术表达式, σ 为存储状态, $Tr([e]_\sigma)$ 为 e 在状态 σ 下的值在 Π 中的表示, 则

$$
\Pi \vdash Tr([e]_\sigma) \doteq S^{[e]_\sigma} 0.
$$

证明　对算术表达式 e 作结构归纳. □

4.7　P 过程指令的操作演算系统

本节将给出 P 过程的每一种指令的操作规则. 每一种指令的操作规则是一个或一组程序状态转换式. 这些规则组成 P 过程指令的操作演算系统.

设 α 是在某个 P 过程体中出现的, 并且正在执行的指令. 设 σ 为在这个过程执行中的当前的存储状态. 众所周知, 每一个正在执行的过程的当前程序状态是由正在执行的指令和当前的存储状态决定的. 故二元组

$$\langle \alpha,\, \sigma \rangle$$

被称为 P 过程的当前程序状态, 简称程序状态.

一般而言, 指令 α 在存储状态 σ 下的执行可分为下述两种情况.

(1) 指令 α 执行结束, 产生新存储状态 σ', 但过程仍有其他指令 α' 需要在存储状态 σ' 下接着执行, 所以指令执行后的新程序状态是 $\langle \alpha',\, \sigma' \rangle$. 在这种情况下, 指令 α 在存储状态 σ 下的执行用程序状态转换式

$$\langle \alpha,\sigma \rangle \longrightarrow \langle \alpha',\sigma' \rangle$$

描述. 我们称这种转换式为第一种转换式. 这里的 $\longrightarrow$ 代表从一个程序状态到另一个程序状态的转换.

(2) 指令执行结束, 产生新存储状态 σ', 但没有下一条指令要接着执行. 在这种情况下, 指令 α 在存储状态 σ 下的执行用程序状态转换式

$$\langle \alpha,\sigma \rangle \longrightarrow \sigma'$$

描述. 我们称这种转换式为第二种转换式.

下面给出每一种指令执行的程序状态转换式, 称为该指令的操作规则.

(1) **赋值指令**　在存储状态 σ 下, 赋值指令 $x_i := e$ 的执行用下述程序状态转换式描述:

$$\langle x_i := e,\, \sigma \rangle \longrightarrow \sigma[x_i \mapsto [e]_\sigma]$$

此式是第二种转换式. 赋值指令在存储状态 σ 下执行后停止, 产生的新存储状态为 $\sigma[x_i \mapsto [e]_\sigma]$, 其中变量 x_i 的值变为 $[e]_\sigma$, 而其余变量的值不变.

(2) **条件指令**　在存储状态 σ 下, 条件指令 **if** $0 < x_i$ **then** α_1 **else** α_2 的执行用下述两个程序状态转换式描述:

若 $0 < [x_i]_\sigma$, 则 $\langle \mathbf{if}\ 0 < x_i\ \mathbf{then}\ \alpha_1\ \mathbf{else}\ \alpha_2,\, \sigma \rangle \longrightarrow \langle \alpha_1,\, \sigma \rangle$;

若 $0 \geqslant [x_i]_\sigma$, 则 $\langle \mathbf{if}\ 0 < x_i\ \mathbf{then}\ \alpha_1\ \mathbf{else}\ \alpha_2,\, \sigma \rangle \longrightarrow \langle \alpha_2,\, \sigma \rangle$.

条件指令执行的第一个操作是：在存储状态 σ 下计算变量 x_i 的值. 第一个转换式说明：如果 $0 < [x_i]_\sigma$ 成立，那么产生新程序状态 $\langle \alpha_1, \sigma \rangle$，即下一个待执行的指令是 α_1，而存储状态不变. 第二个转换式说明：如果 $0 < [x_i]_\sigma$ 不成立，产生另一个新程序状态 $\langle \alpha_2, \sigma \rangle$，即下一个待执行的指令是 α_2，而存储状态不变.

(3) **循环指令**   在存储状态 σ 下，循环指令 **while** $0 < x_i$ **do** α 的执行被下面两个程序状态转换式描述：

$\qquad$ 若 $0 < [x_i]_\sigma$，则 $\langle \mathbf{while}\, 0 < x_i\, \mathbf{do}\, \alpha,\ \sigma \rangle \longrightarrow \langle \alpha;\ \mathbf{while}\, 0 < x_i\, \mathbf{do}\, \alpha,\ \sigma \rangle$;

$\qquad$ 若 $0 \geqslant [x_i]_\sigma$，则 $\langle \mathbf{while}\, 0 < x_i\, \mathbf{do}\, \alpha,\ \sigma \rangle \longrightarrow \sigma$.

循环指令执行的第一个操作是：在存储状态 σ 下，计算变量 x_i 的值. 第一个转换式说明：如果 $0 < [x_i]_\sigma$ 成立，那么循环指令的执行，将产生新程序状态 $\langle \alpha;\ \mathbf{while}\, 0 < x_i\, \mathbf{do}\, \alpha,\ \sigma \rangle$，即等待执行的指令是一条顺序指令，它首先执行循环体 α，之后再重新执行循环指令 **while** $0 < x_i$ **do** α；如果 $0 < [x_i]_\sigma$ 不成立，那么循环指令执行结束.

(4) **过程调用指令**   设过程 $F(x_1, \ldots, x_k, x_{k+1})$ 已被声明，其过程体为 α. 在存储状态 σ 下，指令 $F(m_1, \ldots, m_k, x_{k+1})$ 的执行被下述程序状态转换式描述：

$$\langle F(m_1, \ldots, m_k, x_{k+1}),\ \sigma \rangle \longrightarrow \langle \alpha,\ \sigma[x_1 \mapsto m_1, \ldots, x_k \mapsto m_k, x_{k+1} \mapsto 0] \rangle$$

此转换式说明，在存储状态 σ 下，执行 $F(m_1, \ldots, m_k, x_{k+1})$ 后，产生新程序状态：

$$\langle \alpha,\ \sigma[x_1 \mapsto m_1, \ldots, x_k \mapsto m_k, x_{k+1} \mapsto 0] \rangle$$

即下一步要执行的语句是过程体的第一个指令，而新存储状态将以实参数作为变量 $x_1, \ldots, x_k$ 和 x_{k+1} 的当前值.

(5) **顺序指令**   在存储状态 σ 下，顺序指令 $\alpha_1;\ \alpha_2$ 的执行用下述程序状态转换式描述：

$\qquad$ 若 $\langle \alpha_1,\ \sigma \rangle \longrightarrow \sigma'$，则 $\langle \alpha_1;\ \alpha_2,\ \sigma \rangle \longrightarrow \langle \alpha_2,\ \sigma' \rangle$;

$\qquad$ 若 $\langle \alpha_1,\ \sigma \rangle \longrightarrow \langle \alpha_1',\ \sigma' \rangle$，则 $\langle \alpha_1;\ \alpha_2,\ \sigma \rangle \longrightarrow \langle \alpha_1';\alpha_2,\ \sigma' \rangle$.

第一个转换式说明：如果在存储状态 σ 下，指令 α_1 执行终止之后，存储状态变为 σ'，那么在存储状态 σ 下，顺序指令 $\alpha_1;\alpha_2$ 执行后，产生的新程序状态为 $\langle \alpha_2,\ \sigma' \rangle$.

第二个转换式说明：如果在存储状态 σ 下，指令 α_1 的执行后，产生一个新程序状态 $\langle \alpha_1',\ \sigma' \rangle$，那么在存储状态 σ 下，顺序指令 $\alpha_1;\ \alpha_2$ 执行后，产生的新程序状态为 $\langle \alpha_1';\ \alpha_2,\ \sigma' \rangle$.

综上所述，在给定的存储状态下，每一个 P 过程指令的执行都产生一个新程序状态，而指令的执行被程序状态的转换式所描述，这些程序状态转换式合称为 P 过程指令的操作演算系统. 这种操作演算系统是由 Plotkin 在 20 世纪 70 年代末期提出的, 并于 80 年代初期开始在程序理论, 特别是在并发程序理论和类型程序设计研究中, 得到了广泛的应用 [Milner, 1980; Plotkin, 1981; Li 1982]. Plotkin 称这种操作演算系统为 "结构操作语义". 这里的 "结构" 是指: 原子指令的执行被一个程序状态转换式直接决定, 而复合指令的执行被组成此复合指令的指令的程序状态转换式所决定, 即复合指令的操作语义被指令的结构所决定.

4.8 P 过程指令的表示

4.5 节曾告诉我们: 要证明每一个 $\mathbb{N}$ 上的可计算函数和可判定关系在 Π 中均可表示, 必须证明每一个停机 P 过程在 Π 中均可表示. 要证明停机 P 过程在 Π 中可表示, 就必须证明过程体在 Π 中可表示, 也就是必须证明每一条指令在 Π 可表示.

自本节到本章结束, 我们将对具有两个输入参数的停机 P 过程, 给出可表示性定理的证明路线图, 该证明路线图可以被推广到具有多个输入参数和局部变量的停机 P 过程. 为了使本节叙述简单和清楚易懂, 我们做下述规定.

(1) 一个指令的执行常常不是一步完成的. 例如, 循环指令的执行会产生多个存储状态, 循环体的同一个变量在不同的存储状态下的值是不同的. 所以, 要描述指令的计算行为, 就必须把 P 过程中的每一个变量与它在执行中的状态区分开, 并把它在不同存储状态下的值区分开. 例如, 对变量 x_1, 在第 i 个程序状态下, 可以记成 x_1^i. 令 $\tau^i = \{x_1^i, x_2^i, x_3^i\}$ 代表指令执行到第 i 步的状态变量集合, 并称 x_1^i, x_2^i, x_3^i 为状态变量, 它们不论 i 为何值, 都分别描述变量 x_1, x_2, x_3 在指令执行到第 i 步时的变量状态.

特别地, 我们称指令 α 执行前的存储状态 $\sigma = (x_1 \mapsto m_1, x_2 \mapsto m_2, x_3 \mapsto 0)$ 为初始存储状态, 而 $\tau = \{x_1, x_2, x_3\}$ 为初始状态变量集合; 称指令执行终止后的存储状态 $\sigma' = (y_1 \mapsto n_1, y_2 \mapsto n_2, y_3 \mapsto n_3)$ 为终止存储状态, 而称 $\tau' = \{y_1, y_2, y_3\}$ 为终止状态变量集合.

(2) 下述逻辑公式

$$\mathrm{cond}(A, B, C) = (A \to B) \wedge ((\neg A) \to C)$$

将要在以后被多次使用, 其含义是: 如果 A, 那么 B, 否则 C.

(3) 在讨论指令在 Π 中的表示时, 我们规定, $\mathscr{A}$ 中的变元和状态变元的名称和符号, 和与之对应的 $\mathbb{N}$ 中的变量和状态变量的名称和符号相同.

今后, 我们令 $\mathscr{A}$ 公式

$$T_\alpha(\tau, \tau')$$

代表指令 α 在 Π 中的表示，它的自由变元集合为 $\tau \cup \tau'$，其中初始状态变元集合为 $\tau = \{x_1, x_2, x_3\}$，终止状态变元集合为 $\tau' = \{y_1, y_2, y_3\}$.

(1) 赋值指令在 Π 中的表示

让我们先讨论一个例子.

例 4.1　赋值指令的表示

设赋值指令 α 为 $x_3 := x_1 + x_2$. 设指令执行前的存储状态，即初始存储状态 σ 是 $(x_1 \mapsto m_1, \, x_2 \mapsto m_2, \, x_3 \mapsto 0)$，其初始状态变量集合为 $\tau = \{x_1, x_2, x_3\}$，再设指令 α 执行后的存储状态，即终止存储状态为 σ'，其终止状态变量集合为 $\tau' = \{y_1, y_2, y_3\}$. 由于

$$[x_1 + x_2]_\sigma = m_1 + m_2$$

根据 4.7 节给出的赋值指令的操作规则，有

$$\sigma' = (y_1 \mapsto m_1, \, y_2 \mapsto m_2, \, y_3 \mapsto (m_1 + m_2))$$

成立. 一般地说，如果使用状态变元来定义指令 α 在 Π 中的表示，那么 $T_{x_3 := x_1 + x_2}(\tau, \, \tau')$ 应是

$$y_1 \doteq x_1 \wedge y_2 \doteq x_2 \wedge y_3 \doteq x_1 + x_2.$$

$T_{x_3 := x_1 + x_2}(\tau, \, \tau')$ 所包含的自由变量是 $\{x_1, \, x_2, \, x_3, \, y_1, \, y_2, \, y_3\}$. 用两个程序状态下变量的值在 Π 中的表示，分别对状态变元进行替换，得到

$$T_{x_3 := x_1 + x_2}(\tau, \, \tau')[S^{m_1}0, S^{m_2}0, 0, S^{m_1}0, S^{m_2}0, S^{m_1 + m_2}0],$$

即

$$(S^{m_1}0 \doteq S^{m_1}0) \wedge (S^{m_2}0 \doteq S^{m_2}0) \wedge (S^{m_1 + m_2}0 \doteq S^{m_1}0 + S^{m_2}0).$$

可以证明 $T_{x_3 := x_1 + x_2}(\tau, \, \tau')$ 是指令 $x_3 := x_1 + x_2$ 在 Π 中的表示，因为：如果 $n_3 = m_1 + m_2$ 那么：

$$\Pi \vdash T_{x_3 := x_1 + x_2}(\tau, \, \tau')[S^{m_1}0, S^{m_2}0, 0, S^{m_1}0, S^{m_2}0, S^{n_3}0] \text{ 可证.}$$

如果 $n_3 \neq m_1 + m_2$ 那么

$$\Pi \vdash \neg T_{x_3 := x_1 + x_2}(\tau, \, \tau')[S^{m_1}0, S^{m_2}0, 0, S^{m_1}0, S^{m_2}0, S^{n_3}0] \text{ 可证.}$$

这里公式 $T_{x_3 := x_1 + x_2}(\tau, \, \tau')$ 后面的 $[S^{m_1}0, S^{m_2}0, 0, S^{m_1}0, S^{m_2}0, S^{n_3}0]$ 代表 $[S^{m_1}0/x_1, S^{m_2}0/x_2, 0/x_3, S^{m_1}0/y_1, S^{m_2}0/y_2, S^{n_3}0/y_3]$ (见定义 1.7).

显然，如果在指令 $x_3 := x_1 + x_2$ 执行之前，公式 $x_1 \doteq S^{m_1}0 \wedge x_2 \doteq S^{m_2}0 \wedge x_3 \doteq 0$ 成立，那么在指令执行终止后，$y_1 \doteq S^{m_1}0 \wedge y_2 \doteq S^{m_2}0 \wedge y_3 \doteq x_1 + x_2$ 成立. 前者称为指令 α 在 $\mathscr{A}$ 中的前置条件，后者称为指令 α 在 $\mathscr{A}$ 中的后置条件. 有关指令的前置条件和后置条件的思想最早是由 Hoare 在其程序逻辑演算系统中提出的 [Hoare, 1969].

从这个例子我们可以看出，赋值指令 $x_3 := x_1 + x_2$ 在 Π 中的表示用到了 $y_3 \doteq x_1 + x_2$，后者是表达式 $x_1 + x_2$ 在 Π 中关于状态变元的表示，其一般定义如下.

定义 4.14   表达式在 Π 中的状态变元表示

令 $\tau_z = \{z_1, z_2, z_3\}$ 代表状态变元集合，而 $[e]_{\tau_z}$ 为表达式 e 关于 τ_z 的表示. $[e]_{\tau_z}$ 被归纳地定义如下：

(1) $[m]_{\tau_z} = S^m 0$;

(2) $[x_i]_{\tau_z} = z_i$，其中 $i = 1, 2, 3$;

(3) $[e_1 * e_2]_{\tau_z} = [e_1]_{\tau_z} * [e_2]_{\tau_z}$，其中 $*$ 代表 $+$, $-$, $\cdot$.

定义 4.13 所给出的 $[e]_{\sigma_z}$ 与此处定义的 $[e]_{\tau_z}$ 不同. 前者与程序设计语言中的传值调用 (call by value) 的机制类似，即先求出变量的值，再进行替换；而后者与程序设计语言中的传名调用 (call by name) 的机制类似，即先进行变量替换，等需要的时候再求值. 这两种表示方式之间也存在着密切的关系，我们可以证明有下述引理成立.

引理 4.5   设存储状态 $\sigma_z = (z_1 \mapsto m_1, z_2 \mapsto m_2, z_3 \mapsto m_3)$，其对应的状态变元集合为 $\tau_z = \{z_1, z_2, z_3\}$，那么下述序贯可证.

$$\Pi \vdash [e]_{\tau_z}[S^{m_1}0/z_1, S^{m_2}0/z_2, S^{m_3}0/z_3] \doteq Tr([e]_{\sigma_z})$$

在给出了表达式在 Π 中的状态变元表示之后，我们可以给出一般形式的赋值指令 $x_3 := e$ 在 Π 中的表示，即 $T_{x_3:=e}(\tau, \tau')$ 为：

$$([x_1]_{\tau'} \doteq [x_1]_{\tau}) \wedge ([x_2]_{\tau'} \doteq [x_2]_{\tau}) \wedge ([x_3]_{\tau'} \doteq [e]_{\tau}),$$

也就是 $T_{x_3:=e}(\tau, \tau')$ 为

$$(y_1 \doteq x_1) \wedge (y_2 \doteq x_2) \wedge (y_3 \doteq [e]_{\tau}).$$

(2) 条件指令在 Π 中的表示

设条件指令为 **if** $0 < x_1$ **then** α_1 **else** α_2. 根据条件指令的操作规则，在 $[x_1]_\sigma > 0$ 的情况下，它将在存储状态 σ 下执行指令 α_1；在 $[x_1]_\sigma = 0$ 的情况下，它将在存储状态 σ 下执行 α_2. 如果设指令 α_1 在 Π 中的表示为 $T_{\alpha_1}(\tau, \tau')$，设指令 α_2 在 Π 中的表示为 $T_{\alpha_2}(\tau, \tau')$；那么指令 **if** $0 < x_1$ **then** α_1 **else** α_2 在 Π 中的表示 $T_{\textbf{if } 0 < x_1 \textbf{ then } \alpha_1 \textbf{ else } \alpha_2}(\tau, \tau')$ 为

$$\mathrm{cond}(0 < [x_1]_\tau, T_{\alpha_1}(\tau, \tau'), T_{\alpha_2}(\tau, \tau')).$$

(3) 顺序指令在 Π 中的表示

设顺序指令为 $\alpha_1;\ \alpha_2$. 根据顺序指令的操作规则，在存储状态 σ 下执行 α_1 将得到中间存储状态 σ_z，然后在 σ_z 下执行 α_2 将得到存储状态 σ'. 这就是存在某一中间存储状态 σ_z，使得 α 在初始存储状态 σ 下执行 α_1 得到中间存储状态 σ_z，之后在中间存储状态 σ_z 下执行 α_2 得到 α 的终止存储状态 σ'. 设 $\sigma_z = (z_1 \mapsto s_1, z_2 \mapsto s_2, z_3 \mapsto s_3)$，相应的状态变元集合 $\tau_z = \{z_1, z_2, z_3\}$，指令 α_1 在 Π 中的表示为 $T_{\alpha_1}(\tau, \tau_z)$，再设指令 α_2 在 Π 中的表示为 $T_{\alpha_2}(\tau_z, \tau')$. 顺序指令 $\alpha_1;\ \alpha_2$ 在 Π 中的表示 $T_\alpha(\tau, \tau')$ 为

$$\exists z_1 \exists z_2 \exists z_3 (T_{\alpha_1}(\tau, \tau_z) \wedge T_{\alpha_2}(\tau_z, \tau')).$$

下面我们通过一个例子来说明顺序指令在 Π 中的表示，后面讨论循环指令的表示时此例将要被用到.

例 4.2　顺序指令的表示

设顺序指令 α 为 $x_1 := x_1 - 1;\ x_3 := x_3 + 1$. 设指令 α 执行的初始存储状态为 $\sigma = (x_1 \mapsto m_1,\ x_2 \mapsto m_2,\ x_3 \mapsto 0)$，其初始状态变量集合为 $\tau = \{x_1, x_2, x_3\}$，而指令 $x_1 := x_1 - 1$ 执行之后的存储状态是 σ^1，它既是 $x_1 := x_1 - 1$ 的终止存储状态，又是指令 $x_3 := x_3 + 1$ 的初始存储状态. σ^1 的状态变量集合是 $\tau^1 = \{x_1^1, x_2^1, x_3^1\}$. 设顺序指令 α 执行后的终止存储状态为 σ'，其终止状态变量集合为 $\tau' = \{y_1, y_2, y_3\}$. 根据例 4.1，知

$$T_{x_1:=x_1-1}(\tau,\ \tau^1) \quad = \quad (x_1^1 \doteq x_1 - S^1 0) \wedge (x_2^1 \doteq x_2) \wedge (x_3^1 \doteq x_3)$$
$$T_{x_3:=x_3+1}(\tau^1,\ \tau') \quad = \quad (y_1 \doteq x_1^1) \wedge (y_2 \doteq x_2^1) \wedge (y_3 \doteq x_3^1 + S^1 0)$$

故顺序指令 α 在 Π 中的表示应该是：

$$T_{x_1:=x_1-1}(\tau,\ \tau^1) \wedge T_{x_3:=x_3+1}(\tau^1,\ \tau')$$

也就是

$$(x_1^1 \doteq x_1 - S^1 0 \wedge x_2^1 \doteq x_2 \wedge x_3^1 \doteq x_3) \wedge (y_1 \doteq x_1^1 \wedge y_2 \doteq x_2^1 \wedge y_3 \doteq x_3^1 + S^1 0)$$

前面已经指出，顺序指令作为一个指令，在讨论它在 Π 中的表示时，与赋值指令一样，只允许出现初始状态变元和终止状态变元，而代表中间执行状态的变元 x_1^1, x_2^1, x_3^1 不应以自由变元的形式出现. 所以顺序指令在 Π 中的表示 $T_{x_1:=x_1-1;\ x_3:=x_3+1}(\tau, \tau')$ 是

$$\exists x_1^1 \exists x_2^1 \exists x_3^1 (T_{x_1:=x_1-1}(\tau,\ \tau^1) \wedge T_{x_3:=x_3+1}(\tau^1,\ \tau')).$$

(4) 循环指令在 Π 中的表示

在讨论循环指令在 Π 中的表示问题之前，让我们先考察一个例子.

例 4.3 **循环指令在 Π 中的表示**

设循环指令 α 为

$$\textbf{while } 0 < x_1 \textbf{ do } (x_1 := x_1 - 1; \ x_3 := x_3 + 1)$$

循环体 α_1 为 $x_1 := x_1 - 1; \ x_3 := x_3 + 1$. 根据 4.7 节给出的操作规则，设循环指令 α 的初始存储状态，循环体第 $l+1$ 次循环开始时的存储状态，以及循环指令执行后的终止存储状态分别为:

$$\sigma : \quad (x_1 \mapsto n_3, \ x_3 \mapsto 0),$$
$$\sigma^l : \quad (x_1^l \mapsto n_3 - l, \ x_3^l \mapsto l),$$
$$\sigma' : \quad (y_1 \mapsto 0, \ y_3 \mapsto n_3).$$

重复使用 l 次例 4.2，对第 $l+1$ 次循环，有

$$(x_1^l \doteq x_1 - S^l 0 \ \wedge \ x_3^l \doteq S^l 0 + x_3)$$

成立. 如果将上式中的 l 换成循环变量 w，那么有

$$B(x_1, \ x_3, \ x_1^w, \ x_3^w, \ w) = (x_1^w \doteq x_1 - w \ \wedge \ x_3^w \doteq w + x_3)$$

成立. 此式是第 w 次循环执行完成后，初始状态变元与终止状态变元之间遵从的一般性公式. 进而有公式

$$\forall w \, (w < x_1 \rightarrow (x_1^w \doteq x_1 - w \ \wedge \ x_3^w \doteq w + x_3))$$

成立. 可称此式为该循环指令的**表示式**，但它不是一阶语言的公式. 我们可以按下述作法构造它的**循环不变式**: 如果用 y_1 替换 x_1^w，用 y_3 替换 x_3^w，那么得到

$$B(x_1, \ x_3, \ y_1, \ y_3, \ w) := (y_1 \doteq x_1 - w \ \wedge \ y_3 \doteq w + x_3)$$

上式中，$x_1, \ x_3, \ y_1, \ y_3$ 都是公式 B 的自由变元. 从而有

$$B[x_1/y_1, (x_1 + x_3)/y_3] = (x_1 \doteq x_1 - w \ \wedge \ x_1 + x_3 \doteq w + x_3)$$

如果令

$$I_\alpha = \neg(\forall w \, (w < x_1 \rightarrow B[x_1/y_1, (x_1 + x_3)/y_3]))$$

那么 I_α 恒成立. I_α 称为循环指令 α 的**循环不变式**. 循环不变式的思想最早也是由 Hoare 提出的 [Hoare, 1969]，但其形式与此例略有不同. 当循环指令终止时，根据本例中 σ 和 σ' 的定义，$w \doteq x_1$ 并且

$$B[x_1/w] = (y_1 \doteq x_1 - x_1 \ \wedge \ y_3 \doteq x_1 + x_3)$$

成立. 所以，下述逻辑公式

$$T_\alpha(\tau, \tau') = cond((y_1 \doteq 0), \ B[x_1/w], \ \neg I_\alpha)$$

在 Π 中表示循环指令 α.

下面，我们考察循环指令在 Π 中的表示的一般形式. 设循环指令 α 为 **while** $0 < x_1$ **do** α'. 由于本章讨论的都是停机 P 过程，所以循环指令的执行必终止. 为此，我们设循环次数为 l，要注意 l 是随初始状态而改变的. 再设循环体 α' 第 $i+1$ 次执行的初始存储状态为 σ_i，终止存储状态为 σ_{i+1}，其中 $0 \leqslant i < l$. 我们将这些存储状态按出现的先后顺序记为 $\sigma_0, \sigma_1, \ldots, \sigma_l$，并称这一个序列为循环指令 α 关于初始状态 σ_0 的循环体执行状态序列，简单记为 $\{\sigma_i\}_0^l$，又称 σ_i 为循环体的第 $i+1$ 个执行状态. 我们解决循环指令在 Π 中的表示问题的路线图如下：

(I) **问题的难点**

对例 4.3，我们给出了循环体的表示式和它的循环不变式，但这是因为程序结构简单，我们是先猜出了它们，然后再加以证明的. 对任意循环体，由于程序设计的随意性，我们很难猜出循环不变式的一般表示形式.

另一种选择是使用结构归纳的方法，构造出循环指令在 Π 中的表示，但这也不是直接可以做到的. 事实上，如果令公式 $T_{\alpha'}(\tau_i, \tau_{i+1})$ 是循环指令的第 $i+1$ 轮执行在 Π 中的表示，那么

$$T_{\alpha'}(\tau_0, \tau_1) \wedge \cdots \wedge T_{\alpha'}(\tau_i, \tau_{i+1}) \wedge \cdots \wedge T_{\alpha'}(\tau_{l-1}, \tau_l) \tag{4.1}$$

就应该是循环体在 Π 中的"表示". 这种表示方法的问题是：循环次数 l 会随着循环指令的初始状态的改变而改变，式 (4.1) 的长度也会随着 l 而改变. 所以上式是用一个公式集合来表示循环体，而不是像前面几个指令那样，是用一个 $\mathscr{A}$ 公式来表示一个指令.

(II) **求解的思路**

(I) 的关键障碍在于，我们期望给出的公式是构造性的，是实现性知识. 求解此问题的另一种思路是给出循环指令的规约性描述，也就是用 Π 中的公式来描述循环体存储状态序列的性质. 这些性质可归结为：

引理 4.6　一个存储状态序列 $\{\sigma_i\}_0^l$ 是循环指令 **while** $0 < x_1$ **do** α' 的循环体执行状态序列, 当且仅当它满足下述四个条件.

(1) $\sigma_0 = \sigma$, 即 σ_0 是循环指令的初始存储状态.

(2) l 为循环指令在初始存储状态为 σ 的情况下, 循环体执行的循环次数.

(3) $\sigma_l = \sigma'$ 并且 $0 < [x_1]_{\sigma'}$ 不成立, 这里 σ_l 是循环指令的终止存储状态.

(4) 循环指令在第 $i+1$ 轮执行开始时, $0 < [x_1]_{\sigma_i}$ 成立, 并且存储状态为 σ_i. 循环体 α' 执行终止后的存储状态为 σ_{i+1}, 其中 $0 \leqslant i < l$.

如果此引理得证, 那么循环指令在 Π 中的表示就转化为 "存在一个存储状态序列使得上述四个条件均满足" 这一命题在 Π 中的表示. 在 Π 中表示上述四个条件的难点是条件 (4).

如果假设循环体 α' 在初始存储状态 σ_i 和终止存储状态 σ_{i+1} 下的表示为 $T_{\alpha'}(\tau_i, \tau_{i+1})$, 那么条件 (4) 可以表示成下述形式.

$$\exists l \forall i (i < l \rightarrow (0 < [x_1]_{\tau_i} \wedge T_{\alpha'}(\tau_i, \tau_{i+1}))) \tag{4.2}$$

上式与前面给出的 (4.1) 的问题一样, 即状态 σ_i 和 σ_{i+1} 都会随着循环指令的初始存储状态 σ 的改变而改变, 所以它仍不是一个合法的 $\mathscr{A}$ 公式. 求解办法是由哥德尔给出的 [Shoenfield, 1967]. 他的基本思路是: 如果我们能用 $\mathscr{A}$ 中的项来表示存储状态序列 $\{\sigma_i\}_0^l$ 的每一个 σ_i, 并且能够在 $\mathscr{A}$ 中定义一个函数符号, 当我们把此函数符号的变元, 分别用存储状态序列的下标进行替换之后, 就可以得到表示每一个 σ_i 的项. 由此我们就可得到一个合法的 $\mathscr{A}$ 公式, 此公式就是条件 (4) 在 Π 中的表示.

具体的作法是: 由于 P 过程中使用的变量个数总是有限的, 对于含有 k 个变量的 P 过程, 不妨假设 $\sigma_i = (x_1^i \mapsto m_1^i, \ldots, x_k^i \mapsto m_k^i)$, 这样变量 x_j 在 σ_i 下的值就是 $[x_j]_{\sigma_i} = m_j^i$, 其中 $1 \leqslant j \leqslant k$. 从而变量 x_j 在状态序列 $\{\sigma_i\}_0^l$ 下的值也组成了一个自然数序列 $\{m_j^0, m_j^1, \ldots, m_j^l\}$, 其中 $1 \leqslant j \leqslant k$. 于是循环体执行状态序列就可以由一个 $(l+1) \times k$ 的自然数矩阵 $M[l+1][k]$ 来表示. 在程序设计语言中的作法是

$$M[l+1][k] := \begin{pmatrix} m_1^0 & m_2^0 & \ldots & m_k^0 \\ m_1^1 & m_2^1 & \ldots & m_k^1 \\ \vdots & \vdots & & \vdots \\ m_1^l & m_2^l & \ldots & m_k^l \end{pmatrix}$$

即 $M[i][j] = m_j^i$. 显然, 如果能给出矩阵 $M[l+1][k]$ 在 Π 中的表示, 那么存储状态序列在 Π 中的表示问题也就解决了.

实际上, 哥德尔通过给出一个更一般的结果解决了上述问题. 哥德尔证明了下述引理.

引理 4.7 (Gödel)

存在一个在 $\mathbb{N}$ 上定义的, 并可以在 Π 中表示的函数 $\beta(x, y)$, 使得对任意一个 $\mathbb{N}$ 中的序列 $a_0, a_1, \ldots, a_{n-1}$, 存在一个自然数 a 使得 $\beta(a, i) = a_i$ 并且 $\beta(a, i) \leqslant a - 1$, 其中 $i < n$.

证明的关键是构造满足引理条件的自然数 a 和函数 β. 我们称 a 为序列 $a_0, a_1, \ldots, a_{n-1}$ 的生成元, 并称 β 为生成函数. 从程序设计的观点看, β 函数可以视作序列 $a_0, a_1, \ldots, a_{n-1}$ 的存储分配算法, 它对不同的下标 i 分配不同的存储地址, 而生成元 a 是一个由序列 $a_0, a_1, \ldots, a_{n-1}$ 决定的自然数, 使得它是此序列的起始地址, 并且由 a 和下标 i 又可计算出 a_i.

众所周知, 编译程序是把矩阵 $M[l + 1][k]$ 作为一个长度为 $(l + 1) \cdot k$ 的序列 $\{a_i\}$ 来处理的, 而且要求 $a_{i \cdot k + j - 1} = M[i][j]$ 成立. 所以, 只要上述引理得证, 我们就可以用一个在 $\mathbb{N}$ 上定义和在 Π 中可表示的、由函数 $\beta(x, y)$ 构造的三元函数 $\gamma(x, y, z)$ 和一个自然数 a 来生成矩阵的元素. 假设 $\gamma(x, y, z)$ 在 Π 中的表示是 $C(x, y, z)$, 并且令 $u_1 = C(S^a 0, i, S^1 0)$, 其中 a 是生成元, 而 $S^a 0$ 是 a 在 Π 中的表示, i 代表第 $i + 1$ 次循环, 这里的 $S^1 0$ 表示存储状态中的第一个变量. 类似地, 令 $u_2 = C(S^a 0, i, S^2 0)$, $u_3 = C(S^a 0, i, S^3 0)$, $v_1 = C(S^a 0, Si, S^1 0)$, $v_2 = C(S^a 0, Si, S^2 0)$, $v_3 = C(S^a 0, Si, S^3 0)$. 经过上述处理, 对于只有两个输入参数的情况, 引理 4.6 的条件 (4) 可以在 Π 中表示成:

$$\exists l \forall i (i < l \rightarrow (0 < u_1 \wedge T_{\alpha'}(\{u_1, u_2, u_3\}, \{v_1, v_2, v_3\})))$$

这就解决了上述矩阵在 Π 中的表示问题. 详细的处理和证明见本书的附录 3.

(5) 过程调用指令在 Π 中的表示

设过程调用指令为 $F(m_1, m_2, x_3)$, 设 σ, σ' 为该指令的初始存储状态和终止存储状态, τ, τ' 分别为这两个存储状态对应的变元集合. 令 $\tau_u = \{u_1, u_2, u_3\}$, $\tau_v = \{v_1, v_2, v_3\}$. 根据过程调用指令的操作规则, 过程调用指令将在存储状态 $\sigma_u = (u_1 \mapsto m_1, u_2 \mapsto m_2, u_3 \mapsto [x_3]_\sigma)$ 下执行过程体 α', 并且执行的终止存储状态 σ_v 满足 $[v_3]_{\sigma_v} = [y_3]_{\sigma'}$. 它对应的公式 $T_\alpha(\tau, \tau')$ 为

$$(y_1 \doteq x_1) \wedge (y_2 \doteq x_2) \wedge (\exists v_1 \exists v_2 (T_{\alpha'}(\tau_u, \tau_v)[S^{m_1} 0 / u_1, S^{m_2} 0 / u_2, x_3 / u_3, y_3 / v_3]))$$

在给出上述 5 种指令在 Π 中的表示之后, 我们可以证明下述引理.

引理 4.8　过程体的可表示性

设过程体为 α, 初始存储状态 $\sigma = (x_1 \mapsto m_1, x_2 \mapsto m_2, x_3 \mapsto m_3)$, 过程体执行的终止存储状态为 $\sigma' = (y_1 \mapsto n_1, y_2 \mapsto n_2, y_3 \mapsto n_3)$, 而设 $\sigma_t = (y_1 \mapsto k_1, y_2 \mapsto$

$k_2, y_3 \mapsto k_3)$ 为任意存储状态.

(1) 如果 $\sigma_t = \sigma'$, 也就是 $k_1 = n_1$, $k_2 = n_2$ 并且 $k_3 = n_3$ 成立, 那么

$$\Pi \vdash T_\alpha(\tau, \tau')[S^{m_1}0, S^{m_2}0, S^{m_3}0, S^{k_1}0, S^{k_2}0, S^{k_3}0]$$

可证.

(2) 如果 $\sigma_t \neq \sigma'$, 也就是 $k_1 \neq n_1$ 或者 $k_2 \neq n_2$ 或者 $k_3 \neq n_3$ 成立, 那么

$$\Pi \vdash \neg T_\alpha(\tau, \tau')[S^{m_1}0, S^{m_2}0, S^{m_3}0, S^{k_1}0, S^{k_2}0, S^{k_3}0]$$

可证.

证明　详细证明见附录 3.　　　　　　　　　　　　　　　　　　□

根据引理 4.8, 可证下述定理.

定理 4.1　停机 P 过程的可表示性

如果 P 过程 $F(x_1, x_2, x_3)$ 是一个停机过程, 其过程体为 α, 它定义可计算函数 $f(x_1, x_2)$, 那么存在 $\mathscr{A}$ 公式 $B(x_1, x_2, x_3)$, 使得对任意的自然数 n,

(1) 如果 $n = f(m_1, m_2)$, 那么

$$\Pi \vdash B[S^{m_1}0, S^{m_2}0, S^n 0]$$

可证.

(2) 如果 $n \neq f(m_1, m_2)$, 那么

$$\Pi \vdash \neg B[S^{m_1}0, S^{m_2}0, S^n 0]$$

可证.

证明　根据过程调用指令的操作语义, 在程序状态 $\langle F(m_1, m_2, x_3), \sigma \rangle$ 下, 执行过程调用指令, 产生新程序状态:

$$\langle \alpha, \sigma[x_1 \mapsto m_1, \; x_2 \mapsto m_2, \; x_3 \mapsto 0] \rangle$$

令

$$T_\alpha(\tau, \tau')[S^{m_1}0, S^{m_2}0, 0, S^{n_1}0, S^{n_2}0, S^n 0]$$

为

$$A[S^{m_1}0, S^{m_2}0, 0, S^{n_1}0, S^{n_2}0, S^n 0]$$

根据过程体可表示性引理 4.8，再使用 **G** 系统的 $\exists$-R 规则，可以证明：如果 $n = f(m_1, m_2)$，那么

$$\Pi \vdash \exists x_3 \exists y_1 \exists y_2 A[S^{m_1}0, S^{m_2}0, x_3, y_1, y_2, S^n 0]$$

成立，并且如果 $n \neq f(m_1, m_2)$，那么

$$\Pi \vdash \neg \exists x_3 \exists y_1 \exists y_2 A[S^{m_1}0, S^{m_2}0, x_3, y_1, y_2, S^n 0]$$

成立. 令 $B(x_1, x_2, x_3)$ 为

$$\exists z \exists y_1 \exists y_2 A[x_1, x_2, z, y_1, y_2, x_3]$$

定理得证.   □

实际上，使用上述证明思路可以进一步证明，定理 4.1 对任意 k 个变元的可计算函数都是成立的.

4.9　可表示性定理

本节将给出在 $\mathbb{N}$ 上定义的函数与关系在 Π 中的可表示性的严格定义，并证明 $\mathbb{N}$ 上可计算函数与可判定关系在 Π 中的可表示性.

定义 4.15　函数的可表示性

设 $f : \mathbb{N}^k \longrightarrow \mathbb{N}$ 是 $\mathbb{N}$ 上的 k 元函数. 如果存在 $\mathscr{A}$ 公式 $A(x_1, \ldots, x_{k+1})$，使得对任意自然数 $n_1, \ldots, n_{k+1}$

如果 $f(n_1, \cdots, n_k) = n_{k+1}$，那么 $\Pi \vdash A[S^{n_1}0, \cdots, S^{n_{k+1}}0]$ 可证；

如果 $f(n_1, \cdots, n_k) \neq n_{k+1}$，那么 $\Pi \vdash \neg A[S^{n_1}0, \cdots, S^{n_{k+1}}0]$ 可证.

在这种情况下，称函数 f 在 Π 中可表示，并称公式 $A(x_1, \cdots, x_k, x_{k+1})$ 是函数 f 在 Π 中的表示.

下面给出的关于可计算函数的可表示性定理是定理 4.1 的直接推论.

定理 4.2　　如果 $f : \mathbb{N}^k \longrightarrow \mathbb{N}$ 是 $\mathbb{N}$ 上的 k 元可计算函数，那么函数 f 在 Π 中可表示.

证明　　由于 $f(x_1, \cdots, x_k)$ 是 $\mathbb{N}$ 上的可计算函数，根据定义 4.10，设停机 P 过程 $F(x_1, \cdots, x_k, x_{k+1})$ 计算函数 f. 再根据定理 4.1，存在 $\mathscr{A}$ 公式 $A(x_1, \cdots, x_k, x_{k+1})$ 在 Π 中表示过程 F. 再根据定义 4.15，公式 $A(x_1, \cdots, x_k, x_{k+1})$ 在 Π 中表示函数 f.   □

定义 4.16   关系的可表示性

设 r 是 $\mathbb{N}$ 上的 k 元关系. 如果存在 $\mathscr{A}$ 公式 $A(x_1, \ldots, x_k)$，使得对任意自然数 $n_1, \ldots, n_k$，有

如果 $r(n_1, \ldots, n_k)$ 成立， 那么 $\Pi \vdash A[S^{n_1}0, \ldots, S^{n_k}0]$ 可证；

如果 $r(n_1, \ldots, n_k)$ 不成立，那么 $\Pi \vdash \neg A[S^{n_1}0, \ldots, S^{n_k}0]$ 可证.

在这种情况下，称关系 r 在 Π 中可表示，并称公式 $A(x_1, \ldots, x_k)$ 在 Π 中表示关系 r.

定理 4.3   如果 $r : \mathbb{N}^k \longrightarrow \mathbb{N}$ 是 $\mathbb{N}$ 上的 k 元可判定关系，那么 r 在 Π 中可表示.

证明   此定理是定理 4.2 的直接推论.   □

到此，我们证明了停机 P 过程、可计算函数和可判定关系在初等算术理论 Π 中的可表示性. 有两点是必须指出的：

首先，并不是在 $\mathbb{N}$ 上定义的每一个函数和关系都是可计算函数和可判定关系. 在下一章中，我们将给出在 $\mathbb{N}$ 上定义的不可判定的关系和不可计算的函数的实例. 其次，就是规约性知识的可实现问题，此问题更具有现实意义. 例如，在软件开发过程中，设计和开发人员常常是先确定软件系统的功能和性质，即软件系统的规约，然后再进行程序设计. 如果软件规约用一阶语言来描述，规约就变成了形式理论，而根据规约的要求设计和编制程序，就成了形式理论的可实现性问题. 一般而言，形式理论的可实现性问题并不像本章的可表示性那样存在一般性的结果. 但由于这个问题在软件实践中的重要性，人们在这方面进行了大量的研究，设计了不少软件系统，使得人们可以从软件的规约开始，通过演算或形式推导，借助人机交互，得出软件的实现程序.

在软件工程实践中，人们普遍采用的作法是：首先遵照软件的规约，设计和编制程序，然后使用测试的方法，通过设计一些测试实例，来检查软件规约与实现程序的一致性. 如果软件通过测试，那么程序编制工作完成. 如果在软件的实际使用中，发现软件规约与实现程序不一致，那么要分析出错的原因，重新修改程序，设计新的测试实例，再对修改的程序进行新的测试. 这种程序的设计和测试的交互作用可能要进行多次，直到所设计的程序符合软件的规约所提出的要求为止.

第 5 章　哥德尔定理

当人们使用公理化方法整理某个领域的知识时，例如欧几里得几何学，这些知识将被分为公理系统和逻辑推论两类. 逻辑推论是那些以公理系统为前提，使用推理规则推导出来的命题. 这些推理规则都是关于逻辑连接词和量词的规则，并且它们与领域知识无关. 所以一个命题是否为逻辑推论只由公理系统决定. 人们自然会思考下述问题：对每一个领域知识，是否存在一个公理系统，使得关于此领域知识的任何一个命题或该命题的否定，必是这个公理系统的逻辑推论？这就是公理系统的完全性问题，它关系到一个公理系统是否抓住了领域知识的全部本质特征的问题，而它的反面则说明公理化方法具有局限性.

在 20 世纪 30 年代初，哥德尔在一阶语言的框架内证明了："每一个有穷并且包含初等算术理论 Π 的形式理论都是不完全的". 这就是著名的哥德尔不完全性定理 [Gödel, 1930, 1931]. 这个定理的意义十分深刻. 我们知道，大部分数学和自然科学理论都可以用一阶语言的形式理论描述，形式理论必须具有协调性，而它们的有穷性又符合人们的直觉和经验，并且自然数的四则运算又是描述数量关系的基本要求. 根据哥德尔不完全性定理，满足上述三个条件的形式理论不可能是完全的. 哥德尔又进一步证明：对于满足上述三个条件的形式理论 Γ，都不能以 Γ 为前提，使用形式推理系统，证明 Γ 自身的协调性. 这就是哥德尔协调性定理. 这两个定理从根本上揭示了使用公理系统整理数学和自然科学理论这一方法的局限性.

本章的主要任务是证明哥德尔不完全性定理和协调性定理. 本章将把哥德尔不完全性定理的证明作为重点，证明的基本思路如下.

1. 只要证明了初等算术理论 Π 是不完全的，采用相同的方法就可以证明任何包含 Π 的形式理论都是不完全的.

2. 证明 Π 的不完全性的关键在于必须找到 $\mathscr{A}$ 中的一个语句 A，使得 $\Pi \vdash A$ 和 $\Pi \vdash \neg A$ 均不可证.

3. 寻找语句 A 的途径是：语言学中有一种"说谎者悖论"，典型的说法是："我在说慌"或者"本语句不可证". 用反证法可以证明，这类命题既不能被证明也不能被否证.

4. 说谎者悖论是语言学中一种特殊的自指语句. 如果能在 $\mathscr{A}$ 中找到描述自指语句的一个确定的公式 A，使之解释为"本语句不可证"，那么使用反证法，可以证明 A 和 $\neg A$ 在 Π 中均不可证.

遵循上述思路, 本章将分五节完成哥德尔的两个定理的证明. 5.1 节解决如何在 $\mathscr{A}$ 中描述自指语句的问题. 思路是: 首先, 使用哥德尔编码方法, 用 $\mathscr{A}$ 中的项间接地表示公式, 然后说明每一个自指语句都是某个语句不动点方程的解. 5.2 节引入字符集合的可判定性和可枚举性, 并证明: 有穷并且完全的形式理论是可判定的. 5.3 节证明在初等算术理论 Π 中, 每一个语句不动点方程可证. 5.4 节证明不完全性定理. 证明的关键是在 $\mathscr{A}$ 中构造不动点方程, 它的解描述 "本语句不可证", 用反证法证明 $Th(\Pi)$ 的不可判定性. 5.5 节使用前四节的思想, 证明不可能使用 **G** 系统推导出 Π 的协调性. 证明的关键仍是使用哥德尔编码方法来描述 "协调性".

5.1 自指语句

本节讨论 "说谎者悖论", 说明为什么这个悖论和它的否定都不可能被证明, 并说明如何使用 $\mathscr{A}$ 的公式来描述这个悖论. "说谎者悖论" 的最常见的说法是: "我在说谎", 本章将采用下述更学术化的形式:

$$"本语句不可证". \tag{5.1}$$

在语言学中, 这种语句被称为 "自指语句". 所谓 "自指" 表现在 "本语句" 上. "本语句" 既代表语句 "本语句不可证", 又作为语句 (5.1) 的主语出现.

让我们来证明: 语句 (5.1) 是一个既不能被证明, 又不能被否证的语句. 令 X 代表 "本语句". 由于 "本语句" 指的就是 "本语句不可证", 所以 X 又代表 "本语句不可证". 让我们用反证法证明 X 不可证. 首先, 假定 "X 可证", 即 "本语句不可证" 可以被证明, 将引号中的本语句用 X 代入, 就得到 "X 不可证" 可以被证明, 这就导致了矛盾. 类似地, 可以用反证法证明 $\neg X$ 也不可证. 因为, 如果假定 "$\neg X$ 可证" 可以被证明, 由于 $\neg X$ 代表 "X 不可证" 的否定, 这就是 "X 可证" 可以被证明, 从而 "$\neg X$ 可证" 不可以被证明, 这与假设矛盾. 所以, "本语句不可证" 和它的否定都是不可能证明的命题.

下面讨论在 $\mathscr{A}$ 中如何描述 "本语句不可证". 在上述证明中, X 代表语句, 所以 X 是一个 "语句变元". 设 Y 也是语句变元, 设 F 是以 Y 为自由变元的 "谓词", 称为语句谓词. $F(Y)$ 可被解释为:

$$"语句 Y 具有属性 F" \tag{5.2}$$

再设语句变元 X 与 $F(Y)$ 等价, 用 "公式" 表示出来就是:

$$X \leftrightarrow F(Y) \tag{5.3}$$

它可解释为：X 与 $F(Y)$ 具有相同的真假性，或者说语句 X 代表 "语句 Y 的属性 $F(Y)$". 如果再把式 (5.3) 中 $F(Y)$ 的 Y 用语句变元 X 替换，得

$$X \leftrightarrow F(X) \tag{5.4}$$

语句 X 不仅代表 X 的属性 $F(X)$，而且又是 $F(X)$ 的主语，所以方程 (5.4) 可以被解释为 "本语句具有属性 F"，它是自指语句的一般数学形式. 方程 (5.4) 与数学中讨论的函数 f 的不动点方程

$$x = f(x) \tag{5.5}$$

具有相同的形式. 它们之间的区别是：方程 (5.4) 是关于 "语句" 的不动点方程，方程 (5.4) 中的变元是 "语句变元"，而且方程 (5.4) 中的 $\leftrightarrow$ 表示语句的等价关系，而方程 (5.5) 中的变量，可以用一阶语言的变元描述. 由于方程 (5.5) 的解被称为 f 的不动点，所以自指语句可以看成语句不动点方程 (5.4) 的解，即 F 的不动点.

需要指出的问题是：不动点方程 (5.4) 不是一阶语言的公式，因为 $F(X)$ 中的变元 X 不是一阶语言的变元. 根据定义，在一阶语言中，谓词中出现的自由变元是一个项，而且它只能被项 (如常元、变元和函数符号) 所替换. 但不动点方程 (5.4) 中的 X 不是项而是一个语句. X 被语句 A 替换后，得到的 $F(A)$ 也不是一阶语言的语句.

为了解决上述问题，哥德尔发明了用一阶公式描述 $F(A)$ 的方法. 这就是 1.5 节给出的哥德尔编码方法. 他的基本思路是：将每一个公式 A 一一对应于一个自然数 $\&A$，称为公式 A 的哥德尔数. 由于每个自然数 n 在初等算术语言 $\mathscr{A}$ 中可以用项 $S^n 0$ 表示，所以每一个公式 A 一一对应到项 $S^{\&A}0$，称为公式 A 的哥德尔项. 由于 $S^{\&A}0$ 是 $\mathscr{A}$ 的项，所以 $F[S^{\&A}0]$ 是 $\mathscr{A}$ 的合法公式，进而

$$A \leftrightarrow F[S^{\&A}0] \tag{5.6}$$

也是 $\mathscr{A}$ 的合法公式，它在 $\mathscr{A}$ 中描述自指语句，而且它被解释为 "本语句具有性质 F".

最后，我们讨论 "本语句不可证" 在 $\mathscr{A}$ 中的描述问题. 由于 "可证性" 是语句的一种性质，如果我们能找到一个合适的谓词 $G(x)$，使得 $G[S^{\&A}0]$ 描述语句 A 的可证性，那么 $\neg G[S^{\&A}0]$ 就描述了语句 A 的不可证性. 从而

$$A \leftrightarrow \neg G(S^{\&A}0) \tag{5.7}$$

是 "本语句不可证" 在 $\mathscr{A}$ 中的描述. 本节前面的讨论，已经告诉我们 (5.1) 及其否定均不可证. 所以，如果我们能证明，方程 (5.7) 的不动点在 Π 中既不能被证明，也不能被否证，那么我们就证明了初等算术理论 Π 的不完全性.

5.2 可判定集合

本节介绍字符串集合的可判定性问题，目的是为下面几节证明哥德尔不完全性定理和协调性定理做准备.

定义 5.1 字符集合、字符串和序

A 表示一个有穷或可数个字符组成的集合，

$$\mathbf{A} = \{a_0, a_1, \ldots, a_k, \ldots\}$$

其中 a_i 代表字符.

A 中有穷个字符的任一排列称为 **A** 的一个字符串. 字符在字符串中可以重复出现. 常用 w, u, v 代表字符串，写成：

$$w = a_1 \cdots a_k \qquad \text{其中 } a_i \in \mathbf{A}, \ i = 1, \ldots, k$$

k 称为字符串 w 的长度，记为 $\text{length}(w)$. 字符串可以为空，记为 □.

集合 $\mathbf{A}^*$ 为由 **A** 的全体字符串构成的集合. $\mathbf{A}^*$ 中的字符串可以定义顺序关系，简称为序. 规定序具有反身性和传递性，并用 $\prec$ 代表.

例 5.1 类字典序

(1) 对 **A** 中任意两个不同的字符 a_i, a_j，规定 $a_i \prec a_j$ 读作 a_i 在 a_j 之前.

(2) 任意字符串 w 和 w'，称 w 在 w' 之前，记为 $w \prec w'$，如果

$$\text{length}(w) < \text{length}(w')$$

成立，或者

$$\text{length}(w) = \text{length}(w') \ \text{但} \ w = ua_iv, \ w' = ua_jv', \ \text{并且} \ a_i \prec a_j$$

成立.

严格地说，此序与字典序类似，但略有不同. 在英文字典序中，字符串 abort 在 be 之前，而根据此序的定义，abort 在 be 之后.

例 5.2 一阶语言 $\mathscr{L}$

设字符集合 **A** 包含 $\mathscr{L}$ 的所有字符集合，包括：变元符号集合 V、逻辑连接词符号集合 C、量词符号集合 Q、等词符号集合和括号集合、常元符号集合 $\mathscr{L}_c$、函数符号集合 $\mathscr{L}_f$ 和谓词符号集合 $\mathscr{L}_P$，以及本书前面在一阶语言中使用的各种符号.

$\mathscr{L}$ 的每一个项是一个字符串，$\mathscr{L}_T$ 是由全体项组成的字符串集合. $\mathscr{L}$ 的每一个逻辑公式也是一个字符串，$\mathscr{L}_F$ 是全体逻辑公式组成的字符串集合，它们都是 $\mathbf{A}^*$ 的子集.

为了对字符串进行操作，我们在第 4 章引入的 P 过程指令的基础上增加两条原子指令，这就是字符加指令和字符减指令，其定义如下.

字符加指令

$$x_i := x_i + a_j;$$

其中 i, j 为自然数，变量 x_i 存储字符串，a_j 是一个字符. 字符加指令执行如下操作：将字符 a_j 加到 x_i 所储存的字符串的末尾.

字符减指令

$$x_i := x_i - a_j;$$

i, j 为自然数. 字符减指令执行如下操作：如果 x_i 储存的字符串的结尾字符是 a_j，则从 x_i 中删除 a_j，否则保留 x_i 不变.

这里需要指出的是，如果将自然数 $1, 2, \cdots, n, \cdots$ 也当作字符来处理，那么第 4 章引入的 P 过程加上本章引入的字符加和字符减指令就构成了一个建立在字符集合 $\mathbf{A}$ 和自然数字符集合上的对象语言. 我们称其为 P 过程语言，它相当于 C 语言的一个子集，所不同的是它包含可数无穷多字符.

定义 5.2　可判定集合

令 $W \subset \mathbf{A}^*$ 是一字符串集合. F 是一个停机 P 过程，它的输入和输出都是字符串. 称过程 F 判定 W，如果对任意 $w \in \mathbf{A}^*$，有

$$\text{如果}\quad w \in W \quad \text{那么}\quad F : w \to \text{Yes}$$

$$\text{如果}\quad w \notin W \quad \text{那么}\quad F : w \to \text{No}$$

成立. 称字符串集合 W 是可判定的，如果存在判定 W 的 P 过程.

在实际应用中，判定过程只要对任意的输入都停机，并且对属于 W 和不属于 W 的结果加以区分即可，而不一定要输出 Yes 或 No.

例 5.3　一阶语言 $\mathscr{L}$（续）

一阶语言 $\mathscr{L}$ 的项集合与逻辑公式集合都是可判定集合. 以项集合为例，根据定义 $\mathscr{L}$ 的项的语法规则，可设计停机过程如下：对每一个输入的字符串，检查它是否为常元，如果是，那么停机，输出 Yes；否则检查它是否为变元，如果是，那么停机，输出 Yes；否则检查它是否为函数项，而对函数项的检查根据函数项的语法规则

进行. 例如, 首先检查前缀子字符串是否为函数符号, 如果不是, 输出 No; 否则先确定此函数符号为几元函数, 接着检查余下的字符串是否为项等. 由于字符串只包含有穷个字符, 所以此过程停机. 类似地, 可以设计识别 $\mathscr{L}$ 公式的停机过程. 上述过程就是在程序设计语言的编译技术中, 设计语法检查程序的思路.

定义 5.3 递归可枚举集合

令 $W \subset \mathbf{A}^*$ 是一个字符串集合, F 是一个 P 过程. 称 F 可枚举 W, 如果 F 没有输入, 但逐个 (允许重复地) 输出 W 所包含的每一个字符串. 称 W 是递归可枚举集合, 如果存在一个可枚举 W 的 P 过程.

例 5.4 自然数集合

字符串集合 $W = \{\text{I}, \text{II}, \text{III}, \ldots\}$ 是递归可枚举集合. 设计 P 过程 F, 它的过程体由一条指令

$$\textbf{while } 0 < 1 \textbf{ do begin } x := x + \text{I}; \textbf{ print } x \textbf{ end}$$

组成. 过程 F 不是停机过程, 它没有输入, 但逐个输出 W 的全体字符串. 如果用 I 代表自然数 1, 那么

$$\underbrace{\text{II} \cdots \text{I}}_{n} \quad \text{代表自然数 } n, \text{ 称为 } n \text{ 的编码}$$

这就证明了自然数集合是递归可枚举的.

引理 5.1 如果字符集合 $\mathbf{A}$ 有穷, 那么 $\mathbf{A}^*$ 递归可枚举.

证明 令 $\mathbf{A} = \{a_0, \ldots, a_n\}$. 编制 P 过程 F, 使其按例 5.1 的类字典序输出 $\mathbf{A}^*$ 的所有字符串. F 由两重 **while** 指令组成. 外层 **while** 指令每循环一次, 字符串长度加 1, 并且按类字典序排列; 内层 **while** 指令, 在字符串长度相同的情况下, 按类字典排列顺序生成并输出字符串.

通过合理的设计 P 过程可以证明: 如果字符集合 $\mathbf{A}$ 可数, 那么 $\mathbf{A}^*$ 仍然递归可枚举. □

为证明不动点方程 (5.6) 在 Π 中可证, 我们需要下述两个停机的 P 过程.

例 5.5 $GN(X)$: 计算公式 X 的哥德尔数

根据 1.5 节关于逻辑公式的哥德尔数的定义, 我们可以设计出停机的 P 过程 $GN(X)$, 它输入 $\mathscr{A}$ 公式 A, 输出此公式的哥德尔数 $\&A$.

例 5.6 $GF(x)$: 单自由变元公式的哥德尔数集合的可判定性

对一阶语言 $\mathscr{L}$，令集合 G_1 是以 x_1 为自由变元的公式的哥德尔数组成的集合. $GF(x)$ 是停机 P 过程，它输入自然数 n，根据公式的哥德尔数的定义，对 n 进行质数和乘幂分解. 如果 n 是以 x_1 为自由变元的某个公式 $R(x_1)$ 的哥德尔数，那么输出这个公式 $R(x_1)$，否则输出 0. 所以 G_1 是可判定集合.

哥德尔不完全性定理的证明还需要下述引理.

引理 5.2　设 $\mathscr{L}$ 为一阶语言，而 Γ 为 $\mathscr{L}$ 的一个形式理论. 如果 Γ 递归可枚举并且是完全的，那么集合 $Th(\Gamma)$ 可判定.

证明　设计 P 过程来判定 $Th(\Gamma)$. 由于 $\mathscr{L}$ 的逻辑公式是可判定的，调用类字典序过程逐个输出逻辑公式，对每个输出的公式 A，由于 Γ 递归可枚举并且是完全的，过程做下述操作：如果 $\Gamma \vdash A$ 可证，那么输出 Yes，如果 $\Gamma \vdash \neg A$ 可证，输出 No. 此过程停机，故 $Th(\Gamma)$ 可判定. □

本章在证明哥德尔协调性定理中，需要用到 $\mathscr{A}$ 的序贯和推理树的哥德尔数和它们的哥德尔项. 解决这个问题的基本思想与 1.5 节定义项和公式的哥德尔数的想法相同. 首先，需要定义符号 $\vdash$，以及代表树型结构的符号 tr 的哥德尔数，然后用序列数来分别定义它们的哥德尔数. 为此需要对 1.5 节中关于哥德尔数的定义 1.9 稍作修改，在该定义中，变元 x_1 的哥德尔数紧接着最后一个符号 $\exists$ 的哥德尔数，被定义为 27. 其实 23 之后的任意奇数均可作为 x_1 的哥德尔数. 例如，从 101 开始，令 $\&(x_n) = 101 + 2 \cdot n$. 这样做可以为其他符号 (如 $\vdash$ 以及其他对象，如替换演算，**G** 系统以及推理树的哥德尔编码等) 留下足够的空间. 下面给出序贯和推理树的哥德尔数的定义. 设

$$\Gamma = \{A_1, \ldots, A_m\} \quad \text{而} \quad \Delta = \{B_1, \ldots, B_n\}$$

序贯的哥德尔数：

$$
\begin{array}{lll}
\text{符号} & \&(\vdash) & = \quad 25 \\
\text{前提} & \&(\Gamma) & = \quad \&(A_1 \wedge \cdots \wedge A_m) \\
\text{结论} & \&(\Delta) & = \quad \&(B_1 \vee \cdots \vee B_n) \\
\text{序贯} & \&(\Gamma \vdash \Delta) & = \quad \langle \&(\vdash), \&(\Gamma), \&(\Delta) \rangle
\end{array}
$$

设 $tr(\Gamma \vdash \Delta)$ 为一个推理树，其根节点为序贯 $\Gamma \vdash \Delta$. 它的哥德尔数归纳定义如下：

符号 $\&(tr) = 27$

单点树 $\&(tr(\Gamma \vdash \Delta)) = \langle \&(tr), \&(\Gamma \vdash \Delta) \rangle$

单枝树 $\&(\dfrac{tr(\Gamma' \vdash \Delta')}{\Gamma \vdash \Delta}) = \langle \&(tr), \&(\Gamma \vdash \Delta), \&(tr(\Gamma' \vdash \Delta')) \rangle$

二叉树 $\&(\dfrac{tr(\Gamma_1 \vdash \Delta_1) \quad tr(\Gamma_2 \vdash \Delta_2)}{\Gamma \vdash \Delta})$
$= \langle \&(tr), \&(\Gamma \vdash \Delta), \&(tr(\Gamma_1 \vdash \Delta_1)), \&(tr(\Gamma_2 \vdash \Delta_2)) \rangle$

5.3 Π 中的不动点方程

本节将回答 5.1 节末尾提出的问题，并证明下述不动点定理.

定理 5.1   不动点定理

如果 $B(x)$ 是 $\mathscr{A}$ 的任意一个公式，并只含一个自由变元，那么存在 $\mathscr{A}$ 的一个语句 $\mathring{A}$，使

$$\Pi \vdash (\mathring{A} \leftrightarrow B[S^{\&\mathring{A}}0]) \tag{5.8}$$

可证. 语句 $\mathring{A}$ 称为方程 $A \leftrightarrow B[S^{\&A}0]$ 在 $\mathscr{A}$ 中的不动点.

证明   证明分两步完成. 先构造语句 $\mathring{A}$，然后证明 $\mathring{A}$ 是方程式 (5.8) 的解.

1. 构造语句 $\mathring{A}$. 考虑下述函数

$$f(n,m) = \begin{cases} \&R[S^m 0], & \text{如果 } n = \&R(x_1), \\ 0, & \text{否则.} \end{cases} \tag{5.9}$$

其中 $R(x_1)$ 是任意含单个自由变元的公式. 根据 5.2 节，使用 $GN(X)$ 和 $GF(x)$ 作为子过程，就可以设计出计算 $f(n,m)$ 的停机 P 过程 F. 对于任意给定的输入 (n,m)，F 首先调用过程 $GF(n)$. 如果 n 是某个以 x_1 为自由变元的公式 $R(x_1)$ 的哥德尔数，那么 $GF(n)$ 输出此公式 $R(x_1)$，之后再调用过程 $GN(R[S^m 0])$，输出 $R[S^m 0]$ 的哥德尔数 $\&R[S^m 0]$；如果 n 不是某个以 x_1 为自由变元的公式的哥德尔数，那么输出 0. 根据定义 4.10，$f(n,m)$ 是可计算函数.

根据可表示性定理 4.2，知 $f(n,m)$ 在 Π 中可表示. 令公式 $P(x_1,x_2,x_3)$ 在 $\mathscr{A}$ 中表示 $f(x_1,x_2)$，并且如果 $f(\&R(x_1),m) = \&R[S^m 0]$，那么

$$\Pi \vdash P[S^{\&R(x_1)}0, S^m 0, S^{\&R[S^m 0]}0] \tag{5.10}$$

可证. 若 $f(\&R(x_1), m) \neq \&R[S^m 0]$, 则

$$\Pi \vdash \neg P[S^{\&R(x_1)}0, S^m 0, S^{\&R[S^m 0]}0] \tag{5.11}$$

可证. 特别地, 令 $D(x_1)$ 为

$$\forall x_2(P(x_1, x_1, x_2) \to B(x_2)) \tag{5.12}$$

$D(x_1)$ 中的 P 是在 Π 中表示 $f(n, m)$ 的公式 P, 也是前面式 (5.10) 和式 (5.11) 中出现的 P, 而式 (5.12) 中的 B 是不动点方程 (5.8) 中的公式 B. 再令公式 $\mathring{A}$ 为 $D[S^{\&D(x_1)}0]$, 也就是

$$\forall x_2(P(S^{\&D(x_1)}0, S^{\&D(x_1)}0, x_2) \to B(x_2)) \tag{5.13}$$

式 (5.13) 就是将 $D(x_1)$ 中的 x_1 用项 $S^{\&D(x_1)}0$ 替换所得的语句.

2. 证明 $\mathring{A}$ 就是不动点方程 (5.8) 的解. 为此, 只要证明

$$\Pi \vdash \mathring{A} \to B[S^{\&\mathring{A}}0] \text{ 及 } \Pi \vdash B[S^{\&\mathring{A}}0] \to \mathring{A} \tag{5.14}$$

均可证即可.

由于 $\mathring{A}$ 就是 $D[S^{\&D(x_1)}0]$, 再根据定义 f 的式 (5.9), 有

$$f(\&D(x_1), \&D(x_1)) = \&D[S^{\&D(x_1)}0] = \&\mathring{A} \tag{5.15}$$

又由于 f 是可计算函数, 根据可表示性定理, 有

$$\Pi \vdash P[S^{\&D(x_1)}0, S^{\&D(x_1)}0, S^{\&\mathring{A}}0] \tag{5.16}$$

可证. 根据定义, $\mathring{A}$ 就是式 (5.13). 注意到下式 (5.17) 中 $\vdash$ 右边的公式是 $\mathring{A}$ 的全称量词的约束变元 x_2 被项 $S^{\&\mathring{A}}0$ 替换的结果, 使用 $\forall$-L 规则和 **G** 公理, 得

$$\Pi, \mathring{A} \vdash P[S^{\&D(x_1)}0, S^{\&D(x_1)}0, S^{\&\mathring{A}}0] \to B[S^{\&\mathring{A}}0] \tag{5.17}$$

可证. 对式 (5.16) 和式 (5.17) 使用三段论规则, 得

$$\Pi, \mathring{A} \vdash B[S^{\&\mathring{A}}0] \tag{5.18}$$

可证. 对式 (5.18) 使用 $\to$-R 规则, 得

$$\Pi \vdash \mathring{A} \to B[S^{\&\mathring{A}}0] \tag{5.19}$$

可证. 故式 (5.14) 中的第一个序贯是可证的.

下面证明式 (5.14) 中的第二个序贯可证. 根据可表示性定理 4.2, 取 $n \neq \& \mathring{A}$,

$$\Pi \vdash \neg P[S^{\& D(x_1)}0, S^{\& D(x_1)}0, S^n 0] \tag{5.20}$$

可证. 从而由引理 3.6 知

$$\Pi, P[S^{\& D(x_1)}0, S^{\& D(x_1)}0, x_2] \vdash \neg P[S^{\& D(x_1)}0, S^{\& D(x_1)}0, S^n 0], B(x_2) \tag{5.21}$$

可证. 由 **G** 公理知

$$\Pi, P[S^{\& D(x_1)}0, S^{\& D(x_1)}0, x_2] \vdash P[S^{\& D(x_1)}0, S^{\& D(x_1)}0, x_2], B(x_2) \tag{5.22}$$

和

$$P[S^{\& D(x_1)}0, S^{\& D(x_1)}0, S^n 0], \forall x_2 P[S^{\& D(x_1)}0, S^{\& D(x_1)}0, x_2]$$
$$\vdash P[S^{\& D(x_1)}0, S^{\& D(x_1)}0, S^n 0] \tag{5.23}$$

都可证. 对式 (5.22) 使用 $\forall$-R 规则得

$$\Pi, P[S^{\& D(x_1)}0, S^{\& D(x_1)}0, x_2] \vdash \forall x_2 P[S^{\& D(x_1)}0, S^{\& D(x_1)}0, x_2], B(x_2) \tag{5.24}$$

可证. 对式 (5.23) 使用 $\forall$-L 规则得

$$\forall x_2 P[S^{\& D(x_1)}0, S^{\& D(x_1)}0, x_2] \vdash P[S^{\& D(x_1)}0, S^{\& D(x_1)}0, S^n 0] \tag{5.25}$$

可证. 再对式 (5.24) 和式 (5.25) 使用删除规则得

$$\Pi, P[S^{\& D(x_1)}0, S^{\& D(x_1)}0, x_2] \vdash P[S^{\& D(x_1)}0, S^{\& D(x_1)}0, S^n 0], B(x_2) \tag{5.26}$$

可证. 对式 (5.21) 和式 (5.26) 使用反证法规则得

$$\Pi \vdash \neg P[S^{\& D(x_1)}0, S^{\& D(x_1)}0, x_2], B(x_2) \tag{5.27}$$

可证. 根据 $\neg$-R 规则知

$$\Pi, P[S^{\& D(x_1)}0, S^{\& D(x_1)}0, x_2] \vdash B(x_2) \tag{5.28}$$

可证. 由引理 3.6 的增加前提规则知

$$\Pi, B[S^{\& \mathring{A}}0], P[S^{\& D(x_1)}0, S^{\& D(x_1)}0, x_2] \vdash B(x_2) \tag{5.29}$$

可证. 根据 $\rightarrow$-R 规则, 这就是

$$\Pi, B[S^{\& \mathring{A}}0] \vdash P[S^{\& D(x_1)}0, S^{\& D(x_1)}0, x_2] \rightarrow B(x_2) \tag{5.30}$$

可证. 由 $\forall$-R 规则，此即

$$\Pi, B[S^{\&\mathring{A}}0] \vdash \forall x_2 (P[S^{\&D(x_1)}0, S^{\&D(x_1)}0, x_2] \to B(x_2)) \tag{5.31}$$

可证. 使用 $\to$-R 规则，得

$$\Pi \vdash B[S^{\&\mathring{A}}0] \to \forall x_2 (P[S^{\&D(x_1)}0, S^{\&D(x_1)}0, x_2] \to B(x_2)) \tag{5.32}$$

可证. 这就是

$$\Pi \vdash B[S^{\&\mathring{A}}0] \to \mathring{A} \tag{5.33}$$

可证. 至此已经证明 $\mathring{A}$ 是方程 (5.8) 的不动点.   □

定理 5.1 的证明表明，对初等算术而言，不动点方程 (5.8) 的解确实存在，而且它就是公式 $D[S^{\&D(x_1)}0]$. 关于不动点定理的证明，我们需要做两点说明：

(1) 公式 $\mathring{A}$ 在证明中没有循环定义的问题. 因为我们首先定义了函数 $f(n, m)$，而且证明了它是 N 上的可计算函数. 由于 $f(n, m)$ 可计算，根据定理 4.2，设公式 $P(x_1, x_2, x_3)$ 在 Π 中表示函数 $f(n, m)$. 既然 $P(x_1, x_2, x_3)$ 是 $\mathscr{A}$ 公式，$\forall x_2 (P(x_1, x_1, x_2) \to B(x_2))$ 也是一个公式，这就是 $D(x_1)$，并且它也有相应的哥德尔数 $\&D(x_1)$，而且此数既可以作为函数 $f(n, m)$ 的第一个自变量 n 的值代入，也可以作为 $f(n, m)$ 的第二个自变量 m 的值代入. 而 $\&\mathring{A}$ 就是如此代入所得的值 $f(\&D(x_1), \&D(x_1))$，而相应的语句就是 $\mathring{A}$，也就是 $D[S^{\&D(x_1)}0]$. 所以，不论是 $D(x_1)$，还是 $D[S^{\&D(x_1)}0]$ 以及 $f(\&D(x_1), \&D(x_1))$ 都没有循环定义的问题.

(2) 设计算 $f(n, m)$ 的 P 过程为 $F(x_1, x_2, x_3)$，而计算结果存储于 x_3 之中. 众所周知，在程序设计语言中，每个过程在执行时，必须首先经过编译程序，将源语言写的过程转换为计算机可执行的由 0 和 1 组成的一段二进制代码，称为该过程的代码. 从数学的角度看，这一段二进制代码也是一个自然数. 由于公式 $P(x_1, x_2, x_3)$ 在 Π 中表示函数 $f(n, m)$，$P(x_1, x_2, x_3)$ 的哥德尔数可视为过程 $F(x_1, x_2, x_3)$ 的 “代码”，而 $D(x_1)$ 由 $P(x_1, x_2, x_3)$ 构成，所以 $D(x_1)$ 的哥德尔数 $\&D(x_1)$ 也可以视为过程 F 的另一种 “代码”. 函数值 $f(\&D(x_1), \&D(x_1))$ “相当于” 过程 $F(x_1, x_2, x_3)$ 将 “过程自身代码” 作为实参数输入，然后执行 $F(\&D(x_1), \&D(x_1), x_3)$，停机后，输出的结果是 $f(\&D(x_1), \&D(x_1))$. 这是一种将 “过程自身代码” 作为实参数的计算过程，这种计算过程与本书前面几章讨论过的结构归纳方法或 **while** 指令的操作不同. 后者是一种结构归纳定义或递归计算方法，它总是从已知的 “原子结构” 开始，根据语法规定逐步扩展到 “复合结构”，以得到证明结论或计算结果.

5.4   哥德尔不完全性定理

本节证明哥德尔不完全性定理. 需考虑 N 上的下述关系.

定义 5.4 关系 $g(n)$

$\mathbb{N}$ 的子集

$$\mathbb{G} = \{ \&A \mid A \in \mathscr{A} \text{ 并且 } \Pi \vdash A \text{ 可证}\} \tag{5.34}$$

称为 $Th(\Pi)$ 的哥德尔集. 设 $g(n)$ 为 $\mathbb{N}$ 上的一元关系, 使得如果 $n \in \mathbb{G}$, 那么 $g(n)$ 成立, 否则 $g(n)$ 不成立.

对于定义 5.4, 我们可以这样理解: Π 的每一个形式结论 A 都是 $\mathscr{A}$ 中的公式, 根据第 1 章哥德尔编码方法, A 必有一个哥德尔数 $\&A$ 与之对应, $\mathbb{G}$ 就是所有这些哥德尔数组成的集合, 而此集合用 $\mathbb{N}$ 上的一元关系 $g(n)$ 定义. 下面我们将证明 $g(n)$ 是一个不可判定关系.

引理 5.3 $g(n)$ 在 Π 中不可表示.

证明 假定 $g(n)$ 在 Π 中可以表示. 根据定义 4.16, 存在 $\mathscr{A}$ 的含单变元的公式 $G(x)$, 使得对任意公式 A 有

如果 $g(\&A)$ 成立, 那么 $\Pi \vdash G[S^{\&A}0]$ 可证;

如果 $g(\&A)$ 不成立, 那么 $\Pi \vdash \neg G[S^{\&A}0]$ 可证.

根据 $g(n)$ 的定义又有

$g(\&A)$ 不成立, 当且仅当 $\Pi \vdash A$ 不可证;

$g(\&A)$ 成立, 当且仅当 $\Pi \vdash A$ 可证.

从而有

$$\Pi \vdash \neg G[S^{\&A}0] \text{ 可证, 当且仅当 } \Pi \vdash A \text{ 不可证.} \tag{5.35}$$

由于 $G(x)$ 是 Π 的公式, 所以 $\neg G(x)$ 也是 Π 的公式. 考虑由公式 $\neg G(x)$ 构成的不动点方程, 根据不动点定理 5.1, 存在 $\mathscr{A}$ 的一个语句 $\mathring{A}$, 使

$$\Pi \vdash (\mathring{A} \leftrightarrow \neg G[S^{\&\mathring{A}}0]) \tag{5.36}$$

可证. 从而根据式 (5.36) 和三段论规则, 有 $\Pi \vdash \mathring{A}$ 可证, 当且仅当 $\Pi \vdash \neg G[S^{\&\mathring{A}}0]$ 可证, 再根据式 (5.35), 这就是当且仅当 $\Pi \vdash \mathring{A}$ 不可证, 导致矛盾. 这说明, 假定 $g(n)$ 在 Π 中可表示是不对的, 所以 $g(n)$ 在 Π 中不可表示. 引理得证. □

引理 5.4 $g(n)$ 是 $\mathbb{N}$ 上的不可判定关系.

证明 因为如果不然, $g(n)$ 是 $\mathbb{N}$ 上的可判定关系, 那么根据定理 4.3, $g(n)$ 在 Π 中可表示. 而这与引理 5.3 是矛盾的. □

需要指出，$g(n)$ 是本书给出并加以证明的第一个不可判定关系，或者说是第一个不可计算的函数.

推论 5.1 $\{A|A \in \mathscr{A}, \Pi \vdash A\}$ 是不可判定的.

证明   首先，由于 $g(n)$ 是不可判定的，知 $\mathbb{G}$ 也是不可判定的. 假设 $\{A|A \in \mathscr{A}, \Pi \vdash A\}$ 是可判定的，那么可以推出 $\mathbb{G}$ 也是可判定的，这就导致矛盾.   □

需要指出的是，在第 3 章中曾给出 P 过程 CP，使得对任意 Γ 和 A，如果 $\Gamma \supseteq \Pi$，那么只有在 $\Gamma \vdash A$ 可证的情况下，CP 停机并输出证明树. 反之，如果 $\Gamma \vdash A$ 不可证，那么 CP 或者输出不可证或者将不停机.

在引理 5.3 的证明中，$G[S^{\&A}0]$ 表示 A 在 Π 中可证. 根据 5.2 节有关自指语句的讨论，可知 $\mathring{A}$ 的直观解释是:

"本语句在 Π 中不可证. "

定理 5.2 Π 的不完全性
初等算术理论 Π 是不完全的形式理论.

证明   用反证法证明. 假定 Π 完全，那么根据引理 5.2，知 $Th(\Pi)$ 可判定，从而关系 $g(n)$ 可判定. 这与引理 5.4 相矛盾.   □

定理 5.3   哥德尔不完全性定理
如果 Γ 是一个有穷并包含初等算术 Π 的形式理论，那么 Γ 是一个不完全的形式理论.

证明   证明的方法与证明 Π 的不完全性的思路相同.   □

哥德尔不完全性定理的意义至少在于：如果人们期望建立关于某个领域知识的公理系统，而此领域知识可以使用一阶语言加以描述，并且需要用到自然数的加法和乘法运算，此外公理系统还必须是有穷和协调的，那么就可以构造出这样一个命题，此命题和它的否定都不是这个公理系统的逻辑结论，所以此公理系统肯定是不完全的. 由于自然数的四则运算是描述数量关系的基本条件，而有穷和协调又是不可或缺的，所以包含初等算术理论的公理系统的不完全性是注定不可避免的. 因此哥德尔定理揭示了用公理系统整理领域知识这一方法在逻辑上的根本性缺陷.

5.5   哥德尔协调性定理

本节讨论哥德尔协调性定理，即对于一个包含 Π 的形式理论，不能以此形式理论为前提，使用任何关于逻辑连接词符号和量词符号的形式推理系统来证明这个形式理论的协调性. 本节将给出以初等算术理论 **Π** 为前提，使用 **G** 系统，不能证明 **Π** 的协调性的证明路线图.

如果说哥德尔证明不完全性定理的关键是寻找合适的 $\mathscr{A}$ 公式，用以描述本公式在 **Π** 中不可证，那么证明协调性定理的关键应该是寻找合适的 $\mathscr{A}$ 公式 Q，来描述 **Π** 的协调性. 如果 Q 能被确定，那么只要证明 $\mathbf{\Pi} \vdash Q$ 不可证，也就证明了哥德尔协调性定理.

5.2 节给出了计算序贯和证明树的哥德尔数的方法，并用 $\&tr(\Gamma \vdash A)$ 代表序贯 $\Gamma \vdash A$ 的证明树的哥德尔数. 考虑下述 $\mathbb{N}$ 上的二元关系.

定义 5.5 $h(n,m)$

设 $h(n,m)$ 是 $\mathbb{N}$ 上的二元关系，对任意 $A \in Th(\mathbf{\Pi})$，

$$h(n,m) = \begin{cases} 1, & \text{如果 } n = \&A,\ m = \&tr(\mathbf{\Pi} \vdash A), \\ 0, & \text{否则}. \end{cases} \tag{5.37}$$

根据定义 5.5，关系 $h(\&A,m)$ 成立，当且仅当 m 是 $\mathbf{\Pi} \vdash A$ 的证明树的哥德尔数.

引理 5.5 $h(n,m)$ 是 $\mathbb{N}$ 上的可判定二元关系.

证明 根据公式、序贯和证明树的哥德尔数的定义，我们可以设计一个具有两个形式参数的 P 过程 $H(x_1, x_2)$. 设过程被调用时，第一个输入实参数是 n，第二个是 m. 过程首先检查 n 是否为某个公式 A 的哥德尔数，如果不是，输出 0 并停机，否则检查 m 是否为某个证明树 $tr(\mathbf{\Pi} \vdash A)$ 的哥德尔数. 如果是，则输出 1 并停机，否则输出 0. $\qquad\square$

由于 $h(n,m)$ 是 $\mathbb{N}$ 上的可判定关系，根据定理 4.3，$h(n,m)$ 在 **Π** 中可表示. 令公式 $B(x,y)$ 是 $h(n,m)$ 在一阶语言 $\mathscr{A}$ 中的表示，那么有

如果 $h(n,m)$ 成立，那么 $\mathbf{\Pi} \vdash B[S^n 0, S^m 0]$ 可证；

如果 $h(n,m)$ 不成立，那么 $\mathbf{\Pi} \vdash \neg B[S^n 0, S^m 0]$ 可证.

下面讨论如何用 $\mathscr{A}$ 的公式描述 **Π** 的协调性问题. 根据第 3 章中引理 3.7 的 (2)，知

$\mathbf{\Pi}$ 协调，当且仅当 $\mathbf{\Pi} \vdash P \wedge \neg P$ 不可证.

这里 P 是 $\mathscr{A}$ 中的一个公式.

定义 5.6　语句 Q

设 $\mathscr{A}$ 的公式 $B(x,y)$ 在 Π 中表示二元关系 $h(n,m)$，而公式 $C(x)$ 为 $\exists y B(x,y)$. 令语句 Q 为

$$\neg C[S^{\&(P\wedge\neg P)}0] \quad 即 \quad \neg\exists y B(S^{\&(P\wedge\neg P)}0,y)$$

这里的 $\&(P\wedge\neg P)$ 代表 $P\wedge\neg P$ 的哥德尔数.

语句 $\neg C[S^{\&(P\wedge\neg P)}0]$ 在模型 $\mathbf{N}$ 中被解释为：对 $\mathscr{A}$ 中的公式 P，序贯 $\Pi\vdash P\wedge\neg P$ 的证明树不存在. 这就是 $\Pi\vdash P\wedge\neg P$ 不可证，所以语句 Q 描述了形式理论 Π 的协调性. 从而只要证明

$$\Pi\vdash Q \text{ 不可证，即 } \Pi\vdash\neg C[S^{\&(P\wedge\neg P)}0] \text{ 不可证,}$$

也就是证明了 "Π 的协调性在 Π 中不可证明". 为此，我们需要下述引理.

引理 5.6　设语句 $\mathring{A}$ 是不动点方程 $\Pi\vdash A\leftrightarrow\neg C[S^{\&A}0]$ 的解，那么 $\Pi\vdash\mathring{A}$ 不可证，并且 $\Pi\vdash\neg C[S^{\&\mathring{A}}0]$ 也不可证.

证明　用反证法. 假定 $\Pi\vdash\mathring{A}$ 可证. 根据 $h(n,m)$ 的定义，存在 $m=\&(tr(\Pi\vdash\mathring{A}))$ 使 $h(\&\mathring{A},m)$ 成立. 根据可表示性定理 4.3 和 $\exists$-R 规则，$\Pi\vdash C[S^{\&\mathring{A}}0]$ 可证. 由于 $\Pi\vdash\mathring{A}\leftrightarrow\neg C[S^{\&\mathring{A}}0]$ 成立，又假定了 $\Pi\vdash\mathring{A}$ 可证，由此推出 $\Pi\vdash\neg C[S^{\&\mathring{A}}0]$ 可证. 这与 Π 的协调性相矛盾，故 $\Pi\vdash\mathring{A}$ 不可证. □

根据定义 5.6，Q 描述 Π 的协调性，而 $\Pi\vdash\mathring{A}$ 不可证，可以用 $\neg C[S^{\&\mathring{A}}0]$ 描述. 由于引理 5.6 已被证明，可以采用哥德尔编码的方法来描述和证明引理 5.6 的结论，而此结论就相当于下述序贯

$$\Pi\vdash (Q\to\neg C[S^{\&\mathring{A}}0]) \tag{5.38}$$

可证. 在做了这些准备后，我们可以证明下述定理.

定理 5.4　Π 的协调性

初等算术理论 Π 的协调性不能以 Π 为前提，使用 **G** 系统证明.

证明　由于 Π 的协调性用 Q 表示，所以只要证明 $\Pi\vdash Q$ 不可证即可. 用反证法证明此定理. 假定 $\Pi\vdash Q$ 可证. 对此序贯和式 (5.38) 使用三段论推理规则，得出 $\Pi\vdash\neg C[S^{\&\mathring{A}}0]$ 可证. 这与引理 5.6 矛盾. 此矛盾是由假定 $\Pi\vdash Q$ 可证引起的. 所以 $\Pi\vdash Q$ 不可证. □

定理 5.5　哥德尔协调性定理

如果形式理论 Γ 包含初等算术 Π，那么 Γ 的协调性不能在 Γ 中被证明.

证明　使用与定理 5.4 相同的思路证明. □

关于哥德尔协调性定理，需要做下述三点说明：

首先，协调性定理与我们的经验是一致的. 回顾本书前几章的内容，我们就会发现，凡涉及到证明某个形式理论的协调性时，本书从未从形式理论所包含的公理出发，使用推理规则证明它的协调性. 在一般情况下，我们是使用构造模型的方法来证明它的可满足性，从而推出这个理论的协调性.

其次，哥德尔协调性定理的意义在于：如果领域知识可以用一阶语言描述，领域知识又需要用到自然数的四则运算，而且描述领域知识的公理系统是有穷的，那么仅仅使用以此公理系统为前提的逻辑推理方法，不能证明此公理系统自身的协调性. 这个定理从协调性证明的角度，进一步说明了使用公理系统整理领域知识这一方法在逻辑上的局限性. 这也说明，判断一个公理系统是否协调的问题，从数学研究的角度看，是一个更为深刻和困难的问题.

最后，哥德尔协调性定理给我们的启示是：一个包含初等算术的形式系统或公理系统的协调性只能在这个系统的外部加以证明. 最直接的检查系统协调性的方法，就是构造模型的方法，这种方法被广泛用于软件开发过程中. 检查一个软件系统是否符合设计要求，所使用的方法是进行测试，而每一个测试样例都可视为一个模型. 要提高软件生产效率，就必须在测试方法和技术方面有所创新，所以模型检查 (model checking) 和测试方法研究成为计算机科学与软件技术经久不衰的热门研究课题.

5.6　停机问题

停机问题是一个著名的不可判定问题. 在哥德尔证明了不完全性定理之后不久，图灵就给出了可计算性和可判定性的定义，并证明了停机问题是一个不可判定问题. 图灵所使用的证明方法也受到了哥德尔工作的影响和启发. 所谓停机问题是指：是否存在 P 过程 G，使得对任意 P 过程 F，G 都可以判断 F 是否是停机. 本节将给出停机问题的证明.

P 过程 G 要判断任意一个 P 过程 F 是否为停机过程，就必须以 F 为输入，而且 G 的执行必停机，并且必须回答 F 是否为停机过程. 为此需要对 "P 过程 G 以 P 过程 F 为输入" 进行严格地定义. 按照哥德尔的思路，只有对 P 过程进行编码，这个问题才能得到解决. 编码的方法是：根据 5.2 节的说明，P 过程 G 的输入只能是字符串. 为此，如果要将 P 过程 F 作为输入，那么必须将 F "转换为" P 过程 G 可输入的字符串，而且要保证每个 P 过程都对应于一个字符串，我们称此字符串为 P 过

程 F 的"编码". 编码方法一旦确定, 所有停机 P 过程的编码将构成一个字符串集合 $\Upsilon^\sharp$. 证明停机问题是可判定问题就是证明 $\Upsilon^\sharp$ 是可判定集合.

定义 5.7　字符集 A

令 P 过程的专有字符集 $\mathbf{A}_1$ 由下述黑体字符串组成

$$\mathbf{A}_1 = \{\mathbf{procedure}, \mathbf{begin}, \mathbf{end}, \mathbf{if}, \mathbf{then}, \mathbf{else}, \mathbf{while}, \mathbf{do}, \cdots\}.$$

又令字符集 $\mathbf{A}_2$ 为

$$\mathbf{A}_2 = \{A, B, C, \cdots, X, Y, Z\} \cup \{a, b, c, \cdots, x, y, z\} \cup \{\Gamma, \Delta, \cdots, \Omega\}$$
$$\cup \{0, 1, \cdots, 9\} \cup \{:=, +, -, \cdot, <, =, :, ;, \shortmid, (,), \{, \}\} \cup \{,\}.$$

再令

$$\mathbf{A} = \mathbf{A}_1 \cup \mathbf{A}_2.$$

根据定义, 每一个 P 过程 F 都是 $\mathbf{A}^*$ 的一个字符串, 我们称此字符串为 F 的字符串.

例 5.7　P 过程

procedure ABC(w: string)
begin
　　while $o < w$　**do** $w := w + \shortmid$;
end

如果 P 过程的书写不分行, 那么它可以写成如下形式:

$$\mathbf{procedure}\ \text{ABC}(w : \text{string})\ \mathbf{begin\ while}\ o < w\ \mathbf{do}\ w := w + \shortmid;\mathbf{end}$$

因此, P 过程 ABC 是 $\mathbf{A}^*$ 的一个字符串, 或称是 $\mathbf{A}^*$ 的一个字.

定义 5.8　$\mathbf{P}^*$

$\mathbf{P}^*$ 是由所有 P 过程的字符串构成的集合.

显然, $\mathbf{P}^*$ 是 $\mathbf{A}^*$ 的一个子集.

引理 5.7　$\mathbf{P}^*$ 关于 $\mathbf{A}^*$ 是可判定的.

证明　P 过程的语法检查程序就是判定 $\mathbf{P}^*$ 的程序.　　　□

根据本章前面的讨论，$\mathbf{A}^*$ 和 $\mathbf{P}^*$ 都是递归可枚举的. 以后，我们将使用字典排序法枚举 P 过程的字符串.

定义 5.9 P 过程的编码

如果 u_n 是序列 $\mathbf{A}^*$ 的第 n 个字符串，那么令

$$w_{u_n} = \underbrace{\shortmid \shortmid \cdots \shortmid}_{n}$$

为 u_n 的编码.

如果 P 过程 F 的字符串是 u_n，那么 F 的编码就定义为 w_{u_n}，并记为 w_F.

以后，我们用 $\shortmid^n$ 代表 $\underbrace{\shortmid \shortmid \cdots \shortmid}_{n}$，并令 $0 < \shortmid$，而且 $\shortmid^m < \shortmid^n$ 当且仅当 $m < n$ 成立.

定义 5.10   编码集合 Υ

编码集合 Υ 是由 P 过程编码的全体构成的集合，即

$$\Upsilon = \{w_F \mid F \in \mathbf{P}^*\}.$$

引理 5.8 Υ 关于 $\{\shortmid\}^*$ 是可判定的.

证明   令 $w \in \{\shortmid\}^*$，其长度是 n. 由于 $\mathbf{A}^*$ 是递归可枚举的，故可根据字典排序法，枚举出 $\mathbf{A}^*$ 的第 n 个字符串 u_n. 由于 $\mathbf{P}^*$ 是可判定的，故可判定 $u_n \in \mathbf{P}^*$ 是否成立，从而可判定 u_n 的编码 $w_{u_n} \in \Upsilon$ 是否成立. $\qquad\square$

由于每个 P 过程 F 的编码都是字符串集合 $\{\shortmid\}^*$ 中的一个元素，即一个字，所以可以设计一个 P 过程 G，它以 F 的编码作为输入. P 过程 G 自然可以以自身的编码 w_G 为输入. G 输入了自身的编码 w_G 后，可能停机，也可能不停机. 对于那些输入自身的编码后停机的 P 过程，我们将它们的编码所构成的集合记为 Υ^+.

定义 5.11 Υ^+

$$\Upsilon^+ = \{w_F \mid F \in \mathbf{P}^* \text{ 并且 } F : w_F \longmapsto \square\}.$$

这里 Υ^+ 是由 P 过程的编码构成的集合，此集合的每个成员都是某一个 P 过程的编码，而且这个 P 过程输入自身的编码后，执行并停机. 下面，我们将证明集合 Υ^+ 是不可判定的.

引理 5.9 Υ^+ 是不可判定的.

证明　　用反证法证明此引理. 为简单起见, 在本证明中, 我们只考虑 P 过程执行后停机与否. 假定存在 P 过程 F_0 可以判定 Υ^+, 而且对任意 P 过程 F, 都有

$$\text{如果}\quad F: w_F \longmapsto \Box \quad \text{那么}\quad F_0: w_F \longmapsto \Box,$$

$$\text{如果}\quad F: w_F \longmapsto \bot \quad \text{那么}\quad F_0: w_F \longmapsto \text{I}.$$

在 F_0 的基础上, 我们用下述方法构造 P 过程 F_1: 如果 F 输入 w_F 后停机, 并假定 F_0 将其输出结果存于变量 x 中, 并且输出的指令是 **print** x, 那么 F_1 用下述循环指令

$$\textbf{while}\, 0 <_{\text{I}} \textbf{do}\, x := x + \text{I}$$

替换 F_0 的指令 **print** x, 造成死循环, 使修改 F_0 后得到的 F_1 不停机. 在 F 输入 w_F 之后不停机的情况下, 根据假设, F_0 输入 w_F 后停机并输出 I. 在这种情况下, 令 F_1 输出 $\Box$.

这样定义的 P 过程 F_1 具有下述性质: 对任意 P 过程 F,

$$\text{如果}\quad F: w_F \longmapsto \Box \quad \text{那么}\quad F_1: w_F \longmapsto \bot,$$

$$\text{如果}\quad F: w_F \longmapsto \bot \quad \text{那么}\quad F_1: w_F \longmapsto \Box.$$

从而对任意的 P 过程 F,

$$F: w_F \longmapsto \Box \quad \text{当且仅当}\quad F_1: w_F \longmapsto \bot.$$

特别地, 令 $F = F_1$, 有

$$F_1: w_{F_1} \longmapsto \Box \quad \text{当且仅当}\quad F_1: w_{F_1} \longmapsto \bot,$$

导致矛盾. 这个矛盾是由于假定存在 P 过程 F_0 可以判定集合 Υ^+ 引起的, 所以 Υ^+ 是不可判定的. $\qquad\Box$

引理给出了 Υ^+ 的不可判定性, Υ^+ 是输入了自身的编码后停机的 P 过程. 我们将通过证明没有输入的停机 P 过程集合的不可判定性, 来证明由全体停机 P 过程的编码构成的集合是不可判定的.

定义 5.12　　$\Upsilon^\sharp$

$$\Upsilon^\sharp = \{w_F \mid F \in \mathbf{P}^* \text{ 并且 } F: \longmapsto \Box\}.$$

显然 $\Upsilon^\sharp$ 是一个可数集. 如果我们能证明集合 $\Upsilon^\sharp$ 是不可判定的, 那么我们也就证明了停机 P 过程集合的不可判定性.

引理 5.10 对任意 P 过程 F，可以设计一个 P 过程 F'，使

$$F : w_F \longmapsto \square \ \text{当且仅当} \ F' : \longmapsto \square.$$

证明 不妨设 P 过程 F 的形式参数是 x. 由于 Υ 是可判定的，故可以设计 P 过程 F''，使之在每次执行时，产生一个 F 的编码 $w_F = \iota^n$.

P 过程 F' 可以通过下述设计获得：F' 首先调用过程 F''，然后执行下述赋值指令：

$$x := w_F;$$

之后再执行 F 的原有指令. 由此可以证明：$F : w_F \longmapsto \square$ 当且仅当 $F' : \longmapsto \square$. $\square$

最后，让我们证明 $\Upsilon^\sharp$ 是不可判定的.

定理 5.6 $\Upsilon^\sharp$ 是不可判定的.

证明 用反证法证明此定理. 假定 $\Upsilon^\sharp$ 是可判定的，并且决定其可判定性的 P 过程为 F_1. 由于 Υ 是可判定的，对任意 $w \in \{\iota\}^*$，先用 Υ 的判定程序，判定 w 是否属于 Υ. 如果 $w \notin \Upsilon$，那么输出 $\square$. 如果 $w \in \Upsilon$，那么 w 是某一个 P 过程 F 的编码，即 $w = w_F$ 成立. 对 F 使用引理 5.10 证明中给出的构造方法，生成 P 过程 F'. 由于假定 $\Upsilon^\sharp$ 是可判定的，F_1 输入 $w_{F'}$，在 F_1 经有穷步执行后，根据引理 5.10，$w_{F'} \in \Upsilon^\sharp$ 成立，当且仅当 $w_F \in \Upsilon^+$ 成立. 由此推出 Υ^+ 是可判定的. 这与引理 5.9 矛盾. 故 $\Upsilon^\sharp$ 是不可判定的. $\square$

第 6 章　　形式理论序列

数学和自然科学的理论研究工作通常包括下述三个方面的内容：一是使用命题描述领域知识. 人们通过对具体现象和事物的大量试验和反复观测，获取数据，通过对数据的分析、比较和归纳，提出描述自然现象或事物一般规律的命题. 二是使用逻辑分析的方法找出这些命题之间的逻辑关系，即通过对命题中出现的逻辑连接词和量词的分析，来区分基本命题和逻辑推论. 基本命题称为公理、原理和定律，它们组成了关于领域知识的公理系统，而逻辑推论是公理系统的定理和推论. 公理系统和它们的逻辑推论构成了理论，或者称理论的一个版本. 三是用这个理论的公理和逻辑推论解释已观察到的现象，或说明事物的性质. 如果这个理论不但能够解释所有已观察到的现象，说明事物的性质，而且还能预言人们尚未观测到的现象或事物的性质，并且这些预言又被人们进一步的试验和观测所证实，那么这个理论就将被人们承认和接受；反之，如果这个理论遇到反例或事实的反驳，那么就要对它进行修正，删除现有理论中与事实相矛盾的公理和逻辑推论，并提出与事实一致的命题作为新公理，进而得到新的理论，或理论的一个新版本.

总之，通过归纳提出命题，建立公理系统，对命题进行逻辑分析，检查逻辑推论与观测数据的一致性，以及根据反驳进行修正等活动循环往复，交互作用，形成了理论的进化过程. 在此过程中，人们创造出一个又一个理论或理论的新版本，这些理论形成了一个版本序列，而该版本序列逐步逼近领域知识的真理.

本书第 1～5 章，通过引入一阶语言，建立模型的概念，给出了关于逻辑连接词符号和量词符号的形式推理系统，并对领域知识的逻辑分析工作进行了深入的研究. 在给定了公理系统，或者说公理系统的一个版本的前提下，把对命题间的逻辑分析工作转变为关于逻辑连接词符号和量词符号的演算. 形式推理系统的可靠性和完全性的证明，既保证了这种符号演算的可靠性和完全性，又提高了逻辑分析工作的机械化程度. 哥德尔的两个定理的证明，揭示了这种逻辑演算的局限性.

迄今为止，在数学和自然科学的理论研究中，人们对试验和观测数据的分析和归纳，新公理的提出，根据事实反驳对理论当前版本的修正，以及研究方法的选择，都是研究者的复杂智力劳动. 研究者本人的归纳、分析和综合的经验、直觉和能力，对科学研究的质量起着决定性的作用.

为此，人们自然期望像本书前 5 章对领域知识的逻辑分析那样，不但能将上述通过归纳产生新公理，以及根据事实反驳对理论进行修正的过程，都转变为符号演算，而且还能给出研究方法的形式化描述，并对版本序列的性质进行深入的研究. 实现这些目标是本书第 6 ~ 9 章的目的. 我们将在第 6 章中引入形式理论序列、序列的极限和过程模式的概念. 在第 7 章中用模型的概念定义事实反驳，给出关于形式理论的修正演算系统，并证明该系统的可达性、可靠性和完全性. 在第 8 章中引入合理的过程模式所应具有的三个基本性质. 在第 9 章中给出归纳推理的形式演算系统，并证明其合理性.

6.1 两个例子

通过下面两个例子，本节讨论：如果要对公理化进程进行形式化描述，那么我们需要引入哪些新的概念.

例 6.1 软件开发过程

每一个软件产品都是以版本的形式出现的，尽管软件的每一个版本可能非常庞大而且十分复杂，但它都是由某种程序设计语言的程序组成的形式系统. 一个软件系统的每一个版本都是此软件开发过程的阶段性成果，所以软件开发过程也是软件版本的产生过程. 以微软的 Windows 系统为例，通过推出 Windows 的一个又一个版本，该公司逐步改进和完善了它所生产的个人计算环境. Windows 系统的版本组成了下面的序列：

$$\text{Windows } 1.0, \cdots, \text{Windows } 3.1, \cdots,$$

$$\text{Windows } 95, \text{Windows } 98, \text{Windows } 2000, \cdots$$

这个序列是 Windows 开发过程的产品记录. 实际上，在 Windows 开发过程中，产生的版本远多于此，在 Windows 2000 的开发过程中，这些版本是以日为单位生成的. 设计者们心中理想的 Windows 系统是通过不断改进版本的功能逐步实现的，也可以说，这个理想的 Windows 系统是版本序列的"极限".

在软件开发和服务的实践中，一个新版本往往是由于下述情况的出现而产生的：一是开发者要为用户提供新的功能和服务. 例如，Windows 95 与 Windows 3.1 相比，增加了浏览器、电子邮件和因特网服务等功能. 二是用户或设计者在当前版本中发现了程序设计错误，不得不对此版本进行修改，从而导致了新版本的产生. 据说从 Windows 2000 beta 版到 Windows 2000 正式版，Windows 设计者们曾改正过上万个程序错误.

Windows 的每一个版本都是由程序语句组成的集合，是一个形式系统. 而它的"规约"(specification)，有些书中也称"需求说明"，则是一个一阶形式理论. 虽然此形式理论可能非常巨大而复杂，但如果我们从 Windows 系统的商业运作和庞杂的组织工作等具体事物中解脱出来，站在软件规约的抽象层面上来观察这些版本的产生，那么这些规约所组成的序列就是一个形式理论的序列，而理想的 Windows 系统的规约就是这一个形式理论序列的极限.

对一个版本增加新的功能就是增加新的程序模块. 本书将新功能称为"这个版本的新规则"，简称"新规则". 用户所发现的程序错误可视为对这个版本功能的"反驳"，是此版本的一个"反例". 本书称此反驳为对这个版本的"事实反驳". 事实反驳有两种：一种是用户在使用时发现软件的功能与说明书不符，另一种是尽管软件的功能与说明书相符，但是与用户提出的要求不同. 对一个软件版本添加新规则和根据事实反驳对软件版本进行修改，是产生新版本的主要原因. 要对软件开发进程，或者对软件规约的公理化进程做形式化描述，需要引入新概念，以便界定什么是关于某个形式理论的新规则和事实反驳. 从上面的讨论可以看出，只有当涉及到一个软件版本的"具体应用"时，新规则和事实反驳才会出现. 本书前几章告诉我们，只有使用有关模型的概念和方法才能描述"具体应用"，所以对这两个概念的数学描述都必须使用模型的概念和方法.

微软的专家们指出，Windows 的新版本的产生是在一个整体开发框架的指导下进行的，这个框架被称作微软求解框架 (Microsoft Solution Framework, MSF). 它实际上是一种软件的开发模式. MSF 通过合理地组织测试数据以发现程序错误，通过程序设计与软件测试的交互协作有效地改正错误. MSF 对每个版本新功能的设计和实现，以及对新版本的定型和生成等都有明确的界定，并有大量软件工具作为新版本开发的辅助手段. 在软件工程实践中，有许多不同的软件开发方法、策略和模式，MSF 只是其中的一种. 本书把这些开发方法、策略和模式，称作公理化进程的过程模式，并将对过程模式的性质在一阶语言的理论层面进行研究.

下面，让我们遵循爱因斯坦在《物理学的进化》中的思路，来考察物理学的进化过程 [Einstein, Infeld, 1938]. 根据本节前面的说明，这可称作物理学的公理化进程.

例 6.2　物理学的进化

从伽利略时代的物理学到爱因斯坦相对论的发展过程分为下述 4 个阶段：

第一阶段　这个历史阶段是伽利略以前的物理学发展阶段，让我们用 Γ_1 代表在此阶段人类所掌握的物理学原理和定律的总和.

第二阶段　在 Γ_1 的基础上，伽利略研究了物理学定律在不同坐标系中的描述，以及如何计算一个运动物体在不同坐标系中的速度问题. 经过大量观测和试验，在《关于两个世界体系的对话》[Galilei, 1632] 中，伽利略提出了著名的"相对性原理" **R** 和"伽利略变换" **V**. 相对性原理是说：物理学定律在不同的、但互为静止或做匀速直线运动的参照系中的表述形式相同. 伽利略变换是说：物体相对于不同参照系的速度与这些参照系之间的相对速度有关. 让我们使用一阶语言来描述伽利略变换. 用谓词 $B(x)$ 代表 "x 是一物体", 用谓词 $A(x)$ 代表 "如果 x 相对于参照系 K 的速度为 v, 而参照系 K 相对于参照系 K' 的速度为 w, 那么 x 相对于参照系 K' 的速度为 $v + w$". "伽利略变换" 可以用下述公式描述

$$\mathbf{V} : \forall x(B(x) \to A(x))$$

由于 $\mathbf{R}$ 和 $\mathbf{V}$ 这两条原理与 Γ_1 中已有的原理和定律不矛盾, 伽利略扩充了 Γ_1, 把 $\mathbf{R}$ 和 $\mathbf{V}$ 作为新原理引入物理学中, 形成了物理学的新版本 Γ_2, 后人称之为伽利略物理学, 即

$$\Gamma_2 = \Gamma_1 \cup \{\mathbf{R}, \mathbf{V}\}.$$

为了将例子中使用的术语统一起来, 今后, 我们把 $\mathbf{R}$ 和 $\mathbf{V}$ 称为 Γ_1 的新公理, 而把经添加新公理形成的新版本 Γ_2 称为 Γ_1 的 N 重构或 N 型版本.

第三阶段 在伽利略、开普勒以及许多学者工作的基础上, 牛顿提出物理学三定律 $\mathbf{N}_1, \mathbf{N}_2, \mathbf{N}_3$ 以及万有引力定律 $\mathbf{E}$. 由于这些定律与伽利略物理学 Γ_2 不矛盾, 牛顿把它们引入了物理学, 形成物理学的又一个新版本 Γ_3. 后人称这个阶段的物理学为牛顿物理学或经典物理学, 即

$$\Gamma_3 = \Gamma_2 \cup \{\mathbf{N}_1, \mathbf{N}_2, \mathbf{N}_3, \mathbf{E}\}.$$

版本 Γ_3 是版本 Γ_2 的一个 N 重构. 它实际上可以视作物理学的牛顿版本.

第四阶段 经典物理学被人们广为接受并使用了近二百多年. 它很好地解释了已有的物理现象, 成功地预言了人们当时尚未发现的新物理现象, 如海王星的存在等. 直到 19 世纪末, 人们在研究光的传播速度时发现, 经典物理学的计算结果与他们所观察到的试验结果不一致. 具体地讲, 如果把光作为物理对象, 用常元 c 代表, 并把光看成粒子, 也就是 $B(c)$ 成立. 根据伽利略变换, 使用三段论推理, 我们可以推出 $A(c)$, 即

$$\Gamma_3, B(c), \forall x(B(x) \to A(x)) \vdash A(c)$$

成立. $A(c)$ 可以解释为 "如果光子在参照系 K 中的速度为 C, 而参照系 K' 相对于参照系 K 的速度为 w, 那么光子在参照系 K' 中的速度应为 $C + w$", 即经典物理学预言 "观测者在参照系 K' 中观测到的光速, 随参照系 K 相对于参照系 K' 的运动速度的改变而改变".

但这个预言与人们对光现象的观测和试验不一致. 科学试验与天文观测都支持其反面 $\neg A(c)$, 也就是 "光的传播速度不依赖于发光物体的运动速度". 在这种情况下, 我们说语句 $A(c)$ 受到了试验和观测的反驳, 或者说 $\neg A(c)$ 构成了事实反驳, 也

就是经典物理学受到了事实反驳的挑战. 因此, 物理学的牛顿版本 Γ_3 必须被修改, 使之与人们的试验和观测一致. 而且人们应该把 $\neg A(c)$, 即光速不变, 作为一条新公理加以接受.

　　爱因斯坦凭借他卓越的逻辑直觉, 得出必须删除伽利略变换的结论. 事实上, 根据 **G** 推理系统

$$B(c), \neg A(c) \vdash \neg \forall x(B(x) \to A(x))$$

可证, 也就是 $B(c), \neg A(c)$ 与 $\forall x(B(x) \to A(x))$ 不协调. 所以, 只要承认 "光速不依赖于发光物体的运动速度", 就必须从经典物理学 Γ_3 中删除伽利略变换, 而且, 还应把光速不变作为一条新公理引入. 假定 **O** 代表光速不变原理, 那么对经典物理学 Γ_3 的修改可以分两步进行. 第一步, 从物理学的牛顿版本 Γ_3 中删除伽利略变换, 得到物理学的新版本 Γ_4:

$$\Gamma_4 = \Gamma_3 - \{\mathbf{V}\}$$

与 N 重构相对应, 我们称版本 Γ_4 是版本 Γ_3 的 R 重构, 这里 R 是英文 Revision 的第一个字母. 第二步, 通过添加光速不变原理 **O**, 扩充 Γ_4. 在光速不变的前提下, 为使物理学定律仍符合伽利略相对性原理 **R**, 爱因斯坦进一步建议将洛伦兹变换 **L** 引入物理学, 得到

$$\Gamma_5 = \Gamma_4 \cup \{\mathbf{O}, \mathbf{L}\}$$

Γ_5 保留了相对性原理、牛顿三定律和万有引力定律, 删除了伽利略变换, 把光速不变作为一个新公理加入到物理学中, 又用洛伦兹变换取代了伽利略变换. Γ_5 是物理学的新版本, 又称为狭义相对论, 它是解决光速问题的爱因斯坦方案. 在狭义相对论之后, 爱因斯坦又进一步提出了引力质量与惯性质量相等的思想, 引入了协变原理, 从而给出了物理学的另一个新版本, 即广义相对论 Γ_6. 物理学直到现在还在发展之中, 或者说还处于它的公理化进程之中. 这些阶段性的物理学版本, 按其出现的先后顺序, 形成了下述版本序列:

$$\Gamma_1, \Gamma_2, \Gamma_3, \Gamma_4, \Gamma_5, \Gamma_6, \cdots$$

这个序列是物理学公理化进程的一个记录, 简称为物理学的公理化进程. 物理学的真理蕴藏于这个序列的极限之中. 从上面对物理学这段进化史的简短叙述中, 我们可以看到伽利略、牛顿和爱因斯坦在物理学公理化进程的研究方法上的共同点, 这就是根据试验结果提出新定律或新公理, 再根据这些定律或公理是现有版本的新公理还是事实反驳, 对现有版本进行修改, 并形成一个个阶段性版本, 这些版本组成了物理学进化的版本序列, 版本序列逐步逼近物理学的真理. 这种研究方法是物理学公理化进程的一种过程模式. 在数学和自然科学的研究中, 还有许多不同的研究方法和模

式，从一阶语言的抽象层面看，它们也都与上例一样，大多数可以用公理化进程的过程模式来描述.

本书后面几章的目的，就是要把专家们在公理化进程中，凭直觉和经验所做的智力活动转化为符号演算，把过程模式作为公理化进程不可缺少的组成部分，对它们的性质加以研究. 上面两个例子告诉我们，要研究公理化进程，本书前几章的概念和方法是不够的. 应该把新公理、事实反驳、形式理论的修正、形式理论序列、序列的极限和过程模式等作为研究对象，并把它们纳入到一阶语言的框架之内.

6.2 形式理论序列

形式理论序列是本书的重要概念之一，它是研究领域知识进化的不可缺少的概念. 正如我们在 6.1 节中所看到的，一个软件系统的版本按其公布的时间顺序组成一个形式系统序列，而一个软件系统的规约在形成过程中，规约的各个版本按其提出的时间顺序组成一个形式理论序列. 物理学发展的各个历史时期的版本组成了物理学的理论序列. 广而言之，每一种数学和自然科学理论，在其发展的各个历史时期的版本都组成科学理论序列. 形式理论的版本序列是这些软件版本序列和科学理论序列在一阶语言中的抽象表达形式，而软件版本序列和科学理论序列是形式理论序列在不同模型中的解释.

定义 6.1 形式理论序列

如果对任意自然数 n，Γ_n 是一个形式理论，那么称

$$\Gamma_1, \Gamma_2, \cdots, \Gamma_n, \cdots$$

为一个形式理论序列，简称为序列，并记为 $\{\Gamma_n\}$.

如果对任意自然数 n，$\Gamma_n \subseteq \Gamma_{n+1}$ (或 $\Gamma_n \supseteq \Gamma_{n+1}$) 成立，则称序列为增 (减) 序列. 既不是增序列也不是减序列的序列是非单调序列.

本书规定语句 P 和 Q 等价当且仅当 $P \leftrightarrow Q$，即 $(P \rightarrow Q) \wedge (Q \rightarrow P)$ 是一个永真公式，也称重言式. 所以，今后凡提及一个语句 P 时，均指与 P 等价的语句组成的等价类，其代表元素是 P.

在下述定义中，Γ_n 将被视为一个语句集合，$n \in \mathbb{N}$.

定义 6.2 序列的极限

令 $\{\Gamma_n\}$ 是一个形式理论序列. 称语句集合

$$\{\Gamma_n\}^* = \bigcap_{n=1}^{\infty} \bigcup_{m=n}^{\infty} \Gamma_m$$

为序列 $\{\Gamma_n\}$ 的上极限. 称语句集合

$$\{\Gamma_n\}_* = \bigcup_{n=1}^{\infty} \bigcap_{m=n}^{\infty} \Gamma_m$$

为序列 $\{\Gamma_n\}$ 的下极限.

如果语句集合 $\{\Gamma_n\}_*$ 协调，并且 $\{\Gamma_n\}_* = \{\Gamma_n\}^*$ 成立，则称序列 $\{\Gamma_n\}$ 是收敛的，其极限是其下 (上) 极限，记为

$$\lim_{n \to \infty} \Gamma_n.$$

下述引理给出了序列上、下极限的意义.

引理 6.1

(1) $A \in \{\Gamma_n\}^*$ 成立，当且仅当存在无穷多个自然数 k_n，使得 $A \in \Gamma_{k_n}$ 成立.

(2) $A \in \{\Gamma_n\}_*$ 成立，当且仅当存在自然数 N，使得对所有满足 $m > N$ 的自然数 m，$A \in \Gamma_m$ 成立.

证明　　(1) $A \in \{\Gamma_n\}^*$ 当且仅当对任意 $n \geqslant 1$，有 $A \in \bigcup_{m=n}^{\infty} \Gamma_m$，而这又是当且仅当存在 $k_n \geqslant n$，使得 $A \in \Gamma_{k_n}$.

(2) 证明与 (1) 类似，有兴趣的读者可以自行证明.　　　　　　　　　　□

引理 6.2

(1) 如果序列 $\{\Gamma_n\}$ 是增序列，那么它必收敛，其极限为 $\bigcup_{n=1}^{\infty} \Gamma_n$.

(2) 如果它是减序列，它也收敛，其极限为 $\bigcap_{n=1}^{\infty} \Gamma_n$.

证明　　(1) 根据 $\{\Gamma_n\}$ 是增序列易知，对任意 $m \geqslant 1$，有 $\bigcup_{n=m}^{\infty} \Gamma_n = \bigcup_{n=1}^{\infty} \Gamma_n$，所以 $\{\Gamma_n\}^* = \bigcup_{n=1}^{\infty} \Gamma_n$. 又由 $\{\Gamma_n\}$ 是增序列可知，$\bigcap_{m=n}^{\infty} \Gamma_m = \Gamma_n$ 从而 $\{\Gamma_n\}_* = \bigcup_{n=1}^{\infty} \Gamma_n$.

(2) 证明与 (1) 类似，有兴趣的读者可以自行证明.　　　　　　　　　　□

今后，形式理论 Γ 的理论闭包将被经常用到. 关于理论闭包的极限，下述引理成立.

引理 6.3

$$\{Th(\Gamma_n)\}_* = Th(\{Th(\Gamma_n)\}_*).$$

证明　　我们只要证明 $Th(\{Th(\Gamma_n)\}_*) \subseteq \{Th(\Gamma_n)\}_*$ 成立即可. 令 $A \in Th(\{Th(\Gamma_n)\}_*)$，易知 $\{Th(\Gamma_n)\}_* \vdash A$ 可证. 根据第 3 章的紧致性定理可

知, 存在公式集合 $\{A_{n_1}, \cdots, A_{n_k}\} \subseteq \{Th(\Gamma_n)\}_*$, 使得 $\{A_{n_1}, \cdots, A_{n_k}\} \vdash A$. 因而存在 N, 使得 $n > N$ 时, $A_{n_i} \in Th(\Gamma_n)$ 对 $i = 1, \cdots, k$ 成立. 所以当 $n > N$ 时, 都有 $Th(\Gamma_n) \vdash A$ 成立. 因此 $A \in \{Th(\Gamma_n)\}_*$. □

我们在 6.1 节中给出了软件系统规约的版本序列和物理学的版本序列, 它们都可视为一阶语言的形式理论序列的解释. 下面我们再给出 4 个一阶语言的形式理论序列的例子.

例 6.3　常序列

令 A 是一个语句. 称序列

$$\{A\}, \{A\}, \cdots, \{A\}, \cdots$$

为常序列. 不难验证

$$\{\Gamma_n\}_* = \{A\} = \{\Gamma_n\}^*$$

成立. 根据定义 6.2, 常序列收敛, 其极限为 $\{A\}$.

例 6.4　理论闭包序列

考虑下述序列:

$$\Gamma_1, \Gamma_2, \cdots \Gamma_n, \cdots$$

$$\{P_1, P_1 \to Q\}, \{P_2, P_2 \to Q\}, \cdots, \{P_n, P_n \to Q\}, \cdots$$

可以验证序列的上、下极限分别为

$$\{\Gamma_n\}^* = \varnothing, \quad \{\Gamma_n\}_* = \varnothing$$

根据定义 6.2, 此序列收敛到空集. 由于

$$P_n, P_n \to Q \vdash Q$$

可证, 而对其理论闭包序列

$$Th(\Gamma_1), Th(\Gamma_2), \cdots, Th(\Gamma_n), \cdots$$

不难验证

$$\{Th(\Gamma_n)\}^* = Th(\{Q\}) = \{Th(\Gamma_n)\}_*$$

成立. 所以, 这个理论闭包序列收敛, 而且它的极限是 $Th(\{Q\})$. 对于本例而言, 序列 $\{\Gamma_n\}$ 的极限与序列 $\{Th(\Gamma_n)\}$ 的极限是不同的.

例 6.5　正反序列

本例给出一个不收敛的序列. 令

$$\Gamma_n = \begin{cases} A, & n = 2k-1, \\ \neg A, & n = 2k, \end{cases}$$

其中 k 为非 0 自然数. 不难验证: $\Gamma_n{}^* = A, \neg A$ 而 $\Gamma_{n\,*} = \varnothing$. 序列的上、下极限不相同, 序列 Γ_n 不收敛.

例 6.6　随机序列

令语句 A 代表: "抛一枚硬币, 国徽面向上", 而 Γ_n 代表第 n 次投硬币的结果. 这样序列 Γ_n 就是关于 A 及 $\neg A$ 的随机序列, 序列的上、下极限分别是

$$\Gamma_n{}^* = A, \neg A, \quad \Gamma_{n\,*} = \varnothing.$$

所以序列不收敛. 这一个序列不收敛说明形式理论中包含的规则, 没有恰当地刻画问题的本质特征. 如果 P 代表 "抛一枚硬币, 国徽面向上的概率是 50%", 而 $\Gamma_n = P$, 那么序列就变成一个常序列了, 而且它的极限就是 P.

6.3　过程模式

在数理逻辑的若干重要结果的证明中, 形式理论序列起了重要作用. 让我们以第 3 章中的 Lindenbaum 引理为例, 来分析形式理论序列的作用.

例 6.7　Lindenbaum 序列

Lindenbaum 引理是说: "任意给定的形式理论 Γ 都可以扩充为一个极大协调集", 也就是一个极大的形式理论. 在证明 **G** 系统的完全性中, 此引理起了重要作用. 引理的证明思路是直接构造出这个极大形式理论, 具体作法如下:

(1) 由于 $\mathscr{L}$ 的语句是可数的, 故可将全体语句排成一个序列

$$A_1, A_2, \cdots, A_n, \cdots$$

(2) 归纳地定义序列 Γ_n 中的每一个元素. 令 $\Gamma_1 = \Gamma$, 而 Γ_{n+1} 被 Γ_n 和 A_n 按下述方式定义:

$$\Gamma_{n+1} = \begin{cases} \Gamma_n \bigcup A_n, & \text{如果 } \Gamma_n \text{ 与 } A_n \text{ 协调}, \\ \Gamma_n, & \text{否则}. \end{cases}$$

(3) 根据上述定义, Γ_n 是单调递增序列. 根据引理 6.2, 序列收敛而且其极限 $\bigcup_{n=1}^{\infty} \Gamma_n$ 就是包含 Γ 的极大形式理论.

我们从上述证明思路可以看出，包含 Γ 的极大理论是形式理论序列 $\{\Gamma_n\}$ 的极限，而序列的每一个元素都是被递归地定义出来的. 下面，让我们用类似于 P 过程的形式写出 Lindenbaum 定义形式理论序列 $\{\Gamma_n\}$ 的方法.

例 6.8

proxcheme Lindenbaum*(Γ_n: theory; A: formula; **var** Γ_{n+1}: theory)
begin
    if not $(\Gamma_n \vdash \neg A)$ **then**
        $\Gamma_{n+1} := \Gamma_n \cup \{A\}$
    else
        $\Gamma_{n+1} := \Gamma_n$
end
proxcheme Lindenbaum(Γ: theory; $\{A_n\}$: formula sequence)
begin
    Γ': theory;
    print Γ;
    n := 1;
    while $0 < n$ **do**
        Lindenbaum*(Γ, A_n, Γ')
        print Γ'
        $\Gamma := \Gamma'$;
        $n := n + 1$
end

我们称 **proxcheme**[prɔks'ki:m] 为过程模式. **proxcheme** 是从 **proc-scheme** 演变过来的，为了发音的方便，将 - 左右的 **c-s** 合并成为 **x**，而 **proc** 是 **procedure** 的缩写. **proxcheme** 与第 4, 5 章定义的 P 过程的相同之处是：

(1) 它们的结构、声明都相同. 例如，上述过程模式由过程模式体和子过程模式声明组成.

(2) 它们所使用的指令的形式也相同. 过程模式同样允许使用赋值、打印、条件、顺序、循环和过程调用指令.

过程模式和 P 过程的区别是：

(1) 过程模式允许使用更多的类型. 例如上述过程模式中出现的 theory, formula 以及 formula sequence 都代表不同的数据类型，而 **var** 后面的变量代表过程模式的输出形式参数，它用于存储过程模式的结果. 这里的 **var** 将输入形式参数和输出形式参数区分开来.

(2) 过程模式 Lindenbaum 的输入是一个无穷序列

$$A_1, A_2, \cdots, A_n, \cdots$$

过程模式 Lindenbaum 每输入一个 A_n, 子过程模式 Lindenbaum* 必须做一轮操作, 操作完成后输出 Γ_{n+1}. 随着 $\{A_n\}$ 的逐个输入, 过程模式 Lindenbaum 输出形式理论序列

$$\Gamma, \Gamma_2, \cdots, \Gamma_n, \cdots$$

此输出序列是一个单调递增的收敛序列.

(3) 在 **if** 语句和 **while** 语句的条件中, 在第 4 章的 P 过程所规定的 $=$ 和 $<$ 的基础上, 增加程序设计语言所允许的 **and, or** 和 **not**. 除此之外, 还允许下述不可判定的条件, 如 $\Gamma \vdash A$ 可证, 以及 consistent(Γ, A), 即 Γ 与 A 协调. 这是过程模式 **proxcheme** 与 P 过程的根本区别. 所以本书将过程模式的执行称为 "操作", 它与 P 过程的计算有本质的不同.

通过对上述过程模式的语法说明, 我们可以看出, 子过程模式 Lindenbaum* 的作用是生成新理论 Γ_{n+1}. 它在每一轮操作开始时, 输入初始理论 Γ_n 和一个语句 A_n, 并在该轮操作结束时, 输出新理论 Γ_{n+1}. 而主过程体的作用是逐个输入 A_n, 并且输出 Lindenbaum 序列 $\{\Gamma_n\}$.

定义 6.3　过程模式 (proxcheme)

过程模式是在 P 过程定义的基础上所做的下述扩充:

(1) formula 为一个数据类型, 它代表合法的一阶语句. theory 为另一个数据类型, 它代表一阶形式理论. formula sequence 也是一个类型, 它代表**一个**语句的序列.

(2) 布尔表达式除允许 $=, <, \leqslant$ 以及 **and, or** 和 **not** 操作之外, 还允许 $\Gamma \vdash A$ 可证或 consistent(Γ, A) 成立等不可判定条件.

(3) 允许过程模式的输入是一个语句序列, 也允许输出是一个形式理论序列, 后者称为输出的形式理论版本序列.

为了与前面使用的符号统一, 在过程模式中, 我们使用字母 A, B, C 等代表一阶语言的语句, 用大写希腊字符 $\Gamma, \Delta, \Theta, \Lambda$ 等代表形式理论, 并允许它们带有上下标, 而用 $\{\Gamma_n\}$ 表示理论序列. 过程模式是 P 过程语言的一个扩充, 我们也可称之为过程模式语言.

从第 4 章可计算性的角度看, 过程模式与 P 过程的区别在于: 过程模式的 **if** 语句和 **while** 语句允许不可判定的条件判断, 所以过程模式是不可计算的.

研究过程模式的性质是本书的主要任务之一. 在下面几节中, 我们将介绍几个可以用过程模式生成的形式理论序列. 这些序列与 Lindenbaum 序列一样, 都是单调序列, 它们在数理逻辑的若干重要结果的证明中起了关键作用.

6.4 归结序列

1965 年 Robinson 在研究数学定理的计算机自动证明时, 提出了归结方法 [Robinson, 1965]. 本节将讨论以合取范式为对象的归结方法. 每一个合取范式是有穷个子句的合取, 每一个子句又是有穷个文字的析取, 而每一个文字要么是一个谓词符号, 要么是一个谓词符号的否定. 本节只考虑那些不含变元的谓词. 例如,

$$(P_1 \vee P_2) \wedge (\neg P_2 \vee P_3) \wedge (P_1 \vee P_2 \vee \neg P_3)$$

就是一个合取范式. $P_1 \vee P_2$, $\neg P_2 \vee P_3$ 和 $P_1 \vee P_2 \vee \neg P_3$ 为子句. 如果我们用

$$Q_1, Q_2, \cdots, Q_n$$

表示子句, 一个合取范式又可写成

$$C = \{Q_1, Q_2, \cdots, Q_n\}.$$

上式中的 ","代表逻辑连接词 "∧". 所以合取范式可以看作是一个子句的集合. 归结方法是确定一个合取范式是否可满足的方法, 而该方法由归结关系定义.

定义 6.4 归结关系

设 $C = \{Q_1, Q_2, \cdots, Q_n\}$ 为一个合取范式. 称子句 Q_i 和 Q_j 具有归结关系, 如果存在谓词 L, 使得

$$Q_i = L \vee Q_i^1, \qquad Q_j = \neg L \vee Q_j^1$$

成立, 令 $Q := Q_i^1 \vee Q_j^1$, 并称它是 Q_i 和 Q_j 的归结式 (resolvent), 记为

$$Q_i, Q_j \rightarrowtail Q$$

读作 Q_i 和 Q_j 归结为 Q.

特别地, 令 □ 表示空语句, 则下述空语句规则

$$Q, \neg Q \rightarrowtail \square$$

成立. 此规则说明合取范式 $Q \wedge \neg Q$ 恒假.

下面我们将给出关于归结关系语义的一个重要引理.

引理 6.4　　归结关系

设 $C = \{Q_1, Q_2, \cdots, Q_n\}$ 为一个合取范式，而且存在 i, j，使 $Q_i, Q_j \rightarrowtail Q$ 成立，则 C 可满足当且仅当 $C \wedge Q$ 可满足.

证明　　由于我们所讨论的谓词不包含变元，所以只要考虑谓词的真假性即可. 令 I 代表对谓词的解释.

充分性：解释 I 使 $C \wedge Q$ 可满足，它必使 C 可满足.

必要性：只要证明，如果 I 使 $Q_i \wedge Q_j$ 为真，那么 I 使 Q 为真即可. 也就是，如果 I 使 $(L \vee Q_i^1) \wedge (\neg L \vee Q_j^1)$ 为真，那么 I 使 $Q_i^1 \vee Q_j^1$ 为真. 为此，只要考虑下述两种情况：

(1) I 使 L 为真. 在这种情况下，如果 I 使 $(L \vee Q_i^1) \wedge (\neg L \vee Q_j^1)$ 为真，只能是 I 使 Q_j^1 为真. 故有 I 使 $Q_i^1 \vee Q_j^1$ 为真，即 I 使 Q 为真.

(2) I 使 L 为假. 在这种情况下，如果 I 使 $(L \vee Q_i^1) \wedge (\neg L \vee Q_j^1)$ 为真，只能是 I 使 Q_i^1 为真，也就是 I 使 $Q_i^1 \vee Q_j^1$ 为真，即 I 使 Q 为真.　　　　□

对于给定的合取范式 $C = \{Q_1, Q_2, \cdots, Q_n\}$，我们把用递归方法定义归结式的过程称为 C 的归结过程，其具体作法如下：

$$Res^0(C) \quad := \quad C$$

$$Res^1(C) \quad := \quad \{Q \mid Q_i, Q_j \in C \text{ 且 } Q_i, Q_j \rightarrowtail Q\} \cup C$$

$$\vdots$$

$$Res^{n+1}(C) \quad := \quad Res(Res^n(C))$$

$$\vdots$$

根据定义，$Res^n(C) \subset Res^{n+1}(C)$ 对每一个 n 成立. 由于 C 只包含有穷多个谓词符号，因此经过有限步操作后，这个过程会终止，即存在一个 m，使得 $Res^m(C) = Res^{m+1}(C)$. 归结过程产生下述**有穷**形式理论序列

$$Res^0(C), Res^1(C), \cdots, Res^m(C)$$

而 C 的归结闭包是此序列的极限

$$\{Res^n(C)\}^* := \bigcup_{n=0}^{\infty} Res^n(C) = Res^m(C)$$

对给定的合取范式 C，每使用一次归结推理，就会得到一个新合取范式 $C \wedge Q$. 根据引理 6.4，它们具有相同的可满足性，这也就是如果 $C \wedge Q$ 不可满足，那么 C 不

可满足. 因而若经过有限步归结之后, $C \wedge Q$ 出现空语句, 那么 C 是不可满足的. 这样, 我们就证明了下述定理.

定理 6.1 设 $C = \{Q_1, Q_2, \cdots, Q_n\}$ 为一个合取范式. 如果

$$存在 \ m > 0, \ 使得 \ \square \in Res^m(C)$$

成立, 那么 C 不可满足.

归结过程可以用过程模式来描述. 为叙述方便, 我们做下述规定:

1. 令 CNF 为数据类型, 表示合取范式.

2. 令 Resolvent$(\Gamma : \text{CNF}, Res : \text{CNF})$ 是一个 P 过程. 它返回 $\{Q \mid Q_i, Q_j \longmapsto Q$ 且 $Q_i, Q_j \in \Gamma\}$.

过程模式 Resolution 的输入是一个合取范式, 输出是归结闭包, 它也是一个合取范式.

proxcheme Resolution $(C : \text{CNF}, \textbf{var} \ Res : \text{CNF})$:

begin

    $Res' : \text{CNF}$;

    $Res' := C$;

    $Res := \varnothing$;

    while not $Res \doteq Res'$ **do**

        $Res := Res'$;

        Resolvent(Res, Res');

        $Res' := Res \cup Res'$;

        print Res;

end

上述归结过程模式有两个特点. 首先, 过程是可判定的, 因为一个合取范式尽管可以包括成千上万个子句, 但由于 C 是有穷的, 所以求归结式的过程一定停机. 其次, 所输出的序列是单调有穷序列, 其极限是可计算的, 它就是序列最后的元素. 对本例而言, 过程模式 Resolution 就是 C 语言或 Pascal 语言的过程.

6.5 缺省扩充序列

缺省 (default) 是程序设计语言的一种常用技术手段. 例如, 在过程和函数声明中, 如果不给整数型变量赋以初值, 那么规定该变量的初值就是 0. 在这种情况下,

称该变量的缺省值是 0. 又如，逻辑程序设计语言通常规定，如果知识库没有定义谓词 P，那么"在缺省的意义下"，规定 $\neg P$ 成立. 这样做可以保证任何谓词的真假值均可在知识库中找到答案，这就是逻辑程序设计中的"封闭世界假设". 在一阶语言中，缺省的作用可以表示为：对于形式理论 Γ，如果 $\Gamma \vdash \neg B$ 不可证，那么"缺省"地假定 $\Gamma \vdash B$ 可证.

1980 年，Reiter 将"缺省"的概念引入到人工智能的逻辑基础研究中，并给出了缺省规则的多种形式化描述，使关于缺省推理的研究成为非单调推理的一种方法 [Reiter, 1980]. 缺省规则具有如下基本形式：

$$\frac{A : MB(x)}{B(x)}$$

其中公式 A 称为缺省规则的先决条件，M 称为缺省算子，在分子中出现的 $B(x)$ 称为缺省前提，在分母中出现的 $B(x)$ 称为缺省结论. 此缺省规则的含义是：如果 A 成立，而且 $A \vdash \neg B(x)$ 不可证，那么 $B(x)$ 缺省地成立.

我们在本节中考虑缺省推理的一种简单情况，即 Reiter 引入的正规缺省推理，其定义如下.

定义 6.5　正规缺省规则集合

(1) 如果 A，B 是 $\mathscr{L}$ 的语句，那么称

$$\frac{A : MB}{B}$$

为正规缺省规则.

(2) 设 Γ 为形式理论. 如果 $\Gamma \vdash A$ 可证，而 $\Gamma \vdash \neg B$ 不可证，那么称 B 是 Γ 关于规则 $\dfrac{A : MB}{B}$ 的缺省结论.

(3) Δ 是一个缺省规则的可数无穷 (包括有穷) 集合

$$\Delta = \left\{ \frac{A_1 : MB_1}{B_1}, \frac{A_2 : MB_2}{B_2}, \cdots, \frac{A_i : MB_i}{B_i}, \cdots \right\}$$

$D(\Delta)$ 为缺省规则集合 Δ 的所有缺省结论组成的集合.

此定义的第 (2) 条说明，只有在给定了形式理论 Γ 之后，Δ 中的每一条缺省规则才有意义. 如果 Γ 缺省地推出 B，那么可以理解为**缺省地承认** B 是 Γ 的形式结论. Reiter 还引入了下述关于缺省扩充的一般概念. 这一概念分为两步定义.

定义 6.6　缺省算子

设 Γ 是一个形式理论，Δ 是一个缺省规则集合，**F** 是一个映射，它把一个公式集合对应到另一个公式集合. 如果存在协调的公式集合 Λ，使得 **F** 满足下述 3 条性质，那么称 **F** 为 Δ 关于 Λ 的缺省算子.

(1) $\Gamma \subseteq \mathbf{F}(\Lambda)$;

(2) $\mathbf{F}(\Lambda) = Th(\mathbf{F}(\Lambda))$;

(3) 如果 $\dfrac{A_n : MB_n}{B_n} \in \Delta$，其中 $A_n \in \mathbf{F}(\Lambda)$ 并且 $\neg B_n \notin \Lambda$，那么 $B_n \in \mathbf{F}(\Lambda)$.

定义 6.7　缺省扩充

设 Γ 是一个形式理论，Δ 是一个缺省规则集合，Λ 是一个协调集合，$\mathbf{F}$ 是 Δ 关于 Λ 的缺省算子，而且 $\mathbf{F}(\Lambda)$ 也是一个协调公式集合. 如果 Λ 是下述方程

$$\mathbf{F}(\Lambda) = \Lambda$$

的最小不动点，那么称 Λ 是 Γ 关于 Δ 的一个缺省扩充.

缺省算子 $\mathbf{F}$ 的第 (1) 条性质说明缺省扩充包含形式理论 Γ. 第 (2) 条说明缺省扩充是在一阶语言形式推理下的理论闭包. 第 (3) 条说明缺省扩充是缺省推理意义下的闭包. 定义 6.6 第 (3) 条关于 $A_n \in \mathbf{F}(\Lambda)$ 和 $\neg B_n \notin \Lambda$ 的要求，再加上定义 6.7 中 Λ 还必须是缺省算子 $\mathbf{F}$ 的最小不动点的要求，增加了求解 Λ 的难度. 事实上，对于在本节开头给出的一般性缺省规则组成的集合，构造和证明缺省扩充 Λ 的存在性是一个困难的问题，但是对于正规缺省集合而言，我们却可以用类似于定义 Lindenbaum 过程模式的方法，生成单调的形式理论序列，并可以证明这个序列的极限就是一个缺省扩充. 作法如下：

定义 6.8　正规缺省扩充序列

对给定的形式理论 Γ 和正规缺省规则集合 Δ，缺省扩充序列被递归地定义如下：

(1) $\Xi_1 := \Gamma$;

(2) 依序逐个检查 Δ 中的缺省规则，对于规则 $\dfrac{A_n : MB_n}{B_n}$，

$$\Xi_{n+1} := \begin{cases} \Xi_n \cup \{B_n\}, & \text{如果 } \Xi_n \vdash A_n, \Xi_n \nvdash \neg B_n, \\ \Xi_n, & \text{否则.} \end{cases}$$

不难看出上述定义可以用 6.3 节引入的过程模式来定义.

proxcheme Default(Γ: theory; Δ: normal default rule set)
begin
$\qquad \Xi, \Xi'$: theory;
$\qquad \Xi := \Gamma$;

```
n := 1;
print Ξ;
while A_n : MB_n / B_n ∈ Δ do
    if Ξ ⊢ A_n and Ξ ⊬ ¬B_n  then
        Ξ' := Ξ ∪ {B_n}
    else
        Ξ' := Ξ
    Ξ := Ξ';
    n := n + 1
    print Ξ;
end
```

该过程模式的输入是 Γ 和正规缺省规则集合 Δ，而该过程模式的输出序列是形式理论序列

$$\Xi_1, \Xi_2, \cdots, \Xi_n \cdots$$

不难看出上述序列是一个单调递增的形式理论序列，而下述引理进一步证明序列

$$Th(\Xi_1), Th(\Xi_2), \cdots, Th(\Xi_n), \cdots$$

的极限就是我们所寻求的缺省扩充.

引理 6.5　对于任意给定的形式理论 Γ 和正规缺省规则集合 Δ，如果 $\{\Xi_n\}$ 是 Γ 关于 Δ 的正规缺省扩充序列，那么公式集合 $\Lambda = \lim_{n\to\infty} Th(\Xi_n)$ 是 Γ 关于 Δ 的一个缺省扩充.

证明　不难证明，形式理论闭包算子 Th 就是定义 6.6 中的缺省算子 $\mathbf{F}$，而 Λ 就是定义 6.7 中缺省算子 $\mathbf{F}$ 的不动点，因为在定义 6.8 中 $A_n \in Th(\Xi_n)$，而定义 6.6 要求 $A_n \in \mathbf{F}(\Lambda)$，注意到 $\{\Xi_n\}$ 是一个单调递增序列，所以 $A_n \in \mathbf{F}(\Lambda)$ 成立，而且 $\neg B_n \notin \Lambda$ 和 $B_n \in \mathbf{F}(\Lambda)$ 都成立.　　　　□

6.6　力　迫　序　列

本节介绍力迫关系、兼纳集以及与之有关的力迫序列等概念. 本节还将证明力迫序列是一个单调递增的形式理论序列.

设 $\mathscr{L}$ 为一阶语言，Γ 为 $\mathscr{L}$ 中的形式理论. 设 $\mathscr{C}$ 为一个可数无穷但与 $\mathscr{L}$ 无关的新常元集合. 令 $\mathscr{L}_{\mathscr{C}}$ 是在 $\mathscr{L}$ 和 $\mathscr{C}$ 的基础上生成的一阶语言.

定义 6.9 T 条件

设 Γ 是 $\mathscr{L}$ 中的一个形式理论，而 Δ 是由 $\mathscr{L}_{\mathscr{C}}$ 中有限个文字组成的集合，即有限个原子语句或原子语句的否定组成的集合. 如果 $\Gamma \cup \Delta$ 协调，则称 Δ 是 Γ 的一个 T 条件.

对于 $\mathscr{L}_{\mathscr{C}}$ 中的语句 A，用下述关于逻辑连接词符号和量词符号的规则，我们可以定义 Γ 的 T 条件 Δ 与 A 的力迫关系，记作 $\Delta \Vdash_{\Gamma} A$，读作 "Δ 力迫 A". 在上下文不引起误解的情况下，可省略下标 Γ，记作 $\Delta \Vdash A$.

定义 6.10 力迫关系

设 Δ 是 Γ 的一个 T 条件，而 A 是一个 $\mathscr{L}_{\mathscr{C}}$ 中的语句. $\Delta \Vdash A$ 由下述规则定义：

(1) $\Delta_1, A, \Delta_2 \Vdash A$；

(2) $\dfrac{\text{不存在 } \Gamma \text{ 的 T 条件 } \Sigma \supseteq \Delta, \text{ 使得 } \Sigma \Vdash B \text{ 成立}}{\Delta \Vdash \neg B}$；

(3) $\dfrac{\Delta \Vdash B}{\Delta \Vdash B \vee C}$, $\qquad \dfrac{\Delta \Vdash C}{\Delta \Vdash B \vee C}$；

(4) $\dfrac{\Delta \Vdash B \quad \Delta \Vdash C}{\Delta \Vdash B \wedge C}$；

(5) $\dfrac{\Delta \Vdash B(c)}{\Delta \Vdash \exists x B(x)}$，其中 c 是 $\mathscr{C}$ 中的常元；

(6) $\dfrac{\Delta \Vdash B(y)}{\Delta \Vdash \forall x B(x)}$，其中 y 是一个新变元，并且 y 只能被 $\mathscr{C}$ 中的常元替换.

力迫关系的定义要求：如果分子中的力迫关系都成立，那么分母中的力迫关系成立. 与力迫关系定义 6.10 的规则 (2) 等价的陈述是：如果 $\Delta \Vdash \neg B$ 不成立，那么存在 Γ 的 T 条件 $\Sigma \supseteq \Delta$，使得 $\Sigma \Vdash B$ 成立.

从力迫关系的定义可以看出，力迫关系也是一种逻辑推理关系. 它与一阶语言形式推理规则的区别只是关于逻辑连接词符号 $\neg$ 的推理规则不同，而对其余的逻辑连接词符号 $\wedge, \vee$ 和量词符号 $\forall$ 以及 $\exists$，力迫推理规则与一阶语言的推理规则的形式相同，但与 G 系统相比，它没有左规则. 其原因是 T 条件 Δ 只包含原子语句和原子语句的否定.

引理 6.6   如果 $\Delta \Vdash_{\Gamma} A$ 成立，那么 A 与 Γ 协调.

证明   使用结构归纳法证明.   □

引理 6.7   设 Δ 和 Σ 是 Γ 的 T 条件，如果 $\Delta \subseteq \Sigma$ 并且 $\Delta \Vdash A$ 成立，那么 $\Sigma \Vdash A$ 成立.

证明　　使用结构归纳法证明.

(1) 若 A 是原子语句, 则由 $\Delta \Vdash A$ 成立可知, $A \in \Delta \subseteq \Sigma$, 从而 $\Sigma \Vdash A$ 成立.

(2) 若 A 是 $\neg B$, 则由 $\Delta \Vdash A$ 成立可知不存在 $\Delta' \supset \Delta$ 使得 $\Delta' \Vdash B$ 成立, 因而也不存在 $\Sigma' \supset \Sigma \supseteq \Delta$ 使得 $\Sigma' \Vdash B$ 成立, 因而 $\Sigma \Vdash A$ 成立.

(3) 若 A 为 $B \vee C$, 则由 $\Delta \Vdash A$ 可知 $\Delta \Vdash B$ 或者 $\Delta \Vdash C$, 由归纳假设可知 $\Sigma \Vdash B$ 或者 $\Sigma \Vdash C$, 因而 $\Sigma \Vdash A$.

(4) 若 A 为 $\exists x B(x)$, 则由 $\Delta \Vdash A$ 可知存在 c 使得 $\Delta \Vdash B(c)$, 由归纳假设可知 $\Sigma \Vdash B(c)$, 因而 $\Sigma \Vdash A$. □

定义 6.11　T 兼纳集

设 Σ 是由 $\mathscr{L}_{\mathscr{C}}$ 的原子语句或原子语句的否定组成的集合. 称 Σ 为 Γ 的 T 兼纳集 (generic set), 如果它满足下列两个条件:

(1) Σ 的每一个有穷子集都是一个 Γ 的 T 条件;

(2) 对 $\mathscr{L}_{\mathscr{C}}$ 中每一个语句 A, 都存在一个 Γ 的 T 条件 $\Delta \subseteq \Sigma$, 使得要么 $\Delta \Vdash A$ 成立, 要么 $\Delta \Vdash \neg A$ 成立, 但二者不能同时成立.

引理 6.8　　若 Σ 是 Γ 的 T 兼纳集, 则对 $\mathscr{L}_{\mathscr{C}}$ 中的每一个语句 A, 要么 $\Sigma \Vdash A$ 成立, 要么 $\Sigma \Vdash \neg A$ 成立, 但二者不能同时成立.

引理 6.8 表明, T 兼纳集关于力迫推理具有某种完全性. 关于 T 兼纳集也存在下述类似于 Lindenbaum 引理的结果 [①].

引理 6.9　　对 Γ 的每一个 T 条件 Δ, 都存在一个 Γ 的 T 兼纳集 Σ, 使得 $\Sigma \supseteq \Delta$ 成立.

证明　　由于 $\mathscr{C}$ 可数, 故可把 $\mathscr{L}_{\mathscr{C}}$ 中的全部语句列出如下:

$$A_1, A_2, A_3, \cdots, A_n, \cdots$$

包含 Δ 的 Γ 的 T 条件定义如下:

(1) 若 $\Delta \Vdash \neg A_1$, 令 $\Delta_1 = \Delta$; 若 $\Delta \Vdash \neg A_1$ 不成立, 根据定义 6.10 的规则 (2), 必存在 Γ 的 T 条件 Λ, 使得 $\Lambda \supseteq \Delta$, 并使 $\Lambda \Vdash A_1$ 成立. 令 Λ 为 Δ_1. 故

$$\text{要么 } \Delta_1 \Vdash A_1 \text{ 成立, 要么 } \Delta_1 \Vdash \neg A_1 \text{ 成立.}$$

(2) 类似地, 若已有 $\Delta \subseteq \Delta_1 \subseteq \Delta_2 \subseteq \cdots \subseteq \Delta_n$ 使得, 对于 $1 \leqslant k \leqslant n$,

$$\text{要么 } \Delta_k \Vdash A_k \text{ 成立, 要么 } \Delta_k \Vdash \neg A_k \text{ 成立.}$$

[①] 下述引理及其证明取自 [Wang, 1987].

仍用第 (1) 条的方法定义 Δ_{n+1}，也就是，如果 $\Delta_n \Vdash \neg A_{n+1}$，那么令 $\Delta_{n+1} = \Delta_n$；如果 $\Delta_n \Vdash \neg A_{n+1}$ 不成立，那么根据定义 6.10 的规则 (2)，必存在 Γ 的 T 条件 Λ_n，使得 $\Lambda_n \supseteq \Delta_n$，并且 $\Lambda_n \Vdash A_{n+1}$. 令此 Λ_n 作为 Δ_{n+1}. 故有

要么 $\Delta_{n+1} \Vdash A_{n+1}$ 成立，要么 $\Delta_{n+1} \Vdash \neg A_{n+1}$ 成立.

由此，得到下述单调递增的 T 条件序列

$$\Delta \subseteq \Delta_1 \subseteq \Delta_2 \subseteq \Delta_3 \subseteq \cdots \subseteq \Delta_n \cdots$$

我们称此序列为力迫序列. 再令

$$\Sigma = \bigcup_{i=1}^{\infty} \Delta_i$$

不难证明 Σ 为包含 T 条件 Δ 的 Γ 的兼纳集. $\quad\square$

上面我们看到，在将 Γ 的 T 条件 Δ 扩充为它的兼纳集的证明中，力迫序列是重要的，因为兼纳集 Σ 是力迫序列 $\{\Delta_n\}$ 的极限. 根据这条引理及其证明过程，人们可以用与定义 Hintikka 集类似的方法构造一个模型 $\mathbf{M}_\Sigma$，使得对 $\mathscr{L}_{\mathscr{C}}$ 中的每一个语句 A，$\mathbf{M}_\Sigma \models A$ 成立，当且仅当 $\Sigma \Vdash A$ 成立. 这就是兼纳集模型定理.

如果 Γ 代表 Zermelo-Fraenkel 集合论公理系统，再令 Δ 代表由不满足 Cantor 连续统假设的原子命题和原子命题的否定组成的 T 条件. 使用上面定义力迫关系的方法，可以定义与 Γ 协调并包含 Δ 的兼纳集 Σ，并由此生成兼纳集模型 $\mathbf{M}_\Sigma$. 此模型使得 Zermelo-Fraenkel 集合论公理在其内为真，而 Cantor 连续统假设在其内为假. 从而可证明 Zermelo-Fraenkel 集合论公理系统与 Cantor 连续统假设相互独立. 这就是 Cohen 证明 Zermelo-Fraenkel 集合论公理系统与 Cantor 连续统假设相互独立的思路 [Cohen, 1966].

需要指出的是在证明引理 6.9 时，如果 $\Delta_n \Vdash \neg A_{n+1}$ 不成立，那么根据定义 6.10 的规则 (2)，必存在 Γ 的 T 条件 Λ_n，使得 $\Lambda_n \supseteq \Delta_n$，并且 $\Lambda_n \Vdash A_{n+1}$ 成立. 令 Δ_{n+1} 为 Λ_n. 问题是这里关于 Λ_n 的定义是一个存在性定义，定义 6.10 并未给出一个构造性的方法来生成 Λ_n. 所以，上述序列与 Lindenbaum 序列不同.

6.7 关于过程模式的讨论

本章引入了三个基本概念. 它们是形式理论序列、形式理论序列的极限和过程模式. 对于形式理论序列及其极限，相信多数读者都可以接受. 但是对于过程模式的概念，从事计算机科学和软件研究的读者们可能会有下述疑虑. 既然过程模式中的判定条件 $\Gamma \vdash A$ 和 $\mathrm{consistent}(\Gamma, A)$，在 Γ 包含初等算术理论 Π 的情况下都是不可判定的，那么这两个条件就不可能用一般的方法在计算机上实现. 在这种情况下，研究过程模式是否有意义呢？对此，我们的回答可以归结为下述 3 点.

1. 过程模式是数理逻辑中定理证明的重要方法. 前 5 章告诉我们, 与一阶语言有关的一些重要定理的证明都用到了过程模式和版本序列的极限的思想. 例如在证明一阶语言的形式推理系统 **G** 的完全性时, 关键的一步就是使用 Lindenbaum 过程模式构造极大协调集. 又比如, 在人工智能有关缺省推理的理论研究中, 正像我们在 6.5 节中所看到的那样, 过程模式也是必要的. 在本书的第 8 章和第 9 章中, 我们将讨论收敛的非单调的版本序列, 这种版本序列与软件开发方法以及归纳问题直接有关, 它们的生成都离不开过程模式. 这些例子说明过程模式和版本序列的极限, 是证明数理逻辑中一些重要结论的有效方法. 本书是一本关于数理逻辑的基本原理和形式演算的书, 将过程模式和版本序列的极限的概念抽象出来, 对它们的性质加以专门的研究是必要的, 也是有意义的.

2. 对于某些特定的领域知识而言, 过程模式中的判别条件是可以求解的. 众所周知, 一阶语言是专门为处理某个领域知识而设计的, 它与程序设计语言不同, 所以在许多情况下, 尽管在程序设计语言中不存在判定 $\Gamma \vdash A$ 和 consistent(Γ, A) 是否成立的一个停机算法, 但在这些特定的领域知识中, 却可以通过构造模型和反例的方法解决上述条件判定问题. 大量的模型检查方面的论文都说明了这一点. 在许多情况下, 这些特定的领域知识可以用不包含函数和谓词的有穷命题演算来描述, 这时尽管求解过程模式的判定条件的计算量很大, 但却是在 P 过程意义下可判定的.

3. 最后, 在 Γ 包含初等算术理论 Π 的情况下, 过程模式中出现的判定条件 $\Gamma \vdash A$ 和 consistent(Γ, A) 是不可判定的, 因此不能编制一个停机 P 过程来解决这个问题, 但这只是在 Turing 或递归或 P 过程的意义下, 不能解决过程模式的条件判定问题, 这不等同于在其他意义下, 这个问题永远不能解决. 恰恰相反, 它们反而会激励人们寻求新的操作方法, 并且发明新的设备去执行这些方法, 以解决这些问题. 过程模式的研究把能用过程模式解决的问题类, 从传统可计算问题类和其它不能用过程模式解决的问题类中分离出来, 这本身就是有意义的. 过程模式的研究增加了人们对问题难度的认识.

第 7 章   事实反驳与修正演算

在科学研究中，人们总是从大量已经掌握的领域知识中，提取出其中最基本和最重要的命题组成公理系统. 迄今为止，在数学和自然科学中具有重要意义的公理系统的形成，都不是一蹴而就的.

在领域知识的公理化进程中，一方面，公理系统的每一个阶段性版本总是不完善的，随时可能有新的公理、原理或定律提出. 例如，在第 6 章关于物理学进化的例子中，对于其伽利略版本而言，牛顿三定律就是作为新定律提出的，为此必须对伽利略版本进行扩充. 又如在软件开发过程中，每一个版本都需要根据设计者和用户的要求增加新的功能. 从公理系统的抽象层面上看，我们称这些新公理、定律和功能为新猜想. 当新猜想出现时，公理系统的当前版本必须进行扩充，以产生新版本.

另一方面，描述领域知识的公理系统可能包含与人们的观测或试验结果不一致的公理和定律. 例如，伽利略变换与关于光速与参照系关系的物理试验结果不一致. 在这种情况下，我们称伽利略变换遇到了事实反驳，或者说物理学的伽利略版本受到了事实反驳. 又如在软件开发过程中，没有哪一个设计者可以毕其功于一役，设计并实现没有任何错误的实用软件系统，软件系统总会被用户和测试人员找出反例或错误，正因为如此，软件系统都是以版本的形式出现的. 从公理系统的抽象层面上看，如果公理系统的某个逻辑推论与人们的观测数据或试验结果不一致，即这个推论受到观测或试验结果的反驳，那么公理系统必须改变，必须放弃此公理系统的当前版本中与观测或试验结果相矛盾的公理，保留那些与观测或试验结果不矛盾的公理.

本章的主要目的是，使用一阶语言及其模型的有关概念来描述如何对公理系统进行扩充和修正，建立对形式理论的修正演算系统，这个演算系统称为 **R** 演算. 该演算由四组规则组成，它们是 **R** 公理、**R** 逻辑连接词符号规则、**R** 量词符号规则和 **R** 删除规则. 本章将通过一些典型实例说明 **R** 演算的使用方法，并将证明 **R** 演算的可靠性、完全性和可达性.

7.1 节引入逻辑结论的必要前提的概念. 7.2 节引入新猜想和新公理的概念. 7.3 节引入事实反驳和形式反驳的概念. 7.4 节引入 **R** 演算. 7.5 节讨论几个应用实例. 7.6 节引入可达性概念，并证明 **R** 演算是可达的. 7.7 节引入可靠性和完全性的概念，并证明 **R** 演算是可靠的和完全的. 7.8 节将 **R** 演算扩展到不协调的公式集合上，并证明了测试基本定理.

7.1　形式结论的必要前提

我们在第 3 章中证明了紧致性定理，即对给定的公式集合 Γ 和公式 A，如果 $\Gamma \vdash A$ 可证，那么存在一个有穷公式集合 $\Delta \subseteq \Gamma$，使得 $\Delta \vdash A$ 可证. 本节将引入形式结论 A 关于 Γ 的必要前提的概念，它对定义 **R** 演算是不可缺少的.

定义 7.1　形式结论的必要前提

设 Γ 为公式集合，A 为公式并且 $\Gamma \vdash A$ 可证. 称公式集合 Δ 是公式 A 关于 Γ 的必要前提集合，如果 $\Delta \subseteq \Gamma$ 是使 $\Delta \vdash A$ 成立的极小公式集合，即如果 $\Delta' \subset \Delta$，那么 $\Delta' \vdash A$ 不可证. 称 B 为形式结论 A 的一个必要前提，如果公式 $B \in \Delta$ 成立，并记为 $B \mapsto_\Delta A$.

如果 $\Gamma \vdash A$ 可证，其证明树为 $\mathcal{T}$，那么 A 关于 Γ 的必要前提集合是可以构造出来的. 为此需要先引入 A 关于 Γ 的前提的概念.

定义 7.2　关于证明树的前提集合

设 Γ 为公式集合，A 为公式并且 $\Gamma \vdash A$ 可证. 又设 $\mathcal{T}$ 是其证明树，而 P, Q 和 R 是在证明树 $\mathcal{T}$ 中出现的公式.

(1) 如果 Γ' 是一个公式集合，$\Gamma', P \vdash P$ 是证明树 $\mathcal{T}$ 的叶，那么 $\vdash$ 左边的 P 是右边的 P 关于证明树 $\mathcal{T}$ 的前提.

(2) 如果证明树 $\mathcal{T}$ 的一个结点是 **G** 系统的某一个右规则的实例，而 Q 是此规则的分母中出现的 $B \wedge C$, $B \vee C$, $B \to C$, $\neg B$, $\forall x B(x)$ 以及 $\exists x B(x)$，即规则的主公式 (见定义 3.8) ①，而 P 是此规则的分子中出现的 $B, C, B[t/x]$ 及 $B[y/x]$，即规则的辅公式，那么 P 是 Q 关于证明树 $\mathcal{T}$ 的前提.

(3) 如果证明树 $\mathcal{T}$ 的一个结点是某一个左规则的实例，而 P 是此规则的分母中出现的 $B \wedge C$, $B \vee C$, $B \to C$, $\neg B$, $\forall x B(x)$ 以及 $\exists x B(x)$，即规则的主公式，而 Q 是此规则的分子中出现的公式 $B, C, B[t/x]$ 及 $B[y/x]$，即规则的辅公式，那么 P 是 Q 关于证明树 $\mathcal{T}$ 的前提，而辅公式 $B, C, B[t/x]$ 及 $B[y/x]$，又是规则分母中 $\vdash$ 右边的辅公式关于证明树 $\mathcal{T}$ 的前提.

(4) 如果 P 是 Q 关于证明树 $\mathcal{T}$ 的前提，而 Q 是 R 关于证明树 $\mathcal{T}$ 的前提，那么 P 是 R 关于证明树 $\mathcal{T}$ 的前提.

令 $\mathcal{P}(\Gamma, A, \mathcal{T})$ 为 A 的关于证明树 $\mathcal{T}$ 的所有前提组成的集合.

---

① 一个 **G** 规则的主公式是那些在规则的分母中出现的、将被分解的公式，而该规则的辅公式是那些在此规则的分子中出现的、分解后的公式. 特别的，对 $\forall\text{-}R$ 规则和 $\exists\text{-}L$ 规则中重复出现的全称公式和存在公式，不在主公式和辅公式的考虑之内.

例 7.1 ∧-*R* 规则

$$\frac{A, B \vdash A \qquad A, B \vdash B}{A, B \vdash A \wedge B}$$

根据定义 7.2 (2), 公式 A 与 B 是公式 $A \wedge B$ 关于上述证明树的前提.

例 7.2 给定序贯 $C, A, \forall x(A \to B(x)) \vdash \exists x B(x)$. 令

$$S_1: \quad C, A^{*4}, (\forall x(A \to B(x)))^{*2} \vdash A^{*3}, B[t/x]^{*1}, \exists x B(x)$$

$$S_2: \quad C, A, (\forall x(A \to B(x)))^{*2}, (B[t/x])^{*3} \vdash B[t/x]^{*1}, \exists x B(x)$$

此序贯的一个证明树 $\mathcal{T}$ 如下:

$$\frac{\dfrac{\dfrac{S_1 \ (4) \qquad\qquad\qquad\qquad S_2 \ (5)}{C, A, (\forall x(A \to B(x)))^{*2}, (A \to B[t/x])^{*2} \vdash B[t/x]^{*1}, \exists x B(x)} \ (3)}{C, A, (\forall x(A \to B(x)))^{*2} \vdash B[t/x]^{*1}, \exists x B(x)} \ (2)}{C, A, \forall x(A \to B(x)) \vdash \exists x B(x)} \ (1)$$

证明树的结点 (1) 是使用 ∃-*R* 规则得到的. 根据定义 7.2 (2), $B[t/x]^{*1}$ 是 $\exists x B(x)$ 的前提. 我们用公式右上角的 $*$ 表示前提, 后面的数字 1 表示证明树的结点 (1). 所以, 对结点 (1), $B[t/x]^{*1}$ 是 $\exists x B(x)$ 的前提.

结点 (2) 则是对分母上的 $\forall x(A \to B(x))$ 使用 ∀-*L* 规则得到的. 根据定义 7.2 (3), 分母中 $\vdash$ 左边的 $(\forall x(A \to B(x)))^{*2}$ 是分子中 $\vdash$ 左边 $(A \to B[t/x])^{*2}$ 的前提, 而 $(A \to B[t/x])^{*2}$ 又是 $B[t/x]^{*1}$ 的前提.

证明树的结点 (3) 是对 $A \to B[t/x]$ 使用 →-*L* 规则而得到的. 根据定义 7.2 (3), $(A \to B[t/x])^{*2}$ 是其分子的第一个序贯中 $\vdash$ 右边 A^{*3} 的前提, 也是第二个序贯中 $\vdash$ 左边 $B[t/x]^{*3}$ 的前提, 而 A^{*3} 和 $B[t/x]^{*3}$ 又是分母 $\vdash$ 右边 $B[t/x]^{*1}$ 的前提.

证明树的结点 (4) 是一个公理实例, $\vdash$ 左边的 A^{*4} 是右边 A^{*3} 的前提. 结点 (5) 也是公理实例, $\vdash$ 左边的 $B[t/x]^{*3}$ 是右边 $B[t/x]^{*1}$ 的前提. 因此, 序贯 $C, A, \forall x(A \to B(x)) \vdash \exists x B(x)$ 的形式结论 $\exists x B(x)$ 关于此证明树 $\mathcal{T}$ 的前提集合是

$$\{B[t/x], \forall x(A \to B(x)), A \to B[t/x], A\}.$$

例 7.3 必要前提

在例 7.2 中, 序贯 $C, A, \forall x(A \to B(x)) \vdash \exists x B(x)$ 中的形式结论 $\exists x B(x)$ 关于证明树 $\mathcal{T}$ 的必要前提集合是

$$\{C, A, \forall x(A \to B(x))\} \bigcap \{B[t/x], \forall x(A \to B(x)), A \to B[t/x], A\}$$

也就是

$$\{A, \forall x(A \to B(x))\}.$$

从上面的两个例子可以看出，如果序贯 $\Gamma \vdash A$ 可证，并且 $\mathcal{T}$ 是其证明树，那么根据定义 7.2 给出的前提集合，我们可以构造出 A 关于证明树 $\mathcal{T}$ 的必要前提集合.

引理 7.1   设序贯 $\Gamma \vdash A$ 可证，并设 $\mathcal{T}$ 是此序贯的证明树.

(1) 集合 $\mathcal{P}(\Gamma, A, \mathcal{T})$ 是可判定的.

(2) 公式集合 $\Gamma \cap \mathcal{P}(\Gamma, A, \mathcal{T})$ 是公式 A 关于 Γ 的一个必要前提集合.

证明   先证明 (1). 根据定义 7.2，设计下述可判定的 P 过程：过程的输入是证明树 $\mathcal{T}$，而它的输出是公式集合. 按照例 7.2 的作法，过程从证明树的根开始，逐层对它的枝进行搜索. 在证明树出现分支时，自左向右考虑同层序贯，直至证明树的叶. 其具体操作是根据定义 7.2 的前 3 条，确定每个结点的前提. 由于证明树是有穷的，此搜索过程必终止，而且得出公式 A 的关于 Γ 和证明树 $\mathcal{T}$ 的前提集合 $\mathcal{P}(\Gamma, A, \mathcal{T})$.

再证明 (2). 证明树 $\mathcal{T}$ 的前提集合与 Γ 的交集

$$\Delta = \Gamma \cap \mathcal{P}(\Gamma, A, \mathcal{T})$$

是 A 的关于 Γ 和证明树 $\mathcal{T}$ 的必要前提集合. 根据 $\mathcal{P}(\Gamma, A, \mathcal{T})$ 的构造过程，若去掉 Δ 中的任何一个公式，则无法从 $\Gamma \vdash A$ 开始生成证明树 $\mathcal{T}$. 因此 Δ 是使得 $\Delta \vdash A$ 成立的极小公式集合，即 Δ 就是 A 关于序贯 $\Gamma \vdash A$ 和证明树 $\mathcal{T}$ 的必要前提集合. $\square$

例 7.4   给定序贯 $A, A \to B, B \to C \vdash C$，考虑它的下述证明树

$$\frac{\dfrac{A \vdash A^{*2}, B, C \quad A, B^{*2} \vdash B^{*1}, C}{A, (A \to B)^{*2} \vdash B^{*1}, C} (2) \qquad C^{*1}, A, A \to B \vdash C \,(3)}{A, A \to B, (B \to C)^{*1} \vdash C} (1)$$

结点 (1) 是 $\to$-L 规则的实例. 根据定义 7.2 (3)，C 关于证明树 $\mathcal{T}$ 的前提集合是

$$\{(B \to C)^{*1}, B^{*1}, C^{*1}\},$$

结点 (2) 也是 $\to$-L 规则的实例. 同样地，B^{*1} 的前提集合是

$$\{(A \to B)^{*2}, A^{*2}, B^{*2}\},$$

根据定义 7.2 (1)，A^{*2} 的前提是 A，B^{*1} 的前提是 B^{*2}，C 的前提是 C^{*1}. 根据定义 7.2，C 关于证明树 $\mathcal{T}$ 的前提集合是

$$\{A \to B, B \to C, A, B, C\}.$$

根据引理 7.1，C 关于证明树 $\mathcal{T}$ 的必要前提集合是

$$\{A, A \to B, B \to C\}.$$

定义 7.1 给出的必要前提集合的定义不是构造性的，它只给出了必要前提集合所具有的性质，而引理 7.1 的作用是在给定证明树 $\mathcal{T}$ 之后，将 A 关于 $\Gamma \vdash A$ 的证明树 $\mathcal{T}$ 的必要前提集合构造出来. 由于 $\Gamma \vdash A$ 可证是定义 7.1 的条件，所以证明树必存在，从而引理 7.1 的构造过程可行. 本节的三个例子都运用了引理 7.1 给出的方法来构造必要前提集合，所以引理 7.1 可视为必要前提集合的构造性定义.

另一方面，由于一个可证序贯可能存在多个证明树，所以 A 的必要前提集合也可能不唯一，但每一个必要前提集合都必须对应于一个证明树. 在这种情况下，定义 7.1 给出的记号 $B \mapsto_\Delta A$ 将写成 $B \mapsto_\mathcal{T} A$，而且 $\mathcal{T}$ 是不可缺少的，但有时为简单起见，在上下文不会引起误解的情况下，$B \mapsto_\mathcal{T} A$ 的下标 $\mathcal{T}$ 可被省略.

7.2 新猜想和新公理

本节研究关于一个形式理论 Γ 的新猜想和新公理的问题. 新猜想是一个与 Γ 的模型有关的概念，而新公理是一个与 Γ 的形式证明有关的概念. 当形式理论 Γ 遇到一个新猜想时，Γ 需要被扩充.

定义 7.3　新猜想

称语句 A 为形式理论 Γ 的新猜想，如果存在两个模型 $\mathbf{M}$ 和 $\mathbf{M}'$，使得

$$\mathbf{M} \models \Gamma, \mathbf{M} \models A \text{ 并且 } \mathbf{M}' \models \Gamma, \mathbf{M}' \models \neg A \text{ 均成立.}$$

定义 7.4　新公理

称语句 A 是形式理论 Γ 的新公理，如果 $\Gamma \vdash A$ 和 $\Gamma \vdash \neg A$ 均不可证.

如果语句 A 是 Γ 的新公理，称语句 A 与 Γ 逻辑独立. 根据 $\mathbf{G}$ 系统的可靠性和完全性，我们可以直接推出下述引理.

引理 7.2　语句 A 是 Γ 的新公理，当且仅当 A 是 Γ 的新猜想.

在新公理出现后，我们可以按下述方式扩充形式理论 Γ.

定义 7.5　N 扩充

设 A 是形式理论 Γ 的新公理. 集合 $\Gamma \cup \{A\}$ 称为 Γ 关于 A 的 N 扩充.

如果语句 A 是形式理论 Γ 的新公理，那么 A 一定是由研究者提出来的新实例或新猜想在一阶语言中的描述. 因为根据定义 7.4，A 与 $\neg A$ 均不是 Γ 的形式结论，所以新公理 A 不是对 Γ 进行形式推理的结果，只有根据引理 7.2，使用建立模型的方法，才能确认 A 是否为 Γ 的新公理，这就是被广泛采用的"模型检查"的方法. 当 Γ

遇到新公理 A 时，人们所能做的是对 Γ 进行 **N** 扩充，使扩充后的形式理论的新版本包含公理 A.

7.3 事实反驳和极大缩减

本节将讨论在第 6 章的例子中出现的形式理论 Γ 的事实反驳的概念，以及与之对应的证明论概念，即 Γ 的形式反驳. 当一个形式理论受到事实反驳时，人们需要对形式理论进行修正，而修正后所得到的结果称为极大缩减.

定义 7.6   事实反驳模型

设 Γ 为一个形式理论，A 是一个语句，并且 $\Gamma \models \neg A$ 成立. 如果存在模型 $\mathbf{M}$ 使得 $\mathbf{M} \models A$ 成立，那么称模型 $\mathbf{M}$ 是 Γ 的关于 A 的事实反驳模型，也称 Γ 关于 A 受到模型 $\mathbf{M}$ 的反驳. 令

$$\Gamma_{\mathbf{M}(A)} = \{\, B \mid B \in \Gamma, \ \mathbf{M} \models B, \ \mathbf{M} \models A \,\}.$$

称 $\mathbf{M}$ 是 Γ 关于 A 的理想事实反驳模型，如果 $\Gamma_{\mathbf{M}(A)}$ 是极大的，即不存在关于 A 的另一个事实反驳模型 $\mathbf{M}'$，使得 $\Gamma_{\mathbf{M}(A)} \subset \Gamma_{\mathbf{M}'(A)}$ 成立.

定义中出现的 $\Gamma_{\mathbf{M}(A)}$ 是在事实反驳模型 $\mathbf{M}$ 中为真的语句组成的集合，是与 A 协调的 Γ 的子集.

如无特别说明，本书今后只讨论理想事实反驳模型，有时也简称为事实反驳模型. 今后，本书称 A 为 Γ 的事实反驳，这是指：$\Gamma \models \neg A$ 成立，但存在理想事实反驳模型 $\mathbf{M}$，使 $\mathbf{M} \models A$ 成立.

由于 Γ 关于 A 的理想事实反驳模型 $\mathbf{M}$ 不只一个，所以对每一个事实反驳模型 $\mathbf{M}$，都存在一个集合 $\Gamma_{\mathbf{M}(A)}$，而这些集合构成一个类：

$$\mathcal{R}(\Gamma, A) = \{\, \Gamma_{\overline{\mathbf{M}}(A)} \mid \overline{\mathbf{M}} \text{ 是 } \Gamma \text{ 关于 } A \text{ 的理想事实反驳模型} \,\}.$$

总之，如果形式理论 Γ 受到 A 的事实反驳，这说明 Γ 所包含的某些公理受到事实反驳. 这些反驳是以证据的方式出现的，而证据就是 Γ 的反例，它在元语言环境中可用一个模型 $\mathbf{M}$ 来描述，使得在此模型中 A 为真. $\Gamma_{\mathbf{M}(A)}$ 是 Γ 的子集，它包含了 Γ 中所有在 $\mathbf{M}$ 中为真的语句，即未受到事实反驳的语句. 由于 A 是必须被接受的，所以要对 Γ 进行修改，就必须删除那些 Γ 中的在 $\mathbf{M}$ 中为假的语句，而保留 $\Gamma_{\mathbf{M}(A)}$ 中的语句.

在一阶语言中，与事实反驳相对应的证明论概念被称为形式反驳.

定义 7.7 形式反驳和极大缩减

如果 $\Gamma \vdash \neg A$ 可证，而且 $\neg A$ 不是永真语句，那么称 A 为 Γ 的形式反驳. 称形式理论 Λ 为 Γ 关于形式反驳 A 的极大缩减 (maximal contraction)，如果 Λ 是与 A 协调的 Γ 的极大子集. 令 $\mathcal{C}(\Gamma, A)$ 为 Γ 关于 A 的极大缩减所组成的集合.

下述引理说明形式反驳和事实反驳是相互对应的概念.

引理 7.3 设 Γ 为一个形式理论，A 为一个语句. A 为 Γ 的形式反驳，当且仅当 $\Gamma \models \neg A$ 成立，并且存在理想事实反驳模型 $\mathbf{M}$，使得 $\mathbf{M} \models A$ 成立.

证明 此引理是第 3 章中 $\mathbf{G}$ 系统的可靠性和完全性的直接推论. □

定理 7.1

$$\mathcal{C}(\Gamma, A) = \mathcal{R}(\Gamma, A)$$

证明 先证 $\mathcal{C}(\Gamma, A) \subseteq \mathcal{R}(\Gamma, A)$. 假定 $\Lambda \in \mathcal{C}(\Gamma, A)$. 由于 Λ 与 A 协调，故存在 $\mathbf{M}'$ 使得 $\mathbf{M}' \models \Lambda$ 及 $\mathbf{M}' \models A$ 成立. 因此，$\mathbf{M}'$ 是关于 A 的事实反驳模型. $\mathbf{M}'$ 必是极大的，因为如果不然，应存在另一个模型 $\mathbf{M}''$ 使得 $\mathbf{M}'' \models A$ 及 $\Gamma_{\mathbf{M}''(A)} \supset \Gamma_{\mathbf{M}'(A)} \supseteq \Lambda$ 成立，其中 $\supset$ 代表真包含，根据 Λ 的定义，这是不可能的.

再证 $\mathcal{R}(\Gamma, A) \subseteq \mathcal{C}(\Gamma, A)$. 假定 $\Lambda \in \mathcal{R}(\Gamma, A)$. 由定义存在 A 的理想事实反驳模型 $\overline{\mathbf{M}}$，使得 $\Lambda = \Gamma_{\overline{\mathbf{M}}(A)}$. 假定存在 Λ'，使得 $\Lambda \subset \Lambda'$ 成立，而且 $\Lambda' \subseteq \Gamma$ 并与 A 协调. 在这种情况下，存在 $\overline{\mathbf{M}'}$ 使得 $\overline{\mathbf{M}'} \models A$ 和 $\overline{\mathbf{M}'} \models \Lambda'$ 同时成立，从而 $\Gamma_{\overline{\mathbf{M}}(A)} \subset \Gamma_{\overline{\mathbf{M}'}(A)}$. 这与 $\overline{\mathbf{M}}$ 是一个理想事实反驳模型的假定矛盾，所以 $\Lambda \in \mathcal{C}(\Gamma, A)$. □

例 7.5 极大缩减

令形式理论 Γ 为下述语句集合

$$\{A, A \to B, B \to C, E \to F\}.$$

不难证明 $\Gamma \vdash C$ 成立. 假定 Γ 关于 $\neg C$ 受到模型 $\mathbf{M}$ 的事实反驳，使 $\mathbf{M} \models \neg C$ 成立. 所以 $\neg C$ 是必须接受的，并且是 Γ 的形式反驳. 根据定义 7.7，Γ 的与 $\neg C$ 协调的极大子集有 3 个：

$$\{A, A \to B, E \to F\}, \ \{A, B \to C, E \to F\}, \ \{A \to B, B \to C, E \to F\}.$$

它们都是 Γ 关于 $\neg C$ 的极大缩减. 这个例子说明，一个形式理论关于它的形式反驳的极大缩减不是唯一的.

根据定义 7.6，事实反驳只有在对形式理论做解释时才可能出现，事实反驳是在该形式理论的元语言环境中定义的，它们是在某个模型中为真的命题. 从一阶语言的角度看，公理系统与事实反驳模型的关系，必须用形式理论与模型的关系来描述. 但

是这种关系与本书第 2 章所讨论的形式理论与模型的关系不同. 第 2 章所关心的是
形式理论的模型, 即该形式理论在这个模型中为真; 而本章所研究的是事实反驳模
型, 该形式理论中的某些公理在事实反驳模型中为假.

　　一个形式理论受到事实反驳并将被修正, 这与本书前 5 章引入的有关一阶语言
和模型的概念、结论和方法并不矛盾. 本书在前 5 章中主要研究了形式理论的一般性
质, 研究了如何使用关于逻辑连接词符号和量词符号的演算系统 (例如 **G** 系统) 导
出形式理论的形式结论, 并研究和证明了 **G** 系统的可靠性和完全性, 以及形式理论
的不完全性等. 前 5 章的所有结论, **只是**关于**一个**形式理论的性质和结论. 只有当人
们将形式理论放在公理化进程中考察, 并把它作为进程中某个形式理论的一个版本
时, 形式理论的事实反驳和修正才会表现出来. 实际上, 在事实反驳出现的情况下,
可以分两步完成对形式理论 Γ 的修正: 首先对 Γ 做缩减, 即删除 Γ 中与 A 不协调的
语句, 得到 Γ 的关于形式反驳 A 的极大缩减 Γ', 它是 Γ 的一个新版本. 然后再对版
本 Γ' 进行一次 **N** 扩充, 把 A 作为它的新公理加入, 得到另一个新版本 Γ''.

　　极大缩减的概念与西方哲学中的奥卡姆剃刀原理 (Occam's razor) 是一致的. 该
原理称 "对事物的改进不能超过其必要性"[①]. 与本节讨论的内容相对照, "对事物
的改进" 可以解释为从理论 Γ 中删除与事实反驳 A 不协调的公理, 而 "改进不能超
过其必要性" 可以解释为所保留的公理组成的集合 $\Gamma_{\mathbf{M}(A)}$ 是与 A 协调的 Γ 的极大子
集.

　　总之 7.2 节和 7.3 节说明, 对于一个给定的形式理论 Γ, 不论是它的新猜想, 还
是它的事实反驳, 都不是此形式理论的逻辑结论. 它们是在此形式理论的元语言环境
中定义的, 是在涉及此理论的解释时被提出来的, 反映了形式理论与模型的交互作
用. 一个形式理论 Γ 和由它推出的全部结论 $Th(\Gamma)$ 是否被接受和采纳, 是由研究者决
定的, 而研究者的决定是根据 Γ 的形式结论是否受到事实反驳来做出的[②].

7.4　**R** 演　算

　　上一节告诉我们, 如果 Γ 是一个形式理论, 并且 $\Gamma \vdash \neg A$ 可证, 那么 Γ 关于形式
反驳 A 的极大缩减 Λ 是与 A 协调的 Γ 的极大子集. 本节将讨论对于给定的 Γ 和 A,
如何求解所有极大缩减的问题. 我们能否像第 3 章使用 **G** 系统进行形式证明那样,
也设计出一组关于逻辑连接词符号和量词符号的演算规则, 使得对给定的形式理论 Γ
和它的形式反驳 A, 可以使用这组规则, 推导出 Γ 关于 A 的所有极大缩减呢? 答案
是: 在对形式反驳进行限制的条件下, 可以设计出一组关于逻辑连接词符号和量词
符号的演算规则, 并推导出所有的极大缩减. 这种限制条件被称为 **R** 反驳, 而这组

---

① Entities are not to be multiplied beyond necessity, [Flew, 1979].
② 正是在这个意义上, 作者曾将关于形式理论版本序列的理论框架, 称之为 "开放逻辑" [Li, 1992].

演算规则被称为 **R** 演算系统.

定义 7.8 **R** 反驳

设 Γ 是一个形式理论, 又设 Δ 是由有穷个原子语句或原子语句的否定组成的形式理论. 如果 Δ 和 Γ 不协调, 那么称 Δ 是 Γ 的一个 **R** 反驳.

我们把 **R** 反驳的理想事实反驳模型称为 **R** 反驳模型, 定义如下.

定义 7.9 **R** 反驳模型

设 Δ 为由有穷个原子语句或原子语句的否定组成的形式理论 $\{A_1, \cdots, A_n\}$, 并且 $\Gamma \models \neg A_1 \vee \cdots \vee \neg A_n$ 成立. 如果存在模型 **M** 使得 $\mathbf{M} \models \Delta$ 成立, 那么称模型 **M** 是 Γ 的关于 Δ 的事实反驳模型, 也称 Γ 关于 Δ 受到模型 **M** 的反驳. 令

$$\Gamma_{\mathbf{M}(\Delta)} = \{\, B \mid B \in \Gamma, \mathbf{M} \models B, \mathbf{M} \models \Delta \,\}.$$

称 **M** 是 Γ 关于 Δ 的 **R** 反驳模型, 如果 $\Gamma_{\mathbf{M}(\Delta)}$ 是极大的, 即不存在关于 Δ 的另一个事实反驳模型 $\mathbf{M}'$, 使得 $\Gamma_{\mathbf{M}(\Delta)} \subset \Gamma_{\mathbf{M}'(\Delta)}$ 成立.

Δ 的另一种形式是 $A_1 \wedge \cdots \wedge A_n$, 所以 Γ 关于 Δ 的 **R** 反驳模型就是 Γ 关于 $A_1 \wedge \cdots \wedge A_n$ 的理想事实反驳模型.

定义 7.10 **R** 缩减

称形式理论 Λ 为形式理论 Γ 关于 **R** 反驳 Δ 的 **R** 缩减, 如果 Λ 是与 Δ 协调的 Γ 的极大子集.

定义 7.11 **R** 表达式

设 Γ 为有穷语句集合, 又设 Δ 为一个由有穷个原子语句或原子语句的否定组成的形式理论, 称

$$\Delta \mid \Gamma$$

为 **R** 表达式.

如果 Γ 是一个形式理论, Δ 为 Γ 的 **R** 反驳, 那么称 $\Delta \mid \Gamma$ 为 **R** 正则表达式.

为了叙述简便, 表达式 "|" 两边的 Δ 与 Γ 既可以视为语句的集合, 也可以视为语句的序列. 它们也可写成 A, B, Δ 及 A, B, Γ 的形式.

引理 7.4 如果 Δ 为 $\{A_1, \cdots, A_n\}$, 而 $\Delta \mid \Gamma$ 为一个 **R** 正则表达式, 那么

$$\Gamma \vdash \neg(A_1 \wedge \cdots \wedge A_n)$$

可证.

证明   根据引理 3.7 的 (2)，如果 Δ 和 Γ 不协调，那么 $\Gamma, \Delta \vdash \neg(A_1 \wedge \cdots \wedge A_n)$ 可证. 对 Δ 中的公式使用 $\wedge$-L 规则和 $\neg$-R 规则，得到 $\Gamma \vdash \neg(A_1 \wedge \cdots \wedge A_n)$ 可证. $\square$

对于 **R** 正则表达式 $\Delta \mid \Gamma$，Δ 可以看作语句 $A_1 \wedge \cdots \wedge A_n$. 根据引理 7.4 知 $\Gamma \vdash \neg(A_1 \wedge \cdots \wedge A_n)$ 可证，由形式反驳的定义，$A_1 \wedge \cdots \wedge A_n$ 就是 Γ 的形式反驳. 因此 **R** 反驳实际上可以看作一种仅由原子语句、原子语句的否定以及 $\wedge$ 组成的形式反驳. Γ 关于 **R** 反驳 Δ 的 **R** 缩减实际上就是 Γ 关于形式反驳 $A_1 \wedge \cdots \wedge A_n$ 的极大缩减.

定义 7.12   R 转换式

$$\Delta \mid \Gamma \Longrightarrow \Delta' \mid \Gamma'$$

称为 **R** 转换式，它把 **R** 表达式 $\Delta \mid \Gamma$ 转换为 **R** 表达式 $\Delta' \mid \Gamma'$.

特别地，**R** 转换式

$$\Delta \mid A, \Gamma \Longrightarrow \Delta \mid \Gamma$$

表示 **R** 表达式 $\Delta \mid A, \Gamma$ 转换为 $\Delta \mid \Gamma$，而转换的结果是使 "$\mid$" 右边的语句序列 A, Γ 中的 A 被删除.

下面我们将给出 **R** 演算系统，构造 **R** 演算的思路是：首先，事实反驳是对形式理论进行修改的依据，是必须接受的. 对 **R** 表达式而言，Δ 是 Γ 的 **R** 反驳，所以在 **R** 演算中，Δ 是必须确认和保留的，要修改的是 Γ，办法是删除 Γ 中与 Δ 不协调的语句，并最终得到 Γ 的所有关于 Δ 的 **R** 缩减，这就是定义 **R** 演算的目的. 从这个意义上说，**R** 演算是一种通过修改 Γ 使之与 Δ 保持协调的演算. 构造 **R** 演算的具体作法是，根据每个逻辑连接词符号和量词符号的语义，构造一个形式推理规则用以删除 Γ 中的部分语句，使保留的部分是与 Δ 协调的 Γ 的极大子集.

R 演算系统，简称 **R** 演算，是关于 **R** 表达式的演算. 它由四组规则组成，即 **R** 公理、**R** 逻辑连接词符号规则、**R** 量词符号规则和 **R** 删除规则.

定义 7.13   R 演算

R 演算是由 **R** 公理、**R** 逻辑连接词符号规则、**R** 量词符号规则和 **R** 删除规则组成的规则集合.

定义 7.14   R 公理

$$A, \Delta \mid \neg A, \Gamma \Longrightarrow A, \Delta \mid \Gamma$$

R 公理说明，如果 **R** 表达式右边的形式理论 $\neg A, \Gamma$ 包含 $\neg A$，那么它与左边的形式反驳 A 不协调，所以 **R** 表达式右边的 $\neg A$ 必须被删除.

下面定义的关于逻辑连接词符号和量词符号的规则，都是用我们所熟悉的分式的形式描述的，这里的分式是指，如果分子中的 **R** 转换式都成立，那么分母中的 **R** 转换式也成立.

定义 7.15　R-∧ 规则

$$\frac{\Delta \mid A, \Gamma \Longrightarrow \Delta \mid \Gamma}{\Delta \mid A \wedge B, \Gamma \Longrightarrow \Delta \mid \Gamma} \qquad \frac{\Delta \mid B, \Gamma \Longrightarrow \Delta \mid \Gamma}{\Delta \mid A \wedge B, \Gamma \Longrightarrow \Delta \mid \Gamma}$$

这条规则说明：如果 A 被删除，那么 $A \wedge B$ 必须被删除. 类似地有，如果 B 被删除，那么 $A \wedge B$ 也必须被删除. 以左边的规则为例，如果 $\Delta = \{\neg A\}$，那么根据 **R** 公理，规则分子中的 A 必须被删除. 又因为 $\Delta \vdash \neg A$ 可证，所以根据 **G** 系统，$\Delta \vdash \neg A \vee \neg B$ 可证，从而 $\Delta \vdash \neg(A \wedge B)$ 可证. 这说明 $A \wedge B$ 不可能与 Δ 协调，从而它也必须被删除.

定义 7.16　R-∨ 规则

$$\frac{\Delta \mid A, \Gamma \Longrightarrow \Delta \mid \Gamma \quad \Delta \mid B, \Gamma \Longrightarrow \Delta \mid \Gamma}{\Delta \mid A \vee B, \Gamma \Longrightarrow \Delta \mid \Gamma}$$

这条规则说明：如果 A 和 B 分别被删除，那么 $A \vee B$ 必须被删除. 例如，如果 $\Delta = \{\neg A, \neg B\}$，那么根据 **R** 公理，分子中的 A 与 B 应该分别被删除. 又因为 $\Delta \vdash \neg A$ 与 $\Delta \vdash \neg B$ 均可证，所以根据 **G** 系统，$\Delta \vdash \neg A \wedge \neg B$ 可证，从而 $\Delta \vdash \neg(A \vee B)$ 可证. 这说明 $A \vee B$ 不可能与 Δ 协调，从而它也必须被删除.

定义 7.17　R-→ 规则

$$\frac{\Delta \mid \neg A, \Gamma \Longrightarrow \Delta \mid \Gamma \quad \Delta \mid B, \Gamma \Longrightarrow \Delta \mid \Gamma}{\Delta \mid A \to B, \Gamma \Longrightarrow \Delta \mid \Gamma}$$

R-→ 规则是 **R**-∨ 规则的一个特例.

定义 7.18　R-∀ 规则

$$\frac{\Delta \mid A[t/x], \Gamma \Longrightarrow \Delta \mid \Gamma}{\Delta \mid \forall x A(x), \Gamma \Longrightarrow \Delta \mid \Gamma}$$

t 是一个项，并且 x 不是 t 中的自由变元.

R-∀ 规则可以理解为：如果存在项 t 使得 $A[t/x]$ 与 Δ 不协调，那么 $\forall x A(x)$ 与 Δ 也不可能协调，所以它必须被删除. 例如，如果 $\Delta = \{\neg A[t/x]\}$，那么根据 **R** 公理，规则分子中的 $A[t/x]$ 应该被删除. 又因为 $\Delta \vdash \neg A[t/x]$ 可证，所以根据 **G** 系统，$\Delta \vdash \neg \forall x A(x)$ 可证. 这说明 $\forall x A(x)$ 不可能与 Δ 协调，从而它也必须被删除.

定义 7.19　R-∃ 规则

$$\frac{\Delta \mid A[y/x], \Gamma \Longrightarrow \Delta \mid \Gamma}{\Delta \mid \exists x A(x), \Gamma \Longrightarrow \Delta \mid \Gamma}$$

y 或者是 x，或者是任意一个新变元 (eigen-variable)，即变元 y 与 **R**-∃ 规则分母中的所有自由变元都不相同.

此规则可以理解为：对任意新变元 y，$A[y/x]$ 被删除，那么 $\exists x A(x)$ 也必须被删除. 例如，如果 $\Delta = \{\neg A[y/x]\}$，那么根据 **R** 公理，规则分子中的 $A[y/x]$ 应该被删除. 又因为 $\Delta \vdash \neg A[y/x]$ 可证，所以根据 **G** 系统，$\Delta \vdash \neg \exists x A(x)$ 可证. 这说明 $\exists x A(x)$ 不可能与 Δ 协调，从而它也必须被删除.

定义 7.20　R 删除规则 -I

$$\frac{\Gamma_1, A, \Gamma_2 \vdash C \qquad A \mapsto_{\mathcal{T}} C \qquad \Delta \mid C, \Gamma_2 \Longrightarrow \Delta \mid \Gamma_2}{\Delta \mid \Gamma_1, A, \Gamma_2 \Longrightarrow \Delta \mid \Gamma_1, \Gamma_2}$$

R 删除规则 -I 的分子给出的条件是：

(1) $\Gamma_1, A, \Gamma_2 \vdash C$ 可证. 这说明公式 C 是 Γ_1, A, Γ_2 的一个形式结论；

(2) 条件 $A \mapsto_{\mathcal{T}} C$ 成立. 这说明 A 是 C 的关于证明树 $\mathcal{T}$ 的必要前提，这里 $\mathcal{T}$ 是 $\Gamma_1, A, \Gamma_2 \vdash C$ 的证明树；

(3) **R** 转换式 $\Delta \mid C, \Gamma_2 \Longrightarrow \Delta \mid \Gamma_2$ 成立. 这说明 Γ_1, A, Γ_2 的形式结论 C 受到 Δ 的 **R** 反驳，应被删除.

R 删除规则 -I 说明，当分子诸条件成立时，分母中 **R** 表达式 $\Delta \mid \Gamma_1, A, \Gamma_2$ 中 $\mid$ 右边的 A 也应被删除，因为它是形式结论 C 的必要前提.

R 删除规则 -I 还有另一种等价形式，这种形式在证明过程中经常被使用.

定义 7.21　R 删除规则 -II

$$\frac{\Gamma_1, A \vdash B \quad A \mapsto_{\mathcal{T}} B \quad B, \Gamma_2 \vdash C \quad \Delta \mid C, \Gamma_2 \Longrightarrow \Delta \mid \Gamma_2}{\Delta \mid \Gamma_1, A, \Gamma_2 \Longrightarrow \Delta \mid \Gamma_1, \Gamma_2}$$

此规则的分子给出的条件是：

(1) $\Gamma_1, A \vdash B$ 和 $B, \Gamma_2 \vdash C$ 均可证. 这说明公式 C 是 Γ_1, A, Γ_2 的一个形式结论，并且 B 是在 C 的证明中所需要的引理，而 $\Gamma_1, A \vdash B$ 说明引理 B 可证；

(2) 条件 $A \mapsto_{\mathcal{T}} B$ 成立. 这说明 A 是 B 的关于证明树 $\mathcal{T}$ 的必要前提，这里 $\mathcal{T}$ 是 $\Gamma_1, A, \Gamma_2 \vdash B$ 的证明树；

(3) **R** 转换式 $\Delta \mid C, \Gamma_2 \Longrightarrow \Delta \mid \Gamma_2$ 成立. 这说明 Γ_1, A, Γ_2 的形式结论 C 受到 Δ 的 **R** 反驳，应被删除.

R 删除规则 -II 说明，当分子诸条件成立时，分母中 **R** 表达式 $\Delta \mid \Gamma_1, A, \Gamma_2$ 中 $\mid$ 右边的 A 也应被删除，因为它是形式结论 C 的必要前提.

引理 7.5 **R** 删除规则 -I 成立当且仅当 **R** 删除规则 -II 成立.

证明 必要性：由于 $\Gamma_1, A \vdash B$ 和 $B, \Gamma_2 \vdash C$ 均可证，设它们的证明树分别为 $\mathcal{T}_1$ 和 $\mathcal{T}_2$，根据 **G** 系统的删除规则可得 $\Gamma_1, A, \Gamma_2 \vdash C$ 也可证，并且此序贯的证明树 $\mathcal{T}$ 由 $\mathcal{T}_1$、$\mathcal{T}_2$ 和删除规则的实例构成. 由于 B 是在 C 的证明中所需要的引理，所以 B 是 C 的前提. 由条件 $A \mapsto_{\mathcal{T}_1} B$ 成立，知 A 是 B 的必要前提. 因此根据定义 7.2 的 (4) 可得 A 也是 C 的前提. 再由必要前提的定义可知 $A \mapsto_{\mathcal{T}} C$ 成立. 注意到 **R** 转换式 $\Delta \mid C, \Gamma_2 \Longrightarrow \Delta \mid \Gamma_2$ 是 **R** 删除规则 -II 的条件. 上述三段论证表明如果 **R** 删除规则 -II 分子中的条件满足，那么 **R** 删除规则 -I 分子中的条件也满足. 这表明 **R** 删除规则 -I 可以推导出 **R** 删除规则 -II.

充分性：由 **R** 删除规则 -I 的条件可知 $\Gamma_1, A, \Gamma_2 \vdash C$ 可证，设对应的证明树为 $\mathcal{T}$，并且条件 $A \mapsto_{\mathcal{T}} C$ 成立. 根据公理规则有 $C, \Gamma_2 \vdash C$ 可证，并且 C 是证明中所需要的引理. 注意到 **R** 转换式 $\Delta \mid C, \Gamma_2 \Longrightarrow \Delta \mid \Gamma_2$ 是 **R** 删除规则 -I 的条件. 上述三段论证表明如果 **R** 删除规则 -I 分子中的条件满足，那么 **R** 删除规则 -II 分子中的条件也满足. 这表明 **R** 删除规则 -II 可以推导出 **R** 删除规则 -I. □

引理 7.6 **R-¬ 导出规则**

$$\frac{\Delta \mid A', \Gamma \Longrightarrow \Delta \mid \Gamma}{\Delta \mid A, \Gamma \Longrightarrow \Delta \mid \Gamma}$$

成立，其中 A 与 A' 由下表决定.

A	$\neg(B \wedge C)$	$\neg(B \vee C)$	$\neg\neg B$	$\neg(B \to C)$	$\neg \forall x B(x)$	$\neg \exists x B(x)$
A'	$\neg B \vee \neg C$	$\neg B \wedge \neg C$	B	$B \wedge \neg C$	$\exists x \neg B(x)$	$\forall x \neg B(x)$

证明 由上表可知 $A \vdash A'$ 可证，所以 $A, \Gamma \vdash A'$ 也可证，并且 $A \mapsto_{\mathcal{T}} A'$ 成立，其中 $\mathcal{T}$ 是序贯 $A, \Gamma \vdash A'$ 的证明树. 如果 $\Delta \mid A', \Gamma \Longrightarrow \Delta \mid \Gamma$ 成立，那么根据 **R** 删除规则 -I 有

$$\frac{A, \Gamma \vdash A' \qquad A \mapsto_{\mathcal{T}} A' \qquad \Delta \mid A', \Gamma \Longrightarrow \Delta \mid \Gamma}{\Delta \mid A, \Gamma \Longrightarrow \Delta \mid \Gamma}$$

成立. 因此，**R-¬** 导出规则也成立. □

此导出规则中出现的 A 是一个复合公式，而公式 A' 是公式 A 关于 ¬ 的展开，是一个与 A 等价的公式. 此导出规则可以解释为：如果 A' 被删除，那么 A 也必须被删除.

定义 7.22 **R 推理树和 R 证明树**

给定 **R** 转换式 $\Delta \mid \Gamma \Longrightarrow \Delta \mid \Gamma'$，树 $\mathcal{T}$ 被称为 **R** 转换式 $\Delta \mid \Gamma \Longrightarrow \Delta \mid \Gamma'$ 的 **R** 推理树，如果 $\mathcal{T}$ 的每一个结点为一个 **R** 转换式的实例，并且满足

(1) 单点树是 **R** 推理树，如果它的结点是一个 **R** 转换式的实例.

(2) 设 $\mathcal{T}_1$ 是 **R** 推理树，其根结点为 **R** 转换式 $\Delta \mid \Gamma_1 \Longrightarrow \Delta \mid \Gamma'_1$. 如果下述分式 (a) 是 **R** 演算系统的某一个规则的实例，那么树型结构

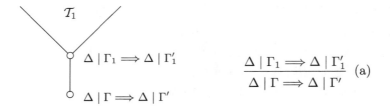

是关于 $\Delta \mid \Gamma \Longrightarrow \Delta \mid \Gamma'$ 的 **R** 推理树.

(3) 设 $\mathcal{T}_1, \mathcal{T}_2$ 是 **R** 推理树，其根结点分别为 $\Delta \mid \Gamma_1 \Longrightarrow \Delta \mid \Gamma'_1, \Delta \mid \Gamma_2 \Longrightarrow \Delta \mid \Gamma'_2$. 如果下述分式 (b)

$$\frac{\Delta \mid \Gamma_1 \Longrightarrow \Delta \mid \Gamma'_1 \qquad \Delta \mid \Gamma_2 \Longrightarrow \Delta \mid \Gamma'_2}{\Delta \mid \Gamma \Longrightarrow \Delta \mid \Gamma'} \text{ (b)}$$

是 **R** 演算系统的某一个规则的实例，那么树型结构

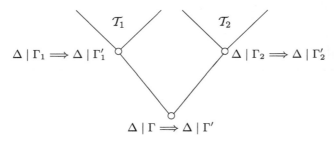

是关于 $\Delta \mid \Gamma \Longrightarrow \Delta \mid \Gamma'$ 的 **R** 推理树.

如果 $\mathcal{T}$ 是 **R** 转换式 $\Delta \mid \Gamma \Longrightarrow \Delta \mid \Gamma'$ 的有穷 **R** 推理树并且其叶结点均为 **R** 公理实例，那么称 $\mathcal{T}$ 是 $\Delta \mid \Gamma \Longrightarrow \Delta \mid \Gamma'$ 的 **R** 证明树.

定义 7.23　R 可证

称一个 **R** 转换式可证，如果此 **R** 转换式的 **R** 证明树存在. 反之，则称 **R** 转换式 $\Delta \mid \Gamma \Longrightarrow \Delta \mid \Gamma'$ 不可证.

称

$$\Delta \mid \Gamma \Longrightarrow \cdots \Longrightarrow \Delta \mid \Gamma_n \Longrightarrow \cdots \Longrightarrow \Delta \mid \Gamma'$$

为 **R** 转换序列，记为

$$\Delta \mid \Gamma \Longrightarrow^* \Delta \mid \Gamma'$$

其中 $\Longrightarrow^*$ 代表有穷或可数无穷次转换. 称 $\Delta\,|\,\Gamma \Longrightarrow^* \Delta\,|\,\Gamma'$ 可证，如果 **R** 转换序列 $\Delta\,|\,\Gamma \Longrightarrow^* \Delta\,|\,\Gamma'$ 中的每一个 **R** 转换式都可证.

定义 7.24　R 终止表达式

对给定的 **R** 表达式 $\Delta\,|\,\Gamma$，如果 Δ 与 Γ 协调，那么称 $\Delta\,|\,\Gamma$ 为 **R** 终止表达式，或简称 **R** 终止式.

概括地说，一个 **R** 表达式 $\Delta\,|\,\Gamma$ 包括左、右两部分. 对于 **R** 正则表达式，它右边的 Γ 是一个形式理论，它左边的 Δ 是 Γ 的 **R** 反驳，Δ 由原子语句或原子语句的否定组成. Δ 在 **R** 规则中的作用是决定 Γ 中的公理的去留.

R 删除规则与 **R** 演算的逻辑连接词符号规则以及量词符号规则不同. 当形式理论的某个结论受到反驳时，它被用于删除此形式结论的必要前提. 由于对同一个序贯证明树可能不是唯一的，对于同一个 **R** 正则表达式，我们使用 **R** 删除规则时，对不同的证明树会得到不同的 **R** 转换序列.

选取原子语句和原子语句的否定来定义 **R** 反驳的原因在于：一方面，在科学研究中，事实反驳大多数是试验数据或者简单事例，它们通常被原子语句或原子语句的否定来描述，而不是被一个包含析取的复合命题来描述；另一方面，从构造 **R** 演算的技术层面考虑，如果形式反驳是一个包含逻辑连接词符号 $\vee$ 的复合语句，那么很难找到一个像 **G** 系统的 $\vee$-L 规则那样形式简单的规则. 所以我们采取了与力迫理论 [Burgess, 1977, 王世强, 1987] 中的 T 条件类似的处理方法，规定 **R** 反驳 Δ 是由有穷个原子语句或原子语句的否定组成的、与 Γ 不协调的形式理论.

7.5　几个例子

本节将通过 4 个例子来说明如何使用 **R** 演算.

例 7.6　狭义相对论

在第 6 章中我们介绍过爱因斯坦提出狭义相对论的思路. 现在让我们用 **R** 演算来说明他的思路在逻辑上是正确的. 设谓词 R 代表相对性原理，N_1，N_2，N_3 分别代表牛顿三定律，E 代表万有引力定律，而伽利略变换 **V** 可以用下述公式描述：

$$\forall x(B(x) \rightarrow A(x))$$

可用下述形式理论来描述与爱因斯坦建立狭义相对论有关的经典物理学定律：

$$\{B[c], \forall x(B(x) \rightarrow A(x)), R,\ N_1,\ N_2, N_3,\ E\}$$

使用 **G** 系统，知

$$B[c], \forall x(B(x) \rightarrow A(x)) \vdash A[c] \tag{7.1}$$

可证. 此序贯可解释为：经典物理学预言"观测者在参照系 K' 中观测到的光速随参照系 K' 相对于参照系 K 的运动速度而改变". 但是，迄今为止科学试验与天文观测都支持其反面 $\neg A[c]$，也就是"光的传播速度不依赖于发光物体的运动速度". 在这种情况下，$A[c]$ 受到了事实反驳. 爱因斯坦凭借他出色的逻辑直觉，得出必须删除伽利略变换的结论.

　　$\mathbf{R}$ 演算可以验证爱因斯坦的逻辑直觉是正确的. 令

$$\Gamma = \{B[c], \forall x(B(x) \rightarrow A(x)), R, \ N_1, \ N_2, N_3, \ E\}$$

$$\Gamma' = \{B[c], R, \ N_1, \ N_2, \ N_3, \ E\}$$

　　由于 $\neg A[c]$ 得到试验的支持，是事实反驳，它必须被接受. 又因为 $\Gamma \vdash A[c]$ 可证，所以 $\neg A[c]$ 是关于 Γ 的形式反驳，而 $\{B[c], \neg A[c]\}$ 是 Γ 的 $\mathbf{R}$ 反驳.

$$B[c], \neg A[c] \mid A[c], \Gamma' \Longrightarrow B[c], \neg A[c] \mid \Gamma'$$

是 $\mathbf{R}$ 公理，

$$B[c], \neg A[c] \mid \neg B[c], \Gamma' \Longrightarrow B[c], \neg A[c] \mid \Gamma'$$

也是 $\mathbf{R}$ 公理，根据 $\mathbf{R}\text{-}\rightarrow$ 规则，知下述 $\mathbf{R}$ 转换式

$$B[c], \neg A[c] \mid B[c] \rightarrow A[c], \Gamma' \Longrightarrow B[c], \neg A[c] \mid \Gamma'$$

成立，即 $B[c] \rightarrow A[c]$ 被删除. 再根据 $\mathbf{R}\text{-}\forall$ 规则，知 $\mathbf{R}$ 转换式

$$B[c], \neg A[c] \mid \forall x(B(x) \rightarrow A(x)), \Gamma' \Longrightarrow B[c], \neg A[c] \mid \Gamma'$$

也成立，这就是 $\forall x(B(x) \rightarrow A(x)$ 被删除，即伽利略变换必须被删除.

　　这个例子说明 $\mathbf{R}$ 演算在科学研究中有下述两方面的作用. 首先，可证序贯 (7.1) 说明：使用 $\mathbf{G}$ 系统可以"演算"或者"推导"出经典物理学所预言的事件. 其次，在决定是否删除伽利略变换这点上，$\mathbf{R}$ 演算的推导结果验证了爱因斯坦的逻辑直觉，这说明在科学研究中，特别是当现有理论与观测或试验结果不符合，即出现事实反驳的时候，在许多情况下，科学家们作出的正确选择是可以被"演算"出来的，即可以被 $\mathbf{R}$ 演算推导出来.

　　需要指出的是对此例而言，当出现事实反驳时，正确的选择只有一个，即承认光速不变原理并删除伽利略变换，这正是爱因斯坦的选择. 我们将在下面的例子中看到，当出现事实反驳时，研究者可能面临多种选择，在这种情况下，$\mathbf{R}$ 演算可以推导出所有可供选择的方案，即与形式反驳协调的所有极大子集，供研究者参考.

例 7.7　R 删除规则

令 Γ 为 7.3 节例 7.5 给出的形式理论

$$\{A, A \to B, B \to C, E \to F\}.$$

根据 **G** 系统，$\Gamma \vdash C$ 可证. 假定 Γ 的形式结论 C 受到事实反驳，也就是 $\neg C$ 成立. Γ 关于 $\neg C$ 的极大缩减有 3 个：

$$\{A, A \to B, E \to F\}, \quad \{A, B \to C, E \to F\}, \quad \{A \to B, B \to C, E \to F\}.$$

本例将证明，使用 **R** 演算可以将每一个极大缩减推导出来. 首先, 考虑 $\{A, A \to B, E \to F\}$. 令

$$\Gamma_1 = \{A, A \to B\}, \qquad \Gamma_2 = \{E \to F\}.$$

根据 **G** 系统，知

$$\Gamma_1, B \to C, \Gamma_2 \vdash C$$

可证. 而 $B \to C$ 是 C 的前提，也是 Γ 的一员，所以，$B \to C \mapsto C$ 成立. 根据 **R** 演算公理又有

$$\neg C \mid C, \Gamma_2 \Longrightarrow \neg C \mid \Gamma_2$$

故使用 **R** 删除规则 -I，得到

$$\neg C \mid \Gamma_1, B \to C, \Gamma_2 \Longrightarrow \neg C \mid \Gamma_1, \Gamma_2$$

而 Γ_1, Γ_2 就是 $\{A, A \to B, E \to F\}$.

使用 **R** 删除规则，可以导出另一个极大缩减 $\{A, B \to C, E \to F\}$. 只要令

$$\Gamma_1 = \{A\}, \qquad \Gamma_2 = \{B \to C, E \to F\}.$$

根据 **G** 系统，知

$$\Gamma_1, A \to B \vdash B \ \text{和} \ B, \Gamma_2 \vdash C$$

均可证. 而 $A \to B$ 既是 B 的前提，也是 Γ 的一员，故 $A \to B \mapsto B$ 成立. 根据 **R** 演算公理又有

$$\neg C \mid C, \Gamma_2 \Longrightarrow \neg C \mid \Gamma_2$$

使用 **R** 删除规则 -II，有

$$\neg C \mid \Gamma_1, A \to B, \Gamma_2 \Longrightarrow \neg C \mid \Gamma_1, \Gamma_2$$

成立. 而 Γ_1, Γ_2 就是 $\{A, B \to C, E \to F\}$. 最后，令

$$\Gamma_1 = \varnothing, \qquad \Gamma_2 = \{A \to B, B \to C, E \to F\}.$$

使用 **R** 删除规则，我们可以得到第 3 个极大缩减 $\{A \to B, B \to C, E \to F\}$.

例 7.8 令①

$$\Delta = \{A, B\}, \qquad \Gamma = \{A \to C, C \to \neg B\}$$

我们可以证明 A 与 Γ 协调，B 也与 Γ 协调，但是 $A \wedge B$ 与 Γ 不协调. 在这种情况下，我们仍然可以使用 **R** 演算来得到与 Δ 协调的 Γ 的极大子集. 根据 **G** 规则我们可以得到 $\Gamma \vdash A \to \neg B$ 可证. 这也就是 $\Gamma \vdash \neg A \vee \neg B$ 可证. 并且我们容易证明 $A \to C \mapsto \neg A \vee \neg B$ 成立. 根据 **R** 公理，知

$$\Delta \mid \neg A \Longrightarrow \Delta \mid \varnothing$$

和

$$\Delta \mid \neg B \Longrightarrow \Delta \mid \varnothing$$

均成立. 再根据 **R**-$\vee$ 规则可得

$$\Delta \mid \neg A \vee \neg B \Longrightarrow \Delta \mid \varnothing$$

成立. 应用 **R** 删除规则 -I，得

$$\Delta \mid A \to C, C \to \neg B \Longrightarrow \Delta \mid C \to \neg B$$

也成立. $\{C \to \neg B\}$ 就是 Γ 关于 Δ 的一个极大缩减. 我们同样可以使用 **R** 演算得到 Γ 关于 Δ 的另一个极大缩减 $\{A \to C\}$.

下面的例子涉及 **R** 演算的合理性.

例 7.9 令 Γ' 为 $\{\neg A \wedge B\}$，而 Δ 为 $\{A\}$. 显然 $\Gamma' \vdash \neg A$ 可证. 根据 **R**-$\wedge$ 规则，有

$$\Delta \mid \neg A \wedge B \Longrightarrow \Delta \mid \varnothing.$$

但是，若令 Γ' 为 $\{\neg A, B\}$，而 Δ 仍为 $\{A\}$. 根据 **R** 公理，有

$$\Delta \mid \neg A, B \Longrightarrow \Delta \mid B$$

这似乎不大合理，因为形式理论 $\{\neg A \wedge B\}$ 与形式理论 $\{\neg A, B\}$ 好像是同一个形式理论，至少它们的语义相同，因此，经 **R** 演算进行删除后，所得的结果也应该相同. 对此我们的看法是，在这种情况下，**R** 演算仍然是合理的，因为作为形式理论的一条公理，$\neg A \wedge B$ 与 A 不协调，所以必须被删除. 而形式理论 $\{\neg A, B\}$ 包含两条公理，其中只有 $\neg A$ 与 A 不协调，而 $\neg A \wedge B$ 只是它的形式结论.

---

① 此例是由罗杰提出的.

7.6 R 演算的可达性

7.5 节的例 7.6、例 7.7 和例 7.8 说明，对于给定的 R 反驳 Δ，R 演算能将 Γ 关于 Δ 的所有 R 缩减都推演出来，这就是 R 演算的可达性问题. 对任意给定的形式理论和它的一个 R 反驳，这种可达性是否都成立？本节将证明 R 演算具有可达性.

定义 7.25　R 可达性

如果对任意给定的 R 正则表达式 $\Delta \mid \Gamma$，以及 Γ 关于 Δ 的任意一个 R 缩减 Γ'，都存在一个 R 转换序列，使得

$$\Delta \mid \Gamma \Longrightarrow^* \Delta \mid \Gamma'$$

可证，并且 $\Delta \mid \Gamma'$ 是一个 R 终止式，那么称 R 演算是 R 可达的.

定理 7.2　R 可达性

R 演算是 R 可达的.

证明　设 $\Delta \mid \Gamma$ 为任意给定的 R 正则表达式，$\Delta = \{A_1, A_2, \cdots, A_n\}$，$\Gamma'$ 是 Γ 关于 Δ 的任意一个 R 缩减. 下面我们证明 R 转换序列

$$\Delta \mid \Gamma \Longrightarrow^* \Delta \mid \Gamma'$$

可证，并且 $\Delta \mid \Gamma'$ 是 R 终止式.

令 $\Gamma'' = \Gamma - \Gamma'$. 下面证明对任意 $B \in \Gamma''$，使用 R 演算可以将 B 删除. 首先，令 $\Gamma_1 = \Gamma'' - \{B\}$，$\Gamma_2 = \Gamma'$. $\Gamma_1, B \vdash B$ 可证，根据定义 7.2，B 是 B 的前提，而且 $B \in \Gamma$，故 $B \mapsto B$. 根据 R 缩减的定义，$\Gamma_2 \cup \{B\}$ 与 Δ 不协调，即 $\Delta \mid \Gamma_2, B$ 是一个 R 正则表达式，根据引理 7.4 我们有 $\Gamma_2, B \vdash \neg(A_1 \wedge \cdots \wedge A_n)$ 可证，并且 B 是证明中所需要用到的引理. 根据 R 公理规则又可得

$$\Delta \mid \neg(A_1 \wedge \cdots \wedge A_n), \Gamma_2 \Longrightarrow \Delta \mid \Gamma_2$$

可证. 所以 R- 删除规则 -II 分子中的所有条件都满足，由此得

$$\Delta \mid \Gamma_1, B, \Gamma_2 \Longrightarrow \Delta \mid \Gamma_1, \Gamma_2$$

可证，即 B 被删除. 使用相同的方法，我们可以将 Γ'' 中的每一个元素删除，这样就得到了一个 R 转换序列

$$\Delta \mid \Gamma \Longrightarrow^* \Delta \mid \Gamma'$$

并且此 R 转换序列中的每一个 R 转换式都可证，也就是此 R 转换序列可证.

由于 Γ' 是与 Δ 协调的 Γ 的极大子集，再根据定义 7.24，知 $\Delta \mid \Gamma'$ 是一个 $\mathbf{R}$ 终止式. 因此，$\mathbf{R}$ 演算是 $\mathbf{R}$ 可达的.   □

定理 7.2 的逆定理不成立. 事实上，对任意 $\mathbf{R}$ 转换序列

$$\Delta \mid \Gamma \Longrightarrow^* \Delta \mid \Gamma',$$

其中 $\Delta \mid \Gamma'$ 是一个 $\mathbf{R}$ 终止式，但是 Γ' 不一定是 Γ 关于 Δ 的 $\mathbf{R}$ 缩减. 看下面的例子.

例 7.10   关于 $\mathbf{R}$ 可达性的逆命题
令 Γ 为

$$\{A, A \to B, B \to C, A \to E, E \to C\}$$

根据 $\mathbf{G}$ 系统，$\Gamma \vdash C$ 成立. 考虑 Γ 的形式反驳 $\neg C$. 根据例 7.7，使用 $\mathbf{R}$ 删除规则，可删除 $A \to B$，由于

$$A, A \to E, E \to C \vdash C$$

再使用一次 $\mathbf{R}$ 删除规则，删除 A，得到

$$\{B \to C, A \to E, E \to C\}$$

而上式并不是 Γ 与 $\neg C$ 协调的极大子集，因为 $\mathbf{R}$ 缩减是

$$\{A \to B, B \to C, A \to E, E \to C\}.$$

引理 7.7   对于 $\mathbf{R}$ 逻辑连接词符号规则、$\mathbf{R}$ 量词符号规则和 $\mathbf{R}$ 删除规则，如果规则分母中的 $\mathbf{R}$ 转换式 $\Longrightarrow$ 左边的 $\mathbf{R}$ 表达式是 $\mathbf{R}$ 终止式，那么规则分子中至少有一个 $\mathbf{R}$ 转换式 $\Longrightarrow$ 左边的 $\mathbf{R}$ 表达式是 $\mathbf{R}$ 终止式.

证明   下面我们分别对相关的 $\mathbf{R}$ 规则使用反证法，证明它们具有引理所给出的性质. 证明中所用到的符号均为定义 7.15 ~ 7.20 中使用的符号.

(1) 对于 $\mathbf{R}$-$\wedge$ 规则，假设 $\Delta \mid A, \Gamma$ 不是 $\mathbf{R}$ 终止式，那么 Δ 就与 $\{A\} \cup \Gamma$ 不协调. 根据引理 3.7 的 (2) 可得 $\Delta, A, \Gamma \vdash \neg B$ 可证. 根据 $\neg$-R 规则，这也就是 $\Delta, A, B, \Gamma \vdash$ 可证. 再使用 $\wedge$-L 规则得 $\Delta, A \wedge B, \Gamma \vdash$ 可证. 根据 $\neg$-R 规则，此即 $\Delta, \Gamma \vdash \neg(A \wedge B)$ 可证. 根据协调性定义可得 $\Delta \cup \Gamma$ 与 $A \wedge B$ 不协调，这与 $\Delta \mid A \wedge B, \Gamma$ 是 $\mathbf{R}$ 终止式相矛盾. 所以 $\Delta \mid A, \Gamma$ 是 $\mathbf{R}$ 终止式.

(2) 对于 $\mathbf{R}$-$\vee$ 规则，假设 $\Delta \mid A, \Gamma$ 和 $\Delta \mid B, \Gamma$ 都不是 $\mathbf{R}$ 终止式，那么根据 $\mathbf{R}$ 终止式的定义可知 Δ 就与 $\{A\} \cup \Gamma$ 和 $\{B\} \cup \Gamma$ 均不协调. 由引理 3.7 的 (2) 可得 $\Delta, A, \Gamma \vdash \neg(A \vee B)$ 和 $\Delta, B, \Gamma \vdash \neg(A \vee B)$ 均可证. 根据 $\vee$-L 规则，这也就是 $\Delta, A \vee B, \Gamma \vdash \neg(A \vee B)$ 可证. 再使用 $\neg$-R 规则得 $\Delta, \Gamma \vdash \neg(A \vee B)$ 可证. 根据协调

性定义可得 $\Delta \cup \Gamma$ 与 $A \vee B$ 不协调, 这与 $\Delta \mid A \vee B, \Gamma$ 是 R 终止式相矛盾. 所以 $\Delta \mid A, \Gamma$ 和 $\Delta \mid B, \Gamma$ 中至少有一个是 R 终止式.

(3) 对于 R-$\rightarrow$ 规则, 证明与 R-$\vee$ 规则类似.

(4) 对于 R-$\forall$ 规则和 R-$\exists$ 规则, 证明与 R-$\wedge$ 规则类似.

(5) 对于 R 删除规则, 假设 $\Delta \mid C, \Gamma_2$ 不是 R 终止式, 那么根据 R 终止式的定义可知 Δ 就与 $\{C\} \cup \Gamma_2$ 不协调. 由引理 3.7 的 (2) 可得 $\Delta, C, \Gamma_2 \vdash \neg C$ 可证. 根据 $\neg$-R 规则, 这就是 $\Delta, \Gamma_2 \vdash \neg C$ 可证. 所以根据引理 3.6, $\Delta, \Gamma_1, A, \Gamma_2 \vdash \neg C$ 也可证. 由于条件中 $\Gamma_1, A, \Gamma_2 \vdash C$ 也是可证的, 所以 $\Delta, \Gamma_1, A, \Gamma_2 \vdash C$ 也可证. 根据协调性定义, $\Delta \cup \Gamma_1 \cup \{A\} \cup \Gamma_2$ 不协调. 这与 $\Delta \mid \Gamma_1, A, \Gamma_2$ 是 R 终止式相矛盾. 所以 $\Delta \mid C, \Gamma_2$ 是 R 终止式.   □

引理 7.8   如果 $\Delta \mid \Gamma$ 为一个 R 终止式, 那么不存在形式理论 $\Gamma' \subset \Gamma$, 使得 R 转换式

$$\Delta \mid \Gamma \Longrightarrow \Delta \mid \Gamma'$$

可证.

证明   我们用反证法证明此引理. 假设存在一个 $\Gamma' \subset \Gamma$, 使得 R 转换式

$$\Delta \mid \Gamma \Longrightarrow \Delta \mid \Gamma'$$

可证, 我们证明: 它的 R 证明树 $\mathcal{T}$ 中一定存在一条连接根结点和叶结点的路径 (path), 使得此路径中所有结点的 R 转换式 $\Longrightarrow$ 左边的 R 表达式, 都是 R 终止式. 但是由于此路径的叶结点必须是 R 公理的实例, 它的 R 转换式 $\Longrightarrow$ 左边的 R 表达式不可能是 R 终止式, 从而导致矛盾. 根据 R 证明树的结构归纳定义 7.22, 我们通过对 $\mathcal{T}$ 作结构归纳, 证明这一路径的存在性.

(1) $\mathcal{T}$ 是单点树, 那么它就是

$$\Delta \mid \Gamma \Longrightarrow \Delta \mid \Gamma'.$$

而根据引理的条件, $\Delta \mid \Gamma$ 是一个 R 终止式, 所以根结点到自身的路径就满足要求.

(2) 定义 7.22 (2) 中的公式 (a) 只能是 R-$\wedge$ 规则、R-$\forall$ 规则、R-$\exists$ 规则或 R- 删除规则的实例. 由引理 7.7 知公式 (a) 中的 R 表达式 $\Delta \mid \Gamma_1$ 是 R 终止式, 而且根据归纳假设可知, 在定义 7.22 (2) 中的子树 $\mathcal{T}_1$ 中存在一条连接根结点和叶结点的路径, 使得此路径中所有 R 转换式 $\Longrightarrow$ 左边的 R 表达式都是 R 终止式. 因此, 把公式 (a) 代表的路径加入到以上路径中, 就得到了 $\mathcal{T}$ 中的一条连接根结点和叶结点的路径, 使得此路径中所有 R 转换式 $\Longrightarrow$ 左边的 R 表达式都是 R 终止式.

(3) 定义 7.22 (3) 中的公式 (b) 只能是 R-$\vee$ 规则或 R-$\rightarrow$ 规则的实例. 由引理 7.7 知规则分子中的两个 R 转换式 $\Longrightarrow$ 左边的 R 表达式至少有一个是 R 终止式. 不妨设

公式 (b) 中的 $\Delta \mid \Gamma_1$ 是 **R** 终止式. 根据归纳假设可知, 在定义 7.22 (3) 中的子树 $\mathcal{T}_1$ 中存在一条连接根结点和叶结点的路径, 使得此路径中所有 **R** 转换式 $\Longrightarrow$ 左边的 **R** 表达式都是 **R** 终止式. 因此, 把公式 (b) 中连接 $\Delta \mid \Gamma \Longrightarrow \Delta \mid \Gamma'$ 和 $\Delta \mid \Gamma_1 \Longrightarrow \Delta \mid \Gamma_1'$ 的路径加入到以上路径中, 就得到了 $\mathcal{T}$ 中的一条连接根结点和叶结点的路径, 使得此路径中所有 **R** 转换式 $\Longrightarrow$ 左边的 **R** 表达式都是 **R** 终止式.

公理规则中 $\Longrightarrow$ 左边的 **R** 表达式不可能是 **R** 终止式, 因为它的位于 | 两边的两个公式集合分别包含 A 和 $\neg A$, 不可能协调.

因此假设不成立, 引理得证.   □

7.7　**R** 演算的可靠性和完全性

R 演算的每一条规则都是关于某个语句的删除规则, 由于这种删除是根据逻辑连接词符号和量词符号的语义进行的, 因此它也是关于逻辑连接词符号和量词符号的演算规则. 所以人们必须研究 **R** 演算是否具有可靠性和完全性的问题. 本节将给出 **R** 演算的可靠性和完全性的定义, 并且在 **R** 可达性的前提下, 证明 **R** 演算也具有可靠性和完全性.

定义 7.26　R 可靠性

设 $\Delta \mid \Gamma$ 为任意 **R** 正则表达式, Γ' 是 Γ 关于 Δ 的 **R** 缩减, 即存在 **R** 转换序列

$$\Delta \mid \Gamma \Longrightarrow^* \Delta \mid \Gamma'$$

可证. 如果存在 Γ 的 **R** 反驳模型 **M**, 使得 $\mathbf{M} \models \Delta$ 并且 $\Gamma_{\mathbf{M}(\Delta)} = \Gamma'$ 成立, 那么称 **R** 演算具有 **R** 可靠性.

定理 7.3　R 可靠性

R 演算是 **R** 可靠的.

证明　对于 **R** 正则表达式 $\Delta \mid \Gamma$, 设 Γ' 是 Γ 关于 Δ 的 **R** 缩减. 由 **R** 缩减的定义知 Γ' 与 Δ 协调, 故 $\Gamma' \cup \Delta$ 可满足, 即存在模型 **M**, 使得 $\mathbf{M} \models \Gamma' \cup \Delta$ 成立. 由于 Γ' 是与 Δ 协调的 Γ 的极大子集, $\Gamma_{\mathbf{M}(\Delta)} = \Gamma'$ 成立. 所以 **M** 是 Γ 关于 Δ 的 **R** 反驳模型. 因此, **R** 演算是 **R** 可靠的.   □

定义 7.27　R 完全性

设 $\Delta \mid \Gamma$ 为任意 **R** 正则表达式, 模型 **M** 是 Γ 关于 Δ 的 **R** 反驳模型. 如果存在 **R** 转换序列

$$\Delta \mid \Gamma \Longrightarrow^* \Delta \mid \Gamma_{\mathbf{M}(\Delta)}$$

可证, 那么称 **R** 演算具有 **R** 完全性.

定理 7.4 R 完全性

R 演算是 R 完全的.

证明 对于 R 正则表达式 $\Delta \mid \Gamma$，其中 $\Delta = \{A_1, \cdots, A_n\}$. 如果模型 M 是 Γ 关于 Δ 的 R 反驳模型，那么 M 也就是 Γ 关于 $A_1 \wedge \cdots \wedge A_n$ 的事实反驳模型. 根据定理 7.1, $\Gamma_{\mathbf{M}(A_1 \wedge \cdots \wedge A_n)}$ 就是 Γ 关于 $A_1 \wedge \cdots \wedge A_n$ 的一个极大缩减，也就是 Γ 关于 Δ 的一个 R 缩减. 由于 $\Gamma_{\mathbf{M}(A_1 \wedge \cdots \wedge A_n)} = \Gamma_{\mathbf{M}(\Delta)}$，所以 $\Gamma_{\mathbf{M}(\Delta)}$ 就是 Γ 关于 Δ 的一个 R 缩减. 根据可达性定理 7.2，存在 R 转换序列

$$\Delta \mid \Gamma \Longrightarrow^* \Delta \mid \Gamma_{\mathbf{M}(\Delta)}$$

可证. 因此，R 演算是 R 完全的. □

7.8 测试基本定理

在前面 7.5 节的例子中，Γ 都是有穷的形式理论，它们是协调语句集合. 下面的例子表明，即使 Γ 不协调，R 演算仍能推出每一个与 Δ 协调的 Γ 的极大子集.

例 7.11 不协调公式集[①]

令

$$\Delta = \{x \doteq x\}, \qquad \Gamma = \{f(x) \doteq y, f(y) \doteq z, \neg(f(f(x)) \doteq z)\}.$$

Γ 不是一个形式理论，因为 $f(x) \doteq y$，将 $f(y) \doteq z$ 的变元 y 用 $f(x)$ 代入，得到 $f(f(x)) \doteq z$，而此式与 $\neg(f(f(x)) \doteq z)$ 不协调.

使用 R 删除规则，可以得到与 Δ 协调的 Γ 的所有极大子集. 例如，令 $\Gamma_1 = \{f(x) \doteq y\}$，$\Gamma_2 = \{\neg(f(f(x)) \doteq z)\}$. 首先，根据 $\doteq$ 的传递性，知

$$\Gamma_1, f(y) \doteq z \vdash f(f(x)) \doteq z$$

可证. 再根据 $\neg$-L 规则和公理规则，知

$$f(f(x)) \doteq z, \Gamma_2 \vdash \neg(x \doteq x)$$

可证. 根据 G 系统的删除规则，知

$$\Gamma_1, f(y) \doteq z, \Gamma_2 \vdash \neg(x \doteq x)$$

可证. 不难证明 $f(y) \doteq z$ 是 $\neg(x \doteq x)$ 的必要前提. 再根据 R 公理，R 转换式

$$x \doteq x \mid \neg(x \doteq x) \Longrightarrow x \doteq x \mid \varnothing$$

---

① 此例是由张玉平提出的.

成立. 使用 **R** 删除规则，$f(y) \doteq z$ 将被删除，即

$$x \doteq x \mid \Gamma \Longrightarrow x \doteq x \mid \{f(x) \doteq y, \neg(f(f(x)) \doteq z)\}$$

成立，而 $\{f(x) \doteq y, \neg(f(f(x)) \doteq z)\}$ 是与 $x \doteq x$ 协调的 Γ 的极大子集. 类似地，可以推出另外两个极大协调子集：

$$\{f(y) \doteq z, \neg(f(f(x)) \doteq z)\} \text{ 和 } \{f(x) \doteq y, f(y) \doteq z\}.$$

在本章开头，我们曾说明建立 **R** 演算的目的是：对给定的 **R** 正则表达式 $\Delta \mid \Gamma$，删除 Γ 中与 Δ 不协调的语句. 例 7.11 说明，**R** 演算有更大的应用范围. 这就是为什么我们定义的 **R** 演算系统是针对 **R** 表达式的，而不仅限于 **R** 正则表达式. 事实上关于 **R** 正则表达式的 **R** 可达性定理 7.2，可以推广到下述关于 **R** 表达式的更一般形式.

定理 7.5　测试基本定理

设 Δ 为一个由有穷个原子语句或原子语句的否定组成的形式理论，Γ 为一个有穷的公式集合. Γ' 为任意一个与 Δ 协调的 Γ 的极大子集，那么 **R** 转换式

$$\Delta \mid \Gamma \Longrightarrow^* \Delta \mid \Gamma'$$

可证.

证明　令 $\Delta = \{A_1, A_2, \cdots, A_n\}$，$\Gamma'' = \Gamma - \Gamma'$. 下面证明对任意 $B \in \Gamma''$，使用 **R** 演算可以将 B 删除. 首先，令 $\Gamma_1 = \Gamma'' - \{B\}$，$\Gamma_2 = \Gamma'$. $\Gamma_1, B \vdash B$ 可证，根据定义 7.2，B 是 B 的前提，而且 $B \in \Gamma$，故 $B \mapsto B$. 由于 Γ_2 为任意一个与 Δ 协调的 Γ 的极大子集，可以得到 $\Gamma_2 \cup \{B\}$ 与 Δ 不协调. 再根据引理 3.7 的 (2) 得 $\Gamma_2, B, \Delta \vdash \neg(A_1 \wedge \cdots \wedge A_n)$ 可证. 对 Δ 中的公式使用 $\wedge$-L 规则和 $\neg$-R 规则，得到 $\Gamma_2, B \vdash \neg(A_1 \wedge \cdots \wedge A_n)$ 可证，并且 B 是证明中所需要用到的引理. 又根据 **R** 公理规则得

$$\Delta \mid \neg(A_1 \wedge \cdots \wedge A_n), \Gamma_2 \Longrightarrow \Delta \mid \Gamma_2$$

可证. 所以 **R**- 删除规则 -II 分子中的所有条件都满足，由此得

$$\Delta \mid \Gamma_1, B, \Gamma_2 \Longrightarrow \Delta \mid \Gamma_1, \Gamma_2$$

可证，即 B 被删除. 使用相同的方法，我们可以将 Γ'' 中的每一个元素删除. 由此可得下述 **R** 转换序列

$$\Delta \mid \Gamma \Longrightarrow^* \Delta \mid \Gamma',$$

并且此 **R** 转换序列中的每一个 **R** 转换式都可证，也就是此 **R** 转换序列可证.　□

测试基本定理的证明为把复杂软件系统的错误修正工作转化为形式演算提供了理论依据. 在一些复杂软件系统的开发过程中, 保证系统每一个版本 Γ 的协调性几乎是做不到的. 对版本中错误的修正通常是通过测试完成的, 即通过一批测试样例, 检查系统是否满足设计要求和系统是否协调. 如果系统不能通过测试, 那么就要对系统的这个版本进行人工的纠错和修正. 从一阶语言的抽象层面上看, 测试结果支持由有穷个原子语句或原子语句的否定组成的形式理论 Δ, 因此根据测试结果对系统的纠错和修正工作, 就可以通过使用 R 演算, 删除系统当前版本中与 Δ 不协调的语句来完成. 测试基本定理的证明告诉我们, 这种对软件版本中错误的修正, 可以使用根据 R 演算研制的软件工具, 通过人机交互来实现, 而 R 演算的 R 可达性、R 可靠性和 R 完全性保证了这种修正工作的有效性和正确性.

Gärdenfors 与他的合作者在 1985 年引入了形式理论的可改变性的概念, 并定义了扩展 (expansion)、缩减 (contraction) 和修正 (revision) 三种不同的改变形式 [AGM, 1985]. 他们给出的扩展、缩减和修正的概念都是证明论的概念, 特别是扩展和缩减, 虽然与本章的 N 扩充和 R 缩减的目的相近, 但本质的区别在于我们给出了求解一种特定的缩减和修正的符号演算方法.

总之, 本章引入了新猜想与事实反驳两种模型, 以及与之相应的新公理和形式反驳的概念. 针对 R 反驳, 本章构造了 R 演算系统, 并证明了该系统的 R 可达性、R 可靠性和 R 完全性. 至此, 本书已经讨论了两种关于逻辑连接词符号和量词符号的形式演算系统, 解决了两类问题. 在第 3 章中, 我们建立了 G 系统, 证明了它的可靠性和完全性, 解决了一阶语言的形式证明问题, 将在论域中公理系统的逻辑结论的验证问题, 转变为符号演算. 在本章中, 我们建立了 R 演算系统, 证明了它的 R 可达性、R 可靠性和 R 完全性, 解决了形式理论关于它的某一个 R 反驳的缩减和修正问题, 不仅把在论域中根据事实反驳对某个公理系统的修正问题转变为符号演算, 而且通过测试基本定理的证明, 将在公理化进程中出现的不协调语句集合的错误修正问题也转变为符号演算.

第 8 章　版本序列和过程模式

在科学研究活动中，研究者总是自觉或不自觉地在某种研究模式的指导下进行他们的学术工作. 在不同的研究领域，研究模式的名称也不同. 例如，对数学和自然科学研究而言，研究模式被称为研究方法，甚至"科学研究的艺术". 在软件系统的开发中，它又被称作软件开发策略. 公理化进程中的版本序列就是在研究模式的指导下生成的. 研究模式直接影响到科学研究工作的成败和质量.

研究模式通常告诉人们科学研究的流程和每一个阶段的工作内容，是一种研究工作纲领 (programming). 本书第 6 章引入的过程模式 (proxcheme) 可以用来描述简单的研究模式. 过程模式的优点，一是可以用指令来描述研究模式的工作流程，二是可以使用一阶语言的概念和方法，来描述公理化进程的性质. 为此我们需要引入下述基本假定.

科学研究都是针对某个问题 $\wp$ 来进行的，与此问题有关的自然现象或科学试验可以被研究者观测到，而观测或试验的结果以数据的形式出现；不仅如此，关于此问题的知识可以用命题描述，命题的真假由观测数据确定.

本章将引入一个过程模式，称为开放过程模式，又称 OPEN 过程模式，它是从科学研究的方法中总结出来的. 通过 OPEN 过程模式，本章将研究一个理想的过程模式所必须遵从的基本性质. OPEN 过程模式的基本工作流程如下:

(1) 提出关于问题 $\wp$ 的一组初始猜想，这些猜想构成一个公理系统，此公理系统必须用一阶语言的形式理论 Γ 来描述. Γ 是研究者关于此问题的公理系统的初始版本.

(2) 新版本的产生过程如下: 逐个考察关于问题 $\wp$ 的每一个命题与当前版本的关系，并根据它们的关系做出不同的处理. 由于每个命题都可以用一阶语言的一个语句 A 表示，所以这就是考察 Γ 与 A 的关系，也就是验证 A 是否为 Γ 的形式结论. Γ 与 A 有下述 4 种关系:

(a) $\Gamma \vdash A$ 可证，并且 A 与观测结果和试验数据一致，也就是与研究者已观测到的自然现象或科学试验结果一致. 在这种情况下，当前版本保持不变，称 Γ 对已观测到的自然现象或社会现象做出了合理的解释.

(b) $\Gamma \vdash A$ 可证，并且通过对 A 进行解释，预言了一种新的自然现象或自然规律. 为此研究者设计了试验，并观测到了 A 所预言的自然现象或自然规律，得到了相应的观测结果与试验数据. 在这种情况下，称理论的当前版本预言了新的自然现象的发生，当前版本保持不变.

(c) $\Gamma \vdash \neg A$ 可证，而研究者对自然现象或科学试验的观测结果与试验数据均支持 A. 在这种情况下，当前版本受到 A 的事实反驳，研究者需要对 Γ 进行修正并产生新的版本. 具体作法是，取 Γ 关于 A 的极大缩减，得到理论的一个新版本 Γ'，然后再将 A 作为新猜想，加入到新版本 Γ' 中，得到新版本 Γ''，它就是 Γ 关于 A 的修正版本.

(d) $\Gamma \vdash A$ 和 $\Gamma \vdash \neg A$ 均不可证. 在这种情况下，A 与 $\neg A$ 中符合对自然现象或科学试验的观测结果和试验数据的，将是 Γ 的新猜想，并将其加入到 Γ 中，得到新版本 Γ'.

(3) 研究者每考察一个命题 A，就针对有关此命题的自然现象或自然规律，组织观测和试验，并重复 (a) $\sim$ (d) 条所规定的操作，产生理论的一个新版本.

(4) 这些版本按其出现的先后顺序，形成一个版本序列.

本章的第二个目的是解决科学研究方法的评价标准在一阶语言中的描述问题. 解决这个问题的思路是：既然许多科学研究方法可以用过程模式来描述，那么科学研究方法的评价标准也就可以用过程模式的基本性质来描述，即通过过程模式输出版本序列的下述性质来描述.

(1) 序列的收敛性. 一个过程模式是否合理，要看人们在其指导下，是否能找到或者逼近关于此问题的所有真命题，否则就会南辕北辙，离问题的解决越来越远. 过程模式的收敛性是指，过程模式所输出的版本序列收敛，并且序列的极限就是被研究问题的所有真命题. 如果过程模式的输出序列不能逐步逼近此问题的所有真命题，那么这个过程模式就不是一个合理的过程模式.

(2) 序列极限运算与形式证明的可交换性，简称可交换性. 在几乎所有的科学研究中，研究者所处理的都是有穷的公理系统，这是因为有穷性符合人类的直觉和习惯，而且有穷性具有可操控性. 过程模式的极限运算与形式证明的可交换性是指，版本的理论闭包序列的极限，与版本序列极限的理论闭包相同. 这种可交换性说明：首先，在公理化进程的每个阶段，过程模式输出的版本都是有穷的形式理论，这就保证了版本的可操控性；其次，版本序列极限运算与形式证明的可交换性进一步保证，形式证明不会影响版本序列的极限. 具有这种可交换性的过程模式才是合理的过程模式.

(3) 序列保持极小性，简称极小性. 从逻辑的观点来看，具有极小性的公理系统是理想的系统. 输出序列保持极小性是指：在公理化进程的每个阶段，过程模式所输出的版本都具有极小性，即版本所包含的公理都彼此独立，而且所输出的版本序列的极限也具有极小性. 具有这种极小性的过程模式才是理想的过程模式.

本章将以 OPEN 过程模式为例，证明此过程模式的收敛性、可交换性和极小性. 8.1 节讨论公理化进程和版本序列. 8.2 节引入 OPEN 过程模式的定义. 8.3 节证明

OPEN 过程模式的输出版本序列具有收敛性. 8.4 节证明 OPEN 过程模式的输出版本序列具有极限运算和形式证明的可交换性. 8.5 节讨论 OPEN 过程模式的输出版本序列保持极小性的问题. 8.6 节给出理想过程模式的一般性定义.

8.1　版本和版本序列

第 6 章的例子说明, 一个领域知识的公理化进程, 就是关于此领域知识的公理系统的形成进程, 而此进程可以用一个版本序列来描述. 本节引入形式理论的版本和版本序列的概念.

定义 8.1　形式理论的版本

如果 Γ 是一个形式理论而 A 是一个语句, 那么根据 A 与 Γ 的关系, 存在 Γ 关于 A 的下述 3 种版本.

(1) 如果 A 是 Γ 的形式结论, 那么称 Γ 自身为 Γ 关于 A 的 E 型版本.

(2) 如果 A 是 Γ 的新公理, 那么称 A 的 **N** 扩充 $\Gamma \cup \{A\}$ 为 Γ 关于 A 的 N 型版本.

(3) 如果 A 是 Γ 的一个形式反驳, 即 $\Gamma \vdash \neg A$ 可证, 那么称 Γ 关于 A 的一个极大缩减为 Γ 关于 A 的 R 型版本.

称形式理论 Γ' 是 Γ 关于 A 的一个版本, 如果 Γ' 是 Γ 关于 A 的 E 型版本、N 型版本或 R 型版本.

定义 8.2　版本序列

称形式理论序列 $\Gamma_1, \Gamma_2, \cdots, \Gamma_n, \cdots$ 为版本序列, 如果对任意 $i \geqslant 1$, Γ_{i+1} 是 Γ_i 的一个新版本. Γ_1 称为初始理论, 而 Γ_i 称为 Γ_1 的第 i 个版本.

在软件开发中, 例如, 我们常称 Windows 3.1 为 Windows 的 3.1 版, 这里第二个 Windows 代表 Windows 的版本序列. 本书有时也沿用这种习惯, 称 Γ_i 是 Γ 的第 i 个版本.

引理 8.1　单调和非单调版本序列

(1) 版本序列 $\{\Gamma_n\}$ 是一个增序列, 当且仅当对任意 $n \geqslant 1$, Γ_{n+1} 是 Γ_n 的 N 型版本或 E 型版本.

(2) 版本序列 $\{\Gamma_n\}$ 是一个减序列, 当且仅当对任意 $n \geqslant 1$, Γ_{n+1} 是 Γ_n 的 R 型版本或 E 型版本.

(3) 版本序列 $\{\Gamma_n\}$ 是非单调序列, 当且仅当序列既不是一个增序列又不是一个减序列.

证明　直接从定义得出.　　　　　　　　　　　　　　　　　　　□

根据这个引理, 第 6 章给出的 Lindenbaum 序列、归结序列、缺省序列和兼纳集序列都是单调增的版本序列.

8.2　OPEN 过程模式

本节将给出 OPEN 过程模式的严格定义, 为此对所要研究的科学问题 $\wp$, 我们做下述假定.

(1) 关于问题 $\wp$ 的每一个命题都可以用论域 $M_\wp$ 的一个数学命题来描述.

(2) 这些命题中出现的每一个常量、变量、函数和关系可以用一个一阶语言 $\mathscr{L}_\wp$ 来描述.

(3) 在 $\mathscr{L}_\wp$ 与论域 $M_\wp$ 之间存在解释映射 $I_\wp$, 所以 $(M_\wp, I_\wp)$ 是一阶语言 $\mathscr{L}_\wp$ 的模型.

为此, 我们给出关于科学问题的下述定义.

定义 8.3　$\mathscr{L}_\wp$、$\mathbf{M}_\wp$ 与 $Th(\mathbf{M}_\wp)$

令 $\wp$ 代表一个科学问题. $\mathscr{L}_\wp$ 是关于 $\wp$ 的一阶语言, 它由描述 $\wp$ 的常元符号集合、函数符号集合与谓词符号集合组成. 这些集合可以为空集、有穷集合或可数无穷集合. 称 $\mathscr{L}_\wp$ 的模型 $\mathbf{M}_\wp$ 为科学问题, 而 $Th(\mathbf{M}_\wp)$ 是一阶语言 $\mathscr{L}_\wp$ 中, 所有在 $\mathbf{M}_\wp$ 中的解释为真的语句组成的集合.

今后, 我们常常将科学问题 $\mathbf{M}_\wp$ 简称为问题 $\mathbf{M}$. $Th(\mathbf{M})$ 是一个可数的语句集合, 这些语句在 $\mathbf{M}$ 中被解释为真命题, 即它们都是得到试验和观测数据支持的命题. 在数学和自然科学研究中, 这些命题常常不是在同一个时间节点上被人们发现和概括出来的, 为了描述它们出现的时间顺序, 我们用 $\mathscr{L}_\wp$ 的可数语句序列 $\{A_n\}$ 来代表 $Th(\mathbf{M})$ 中的全体语句.

本节介绍 OPEN 过程模式的作法是: 先用一阶语言的版本和版本序列等术语描述开放研究模式的工作流程, 然后再给出实现此工作流程的过程模式.

(1) 根据上述定义, 由于每一个 A_i 在 $\mathbf{M}$ 中的解释都为真. 因此, 每一个 A_i 都是检验形式理论的版本是否应被接受的判定依据.

(2) 形式理论 Γ 是研究者关于问题 $\mathbf{M}$ 的一个初始猜想. 如果这个猜想正确, 那么 Γ 是 $Th(\mathbf{M})$ 的真子集, 否则它一定包含与 $Th(\mathbf{M})$ 不协调的语句.

(3) OPEN 过程模式将 Γ 作为输入, 它是初始形式理论. OPEN 过程模式将逐个输入序列 $\{A_n\}$ 的元素 A_n, 并以 A_n 作为判断的依据, 对 Γ_n 进行修正. 在完成对 Γ_n 的修正之后, 生成并输出版本 Γ_{n+1}. OPEN 过程模式的输入是序列 $\{A_n\}$, 而其输出构成一个版本序列.

(4) OPEN 过程模式在输入一个 A_n 后, 将根据 A_n 与当前版本 Γ_n 的关系, 分下述 3 种情况输出新版本 Γ_{n+1}:

(a) 如果 $\Gamma_n \vdash A_n$ 可证, 那么 $\Gamma_{n+1} := \Gamma_n$, 即 Γ_{n+1} 是 Γ_n 的 E 型版本.

(b) 如果 A_n 是 Γ_n 的新公理, 那么 $\Gamma_{n+1} := \Gamma_n \cup \{A_n\}$, 即 Γ_{n+1} 是 Γ_n 关于 A_n 的 N 型版本.

(c) 如果 $\Gamma_n \vdash \neg A_n$ 可证, 这说明 Γ_n 受到 A_n 的事实反驳. 由于 A_n 是 $Th(\mathbf{M})$ 的第 n 个元素, A_n 是必须被接受的. 在这种情况下, 分两步确定 Γ_{n+1}.

i. 先取 Γ_n 关于 A_n 的 R 型版本 Λ, 即 Λ 是与 A_n 协调的 Γ_n 的极大子集.

ii. 再对 Λ 进行扩充, 增加新公理 A_n, 得到 $\Gamma_{n+1} := \Lambda \cup \{A_n\}$.

第 7 章的例子告诉我们: Γ_n 关于形式反驳 A 的极大缩减不是唯一的, 所以对给定的版本 Γ_n 和形式反驳 A, Γ_n 的 R 型版本也不是唯一的. 因而 Γ_{n+1} 可能有多种选择. 在这种情况下, 一种可能作法是从多种可能中随意挑选一个 R 型版本 Λ, 但这样做有可能保证不了 OPEN 过程模式的输出版本序列的收敛性. 所以为了确保输出版本序列收敛到 $Th(\mathbf{M})$, 必须挑选满足下述条件的 R 型版本 Λ.

(1) Λ 必须包含第 n 个版本之前的各个版本已经接受的所有新公理, 因为这些新公理在 $\mathbf{M}$ 中为真. 为此, 在 OPEN 过程模式中, 需要设立一个语句集合 Δ, 用于存储前 n 个版本已经接受的新公理. 所以在选取 R 型版本 Λ 时, 必须确认 Λ 包含 Δ.

(2) 即使 R 型版本 Λ 包含了 Δ, 从公理化进程的观点看, 它仍有可能丢失信息. 例如, 令 $\Gamma = \{A \land B\}$, 则 $\Gamma \vdash A$ 及 $\Gamma \vdash B$ 均可证. 假定 A 受到 $\mathbf{M}$ 的事实反驳. 在这种情况下, 与 $\neg A$ 协调并且是 Γ 的极大子集的语句集合是空集. 所以, 在生成 Γ 关于 $\neg A$ 的 R 型版本时, 语句 B 是 Γ 的形式结论, 它并未遭到 $\neg A$ 的反驳, 所以 B 是应该被保留的, 可是它却和 $A \land B$ 一起被删除了. 为了避免 B 的丢失, 在设计 OPEN 过程模式时, 我们需要引入另一个语句集合 Θ. Θ 所保存的语句必须具有下述性质: 它们是前 n 个版本中某一个版本的形式结论 A_m, $m < n$, 而且 A_m 作为 $\{A_i\}$ 的元素曾经是 OPEN 过程模式的输入. 这样 OPEN 过程模式根据条件 (1) 选出 R 型版本 Λ 后, 还需要逐个检查每一个包含于 Θ 中的 A_m, 看它是否也包含在 $Th(\Lambda)$ 中. 如果没有, 那么这个语句就是丢失的语句, 要把它放入 Γ_{n+1} 中. 由于 Θ 只包含有限个元素, 这种检查总是会中止的.

今后, 我们把经过上述 Δ 和 Θ 检查的极大缩减称为 Γ 关于形式反驳 A 的**可接受缩减**. 当然, 可接受缩减仍不是唯一的. 所以对于给定的问题 $\mathbf{M}$ 和给定的初始版本 Γ, OPEN 过程模式所输出的版本序列仍可能有多个, 它们形成以 Γ 为初始理论, 并以版本为结点的 (无穷长) 树型结构, 此树型结构的根是 Γ, 而树的每一个枝都是过程模式的一个输出版本序列.

下面给出 OPEN 过程模式的定义. 根据前面的说明，下述过程模式中出现的 $R(\Gamma_n, A_n)$ 是 Γ_n 关于 A_n 的一个极大缩减，并且 $(\Gamma_n - R(\Gamma_n, A_n)) \cap (\Delta_n \cup \Theta_n) = \varnothing$ 成立.

定义 8.4 OPEN 过程模式

proxcheme OPEN(Γ: theory; $\{A_n\}$: formula sequence);

Γ_n: theory;

Θ_n, Θ_{n+1}: theory;

Δ_n, Δ_{n+1}: theory;

proxcheme OPEN*(Γ_n: theory; A_n: formula; **var** Γ_{n+1}: theory);

begin

    if $\Gamma_n \vdash A_n$ **then**

      begin

          $\Gamma_{n+1} := \Gamma_n$;

          $\Theta_{n+1} := \Theta_n \cup \{A_n\}$;

          $\Delta_{n+1} := \Delta_n$

      end

    else if $\Gamma_n \vdash \neg A_n$ **then**

      begin

          $\Gamma_{n+1} := R(\Gamma_n, A_n)$;

          $\Gamma_{n+1} := \Gamma_{n+1} \cup \{A_n\}$;

          loop until (**for every** $B_i \in \Delta_n \cup \Theta_n$, $\Gamma_{n+1} \vdash B_i$)

            loop for every $B_i \in \Delta_n \cup \Theta_n$

              if $\Gamma_{n+1} \vdash B_i$ **then skip**

              else if $\Gamma_{n+1} \vdash \neg B_i$ **then**

                  $\Gamma_{n+1} := R(\Gamma_{n+1}, B_i)$;

                  $\Gamma_{n+1} := \Gamma_{n+1} \cup \{B_i\}$;

              else $\Gamma_{n+1} := \Gamma_{n+1} \cup \{B_i\}$

            end

          end

          $\Theta_{n+1} := \Theta_n$;

          $\Delta_{n+1} := \Delta_n \cup \{A_n\}$

      end

    else

$$\Gamma_{n+1} := \Gamma_n \cup \{A_n\};$$
$$\Theta_{n+1} := \Theta_n;$$
$$\Delta_{n+1} := \Delta_n \cup \{A_n\}$$

end

begin

$$n := 1; \Gamma_n := \Gamma;$$
$$\Theta_n := \varnothing; \Theta_{n+1} := \varnothing;$$
$$\Delta_n := \varnothing; \Delta_{n+1} := \varnothing;$$

loop

OPEN$^*(\Gamma_n, A_n, \Gamma_{n+1})$;

print Γ_{n+1}; $n := n+1$;

end loop

end

Θ_n, Θ_{n+1} 和 Δ_n, Δ_{n+1} 都是 $Th(\mathbf{M})$ 的子集, 所以它们的类型是 theory.

例 8.1　关于 Θ_n 的处理 [①]

令 $\Gamma = \{C, C \to A, \neg A \vee \neg B\}$, $\{A_n\} = \{A, B, \cdots\}$. 由于 $\Gamma \vdash A$ 可证, 所以

$$\Gamma_1 = \Gamma, \quad \Delta_1 = \varnothing, \quad \Theta_1 = \{A\}.$$

由于 $\Gamma_1 \vdash \neg B$, $\Delta_1 = \varnothing$, 所以可以取 $R(\Gamma_1, B) = \{C, \neg A \vee \neg B\}$, 从而

$$\Gamma_2' = \{C, \neg A \vee \neg B\} \cup \{B\}.$$

又因为 $A \in \Theta_1$ 并且 $\Gamma_2' \vdash \neg A$ 可证, 所以需要根据事实反驳 A 对 Γ_2' 做一次缩减, 取 $R(\Gamma_2', A) = \{C, B\}$, 这样

$$\Gamma_2 = \{C, B\} \cup \{A\}, \quad \Delta_2 = \{B\}, \quad \Theta_2 = \Theta_1.$$

这一个例子表明, 在 OPEN* 中, 检查缩减后 Θ_n 中是否有丢失语句的情况时, Θ_n 中的语句 B_i 有三种可能性: $\Gamma_{n+1} \vdash B_i$ 可证, 那么 B_i 没有丢失; $\Gamma_{n+1} \vdash \neg B_i$ 可证, 在这种情况下, 需要进一步找到 Γ_{n+1} 关于 B_i 的极大缩减; 最后 $\Gamma_{n+1} \vdash B_i$ 和 $\Gamma_{n+1} \vdash \neg B_i$ 均不可证, 在这种情况下, 需要将 B_i 作为新公理加入到 Γ_{n+1} 中.

例 8.2　令 $\Gamma = \{D, D \to A, E, E \to B, \neg A \vee \neg B \vee \neg C\}$, $\{A_n\} = \{A, B, C, \cdots\}$. 由于 $\Gamma \vdash A$ 可证, 所以

$$\Gamma_1 = \Gamma, \quad \Delta_1 = \varnothing \quad \Theta_1 = \{A\}.$$

---

① 例子 8.1, 8.2 是由罗杰、马声明提出.

又因为 $\Gamma_1 \vdash B$ 可证，所以

$$\Gamma_2 = \Gamma, \quad \Delta_2 = \varnothing, \quad \Theta_2 = \{A, B\}.$$

由于 $\Gamma_2 \vdash \neg C$ 可证，$\Delta_2 = \varnothing$，所以可以取 $R(\Gamma_2, C) = \{D, D \to A, E, \neg A \lor \neg B \lor \neg C\}$，从而

$$\Gamma_3' = \{D, D \to A, E, \neg A \lor \neg B \lor \neg C\} \cup \{C\}.$$

由于 $A \in \Theta_2$ 并且 $\Gamma_3' \vdash A$ 可证，所以 A 不需要捡回. 又由于 $B \in \Theta_2$ 并且 $\Gamma_3' \vdash \neg B$ 可证，取 $R(\Gamma_3', B) = \{D, E, \neg A \lor \neg B \lor \neg C, C\}$，那么

$$\Gamma_3'' = \{D, E, \neg A \lor \neg B \lor \neg C, C\} \cup \{B\}.$$

此时 $\Gamma_3'' \vdash \neg A$ 可证，所以根据事实反驳 A 对 Γ_3'' 再做一次缩减，取 $R(\Gamma_3'', A) = \{D, E, C, B\}$，那么

$$\Gamma_3 = \{D, E, C, B\} \cup \{A\}, \quad \Delta_3 = \{C\}, \quad \Theta_3 = \{A, B\}.$$

这一个例子表明，在检查 Δ_n 和 Θ_n 中的语句是否在缩减中丢失的过程中，有时只在 Δ_n 和 Θ_n 中遍历检查一次是不够的，必须进行反复的检查，直到确信没有丢失任何必要的语句.

8.3 过程模式的收敛性

从本节开始的下面 3 节将以 OPEN 过程模式为例，讨论过程模式输出版本序列的基本性质. 本节还将证明关于 OPEN 过程模式的输出版本序列的收敛性定理.

定义 8.5 过程模式的输出版本序列

设 $\mathbf{M}$ 为一个科学问题，$Th(\mathbf{M}) = \{A_n\}$，而 Γ 为形式理论，F 是一个过程模式. 如果 F 以 Γ 为初始输入，以 $\{A_n\}$ 为输入序列，那么称 F 输出的版本序列 $\{\Gamma_n\}$ 是过程模式 F 关于问题 $\mathbf{M}$ 和初始理论 Γ 的输出版本序列.

定理 8.1 OPEN 的收敛性

设 $\wp$ 是一个科学问题，$\mathscr{L}_\wp$ 是关于 $\wp$ 的一阶语言，$\mathbf{M}$ 是 $\mathscr{L}_\wp$ 的任意一个模型，Γ 是 $\mathscr{L}_\wp$ 中的一个有穷形式理论，那么 OPEN 过程模式关于 $\mathbf{M}$ 和初始理论 Γ 的每一个输出版本序列 $\{\Gamma_n\}$ 和它的理论闭包序列 $\{Th(\Gamma_n)\}$ 都收敛，并且

$$\lim_{n \to \infty} Th(\Gamma_n) = Th(\mathbf{M}).$$

证明　我们先证明输出版本序列 $\{\Gamma_n\}$ 收敛. 事实上, 因为 Γ 是一个有穷的形式理论, 所以 $\Gamma - Th(\mathbf{M})$ 也是一个有穷的形式理论. 对于任意的 $B \in \Gamma - Th(\mathbf{M})$, $\neg B \in Th(\mathbf{M})$. 不妨设 $\neg B = A_n$. 如果 $B \in \Gamma_n$, 则 $\neg B = A_n$ 构成 Γ_n 的事实反驳, 而根据 OPEN 过程的构造所取的任何一个 Γ_n 关于 $\neg B$ 的极大缩减, 都不可能包含 B, 从而 $B \notin \Gamma_{n+1}$. 所以存在自然数 N, 使得 $\Gamma_N \cap (\Gamma - Th(\mathbf{M})) = \varnothing$, 并且输出版本序列 $\{\Gamma_n\}_{n>N}$ 是一个增序列, 从而输出版本序列 $\{\Gamma_n\}$ 收敛.

下面我们证明输出版本序列 $\{\Gamma_n\}$ 的理论闭包序列 $\{Th(\Gamma_n)\}$ 收敛到 $Th(\mathbf{M})$. 证明由下述两步组成:

(1) 先证 $Th(\mathbf{M}) \subseteq \{Th(\Gamma_m)\}_*$ 成立. 对任意 $A_i \in Th(\mathbf{M})$, 由于 $Th(\mathbf{M})$ 是协调的, 根据紧致性定理, 存在 $Th(\mathbf{M})$ 的有穷子集 $\Sigma_m = \{B_{m_1}, \cdots, B_{m_j}\}$ 使得 $\Sigma_m \vdash A_i$.

根据 OPEN 过程模式的定义, 对每一个 $B_{m_i} \in Th(\mathbf{M})$, 必存在某个 n_i, 使得 $B_{m_i} \in Th(\Gamma_{n_i})$ 成立或者 $\neg B_{m_i} \in Th(\Gamma_{n_i})$ 成立, 不论这两种情况中哪种情况成立, 都将有 $B_{m_i} \in Th(\Gamma_{n_i+1})$ 成立. OPEN 过程模式关于 Δ 和 Θ 的设置进一步保证对 $n \geqslant n_i + 1$, $B_{m_i} \in Th(\Gamma_n)$ 成立. 令 $N = \max\{n_1, \cdots, n_j\}$. 当 $n \geqslant N + 1$ 时, $A_i \in Th(\Gamma_n)$ 成立. 故有

$$A_i \in \bigcup_{n=1}^{\infty} \bigcap_{m=n}^{\infty} Th(\Gamma_m) \quad \text{也就是} \quad A_i \in \{Th(\Gamma_m)\}_*$$

成立.

(2) 再证 $\{Th(\Gamma_m)\}^* \subseteq Th(\mathbf{M})$ 成立. 使用反证法证明. 假定存在语句 A 使得 $A \in \{Th(\Gamma_m)\}^*$ 及 $A \notin Th(\mathbf{M})$ 成立. 这只有两种可能:

(a) $Th(\mathbf{M}) \vdash A$ 和 $Th(\mathbf{M}) \vdash \neg A$ 均不可证. 这种情况只有在 Γ 包含与 $Th(\mathbf{M})$ 逻辑独立的语句的情况下才出现. 而这是不可能的, 因为 Γ 不可能包含与 $Th(\mathbf{M})$ 逻辑独立的语句.

(b) $\neg A \in Th(\mathbf{M})$. 这也不可能, 因为根据 OPEN 过程模式的定义, 必有一个 i 使得 A_i 就是 $\neg A$, 而且必有一个 N 使得 $\neg A \in Th(\Gamma_N)$, 从而 $\neg A \in Th(\Gamma_m)$ 对 $m > N$ 成立. 由于 $A \in \{Th(\Gamma_m)\}^*$, 故存在无穷子列 $\{n_k\}$, 使得 $A \in Th(\Gamma_{n_k})$ 成立. 从而必然存在 $n_k > N$, 使得 $\neg A \in Th(\Gamma_{n_k})$, 而 $A \in Th(\Gamma_{n_k})$ 也成立, 这与 $Th(\Gamma_{n_k})$ 的协调性相矛盾.

总之, 有

$$\{Th(\Gamma_m)\}^* \subseteq Th(\mathbf{M}) \subseteq \{Th(\Gamma_m)\}_*$$

成立. 故 $\{Th(\Gamma_m)\}_* = \{Th(\Gamma_m)\}^* = Th(\mathbf{M})$ 成立. 定理得证.　□

对定理 8.1 可以做下述理解: 首先, $Th(\mathbf{M})$ 是 $\mathscr{L}$ 的在 $\mathbf{M}$ 中为真的全体语句组成的集合, 它包含了 $\mathbf{M}$ 的全体本质特征. 其次, OPEN 过程模式的作用是删除初始

猜想 Γ 中的错误，即在 $\mathbf{M}$ 中为假的语句，然后再加入那些在模型 $\mathbf{M}$ 中为真，但却不在 Γ 中的语句. 这些操作是通过不断生成新版本来完成的，而输出的版本序列收敛到 $Th(\mathbf{M})$.

OPEN 过程模式提供了一种机制，即它引入两个集合 Δ 和 Θ，Δ 用于存储当前版本之前被接受的新公理，而 Θ 用于存储那些没有被 OPEN 过程模式直接接受的输入语句，这些语句是以前某个版本的形式结论. 只有按照 OPEN 过程模式规定的操作使用 Δ 和 Θ，才能保证输出的版本序列收敛到 $Th(\mathbf{M})$.

人们通常认为，只要猜想与反驳的交互作用，或者理论与实践的交互作用，循环往复，以至无穷，就可以逐步逼近所研究问题的全部真理. 定理 8.1 告诉我们：如果不仔细设计交互作用的机制，即使这种交互作用循环往复以至于无穷，还是不足以使我们逼近全部真理. 只有精心设计过程模式，引入类似于 Θ 和 Δ 这样的机制，确保所选取的极大缩减经过了 Θ 和 Δ 的检查和处理，只有这样，生成的版本序列才能收敛，才能逼近所研究问题的全部真理.

8.4 过程模式的可交换性

形式理论序列的极限涉及语句集合的并与交，而形式理论的闭包涉及形式推理. 既然如此，形式理论序列的极限的理论闭包和形式理论闭包的序列的极限，这两者之间的关系如何？本节将证明，对于 OPEN 过程模式输出的版本序列而言，这两者相同，换句话说，版本序列的极限运算与形式推理是可交换的. 对于给定的形式理论 Γ，理论闭包 $Th(\Gamma)$ 是 Γ 的形式结论集合，所以 Th 是一个映射，可以视作关于形式推理的符号演算的算子. 所以 "版本序列的极限运算与形式推理的可交换性" 可以视作 "理论闭包算子关于版本序列的连续性".

在一般情况下，形式理论序列的极限与形式推理并不具有可交换性. 考虑下面的例子.

例 8.3 设 A 及 A_n 为彼此不同的语句. 考虑序列 $\{\Sigma_n\}$:

$$\Sigma_n = \{A_n, A_n \to A\}$$

这里 $n = 1, 2, \cdots$. 不难验证:

$$\lim_{n\to\infty} \Sigma_n = \varnothing \ \text{和} \ \lim_{n\to\infty} Th(\Sigma_n) = Th(\{A\})$$

都成立. 这个例子说明，对于 $\{\Sigma_n\}$，极限运算和形式推理不具有可交换性.

如果使用 OPEN 过程模式，设被输入的初始形式理论 Γ 为空集，输入的序列为

$$A_1, A_1 \to A, \ A_2, A_2 \to A, \cdots, \ A_n, A_n \to A, \cdots$$

经过 OPEN 过程模式的第 $2n$ 轮处理后，它输出的版本是

$$\Gamma_{2n} = \bigcup_{m=1}^{n} \{A_m, A_m \to A\}.$$

由于 $\{\Gamma_n\}$ 是一个单调递增序列，所以它的极限是

$$\lim_{n \to \infty} \Gamma_n = \bigcup_{m=1}^{\infty} \{A_m, A_m \to A\}$$

不难验证输出版本序列 $\{\Gamma_n\}$ 具有极限运算与形式推理的可交换性. 这说明版本序列关于形式推理的可交换性与所使用的过程模式密切相关.

定理 8.2　OPEN 的可交换性

设 $\wp$ 是一个科学问题，$\mathscr{L}_\wp$ 是关于 $\wp$ 的一阶语言，$\mathbf{M}$ 是 $\mathscr{L}_\wp$ 的任意一个模型，Γ 是 $\mathscr{L}_\wp$ 中的一个有穷形式理论，那么由 OPEN 过程模式生成的关于 $\mathbf{M}$ 和 Γ 的每一个版本序列 $\{\Gamma_n\}$ 都满足

$$\lim_{n \to \infty} Th(\Gamma_n) = Th(\lim_{n \to \infty} \Gamma_n).$$

证明　设序列 $\{A_n\}$ 为 $Th(\mathbf{M})$. 根据定理 8.1，OPEN 过程模式生成的关于 $\mathbf{M}$ 和 Γ 的每一个版本序列 $\{\Gamma_n\}$ 均收敛，而且

$$\{Th(\Gamma_n)\}_* = \{Th(\Gamma_n)\}^* = Th(\mathbf{M})$$

成立. 所以，只要证明

$$\{Th(\Gamma_n)\}_* \subseteq Th(\{\Gamma_n\}_*) \subseteq Th(\{\Gamma_n\}^*) \subseteq \{Th(\Gamma_n)\}^*$$

成立即可. 这可以分下述两步证明：

(1) 先证 $Th(\{\Gamma_n\}^*) \subseteq \{Th(\Gamma_n)\}^*$. 对任意 $A \in Th(\{\Gamma_n\}^*)$，即 $\{\Gamma_n\}^* \vdash A$ 可证. 根据紧致性定理，存在

$$\{A_{n_1}, \cdots, A_{n_k}\} \subseteq \{\Gamma_n\}^* \text{ 使 } A_{n_1}, \cdots, A_{n_k} \vdash A$$

可证. 根据 $\{\Gamma_n\}^*$ 的定义，$A_{n_i} \in \{\Gamma_n\}^*$，$i = 1, \cdots, k$，说明存在 $\{\Gamma_n\}$ 的子列

$$\Gamma_{n_{i_1}}, \cdots, \Gamma_{n_{i_j}}, \cdots, \text{ 其中 } j \text{ 为任意自然数.}$$

A_{n_i} 是此列中每个 $\Gamma_{n_{i_j}}$ 的元素，故而是 $Th(\Gamma_{n_{i_j}})$ 的元素，因此 $A_{n_i} \in \{Th(\Gamma_n)\}^*$，也就是 $\{A_{n_1}, \cdots, A_{n_k}\} \subset \{Th(\Gamma_n)\}^*$. 根据上节定理 8.1，$\{Th(\Gamma_n)\}^* = Th(\mathbf{M})$，从而 $\{Th(\Gamma_n)\}^*$ 对形式推理封闭，故

$$A \in Th(\{A_{n_1}, \cdots, A_{n_k}\}) \subset \{Th(\Gamma_n)\}^*.$$

(2) 再证 $\{Th(\Gamma_n)\}_* \subseteq Th(\{\Gamma_n\}_*)$. 对任意 $A \in \{Th(\Gamma_n)\}_*$, 根据定理 8.1, $\{Th(\Gamma_n)\}_* = Th(\mathbf{M})$ 成立, 知 $A \in Th(\mathbf{M})$, 故存在 N 使 $A_N = A$, 根据 OPEN 过程模式的定义, 这只有下述 3 种可能:

(a) A_N 是 Γ_N 的新公理. 根据 OPEN 过程模式定义, 对所有 $n > N$, $A_N \in \Gamma_{N+1}$ 成立, 也就是 $A_N \in \{\Gamma_n\}_*$.

(b) A_N 是 Γ_N 的形式反驳. 根据 OPEN 过程模式的定义, 也将有 $A_N \in \Gamma_{N+1}$, 并对 $n > N$, $A_N \in \Gamma_n$, 故也有 $A_N \in \{\Gamma_n\}_*$.

(c) A_N 是 Γ_N 的形式结论. 根据紧致性定理, 存在

$$\{A_{n_1}, \cdots, A_{n_k}\} \subseteq \Gamma_N \text{ 使得 } A_{n_1}, \cdots, A_{n_k} \vdash A_N$$

可证. 根据 OPEN 过程模式的定义, 要么 $\{A_{n_1}, \cdots, A_{n_k}\} \subset \Gamma_n$ 对所有 $n > N$ 成立, 要么 $A_N \in \Theta_N$, 但存在某一个 $n_0 > N$, 使得在生成 Γ_{n_0} 时, A_N 被 "捡回", 即 $A_N \in \Gamma_{n_0}$ 成立, 而且对所有 $n > n_0$, $A_N \in \Gamma_n$ 均成立. 总之, $A_N \in Th(\{\Gamma_n\}_*)$. 所以, 不论哪种情况均有 $A \in Th(\{\Gamma_n\}_*)$. $\square$

过程模式具有这种可交换性的意义在于, 在公理化进程中, 人们常常从有穷的猜想开始, 通过逐步修正和扩充, 形成公理系统的版本序列, 而版本序列中的每一个版本都是有穷的, 那么这种作法是正确可行的吗? 特别是如果关于问题 $\mathbf{M}$ 的公理系统包含无穷多条彼此独立的公理, 而公理系统的每个版本 Γ_n 却都是有穷的, 那么使用有穷版本去逼近 $Th(\mathbf{M})$ 是可行的吗? 定理 8.2 告诉我们, 在 OPEN 过程模式所决定的公理化进程中, 这种作法是可行的, 因为对于它的输出版本序列而言, 有穷版本的理论闭包序列的极限就是版本序列的极限的理论闭包. 推而广之, 对于那些具有可交换性的过程模式, 用有穷版本对问题 $\mathbf{M}$ 进行逼近都是可行的.

8.5 过程模式的极小性

一个公理系统是否具有极小性, 即各公理之间是否独立, 是衡量数学和自然科学研究质量的一种评价标准. 公理系统应具有极小性这一原则已被学术界广泛接受. 本节将通过 OPEN 过程模式来讨论过程模式的极小性问题.

引理 8.2 **序列极限的极小性**
如果对每一个自然数 n, Γ_n 都是极小形式理论, 并且 $\{\Gamma_n\}$ 收敛, 那么

$$\lim_{n \to \infty} \Gamma_n$$

也是一个极小形式理论.

证明　只要证明 $\{\Gamma_n\}_*$ 是一个极小理论即可. 对任意 $A \in \{\Gamma_n\}_*$, 必存在 N, 对 $n > N$, $A \in \Gamma_n$ 成立. 由于 Γ_n 是极小理论, $Th(\Gamma_n - \{A\}) \neq Th(\Gamma_n)$ 成立, 也就是 $\Gamma_n - \{A\} \vdash A$ 不可证. 由于 $A \in \Gamma_n$ 成立, 故 $\Gamma_n \vdash A$ 可证. 从而

$$\left(\bigcap_{n=N}^{\infty} (\Gamma_n - \{A\}) \right) \vdash A \text{ 不可证, 但 } \bigcap_{n=N}^{\infty} \Gamma_n \vdash A \text{ 可证.}$$

所以 $\{\Gamma_n\}_* - \{A\} \vdash A$ 不可证, 但 $\{\Gamma_n\}_* \vdash A$ 可证. 根据定义, 这就是 $Th(\{\Gamma_n\}_* - \{A\}) \neq Th(\{\Gamma_n\}_*)$. 所以, $\{\Gamma_n\}_*$ 是极小理论.　　□

对于 OPEN 过程模式, 即使它的初始理论 Γ 是一个极小理论, 对于它所生成的关于问题 **M** 和 Γ 的输出版本序列, 不论是序列中的每一个版本, 还是版本序列的极限都不一定是极小理论. 让我们考察下面的例子.

例 8.4　设一阶语言 $\mathscr{L}$ 的常元为 $\{a, b, c\}$, 它只包含一个一元谓词 $P(x)$. 设问题的模型为 **M**, 而其真语句集合 $Th(\mathbf{M})$ 为

$$P[a], P[b], P[c], \forall x P(x), \exists x P(x), \cdots.$$

显然, 关于 **M** 的极小理论是 $\{\forall x P(x)\}$.

(1) 如果令初始理论为 $\Gamma = \varnothing$, 输入序列为 $Th(\mathbf{M})$, 那么 OPEN 的输出版本序列是

$$\Gamma_1 = \{P[a]\}, \ \Gamma_2 = \{P[a], P[b]\}, \ \Gamma_3 = \{P[a], P[b], P[c]\},$$
$$\Gamma_4 = \{P[a], P[b], P[c], \forall x P(x)\},$$

序列的极限是 $\{P[a], P[b], P[c], \forall x P(x)\}$.

(2) 如果令初始理论为 $\Gamma = \{P[a]\}$, 输入序列为 $Th(\mathbf{M})$, 那么 OPEN 的输出版本序列也是

$$\Gamma_1 = \{P[a]\}, \quad \Gamma_2 = \{P[a], P[b]\},$$
$$\Gamma_3 = \{P[a], P[b], P[c]\},$$
$$\Gamma_4 = \{P[a], P[b], P[c], \forall x P(x)\}$$

序列的极限是 $\{P[a], P[b], P[c], \forall x P(x)\}$.

(3) 如果令初始理论为 $\Gamma = \{\forall x P(x)\}$, 输入序列为 $Th(\mathbf{M})$, 那么 OPEN 的输出版本序列是

$$\Gamma_1 = \Gamma_2 = \Gamma_3 = \Gamma_4 = \{\forall x P(x)\},$$

序列的极限是 $\{\forall x P(x)\}$.

对前两种情况, OPEN 过程模式的原始猜想是极小理论, 但所输出的版本序列 Γ_n 的极限都不是极小理论, 只有第 3 种情况才是极小理论.

这个例子说明 OPEN 过程模式并不保持输出版本序列极限的极小性, 其原因是: 对于 Γ_n 与所考察的 A_n, 虽然 $\Gamma_n \vdash A_n$ 和 $\Gamma_n \vdash \neg A_n$ 均不可证, 但是 Γ_n 中仍可包含 A_n 的形式结论. 例如对于例中第一种情况, $\Gamma_3 \vdash \forall x P(x)$ 不可证, 但是 Γ_3 中的 $P[a]$, $P[b]$ 和 $P[c]$ 都是 $\forall x P(x)$ 的形式结论.

对 OPEN 过程模式进行适当改进, 就可以使输出版本序列的极限保持极小性. 作法是: 在 $\Gamma_n \vdash A_n$ 和 $\Gamma_n \vdash \neg A_n$ 均不可证时, 以及遇到事实反驳, 并将此事实反驳作为新公理加入到新版本中时, 需要分两步来确定 Γ_{n+1}.

设 $\Gamma_n = \{B_1, B_2, \cdots, B_{n_k}\}$. 第一步, 从 1 到 n_k, 逐个考查 Γ_n 中的元素 B_i, 如果

$$(\Gamma_n - \{B_i\}), A_n \vdash B_i$$

可证, 那么令 $\Gamma_n = \Gamma_n - \{B_i\}$. 经过 n_k 步处理后, 得到 Γ_n, 它与 A_n 独立. 第二步, 再令

$$\Gamma_{n+1} = \Gamma_n \cup \{A_n\}.$$

对 OPEN 过程模式做这种改进后就可以保证: 如果 Γ_n 是极小理论, 那么 Γ_{n+1} 也是极小理论. 如果我们把经过上述改进后的 OPEN 称为 OPEN$^+$, 那么过程模式 OPEN$^+$ 将保持极小性.

改进后的 OPEN$^+$ 过程模式与人们从事数学和自然科学研究的经验是一致的. 在公理化进程中, 最好是像例 8.4 的 (3) 那样, 在一开始就猜中关于 $\mathbf{M}$ 的极小理论, 但这种情况是不会经常发生的. 研究者通常的作法是: 每当找到一条新公理并产生新版本时, 就对老版本进行检查, 找出那些老版本的公理, 它们是新版本的逻辑推论, 并以新加入的公理为必要前提, 在这种情况下, 将它们从新版本中删除. 这就是牛顿三定律和万有引力定律提出后, 对开普勒定律的处理方法, 这也是 OPEN$^+$ 的作法, 这样做可以保持每个新版本的极小性, 从而保证了版本序列极限的极小性, 但 OPEN$^+$ 的作法要比 OPEN 的作法花费更多的时空资源.

我们曾指出过一个数学或自然科学理论具有极小性的重要意义. 但对信息技术而言, 在许多情况下极小性并不像在数学或自然科学中那样重要. 由于软件系统的规约、逻辑程序的知识库以及集成电路的逻辑功能等, 它们都可以用一阶语言的形式理论来描述, 因此软件开发方法、知识库的维护机制以及集成电路的故障检查策略, 都可以使用 OPEN 过程模式的思想, 设计出合理的开发方法、维护机制和检查策略, 也就是生成的版本序列具有收敛性以及可交换性. 在信息技术中, 极小性不像在数学和自然科学中那么重要, 恰恰相反, 在许多情况下, 极小性甚至是不可取的, 因为在信息技术中, 用户方便和提高效益是第一位的. 例如, 对于计算机的处理器而言, 指令集合只要包括加 1、减 1 和转移指令就足够了. 但是市场上畅销的处理器芯片的指令集合都不少于 100 条指令, 它们都不是极小指令集合, 因为增加 100 多

条指令，可以显著提高处理器的执行速度，大量减少编写包括操作系统在内的基本软件的工作量，从而全面提高整个系统的质量. 类似地，对程序设计语言而言，如第 4 章所述，只要六条指令就可以编写解决任何可计算和可判定问题的程序，但是每一个程序设计语言所包含的语法成分远不止这六条指令，因为这些增加的语法成分和结构使用户编程方便，查错容易，可以大大提高程序设计的效率和质量.

8.6 合理过程模式

前面已经说过，每个研究者在从事数学或自然科学研究时，会自觉或不自觉地遵从某种研究模式. 研究模式的好坏决定了科学研究的质量. 本章通过研究 OPEN 过程模式，说明了对给定的科学问题，一个过程模式必须具有收敛性、极限运算与形式推理的可交换性以及保持版本的极小性. 实际上，具备了这 3 种性质的过程模式可以称得上理想的研究模式. 下面我们给出过程模式收敛性、可交换性和极小性的更一般的定义.

定义 8.6 $\mathfrak{M}$ 收敛性

设 $\mathscr{L}$ 是一个一阶语言，$\mathbf{M}$ 是 $\mathscr{L}$ 的任意一个模型，F 是一个过程模式. 如果存在协调的有穷或可数无穷的输入语句序列 $\{A_n\}$，使得对 $\mathscr{L}$ 的任意一个有穷形式理论 Γ，F 关于初始输入 Γ 和输入语句序列 $\{A_n\}$ 的输出版本序列 $\{\Gamma_n\}$ 都收敛，并且

$$\lim_{n \to \infty} Th(\Gamma_n) = Th(\mathbf{M})$$

成立，那么称过程模式 F 具有 $\mathfrak{M}$ 收敛性.

推论 8.1 OPEN 过程模式具有 $\mathfrak{M}$ 收敛性.

证明 令输入序列 $\{A_n\} = Th(\mathbf{M})$，根据定理 8.1 此推论得证. □

定义 8.7 Th 可交换性

设 $\mathscr{L}$ 是一个一阶语言，$\mathbf{M}$ 是 $\mathscr{L}$ 的任意一个模型，F 是一个过程模式. 如果存在协调的有穷或可数无穷的输入语句序列 $\{A_n\}$，使得对 $\mathscr{L}$ 的任意一个有穷形式理论 Γ，F 关于初始输入 Γ 和输入语句序列 $\{A_n\}$ 的输出版本序列 $\{\Gamma_n\}$ 都收敛，并且

$$\lim_{n \to \infty} Th(\Gamma_n) = Th(\lim_{n \to \infty} \Gamma_n),$$

那么称过程模式 F 具有 Th 可交换性.

推论 8.2 OPEN 过程模式具有 Th 可交换性.

证明 令输入序列 $\{A_n\} = Th(\mathbf{M})$，根据定理 8.2 此推论得证. □

定义 8.8　⑤ 极小性

设 $\mathscr{L}$ 是一个一阶语言，$\mathbf{M}$ 是 $\mathscr{L}$ 的任意一个模型，F 是一个过程模式. 如果存在协调的有穷或可数无穷的输入语句序列 $\{A_n\}$，使得对 $\mathscr{L}$ 的任意一个有穷的极小形式理论 Γ，F 关于初始输入 Γ 和输入语句序列 $\{A_n\}$ 的输出版本序列 $\{\Gamma_n\}$ 都收敛，并且 F 的每一个输出版本 Γ_n 都是一个极小理论，那么称过程模式 F 具有 ⑤ 极小性.

推论 8.3　OPEN 过程模式不具有 ⑤ 极小性，但是 OPEN$^+$ 过程模式具有 ⑤ 极小性.

证明　根据 8.5 节，此推论得证.　　　　　　　　　　　　　　　□

由定理 8.1 和定理 8.2，可以直接推出下述两个定理.

定理 8.3　设 $\mathbf{M}$ 是任意一个科学问题，$\{A_n\}$ 是 OPEN 过程模式的有穷或可数无穷的输入序列，$\{A_n\}$ 协调并且 $Th(\{A_n\}) = Th(\mathbf{M})$，而 $\{\Gamma_n\}$ 为 OPEN 过程模式关于 $\{A_n\}$ 和初始理论 Γ 的输出版本序列，那么 $\{\Gamma_n\}$ 收敛，并且

$$\lim_{n\to\infty} Th(\Gamma_n) = Th(\mathbf{M})$$

成立.

证明　令 OPEN 过程模式的初始形式理论 $\Gamma = \{B_1, \cdots, B_k\}$，根据 OPEN 过程模式的构造和紧致性定理 3.2 知，必存在充分大 $N > 0$，使得当 OPEN* 执行过第 N 轮以后，对任意的 $n > N$，将有

$$Th(\{A_1, \cdots, A_n\}) \subseteq Th(\Gamma_{n+1}) \subseteq Th(\{A_n\})$$

根据定义，由于 $\lim_{n\to\infty} Th(\{A_1, \cdots, A_n\}) = Th(\{A_n\})$，故有

$$Th(\{A_n\}) \subseteq \{Th(\Gamma_n)\}_* \subseteq \{Th(\Gamma_n)\}^* \subseteq Th(\{A_n\})$$

又由于 $Th(\{A_n\}) = Th(\mathbf{M})$，由此可得 $\{Th(\Gamma_n)\}_* = \{Th(\Gamma_n)\}^* = Th(\mathbf{M})$. 故定理得证.　　　　　　　　　　　　　　　□

定理 8.4　设 $\mathbf{M}$ 是任意一个科学问题，$\{A_n\}$ 是 OPEN 过程模式的有穷或可数无穷的输入序列，$\{A_n\}$ 协调并且 $Th(\{A_n\}) = Th(\mathbf{M})$，而 $\{\Gamma_n\}$ 为 OPEN 过程模式关于 $\{A_n\}$ 和初始理论 Γ 的输出版本序列，那么 $\{\Gamma_n\}$ 收敛，并且

$$\lim_{n\to\infty} Th(\Gamma_n) = Th(\lim_{n\to\infty} \Gamma_n)$$

成立.

证明　证明与定理 8.2 的证明类似.　　　　　　　　　　　　　　　　　　□

在定义了过程模式的上述三个性质之后, 我们可以定义合理过程模式和理想过程模式.

定义 8.9　合理过程模式

设 $\mathscr{L}$ 是一个一阶语言, $\mathbf{M}$ 是 $\mathscr{L}$ 的任意一个模型, F 是一个过程模式. 如果存在协调的有穷或可数无穷的输入语句序列 $\{A_n\}$, 使得对 $\mathscr{L}$ 的任意一个有穷形式理论 Γ, F 关于初始输入 Γ 和输入语句序列 $\{A_n\}$ 的输出版本序列为 $\{\Gamma_n\}$, 称过程模式 F 是合理的, 如果 F 具有 $\mathfrak{M}$ 收敛性以及 Th 可交换性. 称过程模式 F 是理想的, 如果 F 是合理的并具有 $\mathfrak{S}$ 极小性.

综合本章前几节的证明和讨论知:

定理 8.5　设 $\mathscr{L}$ 是一个一阶语言, $\mathbf{M}$ 是 $\mathscr{L}$ 的任意一个模型, $\{A_n\}$ 是 OPEN 过程模式的有穷或可数无穷的输入语句序列, 如果 OPEN 过程模式的输入语句序列 $\{A_n\}$ 协调并且满足 $Th(\{A_n\}) = Th(\mathbf{M})$, 那么它就是一个合理过程模式, 而在上述前提下 OPEN$^+$ 过程模式是一个理想过程模式.

证明　根据定理 8.3、定理 8.4 和推论 8.3 直接得出.　　　　　　　　　　□

定理 8.1 与定理 8.3 相比, 几乎是平凡的, 因为定理 8.1 要求输入序列 $\{A_n\} = Th(\mathbf{M})$, 由于输入的初始形式理论 Γ 是一个有穷的形式理论, 根据 OPEN 过程模式的构造, 这相当于经过有穷步执行之后, 将 Γ 中与 $Th(\mathbf{M})$ 不协调的语句全部删除, 从而在 OPEN 过程模式的整个执行过程中接受了 $Th(\mathbf{M})$ 中的所有语句. 定理 8.3 则并不要求输入全体 $Th(\mathbf{M})$, 只要输入序列 $\{A_n\}$ 满足 $Th(\{A_n\}) = Th(\mathbf{M})$ 就足够了, 而 $\{A_n\}$ 可能是有穷的, 也可能是可数无穷的. 所以定理 8.3 是一个比定理 8.1 更有意义的结果. 定理 8.1 和定理 8.3 的局限性在于, 对 OPEN 过程模式而言, 特别是在数学和自然科学研究中, 使 $Th(\{A_n\}) = Th(\mathbf{M})$ 成立的输入序列 $\{A_n\}$ 常常是难以确定的.

还需要指出的是, 在本章所有定理中都要求输入的初始形式理论 Γ 是有穷的形式理论. 实际上, 如果 Γ 是一个可数无穷的形式理论, 这些定理仍然成立. 例如, 要证明定理 8.1 对可数无穷的情况仍然成立, 我们可以在过程模式 OPEN 的基础上构造一个新的过程模式 OPEN$^\sharp$. OPEN$^\sharp$ 有两个可数无穷的输入序列, 一个输入序列是 $\Gamma = \{B_m\}$, 另一个输入序列是 $\{A_n\} = Th(\mathbf{M})$. OPEN$^\sharp$ 的工作流程是, 首先逐个输入 A_n, 在过程模式开始时输入 A_1 和初始理论 $\Gamma = \{B_1, \cdots, B_N\}$, 调用过程模式 OPEN$^*(\Gamma, A_1, \Gamma_1)$, 得到 Γ_1, 然后从 $m = N + 1$ 开始, 以 m 递增的顺序逐个

检查 $\{B_m\}$，如果 $\Gamma_1 \vdash B_m$ 可证，那么令 $\Gamma_2 := \Gamma_1$；如果 $\Gamma_1 \vdash \neg B_m$ 可证，那么令 $\Gamma_2 := \Gamma_1$；如果 $\Gamma_1 \vdash B_m$ 和 $\Gamma_1 \vdash \neg B_m$ 均不可证，那么令 $\Gamma_2 = \Gamma_1 \cup \{B_m\}$，并退出对 $\{B_m\}$ 的检查. 接下来输入 A_2 和 Γ_2，并重复上述工作流程. OPEN$^\sharp$ 也可以写成过程模式的形式，并且可以用前几节类似的方法证明 OPEN$^\sharp$ 是合理过程模式.

第 9 章　　归纳推理和归纳进程

从亚里士多德算起，人类对归纳问题的研究已有两千余年的历史了. 在这期间，许多著名的哲学家和逻辑学家，例如培根 (Bacon)、弥尔 (Mill)、休谟 (Hume)、赫歇尔 (Herschel)、庞加莱 (Poincaré)、皮尔斯 (Peirce)、莱辛巴赫 (Reichenbach)、卡尔那普 (Carnap) 及波普尔 (Popper) 等都在这个领域做出了重要贡献. 中国逻辑学家莫绍揆 [Mo, 1993] 对归纳问题也做过深入的研究. 在本章对归纳推理进行理论探讨之前，让我们先对与归纳推理有关的概念做一个初步说明.

猜想、归纳和归纳推理　第 6 章的两个例子和第 8 章关于 OPEN 过程模式的研究告诉我们，发现新猜想是改变公理系统、扩充公理系统和实现知识进化的主要手段. 新猜想的形成是一个复杂的过程. 本章仅限于研究理性的猜想，因为只有理性的猜想才有可能像本书前面几章那样，把猜想的形成机制变为符号演算.

归纳是一种理性的猜想. 例如，研究者在一个自然保护区中，首先看到的是一只正在飞翔的白天鹅，她的名字是 White. "一只鸟"、"白色"和"会飞"，都是研究者在 White 这只天鹅身上观测到的具体属性. 研究者由此**归纳**出"每一只天鹅都是鸟"、"每一只天鹅都是白色的" 和"每一只天鹅都是会飞的". 这三个命题都是关于天鹅属性的一般猜想. 亚里士多德在其名著《工具论》中曾经指出，**"归纳是从个别事例到普遍规律的过渡"**[①].

归纳推理是归纳的一种机制. 对本章而言，归纳推理指的是：使用一阶语言的符号描述对象、属性和一般规律，建立关于逻辑连接词符号和量词符号的演算规则，并使用这些规则来描述"从个别事例到普遍规律的过渡". 例如，我们用 $\mathscr{L}$ 描述有关鸟类及其属性的一阶语言，用模型 $\mathbf{M}$ 描述这个自然保护区内鸟类的生存环境. 设 White 是 $\mathscr{L}$ 的一个常元. 如果 $P(x)$ 和 $B(x)$ 是一元谓词符号，它们在 $\mathbf{M}$ 中分别解释为"x 是只白天鹅"和"x 是只鸟"，那么归纳推理可以用下述关于全称量词的规则描述：

$$P[\text{White}] \longrightarrow \forall x P(x), \qquad B[\text{White}] \longrightarrow \forall x B(x).$$

上述例子说明，从两个原子语句 $P[\text{White}]$ 和 $B[\text{White}]$ 出发，可以归纳出两个全称语句 $\forall x P(x)$ 和 $\forall x B(x)$. 它们可以被解释为：从"天鹅 White 是只白天鹅"这个事例出发，归纳出全称命题"每一只天鹅都是白天鹅"；从"天鹅 White 是只鸟"

---

① "过渡"的英译是 passage. 见 McKeon 的著作 "The Basic Works of Aristotle"，1941 年版，198 页.

这个事例出发, 归纳出全称命题"每一只天鹅都是鸟".

参照第 3 章的作法, 这种归纳推理机制可以用下述关于全称量词的演算规则来描述:

$$B[t] \longrightarrow \forall x B(x),$$

其中 t 是一个不包含变元的 Herbrand 项, $B[t]$ 可以是原子语句, 也可以是原子语句的否定, $\longrightarrow$ 右边的 $\forall x B(x)$ 称为归纳结论, 而此规则称为全称量词归纳规则.

归纳与反驳　归纳结论在有些情况下成立, 而在另一些情况下可能是不成立的. 例如, 从"天鹅 White 是鸟"得出的"每只天鹅都是鸟"的归纳结论是成立的, 而从"天鹅 White 是白的"归纳出"每只天鹅都是白的"是不成立的, 因为这个保护区还有一只叫 Black 的黑天鹅. 研究者不能从见到的第一只天鹅是白天鹅, 就由此推断所有天鹅都是白天鹅. 使用一阶语言和模型的术语, 规则 $P[\text{White}] \longrightarrow \forall x P(x)$ 应该解释为: 如果 $\mathbf{M} \models P[\text{White}]$ 成立, 那么 $\mathbf{M} \models \forall x P(x)$ 也成立. 由于 $\mathbf{M} \models \neg P[\text{Black}]$ 成立, 所以 $\mathbf{M} \models \forall x P(x)$ 不成立, 这说明规则 $P[\text{White}] \longrightarrow \forall x P(x)$ 不具有一阶语言形式推理系统的那种可靠性.

第 7 章告诉我们, $\neg P[\text{Black}]$ 是一个关于归纳结论 $\forall x P(x)$ 的事实反驳. 所以归纳结论是否成立, 要看它是否受到事实反驳, 即是否遇到与之相反的事例. 如果一个归纳结论受到了反驳, 那么它就不成立, 如果它从未受到反驳, 那么这个归纳结论就将被接受. 总之, 只要对形式理论进行归纳推理, 那么就必须在模型中对归纳结论进行检验, 如果出现事实反驳, 就必须对包含归纳结论的形式理论加以修正, 所以归纳与反驳是归纳推理中相辅相成的两个方面, 二者缺一不可.

归纳推理与形式推理　我们已经在第 3 章中证明了, 形式推理系统是可靠的, 即如果 $\Gamma \vdash A$ 成立, 那么对任意模型 $\mathbf{M}$, 由 $\mathbf{M} \models \Gamma$ 成立可以得出 $\mathbf{M} \models A$ 成立. 形式推理系统是对形式理论进行逻辑分析和形式证明的系统, 如果作为前提的形式理论在一个模型中的解释为真, 那么它的形式结论在此模型中的解释一定为真, 这就是形式推理系统的可靠性问题.

归纳推理与形式推理不同, 归纳推理是在公理化进程中使用的, 它是对形式理论进行改进和完善的一种手段, 每一个归纳结论都是根据具体事例, 对一般规律所作的猜想. 既然是猜想, 它就有对错的问题, 因此对于一个特定的科学问题而言, 孤立地、一次性地使用归纳推理规则所得到的结论正确与否, 是没有意义的, 只有在公理化进程中才能决定归纳结论的对错.

由于归纳推理规则把个别事例推广到一般规律, 所以归纳推理涉及新公理和新版本的产生, 也就是涉及公理系统版本的改变. 形式推理只涉及对公理系统的逻辑推论的证明, 所以形式推理不涉及公理系统版本的改变.

如果使用一阶语言的术语, 用 Γ 代表形式理论的当前版本, $\longrightarrow$ 代表归纳推理关系，那么形式推理和归纳推理的区别是：

对形式推理而言，

$$如果\ \Gamma \vdash A,\ 那么\ Th(\Gamma) = Th(\Gamma \cup \{A\})$$

成立. 这可以解释为：逻辑结论蕴涵在它的公理系统之中，也就是逻辑推理不涉及公理系统版本的改变.

对归纳推理而言，

$$如果\ \Gamma \longrightarrow \Gamma',\ 那么\ Th(\Gamma) \subsetneq Th(\Gamma')$$

成立. 这可以解释为：进行归纳推理后，形式理论的版本改变了，新版本 Γ' 所包含的知识进化了.

设 Γ_n 代表形式理论 Γ 的第 n 个版本. 在多次交替使用归纳推理规则和反驳修正规则之后，所产生的版本构成了一个公理化进程：

$$\Gamma_1,\ \Gamma_2,\ \cdots,\ \Gamma_n,\ \cdots$$

上述版本序列包含两种版本. 例如，第 $i+1$ 个版本 Γ_{i+1} 可能是对 Γ_i 使用全称量词归纳规则得到的新版本，而第 $j+1$ 个版本 Γ_{j+1} 可能是 Γ_j 的一个极大缩减.

如果 $\longrightarrow$ 既代表归纳推理关系，又代表 R 缩减关系，而版本 Γ_n 下面的扇性区域代表版本 Γ_n 的理论闭包 $Th(\Gamma_n)$，那么归纳推理和形式推理的关系可以用下述框图表示.

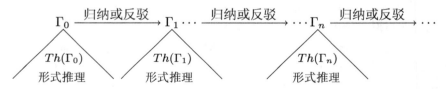

此框图说明：不论是全称量词归纳，还是反驳修正，它们都导致形式理论版本的改变和知识的进化. 与之相比，形式推理只能在一个确定的版本之下进行，它与理论版本的改变无关. 这就是归纳推理和形式推理的"正交关系".

归纳过程模式的合理性　前面已经讨论过，对给定的科学问题，归纳结论被解释为关于这个问题的某个一般规律的猜想，既然是猜想，其结果可能对也可能错，所以孤立地、一次性地使用归纳推理规则，不具有可靠性. 但是这并不等同于不能探讨归纳推理系统的合理性，问题在于从什么角度来讨论它.

归纳推理的目标是通过考察个别事例寻找问题的一般规律. 在科学研究活动中，归纳推理是发现新猜想的一种常用和有效的手段. 归纳推理在科学研究活动中的使用是一个进程，人们应该在这个进程中来评价归纳推理是否有用、是否合理. 从公理化进程的观点来看，对任何科学问题，如果从任意猜想出发，对所有事例，使用归纳推理系统生成的任意版本序列，都收敛到该科学问题的全部一般性规律，那么可以认为这个归纳推理系统是合理的.

如果我们接受这种考察归纳推理的合理性的观点，那么证明一个归纳推理系统的合理性就归结为寻找一种过程模式，这种过程模式给出使用归纳推理系统的一个工作流程，使得该过程模式逐个输入描述个别事例的语句，输出使用归纳推理系统处理过的版本序列. 如果能够证明，该过程模式具有 $\mathfrak{M}$ 收敛性和 Th 可交换性，那么就证明了这个归纳推理系统的合理性.

9.1 节讨论如何在一阶语言中描述个别事例的问题. 9.2 节讨论归纳推理规则的必要性，并引入一个归纳推理系统 **A**，它由全称归纳、反驳修正和事例扩充规则组成. 9.3 节介绍与归纳推理有关的几种版本，并引入归纳推理的公理化进程的概念. 9.4 节给出一个归纳过程模式，称为 GUINA. 9.5 节证明 GUINA 过程模式的 $\mathfrak{M}$ 收敛性. 9.6 节证明 GUINA 过程模式的 Th 可交换性. 9.7 节讨论 GUINA 过程模式保持 $\mathfrak{S}$ 极小性的问题.

9.1　基项、基语句与基事例

前面我们已经说明，归纳推理是一种从"个别事例"到"一般规律"的过渡机制. 众所周知，"一般规律"指的是元语言环境中全体成员的性质，在一阶语言中可以用全称语句来描述. 那么在一阶语言中"个别事例"用什么语法对象来描述呢？这就是本节要回答的问题.

设本章所研究的科学问题是 $\wp$，它的模型是 **M** 而其相应的一阶语言是 $\mathscr{L}$. 本节将说明"个别事例"在模型 **M** 中指的是什么，以及在语言 $\mathscr{L}$ 中怎样描述.

(1) 在科学研究活动中，研究者需要对与问题 $\wp$ 有关的自然现象或社会现象中的个体进行观察和试验，观测的结果是关于这些个体的某些简单属性的数据，而这些数据支持关于这些个体的属性的命题. 在讨论归纳推理时，我们把这些关于个体的属性的命题称为个别事例，简称事例. 例如，在观察天鹅时，研究者观察到："在此自然保护区那只叫 White 的天鹅的颜色是白的"，是关于天鹅颜色属性的一个事例，而"那只叫 Black 的天鹅的颜色不是白的"，也是关于天鹅颜色属性的一个事例. 在研究活动中，所观测的个体常常被编号，所以"第 100 号天鹅是白的"仍是一个事例. 一般而言，模型 **M** 的基事例就是那些不含变量的原子命题和它们的否定.

(2) 模型 **M** 中某一组元素的基本性质，在一阶语言 $\mathscr{L}$ 中被谓词或它的否定所描述. 由于每个事例都是关于一个个体的命题，而谓词又通常包含变元，所以用谓词描述事例时，在谓词中出现的自由变元必须被常元替换. 总之，每个原子语句或原子语句的否定在 $\mathscr{L}$ 中描述 **M** 的一个事例. 例如，在前面关于天鹅的例子中，谓词 $P(x)$

在 **M** 中可以解释为："名字为 x 的天鹅的颜色是白的". White 为 $\mathscr{L}$ 的常元,那么谓词 $P[\text{White}]$ 在 **M** 中解释为："天鹅 White 的颜色是白的",而 $\neg P[S^{100}0]$ 被解释为："第 100 号天鹅不是白的".

(3) 第 2 章定义 2.12 引入的 Herbrand 域 H 是由全体不包含自由变元的项 t 组成的集合,H 中的每一个项都称为基项,每一个基项又被解释为 **M** 中的一个个体. 如果 $P(x)$ 是一个谓词,那么 $P[t]$ 被解释为 **M** 中的一个事例. 例如,$P[S^{100}0]$ 和 $P[S^{100}0 \cdot S^{50}0]$ 在 **M** 中都被解释为事例.

(4) 根据排中原理,在论域 M 中,每一个原子命题要么为真,要么为假. 今后称其真者为正事例,称其假者为负事例. 模型 **M** 的完全事例集合由 **M** 的全体正事例和负事例的否定组成. 与此集合对应的是语言 $\mathscr{L}$ 关于模型 **M** 的基语句集合,记为 $\Omega_{\mathbf{M}}$. $\Omega_{\mathbf{M}}$ 由 $\mathscr{L}$ 的原子语句或原子语句的否定组成,它们均被称为基语句. 如果 A 是一个原子语句并且它在 **M** 中被解释为正事例,那么 $A \in \Omega_{\mathbf{M}}$;如果 A 是一个原子语句并且 A 在 **M** 中被解释为负事例,那么 $\neg A \in \Omega_{\mathbf{M}}$. 基语句集合 $\Omega_{\mathbf{M}}$ 被解释为在模型 **M** 中为真的全体基事例组成的集合.

本节引入的负事例的概念与第 7 章引入的事实反驳的概念是不同的. "A 是负事例"是指在模型 **M** 中,原子语句 A 为假,$\neg A$ 为真. A 是 Γ 的事实反驳旨在说明形式理论 Γ 和语句 A 的关系,即 Γ 在模型 **M** 中为假,而 A 在模型 **M** 中为真.

上述关于事例、基语句和完全事例集合的概念可以用一阶语言和模型的术语来定义.

定义 9.1　模型 M 的完全基语句集合

设 $\mathscr{L}$ 为一阶语言,**M** 是其模型,再设 H 为 $\mathscr{L}$ 的 Herbrand 域. 模型 **M** 的完全基语句集合 $\Omega_{\mathbf{M}}$ 的定义如下:

$$\Omega_1 = \{\, A \mid \text{如果 } A \text{ 是不含变元的谓词 } P \text{ 并且 } P_{\mathbf{M}} \text{ 为真,或者 } A$$
$$\text{是 } \neg P, \ P \text{ 为不含变元的谓词,并且 } (\neg P)_{\mathbf{M}} \text{ 为真} \,\};$$

$$\Omega_{n+1} = \Omega_n \cup \{\, A[t_1, \cdots, t_n] \mid t_j \in H, \ A \text{ 是 } n \text{ 元谓词 } P[t_1, \cdots, t_n]$$
$$\text{并且 } (P[t_1, \cdots, t_n])_{\mathbf{M}} \text{ 为真,或者 } A[t_1, \cdots, t_n]$$
$$\text{是 } \neg P[t_1, \cdots, t_n] \text{ 并且 } (\neg P[t_1, \cdots, t_n])_{\mathbf{M}} \text{ 为真} \,\};$$

$$\Omega = \bigcup_{i=1}^{\infty} \Omega_i.$$

集合 Ω 称为 $\mathscr{L}$ 关于 **M** 的完全基语句集合,记为 $\Omega_{\mathbf{M}}$. 集合 $\Omega_{\mathbf{M}}$ 是可数的,它的一个排序称为 $\mathscr{L}$ 关于 **M** 的完全基语句序列.

模型 **M** 的完全基语句集合 $\Omega_{\mathbf{M}}$ 在 **M** 中被解释为完全事例集合. 模型 **M** 的完全基语句集合 $\Omega_{\mathbf{M}}$ 唯一地确定了一个 Hintikka 集合 (见第 2 章定义 2.13),而 **M** 是此

Hintikka 集合的模型.

9.2 归纳推理系统 **A**

本节引入归纳推理系统 **A**，它包括全称归纳规则、事例扩充规则和反驳修正规则. 本节将通过例子说明这些规则的必要性、全称归纳规则的不可靠性以及关于归纳规则的其他选择等.

为了叙述的方便，又不失一般性，在本章今后的讨论中，我们假定一阶语言 $\mathscr{L}$ 中只包含一元谓词.

首先，让我们讨论"由个别事例到普遍规律的过渡"这种归纳推理思想的必要性.

例 9.1 归纳推理的必要性

为了简单起见，假定一阶语言 $\mathscr{L}$ 的常元集合为 $\{c_n\}$，$\mathscr{L}$ 不包含任何函数符号，并且 $\mathscr{L}$ 只包含一个一元谓词 $P(x)$. 在这种情况下，$\mathscr{L}$ 的 Herbrand 域是集合 $\{c_n\}$. 模型 **M** 的完全基语句集合 $\Omega_{\mathbf{M}}$ 是 $\{P[c_n]\}$，即对任意 n，$P[c_n]$ 都是 **M** 的正事例. 在这种情况下，对模型 **M** 而言，$\forall x P(x)$ 成立. 我们自然期望

$$\{P[c_1], \cdots, P[c_n], \cdots\} \vdash \forall x P(x)$$

成立，即全称语句 $\forall x P(x)$ 是完全基语句集合 $\Omega_{\mathbf{M}}$ 的形式结论. 根据第 3 章，要证明此序贯可证，则需要使用 $\forall$-R 规则. 根据 **G** 系统定义，此规则的分子必须可证，而 $\forall$-R 规则的分子是

$$\{P[c_1], \cdots, P[c_n], \cdots\} \vdash P(y). \tag{$*$}$$

由于序贯 $(*)$ 中出现的 y 是不同于 $\{c_n\}$ 的一个新变元，所以该式不可能是公理，从而它不可证. 这说明 $\forall x P(x)$ 不是序列 $\{P[c_n]\}$ 的形式结论. $\forall x P(x)$ 既然不是形式证明的结论，那么它是什么结论？它只能是 $\{P[c_n]\}$ 的**归纳结论**，即它是从全体事例中**归纳**出来的结论.

这个例子说明在公理化进程中，"由个别事例到普遍规律的过渡"的归纳机制是必要的.

如本章开头所述，归纳是产生新公理的机制，归纳推理所产生的新公理，只对给定的科学问题才有意义. 人们对形式理论 Γ 和所考察的基语句 $P[t] \in \Omega_{\mathbf{M}}$ 每进行一次归纳推理，都将产生该形式理论的一个新版本 Γ'，所以归纳推理是涉及形式理论改变的推理. 为了强调归纳推理与形式推理之间的这种本质区别，本书用下述分式描述归纳推理规则

$$\frac{\text{condition}(\Gamma,\ P[t],\ \Omega_{\mathbf{M}})}{\Gamma \longrightarrow \Gamma'}$$

分式分母中出现的 Γ 和 Γ' 为形式理论，Γ 为使用归纳推理规则之前的理论版本，而 Γ' 为使用归纳推理规则之后产生的新版本. 规则的分子中出现的 $\text{condition}(\Gamma, P[t], \Omega_{\mathbf{M}})$ 表示当前版本 Γ 与所考察的基语句 $P[t]$ 之间的关系. 这条规则可以解释为：如果条件 $\text{condition}(\Gamma, P[t], \Omega_{\mathbf{M}})$ 成立，那么从版本 Γ 可以归纳出新版本 Γ'. 分子 $\text{condition}(\Gamma, P[t], \Omega_{\mathbf{M}})$ 给出了归纳规则使用的条件. 让我们通过下面的例子说明 $\text{condition}(\Gamma, P[t], \Omega_{\mathbf{M}})$ 的作用.

例 9.2　先入协调问题

设所考察的科学问题是 $\mathbf{M}$，而 $\Omega_{\mathbf{M}} = \{P[c_1], \neg P[c_2], Q[c_1], Q[c_2]\}$. 设 $\Gamma = \{P[c_1], Q[c_1]\}$，而被考察的基事例是 $Q[c_2]$ [①]. 如果从基事例 $Q[c_2]$ 归纳出全称结论 $\forall x Q(x)$，而规则写成

$$\frac{Q[c_2] \text{ 与 } \Gamma \text{ 协调}}{\Gamma \longrightarrow \forall x Q(x),\ \Gamma}$$

是可行的，因为在这种情况下，归纳结论 $\{\forall x Q(x), P[c_1], Q[c_1]\}$ 是一个形式理论.

如果所考察的基事例是 $\neg P[c_2]$，而从这个基事例归纳出来的结论是 $\forall x \neg P(x)$，写成规则

$$\frac{\neg P[c_2] \text{ 与 } \Gamma \text{ 协调}}{\Gamma \longrightarrow \forall x \neg P(x),\ \Gamma}$$

那么归纳结论是不可取的，因为 $\forall x \neg P(x)$ 与 $P[c_1]$ 不协调，所以新生成的版本 $\{\forall x \neg P(x), P[c_1], Q[c_1]\}$ 不是一个形式理论. 在这种情况下正确的作法应是

$$\frac{\neg P[c_2] \text{ 与 } \Gamma \text{ 协调}}{\Gamma \longrightarrow \neg P[c_2],\ \Gamma}$$

上面两种情况说明：归纳推理规则必须保证归纳推理产生的新版本的协调性. 为此，必须引入下述关系.

定义 9.2　先入协调关系

设 Γ 是一个形式理论，而 $P[t]$ 和 $\neg P[t']$ 为基语句，其中 $t, t' \in H$ 是基项.

(1) 如果 $P[t]$ 与 Γ 协调，并且不存在基项 $t' \in H$，使得 $\neg P[t'] \in Th(\Gamma)$，那么称 $P[t]$ 与 Γ 先入 (predominant) 协调，记为 $P[t] \bowtie \Gamma$.

(2) 如果 $P[t]$ 与 Γ 协调，并且存在基项 $t' \in H$，使得 $\neg P[t'] \in Th(\Gamma)$，那么称 $P[t]$ 与 Γ 非先入 (non-predominant) 协调，并记为 $P[t] \not\bowtie \Gamma$.

在上面的例子中，根据定义 9.2 (1)，$Q[c_2]$ 与 Γ 先入协调，而根据定义 9.2 (2)，$\neg P[c_2]$ 与 Γ 非先入协调.

---

① 从本例开始，我们所称的基事例 $Q[c_2]$，实际上是指基语句 $Q[c_2]$ 在 $\mathbf{M}$ 中的解释.

在定义了当前版本与被考察的基语句之间是否具有先入协调关系后,我们就具备了引入归纳推理规则的条件. 设 **M** 是一个科学问题,而 **M** 的完全基语句集合是 $\Omega_{\mathbf{M}}$.

定义 9.3 全称归纳规则

$$\frac{P[t] \bowtie \Gamma \quad P[t] \in \Omega_{\mathbf{M}}}{\Gamma \longrightarrow_i \forall x P(x), \Gamma}$$

全称归纳规则是从单个基语句归纳出全称语句的形式规则. 此规则说明:如果当前版本是 Γ,对某一个基项 t,$P[t]$ 是一个基语句,$P[t]$ 与 Γ 先入协调,即不存在另一个基项 t' 使得 $\neg P[t'] \in Th(\Gamma)$ 成立,那么就可以从 $P[t]$ 归纳出全称语句 $\forall x P(x)$,而归纳后产生的新版本是 $\forall x P(x), \Gamma$. $\forall x P(x)$ 被称为此规则的归纳结论. 规则分母中出现的 $\longrightarrow_i$ 的下标 i 表示此转换关系是全称归纳关系.

定义 9.4 反驳修正规则

$$\frac{\Gamma \vdash \neg P[t] \quad P[t] \in \Omega_{\mathbf{M}}}{\Gamma \longrightarrow_r R(\Gamma, P[t]), P[t]}$$

此规则说明:在当前版本 Γ 的形式结论 $\neg P[t]$ 受到基语句 $P[t]$ 的形式反驳的条件下,应使用反驳修正规则,所产生的新版本是 $R(\Gamma, P[t]), P[t]$. 此版本也被称为当前版本关于形式反驳 $P[t]$ 的修正结论,其中 $R(\Gamma, P[t])$ 是 Γ 关于 $P[t]$ 的一个极大缩减. 规则分母中出现的 $\longrightarrow_r$ 的下标 r 表示此转换关系与归纳推理关系 $\longrightarrow_i$ 不同,是反驳修正关系.

定义 9.5 基语句扩充规则

$$\frac{P[t] \not\bowtie \Gamma \quad P[t] \in \Omega_{\mathbf{M}}}{\Gamma \longrightarrow_e P[t], \Gamma}$$

此规则表示当前版本 Γ 与所考察的基语句 $P[t]$ 非先入协调,即存在另一个基语句 $\neg P[t'] \in Th(\Gamma)$,故需将 $P[t]$ 作为 Γ 的新公理接受,但不能使用全称归纳规则将 $\forall x P(x)$ 引入,所以新版本是 $\{P[t]\} \cup \Gamma$. 转换关系 $\longrightarrow_e$ 的下标 e 表示基语句扩充关系.

全称归纳、反驳修正和基语句扩充都是改变形式理论版本的符号演算规则. 在上下文不会引起误解的情况下,在本章中 $\longrightarrow$ 将既代表全称归纳关系,也代表反驳修正关系和基语句扩充关系. 总之它表示归纳推理的 3 种关系.

下面的例子说明全称归纳推理不具有可靠性.

例 9.3 全称归纳与可靠性的关系

给定一个一阶语言 $\mathscr{L}$. 令 $\mathscr{L}$ 的 Herbrand 域 $H = \{a, b\}$，又令 $\mathscr{L}$ 只包含一个一元谓词 $P(x)$. 考虑 $\mathscr{L}$ 的两个模型 $\mathbf{M}_1$ 和 $\mathbf{M}_2$. 设 $\mathscr{L}$ 关于 $\mathbf{M}_1$ 的完全基语句集合是 $\Omega_{\mathbf{M}_1} = \{P[a], P[b]\}$，$\mathscr{L}$ 关于 $\mathbf{M}_2$ 的完全基语句集合是 $\Omega_{\mathbf{M}_2} = \{P[a], \neg P[b]\}$.

如果令当前版本 $\Gamma = \varnothing$. 考虑基语句 $P[a]$，由于 $P[a] \bowtie \Gamma$ 成立，使用全称归纳规则，得到

$$\varnothing \longrightarrow \{\forall x P(x)\}.$$

这里 $\forall x P(x)$ 是 Γ 和 $P[a]$ 的归纳结论. 不难验证 $\mathbf{M}_1 \models P[a]$ 和 $\mathbf{M}_2 \models P[a]$ 均成立，但是 $\mathbf{M}_1 \models \forall x P(x)$ 成立，而 $\mathbf{M}_2 \models \forall x P(x)$ 不成立.

此例说明，使用全称归纳规则得出的结论不具有 $\mathbf{G}$ 系统那种关于形式推理的可靠性，这是因为归纳推理规则是寻找形式理论的新公理的规则，是发现新公理的一种手段，而不是进行逻辑分析和形式证明的规则. 只有在确定了科学问题之后，在关于此问题的形式理论的公理化进程中使用归纳推理规则才有意义. 对于归纳推理规则而言，提出类似于形式推理系统的可靠性这样的问题是没有意义的.

例 9.4   关于反驳修正规则

设一阶语言 $\mathscr{L}$ 与上例相同，并设 $\mathbf{M}_2$ 是 $\mathscr{L}$ 的模型. 关于 $\mathbf{M}_2$ 的完全基语句集合是 $\Omega_{\mathbf{M}_2} = \{P[a], \neg P[b]\}$.

(1) 如果令版本 $\Gamma_1 = \varnothing$. 由于基语句 $P[a]$ 与 Γ_1 具有先入协调关系，使用全称归纳规则，有

$$\varnothing \longrightarrow_i \{\forall x P(x)\}.$$

新版本 $\Gamma_2 = \{\forall x P(x)\}$.

(2) 考察 Γ_2 与基语句 $\neg P[b]$ 的关系. 根据 $\mathbf{G}$ 系统，$\forall x P(x) \vdash P[b]$ 可证，这就是 $\Gamma_2 \vdash P[b]$ 可证，所以 $\neg P[b]$ 是 Γ_2 的形式反驳. 对 Γ_2 和 $\neg P[b]$ 使用反驳修正规则，有

$$\Gamma_2 \longrightarrow_r \{\neg P[b]\}.$$

令新版本 $\Gamma_3 = \{\neg P[b]\}$.

这个例子说明，使用全称归纳规则之后，必须有反驳修正规则作为补充，以便修正由于事例不全，而导致的归纳结论与完全事例集合的不协调性. 这也说明全称归纳与反驳修正是相辅相成的两个方面.

从这个例子可以看出，使用反驳修正规则所产生的新版本 Γ_3 丢失了基事例 $P[a]$. $P[a]$ 是在使用全称归纳规则时失掉的，补救的办法有两种：

(1) 将全称归纳规则改为：

全称归纳规则 -I

$$\frac{P[t] \bowtie \Gamma \quad P[t] \in \Omega_\mathbf{M}}{\Gamma \overset{}{\longrightarrow}_i P[t], \, \forall x P(x), \Gamma}$$

此规则与前面全称归纳规则的不同之处在于: 新版本除加入了归纳结论之外, 还保留了引出归纳结论的基语句. 由于版本 $\Gamma_1 = \varnothing$ 与基语句 $P[a]$ 具有先入协调关系, 使用全称归纳规则 -I, 有

$$\varnothing \overset{}{\longrightarrow}_i \{P[a], \, \forall x P(x)\}.$$

这样新版本 $\Gamma_2' = \{P[a], \, \forall x P(x)\}$. 再对 Γ_2' 和基语句 $\neg P[b]$ 使用反驳修正规则, 可得

$$\Gamma_3 = \{P[a], \, \neg P[b]\}$$

使用全称归纳规则 -I, 保住了基语句 $P[a]$ 不再丢失, 但 $\Gamma_2' = \{P[a], \, \forall x P(x)\}$ 不再具有极小性.

(2) 另一种既能防止基语句的丢失, 又可以保持 Γ_2' 的极小性的方法是: 使用第 8 章 OPEN 过程模式中设立缓存区 Δ 和 Θ 的方法, 对某个基语句使用全称归纳规则时, 将此基语句作为新版本的逻辑结论存储于 Θ 中, 而在后来使用反驳修正规则时, 必须对 Θ 进行一次检查, 把那些存于 Θ 的基语句捡回来, 作为反驳修正之后的新公理, 因为虽然关于此基语句的全称命题被否定了, 但此基语句所代表的事例仍然是 $\mathbf{M}$ 的真命题.

在本节的末尾, 我们还需要对充分条件推理是否应作为归纳推理做一些讨论. 所谓充分条件推理是

如果蕴涵关系 $A \to B$ 和蕴涵结论 B 成立, 那么**归纳**出前提 A.

充分条件推理可以用下述规则描述:

充分条件归纳 $\quad \{A \to B, \, B, \, \Gamma\} \quad \longrightarrow \quad \{A, \, A \to B, \, B, \, \Gamma\}$

此规则说明: 如果当前版本是 $\{A \to B, B\} \cup \Gamma$, 那么从 $A \to B$ 和 B 可以归纳出 A, A 被称为此规则的归纳结论, 而归纳后产生的新版本是 $\{A, \, A \to B, \, B\} \cup \Gamma$.

在科学研究中, 不少学者使用类似的规则, 并认为这是一条改变当前版本的 "归纳" 规则. 如果对充分条件规则稍加分析就会发现: 该规则所表达的随意猜想的成分多于理性的成分. 因为根据 $\mathbf{G}$ 系统, 对任意公式 C, 序贯 $B \vdash C \lor B$ 可证, 故有 $B \vdash \neg A \lor B$ 可证, 这就是对任意公式 A, 序贯 $B \vdash A \to B$ 可证. 这说明 $A \to B$ 是 B 的形式结论, 所以 $A \to B$ 可以从 $\longrightarrow$ 两边去掉, 前面给出的充分条件归纳就变成了

充分条件归纳 $\quad \{B, \, \Gamma\} \quad \longrightarrow \quad \{A, \, B, \, \Gamma\}$

注意到上述规则中的 A 代表任意公式, 它可以与 Γ 和 B 无关. 所以 A 看似是 B 的 "充分条件", 但实际上 A 和 B 没有任何关系. 如果任何一个公式均可在没有任何

约束的条件下，被做为归纳结论加入进来，那么这就是随意的猜想了，而基于理性的从个别到一般的归纳成分则显得不足. 为此，即使希望将充分条件作为归纳推理的一个规则，也要对充分条件做出限制，例如，将充分条件改为第 7 章引入的必要前提，将充分条件推理限定为必要前提推理，规则的形式如下：

$$\text{必要前提归纳} \qquad \frac{A,\Gamma \vdash B \quad A \mapsto B}{B,\Gamma \longrightarrow A, B, \Gamma}$$

此规则将 B 的必要前提 A 作为归纳结论得出.

我们将在 9.5 节中证明：使用完全归纳规则、反驳修正规则和事例扩充规则，再配以合适的过程模式，就可以保证输出的形式理论收敛，并且其理论闭包序列收敛到 $Th(\mathbf{M})$. 这就可以达到本章开头提出的从个别事例归纳出全体真命题的目标.

9.3　归纳型版本和归纳进程

使用归纳推理产生的形式理论的新版本称为归纳型版本.

定义 9.6　归纳型版本

设 Γ 为一个形式理论，P 为一个基语句. 如果形式理论 Γ' 是对 Γ 与 P 使用全称归纳规则而得的新版本，则称 Γ' 是 Γ 关于 P 的全称归纳版本，或简称 Γ' 是 Γ 的 I 型版本.

如果形式理论 Γ' 是对 Γ 与 P 使用反驳修正规则而得的新版本，则称 Γ' 是 Γ 关于 P 的 R 型版本.

如果形式理论 Γ' 是对 Γ 与 P 使用基语句扩充规则而得的新版本，则称 Γ' 是 Γ 关于 P 的 N 型版本.

定义 9.7　归纳序列

称序列

$$\Gamma_1, \Gamma_2, \cdots, \Gamma_n, \cdots$$

是一个归纳序列，如果对任意自然数 n，Γ_{n+1} 要么是 Γ_n 的 I 型版本，要么是 Γ_n 的 R 型版本，要么是 Γ_n 的 N 型版本. 归纳序列也称归纳进程.

引理 9.1　归纳序列 $\{\Gamma_n\}$ 是增序列，当且仅当对任意 $n \geqslant 1$，Γ_{n+1} 是 Γ_n 的一个 I 型版本或 N 型版本.

证明　由定义直接得出. □

9.4 GUINA 过程模式

本章后面几节的目的就是引入一个归纳过程模式，称为 GUINA，并证明它是一个合理的过程模式，即此过程模式具有 $\mathfrak{M}$ 收敛性和 Th 可交换性，并给出它保持 $\mathfrak{S}$ 极小性的条件. GUINA 的基本设计思想如下.

GUINA 过程模式输入初始理论 Γ，在本章中也称为初始猜想，和基语句序列 $\Omega_{\mathbf{M}}$. 每输入一个基语句，GUINA 都要调用一次它的子过程 GUINA*. 根据第 8 章关于 OPEN 过程模式及例 9.4 的讨论，要确保输出版本序列的合理性，还需要在 GUINA 过程模式中做下述处理：

(1) 引入缓存集合 Δ，用于存储第 n 个版本之前，归纳出全称语句的那些基语句. Δ 的作用是：在形式反驳发生的情况下，将所有极大缩减过程中删除的全称语句对应的基语句，重新加入到新版本中.

(2) 引入缓存集合 Θ，用于保存那些在形成前 n 个版本时曾被考察过的事例 P_m, $m < n$，而这些事例是相应版本的逻辑结论. Θ 的作用是：在形式反驳发生的情况下，逐个检查每一个包含在 Θ 中的 P_m，看它们是否仍是此版本的逻辑结论，如果不是，则需要把它们加入到新版本中.

(3) Δ 和 Θ 的初始状态为 $\varnothing$.

与 OPEN 过程模式类似，每输入一个 $\Omega_{\mathbf{M}}$ 中的基语句，GUINA 过程模式都要调用子过程 GUINA*. GUINA* 则以当前版本 Γ_n 和基语句 $P_n[t]$ 为输入，并根据它们之间的关系，按下述情况输出新版本 Γ_{n+1}：

(1) $\Gamma_n \vdash P_n[t]$ 可证. 所输入的基语句是当前版本 Γ_n 的形式结论. 在这种情况下，没有必要使用归纳规则. GUINA* 的输出结果是：$\Gamma_{n+1} := \Gamma_n$, $\Theta_{n+1} := \{P_n[t]\} \cup \Theta_n$，而 $\Delta_{n+1} := \Delta_n$.

(2) $\Gamma_n \vdash \neg P_n[t]$ 可证. 由于 $P_n[t] \in \Omega_{\mathbf{M}}$，它是必须被接受的. 这说明 Γ_n 的形式结论 $\neg P_n[t]$ 受到 $P_n[t]$ 的反驳. 在这种情况下，新版本可以通过以下两步来得到：首先使用反驳修正规则，把 Γ_n 的一个极大缩减与 $P_n[t]$ 的并集作为新版本，然后再逐个检查 Θ_n 和 Δ_n 中的基语句是否为当前版本的逻辑结论，如果不是则把相应的基语句添加到新版本当中. $\Theta_{n+1} := \{P_n[t]\} \cup \Theta_n$, $\Delta_{n+1} := \Delta_n$.

(3) $\Gamma_n \vdash P_n[t]$ 和 $\Gamma_n \vdash \neg P_n[t]$ 均不可证. 分两种情况处理：

(a) $P_n[t] \not\bowtie \Gamma_n$ 成立. 这说明 $P_n[t]$ 是 Γ_n 的新的基语句，而且存在 t' 使得 $\neg P_n[t'] \in Th(\Gamma_n)$ 成立. 在这种情况下，只能使用基语句扩充规则. 输出结果是：$\Gamma_{n+1} := \{P_n[t]\} \cup \Gamma_n$, $\Delta_{n+1} := \Delta_n$，而 $\Theta_{n+1} := \{P_n[t]\} \cup \Theta_n$.

(b) 上述情况不成立，即 $P_n[t] \bowtie \Gamma_n$ 成立. 这说明 $P_n[t]$ 是 Γ_n 的新的基语句，而且不存在 t' 使得 $\neg P_n[t'] \in Th(\Gamma_n)$ 成立. 在这种情况下，对 $P_n[t]$ 使用全称归

纳规则，得到新的归纳版本 $\Gamma_{n+1} := \{\forall x P_n(x)\} \cup \Gamma_n$，$\Delta_{n+1} := \{P_n[t]\} \cup \Delta_n$，而 $\Theta_{n+1} := \Theta_n$.

下面给出 GUINA 的过程模式描述.

定义 9.8　GUINA 过程模式

设 **M** 是一个给定的科学问题，它的完全基语句集合 $\Omega_{\mathbf{M}}$ 是 $\{P_n[t]\}$.

proxcheme GUINA(Γ: theory; $\{P_n\}$: formula sequence);

Γ_n: theory;

Θ_n, Θ_{n+1}: theory;

Δ_n, Δ_{n+1}: theory;

proxcheme GUINA*(Γ_n: theory; $P_n[t]$: base sentence; **var** Γ_{n+1}: theory);

begin

    if $\Gamma_n \vdash P_n[t]$ **then**

      begin

          $\Gamma_{n+1} := \Gamma_n$;

          $\Theta_{n+1} := \Theta_n \cup \{P_n[t]\}$;

          $\Delta_{n+1} := \Delta_n$

      end

    else if $\Gamma_n \vdash \neg P_n[t]$ **then**

      begin

          $\Gamma_{n+1} := \{P_n[t]\} \cup R(\Gamma_n, P_n[t])$;

          loop until for every $B_i \in \Delta_n \cup \Theta_n$, $\Gamma_{n+1} \vdash B_i$

            loop for every $B_i \in \Delta_n \cup \Theta_n$

              if $\Gamma_{n+1} \vdash B_i$ **then skip**

              else if $\Gamma_{n+1} \vdash \neg B_i$ **then**

                  $\Gamma_{n+1} := R(\Gamma_{n+1}, B_i) \cup \{B_i\}$

              else $\Gamma_{n+1} := \Gamma_{n+1} \cup \{B_i\}$

            end loop

          end loop

          $\Theta_{n+1} := \Theta_n \cup \{P_n[t]\}$;

          $\Delta_{n+1} := \Delta_n$

      end

    else if $P_n[t] \not\vdash \Gamma_n$ **then**

      begin

$$\Gamma_{n+1} := \Gamma_n \cup \{P_n[t]\};$$
$$\Theta_{n+1} := \Theta_n \cup \{P_n[t]\};$$
$$\Delta_{n+1} := \Delta_n$$

end

    else

      begin

$$\Gamma_{n+1} := \Gamma_n \cup \{\forall x P(x)\};$$
$$\Theta_{n+1} := \Theta_n;$$
$$\Delta_{n+1} := \Delta_n \cup \{P_n[t]\}$$

      end

end

begin

$$\Gamma_n := \Gamma;$$
$$\Theta_n := \varnothing; \ \Theta_{n+1} := \varnothing;$$
$$\Delta_n := \varnothing; \ \Delta_{n+1} := \varnothing;$$

loop

$$\text{GUINA}^*(\Gamma_n, P_n[t], \Gamma_{n+1});$$

print Γ_{n+1}

end loop

end

过程中出现的 $R(\Gamma_n, P_n[t])$ 是 Γ_n 关于 $P_n[t]$ 的极大缩减，并且 $(\Gamma_n - R(\Gamma_n, P_n[t])) \cap (\Delta_n \cup \Theta_n) = \varnothing$ 成立. Θ_n 和 Δ_n 都是 $\Omega_{\mathbf{M}}$ 的子集，所以它们的类型是 theory.

定义 9.9 完全归纳序列

如果 GUINA 过程模式以 Γ 为初始理论，并以模型 $\mathbf{M}$ 的完全基语句集合 $\Omega_{\mathbf{M}}$ 为输入序列，那么 GUINA 的输出版本序列 $\{\Gamma_n\}$ 称为 GUINA 过程模式关于模型 $\mathbf{M}$ 和初始猜想 Γ 的完全归纳序列.

引理 9.2 如果初始理论是一个形式理论，那么 GUINA 过程模式关于模型 $\mathbf{M}$ 和初始猜想 Γ 的完全归纳序列 $\{\Gamma_n\}$ 中的每一个元素 Γ_n 都是形式理论.

证明 根据 GUINA 过程模式的构造得证. □

下面的例子可以说明 GUINA 过程模式的操作过程.

例 9.5   GUINA 的应用

给定一阶语言 $\mathscr{L}$ 和它的模型 **M**. 设 $\mathscr{L}$ 包含两个常元 $\{a, c\}$，但不包含任何函数符号，设 $\mathscr{L}$ 只包含两个一元谓词 $P(x)$ 和 $Q(x)$. 根据定义知

$\mathscr{L}$ 的 Herbrand 域是： $H = \{a, c\}$,

$\mathscr{L}$ 的原子语句集合是： $\mathbf{P} = \{P[a], P[c], Q[a], Q[c]\}$,

设 $\mathscr{L}$ 关于 **M** 的完全基语句集合是： $\Omega_\mathbf{M} = \{P[a], \neg P[c], Q[a], Q[c]\}$

最后设 GUINA 过程模式所输入的初始理论是 $\Gamma = \varnothing$，而它输入的完全基语句序列是 $\Omega_\mathbf{M}$. GUINA 的操作过程如下：

(1) 在 GUINA 开始执行时，$\Theta_1 := \varnothing$, $\Delta_1 := \varnothing$, $\Gamma_1 := \varnothing$.

(2) GUINA* 第 1 次被调用. GUINA* 的输入是 Γ_1 和 $P[a]$，由于 $\Gamma_1 = \varnothing$，故只能执行 GUINA* 过程体中 **else begin** 后面界定的程序段，GUINA 第 1 轮的输出是

$$\Gamma_2 := \{\forall x P(x)\},$$

$\Theta_2 := \varnothing$, $\Delta_2 := \{P[a]\}$.

(3) GUINA* 第 2 次被调用. GUINA 的输入是 Γ_2 和 $\neg P[c]$. 由于 $\Gamma_2 \vdash P[c]$ 可证，所以 GUINA* 第 2 次输入的 $\neg P[c]$ 是 Γ_2 的形式反驳. 在这种情况下，GUINA* 将使用反驳修正规则，即执行 GUINA* 过程体中第 1 个 **else if** 界定的程序段. GUINA 第 2 轮的输出是

$$\Gamma_3 := \{P[a], \neg P[c]\},$$

$\Theta_3 := \{\neg P[c]\}$, $\Delta_3 := \{P[a]\}$. Γ_3 中的 $P[a]$ 是从 Δ_2 中收回来的.

(4) GUINA* 第 3 次被调用，其输入是 Γ_3 和 $Q[a]$. 由于 $Q[a] \bowtie \Gamma_3$ 成立，GUINA* 将再次使用全称归纳规则，执行 GUINA* 过程体中 **else begin** 之后界定的程序段. GUINA 的第 3 轮输出是

$$\Gamma_4 := \{P[a], \neg P[c], \forall x Q(x)\},$$

$\Theta_4 := \{\neg P[c]\}$, $\Delta_4 := \{Q[a], P[a]\}$.

(5) GUINA* 第 4 次被调用. 它这次的输入是 Γ_4 和 $Q[c]$. 由于

$$\{P[a], \neg P[c], \forall x Q(x)\} \vdash Q[c]$$

可证，所以 GUINA* 执行其过程体中第一个 **then** 界定的程序段. 从而 GUINA 的第 4 轮输出是

$$\Gamma_5 := \{P[a], \neg P[c], \forall x Q(x)\},$$

$\Theta_5 := \{\neg P[c], Q[c]\}$, $\Delta_5 := \{Q[a], P[a]\}$.

GUINA 的执行至此结束, 它输出的形式理论是 Γ_5. 不难验证 Γ_5 是极小理论. 以 Γ_5 为前提, 还可以证明其他形式结论. 例如

$$\Gamma_5 \vdash (\forall x P(x)) \to Q(y).$$

事实上, 由于 $\Gamma_5 \vdash \neg P[c]$, 根据 $\exists$-R 规则, 可证 $\Gamma_5 \vdash (\exists x \neg P(x))$ 成立. 再根据 $\vee$-R 的规则, 可证 $\Gamma_5 \vdash (\exists x \neg P(x)) \vee Q(y)$. 又由于

$$(\exists x \neg P(x)) \vee Q(y) \vdash (\neg \forall x P(x)) \vee Q(y) \text{ 和 } (\neg \forall x P(x)) \vee Q(y) \vdash (\forall x P(x)) \to Q(y)$$

均可证, 因此 $\Gamma_5 \vdash (\forall x P(x)) \to Q(y)$ 可证.

对上述由 GUINA 过程模式产生的归纳进程 $\Gamma_1, \Gamma_2, \Gamma_3, \Gamma_4, \Gamma_5$, 可以做下述解释: 如果用 $P(x)$ 代表伽利略变换, 用 $Q(x)$ 代表洛伦兹变换, a 代表匀速运动的刚体, 而 c 代表光子, 那么基语句集合 $\{P[a], \neg P[c], Q[a], Q[c]\}$ 都是观测结果. 伽利略从 $P[a]$ 为真, 归纳出伽利略变换 $\forall x P(x)$, 这就是 Γ_2. 人们的试验和观测表明, $\neg P[c]$ 为真, 即对光子而言, 伽利略变换不成立. 根据这个事实, 爱因斯坦引入了光速不变原理 $\neg P[c]$, 放弃了伽利略变换, 这就是 Γ_3. 他进一步发现 $Q[a]$ 和 $Q[c]$ 为真, 即刚体和光子的运动都满足洛伦兹变换. 据此他引入了洛伦兹变换, 建立了狭义相对论. 上述过程就是爱因斯坦在 [Einstein, Infeld, 1938] 的前 11 节中, 叙述的用洛伦兹变换替换伽利略变换的过程, 而本例的归纳进程可以看作是这一过程的一个形式化描述.

根据上节给出的归纳规则, 人们只能对基语句 $P[t]$ 进行归纳, 得出 $\forall x P(x)$, 而这只是 $Th(\mathbf{M})$ 中全称语句的一部分. 我们的问题是: 对任意科学问题 $\mathbf{M}$, 使用过程模式 GUINA, 能否使 $Th(\mathbf{M})$ 中的所有全称语句, 包括 $A(x)$ 是复合公式的、形式如 $\forall x A(x)$ 的全称语句, 都成为归纳版本的形式结论? 或者至少从某一步开始, 都成为归纳版本的形式结论呢? 答案是肯定的, 它是下述引理的推论, 为此我们做下述三个技术准备.

首先, 设 V 是 $\mathscr{L}$ 的变元集合, 再设结构 $\mathbf{M} = (\mathbb{M}, \mathbf{I})$. $Th(\mathbf{M})$ 是一阶语言 $\mathscr{L}$ 的语句集合, 这个集合中的每一个语句在模型 $(\mathbf{M}, \sigma)$ 中的解释为真. 对于 $Th(\mathbf{M})$ 而言, 论域 $\mathbb{M}$ 的元素中只有那些可作为 $\mathscr{L}$ 的某一个(允许含变元)的 Herbrand 项在 $\mathbb{M}$ 中的解释才有意义, 令这些元素的全体, 即 $\mathscr{L}$ 的 Herbrand 域在 $\mathbb{M}$ 中的解释记为 $\mathbf{H}_{\mathscr{L}}(\mathbf{M})$. 一般而言 $\mathbf{H}_{\mathscr{L}}(\mathbf{M})$ 是 $\mathbb{M}$ 的子集, 但由于我们在本章中只讨论 $\mathbf{H}_{\mathscr{L}}(\mathbf{M})$, 所以为叙述和书写简单起见, 我们将用 $\mathbb{M}$ 替代之.

其次, 对全称公式 $\forall x A$, 我们需做如下技术处理: 根据第二章 2.5 节关于逻辑公式的语义, $\mathbf{M} \models_\sigma \forall x A$ 是指对任意 $a \in \mathbb{M}$, 即 $a \in \mathbf{H}_{\mathscr{L}}(\mathbf{M})$, $(A)_{\mathbf{M}[\sigma[x:=a]]} = \mathrm{T}$ 成立.

$\mathscr{L}$ 的变元集合 V 的元素可细分为两类. 对 $\mathscr{L}$ 的任意公式 A, 令 $V_{app}(A)$ 为 A 中出现的自由变元和约束变元组成的集合. 令 y 是关于公式 A 的新变元, 即 $y \notin V_{app}(A)$. 由于 $\mathscr{L}$ 的公式是可数的, 故可排成一个序列 $\{A_n\}$. 设对于每一个 A_n 定义的新变元为 y_n, 并令这些 y_n 彼此不同. 令全体 $y_n \notin V_{app}(A_n)$ 组成集合 V'', 而在公式序列 $\{A_n\}$ 中出现的自由变元和约束变元集合为 V'. 故有 $V = V' \bigcup V''$. 为叙述和书写简单起见, 我们规定 V' 的变元用 x 代表, 而 V'' 中与 x 相应的新变元将用 y 代表.

最后, 对于公式 $\forall x A$ 的任意赋值 $\sigma : V \longrightarrow \mathbf{H}_{\mathscr{L}}(\mathbf{M})$, 我们可以定义一个新的赋值 $\sigma' : V \longrightarrow \mathbf{H}_{\mathscr{L}}(\mathbf{M})$, 其定义如下:

$$\sigma'(z) = \begin{cases} \sigma(x), & z = y \\ \sigma(z), & \text{其它} \end{cases}$$

我们不难证明 σ' 和 σ 是一一对应的, 并且对任意 $a \in \mathbf{H}_{\mathscr{L}}(\mathbf{M})$, 根据替换引理, 下式成立:

$$(A[y/x])_{\mathbf{M}[\sigma'[x:=a]]} = A_{\mathbf{M}[\sigma'[x=(y)_{\mathbf{M}[\sigma']}][x:=a]]} = A_{\mathbf{M}[\sigma[x:=a]]}$$

故对任意 $a \in \mathbf{H}_{\mathscr{L}}(\mathbf{M})$, $A_{\mathbf{M}[\sigma[x:=a]]} = \mathrm{T}$ 当且仅当 $(A[y/x])_{\mathbf{M}[\sigma'[x:=a]]} = \mathrm{T}$ 成立.

引理 9.3 设 $\mathbf{M}$ 是一个科学问题, $\mathscr{L}$ 是与之对应的一阶语言, 而 Γ 是 $\mathscr{L}$ 的形式理论. 再设 GUINA 过程模式的输入是 $\mathbf{M}$ 的完全基语句序列 $\Omega_{\mathbf{M}}$ 和初始理论 Γ, 而它的输出版本序列为 $\{\Gamma_n\}$. 对于 $\mathscr{L}$ 的任意语句 A, 如果 $\mathbf{M} \models A$ 成立, 那么 $\{\Gamma_n\}_* \vdash A$ 成立.

证明 (1) A 为基语句 $P[t]$, $t \in H$, 并且 $\mathbf{M} \models P[t]$. 知 $P[t] \in \Omega_{\mathbf{M}}$. 令 $P[t]$ 为 $\Omega_{\mathbf{M}}$ 的第 N_1 个元素. 根据 GUINA 过程模式的定义, 知当 $n > N_1$ 时, 有 $P[t] \in \Gamma_n$, 故有 $P[t] \in \{\Gamma_n\}_*$ 成立. 所以 $\{\Gamma_n\}_* \vdash P[t]$ 可证.

(2) A 为基语句 $\neg P[t]$, $t \in H$ 并且 $\mathbf{M} \models \neg P[t]$ 成立. 知 $\neg P[t] \in \Omega_{\mathbf{M}}$ 成立. 令 $\neg P[t]$ 为 $\Omega_{\mathbf{M}}$ 的第 N_2 个元素. 根据 GUINA 过程模式的定义, 知当 $n > N_2$ 时, 有 $\neg P[t] \in \Gamma_n$. 故有 $\neg P[t] \in \{\Gamma_n\}_*$ 成立. 所以 $\{\Gamma_n\}_* \vdash \neg P[t]$ 可证.

(3) A 为 $A_1 \wedge A_2$ 并且对任意赋值 σ, $\mathbf{M} \models_\sigma A_1 \wedge A_2$ 成立. 根据 $\wedge$ 的语义定义,

$$(A_1)_{\mathbf{M}[\sigma]} = \mathrm{T} \ \text{与} \ (A_2)_{\mathbf{M}[\sigma]} = \mathrm{T}$$

均成立. 根据结构归纳假设, $\{\Gamma_n\}_* \vdash A_1$ 与 $\{\Gamma_n\}_* \vdash A_2$ 均可证. 再根据 $\mathbf{G}$ 系统的 $\wedge$-R 规则, $\{\Gamma_n\}_* \vdash A_1 \wedge A_2$ 可证.

(4) A 为 $A_1 \vee A_2$ 并且对任意赋值 σ, $\mathbf{M} \models_\sigma A_1 \vee A_2$ 成立. 根据 $\vee$ 的语义定义,

$$(A_1)_{\mathbf{M}[\sigma]} = \mathrm{T} \ \text{或者} \ (A_2)_{\mathbf{M}[\sigma]} = \mathrm{T}$$

成立. 根据结构归纳假设, $\{\Gamma_n\}_* \vdash A_1$ 或者 $\{\Gamma_n\}_* \vdash A_2$ 可证. 再根据 $\mathbf{G}$ 系统的 $\vee$-R 规则, $\{\Gamma_n\}_* \vdash A_1 \vee A_2$ 可证.

(5) A 为 $A_1 \rightarrow A_2$ 证明与情况 (4) 类似.

(6) A 为 $\exists x A_1$ 并且对任意赋值 σ, $\mathbf{M} \models_\sigma \exists x A_1$ 成立. 根据 $\exists$ 的语义, 必存在 $a \in \mathbb{M}$, 使得 $(A_1)_{\mathbf{M}[\sigma[x:=a]]} = \mathrm{T}$ 成立. 根据 $Th(\mathbf{M})$ 的定义, 必存在 $t \in H$ 及赋值 σ, 使得 $(t)_{\mathbf{M}[\sigma]} = a$ 成立. 根据替换引理有

$$(A_1[t/x])_{\mathbf{M}[\sigma]} = (A_1)_{\mathbf{M}[\sigma[x:=(t)_{\mathbf{M}[\sigma]}]]} = (A_1)_{\mathbf{M}[\sigma[x:=a]]} = \mathrm{T}$$

成立. 根据结构归纳假设, $\{\Gamma_n\}_* \vdash A_1[t/x]$ 可证. 使用 $\mathbf{G}$ 系统的 $\exists$-R 规则, $\{\Gamma_n\}_* \vdash \exists x A_1$ 可证.

(7) 设 A 为 $\forall x A_1$. 根据 $\forall$ 的语义, 对任意的 $a \in H_{\mathscr{L}}(\mathbf{M})$ 和任意的 σ, 有 $(A_1)_{\mathbf{M}[\sigma[x:=a]]} = \mathrm{T}$ 成立. 前面已经证明:

$$(A_1[y/x])_{\mathbf{M}[\sigma'[x:=a]]} = (A_1)_{\mathbf{M}[\sigma[x:=a]]} = \mathrm{T}, \quad y \notin V_{app}(A_1)$$

成立. 根据结构归纳假设, $\{\Gamma_n\}_* \vdash A_1[y/x]$ 可证. 根据 $\mathbf{G}$ 系统的 $\forall$-R 规则, $\{\Gamma_n\}_* \vdash \forall x A_1$ 可证.

(8) $A = \neg A_1$. 则 A_1 可能有 $B \wedge C, B \vee C, \neg B, B \rightarrow C, \forall x B, \exists x B$ 几种形式. 这样, $\neg A_1$ 的证明可以转化为下表中对应语句的证明来实现:

A_1	$B \wedge C$	$B \vee C$	$\neg B$	$B \rightarrow C$	$\forall x B$	$\exists x B$
$\neg A_1$	$\neg B \vee \neg C$	$\neg B \wedge \neg C$	B	$B \wedge \neg C$	$\exists x \neg B$	$\forall x \neg B$

根据前面的 (1)~(7) 可以证明, 对上表中的每一种情况都有 $\{\Gamma_n\}_* \vdash A$ 可证.

根据数学归纳法, 对于任意的语句 A, 如果 $\mathbf{M} \models A$ 成立, 那么 $\{\Gamma_n\}_* \vdash A$ 成立. $\qquad\square$

从上述引理可以直接得出下述推论.

推论 9.1 在引理 9.3 的条件下, 如果 $\forall x A \in Th(\mathbf{M})$, 那么 $\{\Gamma_n\}_* \vdash \forall x A$ 可证.

9.5 GUINA 过程模式的收敛性

本节将证明 GUINA 过程模式具有 $\mathfrak{M}$ 收敛性. 此证明需要下述引理.

引理 9.4

$$Th(\{Th(\Gamma_n)\}_*) = \{Th(\Gamma_n)\}_*$$

证明 由于 $\{Th(\Gamma_n)\}_* \subseteq Th(\{Th(\Gamma_n)\}_*)$ 成立, 所以我们只需要证明 $Th(\{Th(\Gamma_n)\}_*) \subseteq \{Th(\Gamma_n)\}_*$ 成立即可. 对任意 $A \in Th(\{Th(\Gamma_n)\}_*)$, 有

$\{Th(\Gamma_n)\}_* \vdash A$ 可证. 根据紧致性定理，存在 $\{A_{n_1}, \cdots, A_{n_k}\}$，使得其中每一个 $A_{n_i} \in \{Th(\Gamma_n)\}_*$，并且

$$\{A_{n_1}, \cdots, A_{n_k}\} \vdash A$$

可证. 根据下极限的定义，必存在 $N > 0$，使得对 $n > N$，

$$\{A_{n_1}, \cdots, A_{n_k}\} \subseteq Th(\Gamma_n)$$

成立. 从而 $Th(\Gamma_n) \vdash A$ 可证. 根据理论闭包的定义，$Th(Th(\Gamma_n)) = Th(\Gamma_n)$ 成立. 故有 $A \in Th(\Gamma_n)$，对 $n > N$ 成立. 这就是 $A \in \{Th(\Gamma_n)\}_*$. 从而 $Th(\{Th(\Gamma_n)\}_*) \subseteq \{Th(\Gamma_n)\}_*$ 成立. □

下面证明过程模式 GUINA 的 $\mathfrak{M}$ 收敛性.

定理 9.1　$\mathfrak{M}$ 收敛性

设 $\mathscr{L}$ 是一个一阶语言，$\mathbf{M}$ 是 $\mathscr{L}$ 的任意一个模型，而 Γ 是 $\mathscr{L}$ 的有穷形式理论. 如果过程模式 GUINA 的输入是完全基语句序列 $\Omega_{\mathbf{M}}$ 以及初始理论 Γ，而它的输出版本序列是 $\{\Gamma_n\}$，那么序列 $\{\Gamma_n\}$ 收敛，并且

$$\lim_{n \to \infty} Th(\Gamma_n) = Th(\mathbf{M})$$

成立.

证明　下面分两步证明此定理.

(1) 先证 $Th(\mathbf{M}) \subseteq \{Th(\Gamma_n)\}_*$ 成立. 只要证明：对任意公式 A，如果 $A \in Th(\mathbf{M})$，那么 $A \in \{Th(\Gamma_n)\}_*$ 即可. 为此，对 A 的结构进行归纳证明.

(a) A 为原子语句. 由于 $A \in Th(\mathbf{M})$，A 在 $\mathbf{M}$ 中被解释为正事例，所以 $A \in \Omega_{\mathbf{M}}$. 不妨设 A 为 P_N. 根据 GUINA 的定义，P_N 要么是 Γ_N 的形式结论，要么是 Γ_N 的新公理，要么是 Γ_N 的形式反驳，但不论哪种情况，均有 $P_N \in Th(\Gamma_{N+1})$ 成立. 根据对缓存集合 Δ 和 Θ 的设计，知当 $n > N$ 时 $P_N \in Th(\Gamma_n)$ 成立. 这就是 $A \in \{Th(\Gamma_n)\}_*$.

(b) A 是原子语句的否定. A 在 $\mathbf{M}$ 中被解释为负事例. 不妨设 A 为 $\neg P_N$ 并且 $\neg P_N \in \Omega_{\mathbf{M}}$. 根据 GUINA 定义，使用与 (a) 条相同的论证，知 $A \in \{Th(\Gamma_n)\}_*$ 成立.

(c) A 为 $P \vee Q$. 根据 $\vee$ 的语义，知 $P \in Th(\mathbf{M})$ 或 $Q \in Th(\mathbf{M})$ 中至少有一个成立. 不妨假定前者成立. 根据结构归纳法假设，知 $P \in \{Th(\Gamma_n)\}_*$. 再由关于 $\vee$ 的形式推理规则，有 $P \vee Q \in Th(\{Th(\Gamma_n)\}_*)$. 这就是 $A \in \{Th(\Gamma_n)\}_*$.

(d) 类似地可证 A 为 $P \wedge Q$ 以及 A 为 $P \to Q$ 的情况.

(e) A 为 $\exists x P(x)$ 并且 $A \in Th(\mathbf{M})$. 根据 $\exists$ 的语义定义，存在 $t \in H$ 使 $P[t] \in Th(\mathbf{M})$ 成立. 根据结构归纳假设，$P[t] \in \{Th(\Gamma_n)\}_*$ 成立. 再根据 $\exists$-R 规则，$\exists x P(x) \in Th(\{Th(\Gamma_n)\}_*)$ 成立，这就是 $A \in \{Th(\Gamma_n)\}_*$ 成立.

(f) A 为 $\forall x P(x)$ 并且 $A \in Th(\mathbf{M})$,由推论 9.1,可证结论成立.

(g) A 为 $\neg Q$ 并且 $A \in Th(\mathbf{M})$. 不妨假定 Q 不是基语句,因为如果 Q 是基语句,(a) 和 (b) 已经给出了证明. 这样 Q 只可能是:$B \wedge C$, $B \vee C$, $\neg B$, $B \to C$, $\forall x B$, $\exists x B$,其中 B 和 C 为 $\mathscr{L}$ 的两个语句. $\neg Q$ 可用下表列出:

Q	$B \wedge C$	$B \vee C$	$\neg B$	$B \to C$	$\forall x B$	$\exists x B$
$\neg Q$	$\neg B \vee \neg C$	$\neg B \wedge \neg C$	B	$B \wedge \neg C$	$\exists x \neg B$	$\forall x \neg B$

使用前面 (b) 到 (e) 用过的方法可以证明表中第二行的每一项都属于 $\{Th(\Gamma_n)\}_*$. 因此 $A \in \{Th(\Gamma_n)\}_*$.

根据结构归纳方法,$Th(\mathbf{M}) \subseteq \{Th(\Gamma_n)\}_*$ 得证.

(2) 再证 $\{Th(\Gamma_n)\}^* \subseteq Th(\mathbf{M})$ 成立. 假设存在语句 A 使 $A \in \{Th(\Gamma_n)\}^*$ 并且 $A \notin Th(\mathbf{M})$. 根据引理 4.1,$Th(\mathbf{M})$ 是完全的,知 $\neg A \in Th(\mathbf{M})$. 由于 $Th(\mathbf{M}) \subseteq \{Th(\Gamma_n)\}_*$,故必存在 N 使得对 $m > N$,$\neg A \in Th(\Gamma_m)$. 另一方面,由于 $A \in \{Th(\Gamma_n)\}^*$,故存在一个子序列 $\{n_k\}$ 使得 $A \in Th(\Gamma_{n_k})$ 对所有自然数 k 成立. 所以当 $n_k > N$ 时,A 和 $\neg A$ 均属于 $Th(\Gamma_{n_k})$. 这是不可能的,因为根据引理 9.2,GUINA* 的输出 Γ_{n_k} 是协调的. 故 $A \in Th(\mathbf{M})$ 成立.

这两步证明了 $\{Th(\Gamma_n)\}^* \subseteq Th(\mathbf{M}) \subseteq \{Th(\Gamma_n)\}_*$ 成立. 故

$$\{Th(\Gamma_n)\}_* = \{Th(\Gamma_n)\}^* = Th(\mathbf{M})$$

成立. 至此定理得证.

定理 9.1 可以解释为:对任意给定的科学问题 $\mathbf{M}$,GUINA 过程模式可以从任何猜想出发,通过每次考察一个事例来改进这个猜想. 具体作法是:如果这个事例是当前版本的逻辑结论,则把它当作承认和接受当前版本的一个证据;如果这个事例是当前版本的一个事实反驳,则需要对当前版本进行修正,所产生的新版本既是原来版本的极大缩减,又要以此前考察过的所有事例为其逻辑结论;如果这个事例是当前版本的新公理,那么这个公理与当前版本是否具有先入协调性,将决定是使用全称归纳规则,把此事例推广成一个全称语句,还是仅把此事例作为扩充. 在依序考察 $\Omega_{\mathbf{M}}$ 的全体正、负事例的过程中,GUINA 所输出的版本的理论闭包序列逐步逼近问题 $\mathbf{M}$ 的全体真语句集合 $Th(\mathbf{M})$.

9.6 GUINA 过程模式的可交换性

本节将证明 GUINA 过程模式所输出的版本序列具有极限运算和形式推理的可交换性,也就是该过程模式具有 Th 可交换性.

定理 9.2 Th 可交换性

设 $\mathscr{L}$ 是一个一阶语言，$\mathbf{M}$ 是 $\mathscr{L}$ 的任意一个模型，而 Γ 是 $\mathscr{L}$ 的有穷形式理论. 如果过程模式 GUINA 的输入是完全基语句序列 $\Omega_{\mathbf{M}}$ 以及初始理论 Γ，而它的输出版本序列是 $\{\Gamma_n\}$，那么序列 $\{\Gamma_n\}$ 收敛，并且

$$\lim_{n\to\infty} Th(\Gamma_n) = Th(\lim_{n\to\infty}\Gamma_n)$$

成立.

证明   由于定理 9.1 已经证明 $\lim_{n\to\infty} Th(\Gamma_n) = Th(\mathbf{M})$ 成立，所以只要证明

$$\{Th(\Gamma_n)\}_* \subseteq Th(\{\Gamma_n\}_*) \subseteq Th(\{\Gamma_n\}^*) \subseteq \{Th(\Gamma_n)\}^*$$

成立. 证明分为两部分.

(1) 先证 $Th(\{\Gamma_n\}^*) \subseteq \{Th(\Gamma_n)\}^*$. 对任意 $A \in Th(\{\Gamma_n\}^*)$，有 $\{\Gamma_n\}^* \vdash A$ 可证. 根据紧致性定理，存在有穷序列

$$\{A_{n_1}, \cdots, A_{n_k}\} \in \{\Gamma_n\}^* \quad \text{使} \quad \{A_{n_1}, \cdots, A_{n_k}\} \vdash A$$

可证. 根据 $\{\Gamma_n\}^*$ 定义，$A_{n_i} \in \{\Gamma_n\}^*$，$i = 1, \cdots, k$，说明存在 Γ_n 的子列

$$\Gamma_{n_{i_1}}, \cdots, \Gamma_{n_{i_j}}, \cdots, \qquad j \text{ 为任意自然数}.$$

对任意给定的 $i \leqslant k$，A_{n_i} 是此列中每个 $\Gamma_{n_{i_j}}$ 的元素，故而是 $Th(\Gamma_{n_{i_j}})$ 的元素，因此 $A_{n_i} \in \{Th(\Gamma_n)\}^*$，也就是

$$\{A_{n_1}, \cdots, A_{n_k}\} \subset \{Th(\Gamma_n)\}^*$$

成立. 根据定理 9.1，$\{Th(\Gamma_n)\}^* = Th(\mathbf{M})$，所以 $\{Th(\Gamma_n)\}^*$ 是理论闭包，故

$$A \in Th(\{A_{n_1}, \cdots, A_{n_k}\}) \subset \{Th(\Gamma_n)\}^*.$$

(2) 再证 $\{Th(\Gamma_n)\}_* \subseteq Th(\{\Gamma_n\}_*)$. 对任意 $A \in \{Th(\Gamma_n)\}_*$，根据定理 9.1 可知 $A \in Th(\mathbf{M})$ 成立. 再根据引理 9.3，可得 $\{\Gamma_n\}_* \vdash A$ 成立，即 $A \in Th(\{\Gamma_n\}_*)$ 成立. 故而 $\{Th(\Gamma_n)\}_* \subseteq Th(\{\Gamma_n\}_*)$.

推论 9.2   GUINA 过程模式的合理性

GUINA 过程模式对任意给定问题 $\mathbf{M}$ 的任意完全基语句序列 $\Omega_{\mathbf{M}}$ 和任意初始形式理论 Γ，都是合理的.

证明   此定理是定理 9.1 和定理 9.2 的直接推论.

9.7 GUINA 过程模式的极小性

本节将证明, 如果 GUINA 过程模式输入的初始猜想 Γ 是空集, 那么 GUINA 过程模式的输出版本序列 $\{\Gamma_n\}$ 保持极小性, 也就是 GUINA 过程模式具有 $\mathfrak{S}$ 极小性.

定理 9.3   极小性

设 $\mathscr{L}$ 是一个一阶语言, $\mathbf{M}$ 是 $\mathscr{L}$ 的任意一个模型, 而 Γ 是 $\mathscr{L}$ 的有穷形式理论. 再设过程模式 GUINA 的输入是完全基语句序列 $\Omega_{\mathbf{M}}$ 以及初始理论 Γ, 而它的输出版本序列是 $\{\Gamma_n\}$. 如果 Γ 为空集, 那么对任意 $n > 0$, Γ_n 是极小理论, 并且 $\lim\limits_{n\to\infty} \Gamma_n$ 也是极小理论.

证明   令 $\Gamma_1 = \Gamma$. 证明分两步.

(1) 先证对任意 $n > 0$, Γ_n 是极小理论. 使用归纳法证明此结论. 设 $\Omega_{\mathbf{M}}$ 的完全基语句序列是

$$P_1, \cdots, P_n, \cdots$$

为了简单起见, 下面我们把 $P_n[t_m]$ 都简写为 $P_n[t]$ 的形式, 其中 $t \in H$.

首先, 根据 GUINA 的定义, $\Gamma_2 = \{\forall x P_1\}$ 是极小理论.

假定 Γ_n 是极小理论. 根据 GUINA 过程模式的定义, 只有下述 4 种情况发生.

(a) $\Gamma_n \vdash P_n[t]$ 可证. 在这种情况下, $\Gamma_{n+1} = \Gamma_n$. 所以 Γ_{n+1} 是极小理论.

(b) $\Gamma_n \vdash \neg P_n[t]$ 可证. 在这种情况下, GUINA 选取与 $P_n[t]$ 协调的 Γ_n 的极大子集 Λ. 由于 Γ_n 是极小理论, 所以, Λ 也是极小理论. 根据 GUINA 的定义, Γ_{n+1} 的产生要经过两步完成: 首先, 需将 $P_n[t]$ 与 Λ 合并. 由于基语句 $P_n[t]$ 是 Λ 的新公理, $\Lambda \cup \{P_n[t]\}$ 仍是极小理论. 其次, GUINA 还需要逐个检查 Θ_n 和 Δ_n 中的元素, 将那些由于 Λ 的选取而有可能丢失的语句 P_{n_j}, 再与 $\Lambda \cup \{P_n[t]\}$ 取并集. 使用与 (b) 相同的办法可证, 每次并入 P_{n_j} 之后, 所得的语句集合仍是极小理论. 所以 Γ_{n+1} 是极小理论.

(c) $\Gamma_n \vdash P_n[t]$ 与 $\Gamma_n \vdash \neg P_n[t]$ 均不可证并且 $P_n[t] \bowtie \Gamma_n$ 成立. 根据 GUINA 的定义, $P_n[t]$ 只能是 GUINA 所面临的第一个关于谓词 P_n 的事例. 在这种情况下, $\Gamma_{n+1} = \Gamma_n \cup \{\forall x P_n\}$, 而 $\Delta_{n+1} = \Delta_n \cup \{P_n[t]\}$. 所以 Γ_{n+1} 是极小理论.

(d) $\Gamma_n \vdash P_n[t]$ 与 $\Gamma_n \vdash \neg P_n[t]$ 均不可证并且 $P_n[t] \not\bowtie \Gamma_n$ 成立. 根据 GUINA 的定义, $Th(\Gamma_n)$ 中已存在形如 $\neg P_n[t']$ 的基语句. 由于 $\Gamma_n \vdash P_n[t]$ 与 $\Gamma_n \vdash \neg P_n[t]$ 均不可证, 并且 $\Gamma_{n+1} = \Gamma_n \cup \{P_n[t]\}$. 故 $P_n[t] \notin Th(\Gamma_n)$ 而 $P_n[t] \in Th(\Gamma_{n+1})$ 成立. 根据极小理论定义, Γ_{n+1} 是极小理论.

上述 4 种情况证明: 如果 Γ_n 是极小理论, 那么经 GUINA 处理之后, Γ_{n+1} 仍是极小理论. 所以 GUINA 所输出的每一个 Γ_n 都是极小理论.

(2) 由于每个 Γ_n 都是极小理论并且 $\{\Gamma_n\}$ 收敛, 根据引理 8.2 可得 $\lim_{n\to\infty}\Gamma_n$ 也是极小理论.

定理 9.3 也可以理解为: 对 GUINA 过程模式而言, 如果初始猜想是空集, 那么它的输出版本序列保持极小性, 即 GUINA 过程模式保持 $\mathfrak{S}$ 极小性. 9.5 节、9.6 节和 9.7 节所证明的结果表明: 如果初始猜想是空集, 那么 GUINA 过程模式是理想过程模式.

推论 9.3　　如果初始形式理论 Γ 是空集, 那么 GUINA 过程模式不但是合理的, 而且是理想的.

证明　　此推论可以从定理 9.1、定理 9.2 和定理 9.3 直接得出.

总之, 归纳推理是一种理性的猜想机制, 归纳推理的出发点是从个别事例到一般规律的过渡机制. 本章分析了归纳推理与形式推理的区别, 给出了一个归纳推理系统, 即 **A** 系统. 此系统由全称归纳、反驳修正和基语句扩充规则组成. 我们对形式理论每使用一次 **A** 系统的规则, 都将产生这个形式理论的一个新版本. 本章还给出了 GUINA 过程模式, 并且证明了对任意给定的科学问题, 即模型 **M**, GUINA 过程模式关于 **M** 的每一个完全基语句序列 $\Omega_\mathbf{M}$ 和有穷初始理论 Γ 的输出版本序列 $\{\Gamma_n\}$ 都收敛, 并且 $\{Th(\Gamma_n)\}$ 的极限是模型的全体真语句集合 $Th(\mathbf{M})$. 本章还证明了 $\{\Gamma_n\}$ 具有形式推理与极限运算的可交换性, 即 GUINA 过程模式的 Th 可交换性, 从而证明了 GUINA 过程模式的合理性. 本章还证明了, 如果 Γ 为空集, 那么 $\{\Gamma_n\}$ 保持极小性, 即不仅每一个版本 Γ_n 是极小理论, 而且序列的极限也是极小理论. 总之, 第 9 章的结论说明, 对于一个归纳推理系统而言, 如果能够找到一个过程模式 F, 使得对任何科学问题 **M**, 此过程模式都是合理的, 那么该归纳推理系统就具有合理性; 如果 F 还具有 $\mathfrak{S}$ 极小性, 那么此归纳推理系统就是理想的.

第 10 章　一阶语言的元语言环境

在前 9 章中，我们介绍了经典数理逻辑和公理化进程的基本理论. 作为本书的最后一章，我们将从两个方面对这些基本理论做一个总结，一是这些基本理论都包括哪些内容，二是这些基本理论将如何被使用.

读完本书前 9 章之后，读者都会明了：经典数理逻辑和公理化进程的基本理论是关于数学和自然科学的研究方法的理论，它既涵盖领域知识的描述、分析和推理问题，又涉及领域知识的获取、修正和总结问题. 这些基本理论又与元语言环境、模型和一阶语言这三个语言环境密不可分.

在元语言环境中，人们主要使用自然语言，也包括那些已经被学术界广为承认的数学和自然科学理论，来记录观测和试验数据，描述试验过程和观测到的现象，提出关于领域知识一般规律的猜想.

在模型中，更准确地说，是在论域中，人们通过引入常量、变量和函数来描述试验数据之间的依赖关系. 人们还要引入专有名词和基本概念，来描述这些常量、变量和函数之间的关系，并通过由基本概念和数学方程式组成的命题来描述领域知识，从而将对领域知识的分析和推理转变为严格的数学证明. 论域是一个数学系统，它既可以是描述领域知识的完整实例，也可以是关于领域知识的一般规律的数学描述.

在一阶语言或对象语言中，人们使用常元符号、变元符号和函数符号，分别描述论域中的常量、变量和函数，使用谓词符号描述论域中的基本概念，使用逻辑公式描述论域中的命题. 通过建立一阶语言的基本理论，人们将论域中的函数值的计算转变为符号替换演算，而且保证这种演算具有可靠性，还将数学证明转变为关于逻辑连接词符号和量词符号的演算，并保证这种符号演算具有可靠性和完全性.

在 10.1 节中，我们通过几个例子，说明三个语言环境以及它们在数学和自然科学研究中的作用. 在 10.2 节中，我们给出元语言环境所遵从的 6 条基本原理. 在 10.3 节中，我们介绍公理化方法的核心思想. 公理化方法是一种在论域和元语言环境中使用的、用于描述和总结领域知识的方法. 在 10.4 节中，我们对一阶语言的主要概念和定理进行总结，并将它们称为一阶语言的理论框架. 最后，在 10.5 节中，我们根据一阶语言的理论框架，给出关于数学和自然科学研究的一个理性的基本工作流程.

10.1　三个语言环境

在本书前两章中，我们曾指出，每一个一阶语言和它的模型都是在一个元语言环境中被定义的，对于一阶语言和它的模型中的概念所做的说明，也都是在这个元语言环境中进行的. 例如，在定义一阶语言和模型时，我们使用的集合和映射的概念和性质，它们就包含在这个元语言环境之中. 此外，与一阶语言有关的若干定理也是在元语言环境中被证明的. 以哥德尔定理为例，该定理的证明既涉及一阶语言 $\mathscr{A}$，又要用到它的模型 $\mathbf{N}$，而且证明中使用了反证法和三段论推理等在数学研究中使用的推理方法. 这些推理方法，既不包含在一阶语言 $\mathscr{A}$ 中，也不仅仅被模型 $\mathbf{N}$ 使用. 这说明，哥德尔定理的证明是在 $\mathscr{A}$ 和 $\mathbf{N}$ 的元语言环境中进行的. 所以一阶语言及其模型和元语言环境是人们对领域知识进行分析和推理的三个语言环境，而且三者缺一不可. 让我们考察下面 4 个例子.

例 10.1　$\mathscr{A}$，$\mathbf{N}$ 和 $\mathfrak{N}$

初等算术语言 $\mathscr{A}$ 是本书引入的第一个一阶语言，它的论域是 $\mathbf{N}$，它的模型是 $\mathbf{N}$[①].

对象语言　$\mathscr{A}$ 是定义在以下集合之上：常元符号集合 $\{0\}$，函数符号集合 $\{S, +, \cdot\}$ 和谓词符号集合 $\{<\}$，以及变元符号集合，逻辑连接词符号集合，量词符号集合，等词符号集合和括号集合. 其中后 5 个符号集合对每一个一阶语言都是相同的. $\mathscr{A}$ 定义两类语法对象，即项和逻辑公式，这两者都是符号串，分别依据各自的语法规则生成，并遵从关于量词的约束变元作用域的规定.

对于每个一阶语言，都可以定义形式理论. 形式理论是我们关于一阶语言的基本研究对象. 事实上，每个一阶语言都是为某一个形式理论和它的版本定义的. 我们关于 $\mathscr{A}$ 的基本研究对象是初等算术理论 Π，它由 9 条语句组成，是 $\mathscr{A}$ 的一个形式理论.

模型　$\mathscr{A}$ 的模型 $\mathbf{N}$ 是一个二元组 $(\mathbf{N}, I)$. $\mathbf{N}$ 为论域，它是自然数集合上的数学系统，包括四则运算，也包含递归函数和 P 过程. s 为 $\mathbf{N}$ 上的加 1 函数，即 $s(x) = x + 1$. $+$ 和 $\cdot$ 分别代表 $\mathbf{N}$ 上的加函数 (加法运算) 和乘函数 (乘法运算). $<$ 为 $\mathbf{N}$ 上的小于关系. 解释映射 $I : \mathscr{A} \to \mathbf{N}$ 由下述等式定义：

$$I(0) = 0, \ I(S) = s, \ I(+) = +, \ I(\cdot) = \cdot, \ I(<) = <.$$

在上述定义中，等号左边的 0，S，$+$，$\cdot$ 和 $<$ 是 $\mathscr{A}$ 的常元符号、函数符号和谓词符号，是一阶语言的符号；等号右边的 $0, s, +, \cdot$ 和 $<$ 分别是自然数集合 $\mathbf{N}$ 的常数 0 和

---

① 根据第 2 章，$\mathbf{N}$ 称为 $\mathscr{A}$ 的结构，而二元组 $(\mathbf{N}, \sigma)$ 称为 $\mathscr{A}$ 的模型，其中 σ 是一个赋值映射. 由于形式理论不包含自由变元，所以在讨论与形式理论有关的问题时，结构就是模型. 为叙述简便起见，也称 $\mathbf{N}$ 为模型.

它的加 1 函数 s、加法、乘法以及小于关系，它们是论域中的数、函数和关系. 解释映射 I 将常元符号 0 解释为自然数 0，将一元函数符号 S 解释为自然数集合上的加 1 运算 s，将二元函数符号 + 和 · 分别解释为自然数集合上的加法和乘法运算，将二元谓词符号 < 解释为自然数集合上的小于关系. 模型确定之后，每个语句被解释为模型 **N** 中的一个命题，而且这个命题在 **N** 中要么为真，要么为假. 例如，形式理论 Π 中的每一个语句都被解释为关于自然数的一条公理，而且都是 **N** 中的真命题.

元语言环境 在定义 $\mathscr{A}$ 和模型 **N** 时，我们使用的关于集合的概念与映射的概念，包括定义解释映射时使用的 = 号，对形式理论 Π 和有关定理所做的数学或非数学解释，以及对例子所做的说明等，它们都是 $\mathscr{A}$ 和模型 **N** 的元语言环境的组成部分. 我们用 $\mathfrak{N}$ 代表这个元语言环境.

元语言环境 $\mathfrak{N}$ 还包括逻辑连接词"······ 之否定"、"······ 并且 ······"、"······ 或者 ······"和"如果 ······，那么 ······"，量词"对任意 ······"和"存在 ······"以及与它们有关的逻辑推理规则，例如，三段论和反证法等. 它们在所有的元语言环境中都是通用的. 所有与 $\mathscr{A}$ 和 **N** 有关的引理和定理的证明都是数学证明，而且它们都是元语言环境 $\mathfrak{N}$ 的组成部分. 显然，没有元语言环境 $\mathfrak{N}$，$\mathscr{A}$ 和模型 **N** 将无法被研究，而且作者也将无法与读者进行交流.

我们不能像定义 $\mathscr{A}$ 那样用语法规则去定义元语言环境 $\mathfrak{N}$，但是我们知道一个元语言环境必须遵从某些基本原理. 例如，关于命题非真即假的原理，以及关于逻辑连接词的含义等. 这些基本原理是研究一阶语言及其模型的前提，并得到了学术界广泛的接受和认同. 本章的目的之一就是给出元语言环境所遵从的基本原理.

例 10.2   牛顿物理学

在本书例 6.2 中，我们曾讨论过物理学的进化问题. 在宏观的抽象层面上，可以用一阶语言的一个语句来描述伽利略变换. 设此一阶语言为 $\mathscr{M}$，而牛顿物理学可以被 $\mathscr{M}$ 的形式理论 Γ 描述. 使用一阶语言的术语，Γ 可称为描述物理学的形式理论.

$$\Gamma = \{V, N_1, N_2, N_3, E\}$$

是我们关于 $\mathscr{M}$ 的基本研究对象. 语句

$$V = \forall x(B(x) \rightarrow A(x))$$

描述了伽利略变换. 在朗道的力学专著 [Landau, 1960] 中，关于经典物理学的定律及其数学证明可以作为 $\mathscr{M}$ 的论域 $\mathbb{M}$，而谓词 $B(x)$ 在 $\mathbb{M}$ 中的解释为："x 是一个刚体"，公式 $A(x)$ 在 $\mathbb{M}$ 中的解释是："如果刚体 x 相对于参照系 K 的速度为 v，而参照系 K 相对于参照系 K' 的速度为 w，那么 x 相对于参照系 K' 的速度为 $v + w$".

语句 $\forall x(B(x) \to A(x))$ 在 $\mathbb{M}$ 中的解释就是伽利略变换. $\mathbb{M}$ 和解释映射合在一起, 就构成了 $\mathscr{M}$ 的模型 $\mathbf{M}$.

大学物理教科书 [Halliday, 2000] 前 13 章的内容, 可以作为对朗道力学专著的阐释和说明, 因而可以视作是 $\mathscr{M}$ 和 $\mathbf{M}$ 的元语言环境, 记为 $\mathfrak{M}$.

在 $\mathfrak{M}$ 中进行数学推导和证明时, 我们使用了元语言环境中的逻辑连接词以及关于这些逻辑连接词的推理规则, 它们也是元语言环境 $\mathfrak{M}$ 的组成部分, 与例 10.1 的元语言环境中的含义一样.

有关一阶语言、它的论域和元语言环境的概念, 在计算机科学和人工智能研究中得到了广泛的认同和应用, 并对软件的设计与开发起着指导作用.

这里需要指出的是: 一阶语言定义的语法对象, 即项和逻辑公式, 都是符号串, 分别依据各自的 BNF 语法规则生成, 并遵从关于量词的约束变元作用域的规定. 乔姆斯基 (Chomsky) 曾将语法规则分为三种, 即正规语法、上下文无关语法和上下文相关语法 [Chomsky, 1956]. 人们通常将用这三种语法规则定义的对象语言称为**形式语言**. 根据乔姆斯基的定义, BNF 语法规则是一种上下文无关语法规则, 而关于量词的约束变元作用域的规定是一种上下文相关语法规则. 所以一阶语言是以上下文无关语法为主, 再加上部分上下文相关语法定义的形式语言. 程序设计语言也是由上下文无关和部分上下文相关语法定义的形式语言.

一般而言, 如果对象语言是形式语言, 那么本书前 5 章介绍的有关一阶语言、它的模型和元语言环境的概念和研究方法, 都可以推广到这个对象语言的研究之中. 下面以 C 语言为例加以说明.

例 10.3   C 语言, C 编译程序和 C 语言文本

本书第 4 章引入了 P 过程, 它是自然数集合上定义的一个计算系统. 第 5 章又在此基础上引入了关于字符的运算和关于字符串的赋值指令. 第 4 章和第 5 章所建立的 P 过程之所以是模型 $\mathbf{N}$ 的组成部分, 是因为赋值指令是关于自然数的运算. 凡是熟悉程序设计语言的读者都知道, 如果将第 4 章和第 5 章的 P 过程中的自然数, 换成 C 语言文本中定义的整型符号, 而且语法规则都严格根据 C 语言文本定义, 就得到了 C 语言的核心部分. C 语言是一个形式语言, 是本例中的对象语言. C 程序是我们关于 C 语言的基本研究对象. 设 $\mathscr{C}$ 为全体 C 程序组成的集合.

设 C 语言的编译程序为 I_C. I_C 将每个 C 程序编译成在计算机上可执行的一段机器代码. 设 $\mathbb{C}$ 为由全体这种可执行代码段组成的集合, 称为代码论域. 编译程序 I_C 可视作解释映射 $I_C : \mathscr{C} \to \mathbb{C}$, 因为 I_C 将每一个 C 程序对应到 $\mathbb{C}$ 的一个元素, 即 $\mathbb{C}$ 中一段机器代码. 比照一阶语言的作法, 二元组 $(\mathbb{C}, I_C)$ 可视作 C 语言的一个模型.

C 语言的文本、有关 C 语言编译程序 I_C 和论域 $\mathbb{C}$ 的全套文档都是 C 语言和它

的模型 $(\mathbb{C}, I_C)$ 的元语言环境的组成部分，这个元语言环境记为 $\mathfrak{C}$.

在 $\mathfrak{C}$ 中，有关 C 和 $(\mathbb{C}, I_C)$ 的知识都以命题的形式出现，而逻辑连接词 "……之否定"、"……并且……"、"……或者……"、"如果……，那么……"与量词 "对任意……"和"存在……"都是不可缺少的，而且关于这些逻辑连接词和量词的推理规则也都包含在 $\mathfrak{C}$ 中. 这些逻辑连接词和量词的推理规则与一阶语言的元语言环境中所使用的推理规则是相同的.

由于第 2 章对解释映射和模型给出了定义，而 C 语言不是一阶语言，所以例 10.3 中出现的模型不是一阶语言的模型. 这里 "二元组 $(\mathbb{C}, I_C)$ 可视作 C 语言的一个模型"，指的是对形式语言 C 而言，它起着和一阶语言的模型相同的作用. 事实上，在计算机科学和软件工程研究中，模型这个术语被广泛地使用. 以后，只要对象语言是形式语言，我们将使用在一阶语言中定义论域和解释映射的方法，来定义这个形式语言的模型.

形式语言及其模型和元语言环境的概念是相对的. 模型要视形式语言而定，而元语言环境要视形式语言及其模型而定，而且它们的身份具有多重性. 考虑下面的例子.

例 10.4　Java，Java 编译程序和 C 语言

Java 是一个程序设计语言，在本例中它是一个形式语言. 对 Java 语言而言，我们所研究的基本对象是 Java 程序. 设 I_J 是 Java 的解释程序，而且是用 C 语言实现的. I_J 可视为一个解释映射，它将每个 Java 程序解释为一段 C 程序. 又设 $\mathscr{C}$ 为由全体 C 程序组成的集合. $\mathbf{J} = (\mathscr{C}, I_J)$ 构成 Java 语言的一个模型，而 C 语言本身构成了 Java 语言和它的模型 $\mathbf{J}$ 的元语言环境.

此例与例 10.3 的不同之处在于：C 语言是例 10.3 中的形式语言，而在本例中它却变成了 Java 语言的元语言环境. 这个例子说明了形式语言、模型和元语言环境的相对性和多重性.

在讨论了上述 4 个例子之后，读者必然要问：什么是本书的形式语言、模型和元语言环境？实际上，定义 1.1 就界定了本书的形式语言 $\mathscr{L}$. 我们已经指出每个一阶语言都是为了描述某个领域知识而定义的，而定义 1.1 给出了一阶语言的一般性定义，所以 $\mathscr{L}$ 可以视为一阶语言的代表. 例 10.1 中的 $\mathscr{A}$ 和例 10.2 中的 $\mathscr{M}$ 都是特定的一阶语言，可以视作 $\mathscr{L}$ 的 "实例". $\mathscr{L}$ 的模型 $\mathbf{M}$ 是一个二元组 $(\mathbb{M}, I)$. 定义 2.3 给出了一阶语言的模型的一般性定义，而 $(\mathbb{M}, I)$ 是一阶语言的模型的代表. 例 10.1 中的 $(\mathbb{N}, I)$ 和例 10.2 中的 $(\mathbb{M}, I)$ 都是特定的模型，可以视作 $\mathbf{M}$ 的实例. 在定义 $\mathscr{L}$ 和模型 $\mathbf{M}$ 时，本书使用的关于集合和映射的概念，包括定义解释映射时使用的 = 号，有

关自然数的理论以及本书中对例子所做的说明等，都是 $\mathscr{L}$ 的元语言环境的组成部分.
我们可以用 $\mathfrak{L}$ 代表这个元语言环境.

10.2　元语言环境的基本原理

在许多情况下，特别是在数学和自然科学研究中，元语言环境是不能用形式语
言的方法定义的，但是一阶语言的元语言环境都必须遵从某些基本原理. 本节的目的
是给出一阶语言的元语言环境所遵从的这些基本原理.

1. 环境原理

从 10.1 节给出的几个例子，我们可以引出一阶语言及其模型的元语言环境所遵
从的一条基本原理，称为环境原理.

原理 10.1　环境原理
每个一阶语言及其模型是在一个元语言环境中被定义并被说明的，与此一阶语
言及其模型有关的定理是在这个元语言环境中被证明的.

在前面的例子中，初等算术语言 $\mathscr{A}$ 和它的模型 **N** 是在元语言环境 $\mathfrak{N}$ 中被定义
和被阐释，与这两者有关的定理，例如哥德尔不完全性定理和协调性定理，都是在
$\mathfrak{N}$ 中被证明的. 关于牛顿力学的一阶语言 $\mathscr{M}$ 和它的模型 **M** 是在元语言环境 $\mathfrak{M}$ 中被
定义和被阐释，与这两者有关的定理，例如开普勒三定律，都是在 $\mathfrak{M}$ 中被证明的.
程序设计语言 C 和它的模型 $(\mathbb{C}, I_C)$ 是在元语言环境 $\mathfrak{C}$ 中被定义，C 程序是在元语言
环境 $\mathfrak{C}$ 中被解释和说明的. 对于本书而言，对象语言是 $\mathscr{L}$，其模型为 **M** 而其元语言
环境是 $\mathfrak{L}$. $\mathscr{L}$ 和 **M** 都是在 $\mathfrak{L}$ 中被定义和被解释说明的，而关于一阶语言的一般性定
理，例如 **G** 系统的可靠性和完全性，包括哥德尔的两个定理都是在 $\mathfrak{L}$ 中被证明的.

2. 排中原理

在第 2 章中，我们曾引入关于一阶语言论域的基本假定，即排中原理，也就是
论域中的每个命题要么为真，要么为假，别无它选. 这也是元语言环境必须遵从的一
个基本原理.

原理 10.2　排中原理
一阶语言的元语言环境中的每个命题要么为真，要么为假.

排中原理在本书中的地位，相当于平行线公理之于平面几何，或伽利略变换之
于经典力学. 排中原理是本书定理证明的出发点. 此外，排中原理只限定：在一阶语

言的元语言环境中, 一个命题要么为真, 要么为假. 如果一个语言环境不是某个一阶语言的元语言环境, 那么并非每一个命题都必须非真即假.

自 19 世纪末以来, 人们对于排中原理一直有两种看法. 一种承认排中原理, 属于经典派, 而在排中原理基础上建立的关于一阶语言的理论框架称为经典数理逻辑. 另一种不承认排中原理, 属于非经典派, 而在否定排中原理基础上建立的关于一阶语言的理论体系称为直觉主义逻辑. 本书承认排中原理, 因为如果没有元语言环境的排中律, 反证法就不能用, 本书中的若干重要定理, 例如哥德尔定理, 都无法证明. 而且, 排中原理比较符合数学和自然科学研究传统以及软件开发的主流思想.

3. 逻辑连接词原理

一阶语言的逻辑连接词符号

$$\{\neg, \wedge, \vee, \rightarrow, \leftrightarrow\}$$

在该语言的论域和元语言环境中, 被解释为: "……之否定", "……并且……", "……或者……", "如果……, 那么……"以及"……当且仅当……".

第 2 章定义 2.7 使用真值函数给出了逻辑连接词符号的语义. 这里需要说明的是, 定义 2.7 不仅与每个一阶语言的常元符号集合、函数符号集合以及谓词符号集合无关, 而且与论域也无关, 所以它们是在元语言环境中定义的.

根据元语言环境的排中原理, 在一阶语言的元语言环境中的每一个命题, 非真即假, 所以我们可以将命题的真假值定义为这个命题的语义. 注意到定义 2.7 是在元语言环境中给出的, 如果将定义 2.7 的真值表中的逻辑连接词符号换成逻辑连接词, 我们就得到了元语言环境中逻辑连接词的语义, 而这个语义与一阶语言的逻辑连接词符号的语义是相同的.

定义 10.1 逻辑连接词的语义

设真值函数的自变量为 X 和 Y, 它们代表元语言环境中命题的真假值. "X 之否定"被下面的真值表定义.

X	T	F
X 之否定	F	T

二元函数"X 或者 Y", "X 并且 Y", "如果 X, 那么 Y", 以及"X 当且仅当 Y", 被如下真值表定义:

X	Y	X 或者 Y	X 并且 Y	如果 X，那么 Y	X 当且仅当 Y
T	T	T	T	T	T
T	F	T	F	F	F
F	T	T	F	T	F
F	F	F	F	T	T

上述定义给出了元语言环境中逻辑连接词的语义. 由此，我们得到了元语言环境的第三条基本原理.

原理 10.3　逻辑连接词原理

在一阶语言的元语言环境中，逻辑连接词的语义由定义 10.1 确定.

根据逻辑连接词原理，下述推论成立.

推论 10.1　经典数理逻辑的一阶语言的逻辑连接词符号、模型中的逻辑连接词和元语言环境中的逻辑连接词一一对应，并且具有相同的语义.

在第 2 章中，我们曾指出，在自然语言环境中，逻辑连接词可能具有多义性. 例如，连接词"或者"具有"排它性"和"容它性"之分. 容它性"或者"的语义就是定义 10.1 给出的语义，而排它性"或者"的语义则是："X 或者 Y"为真，如果 X 和 Y 有且仅有一个为真. 接受了定义 10.1 就意味着在一阶语言的元语言环境中，"或者"将不具有排它性.

需要指出的是，并非每一个形式语言的逻辑连接词符号都与此语言的元语言环境中、与之对应的逻辑连接词具有相同的语义. 例如，在三值逻辑中，逻辑连接词符号的语义是被一个三值真值函数定义的. 关于三值逻辑的若干定理，例如推理规则的可靠性，它们是在它的元语言环境中证明的，因此这些定理要么成立，要么不成立，不可能有第三种选择. 这说明，在三值逻辑的元语言环境中，逻辑连接词的语义是被定义 10.1 决定的. 由于定义 10.1 中的真值函数是二值函数，所以在三值逻辑理论框架中，逻辑连接词符号的语义与相应的元语言环境中的逻辑连接词的语义是不同的. 正是这种语义的不同，三值逻辑的可靠性定理的证明才能成立.

在第 3 章末尾，根据逻辑连接词符号的语义，我们曾证明了与 G 系统一致的导出规则. 根据逻辑连接词原理，我们同样可以得到关于逻辑连接词的导出规则. 因为逻辑连接词符号与逻辑连接词的语义是相同的，所以这些导出规则就是逻辑连接词符号的导出规则在元语言环境中的解释. 实际上，这些导出规则就是在元语言环境中进行数学证明时，所使用的反证法、分情况证明法、三段论推理等，这也说明它们在元语言环境中都是正确的.

4. Church-Turing 论题

在第 4 章中，我们曾讨论过 Church-Turing 论题. 它也是一阶语言的元语言环境的一条基本原理.

原理 10.4　　Church-Turing 论题
所有可接受的可计算性的定义都彼此等价.

在区分了形式语言、模型和元语言环境的概念之后，对"可接受"这个词，我们可以给出更接近论题本意的数学描述.

假设我们用形式语言来定义递归函数，例如，用函数式程序设计语言 ML 定义递归函数. 设 ML 的编译程序为 I_{ML}，而 I_{ML} 将每一个用 ML 设计的递归函数解释为一个 C 程序. 这里将全体关于四则运算的停机 C 程序构成的集合作为论域，记为 $\mathbb{C}$. 二元组 $(\mathbb{C}, I_{\mathrm{ML}})$ 是形式语言 ML 的一个模型. 在这种情况下，我们称语言 ML 是 C 可实现的. 反之，如果将 C 语言作为对象语言，并且用 ML 编写一个解释程序 I_{C}，使每一个关于四则运算的停机 C 程序都使用相应的 ML 的函数来计算，并将这类 ML 的函数的全体构成的集合 $\mathbb{F}$ 作为论域，那么我们称语言 C 是 ML 可实现的. 所谓递归函数可计算性与 P 过程可计算性的等价性，就是它们彼此之间的可实现性.

5. 可观测性原理

那些能用一阶语言描述的数学和自然科学问题，都应与某些自然现象或社会现象相关，并存在于这些现象之中. 这些问题在元语言环境中的描述应当遵从下述可观测性原理.

原理 10.5　　可观测性原理
对自然现象和社会现象都可以进行实验和观测，而实验和观测的结果可以用数据来描述.

在信息社会中，研究者通过试验对自然现象和社会现象进行观测时，常常通过使用各种传感器，感知并捕捉这些被观察的现象，并将这些现象转变为数字信号，然后再转变为数据，并通过对这些数据的分析得到关于一般规律的命题. 这是科学问题的可观测性在信息时代的基本特征.

6. Occam 原理

一阶语言的元语言环境的第 6 个原理是本书曾讨论过的奥卡姆剃刀原理. 此原理说明：在下述两种情况下，一个公理系统必须改变. 一种是这个公理系统的逻辑结论与人们的实验和观测数据不符，另一种是虽然人们的实验和观测数据与这个公理系统不矛盾，但它们不是公理系统的逻辑结论. 不论哪种情况，公理系统的改进都不能超过其必要性，这就是元语言环境的 Occam 原理.

原理 10.6　　Occam 原理
每一个公理系统都是可改进的，但改进不能超过其必要性.

本节给出的关于元语言环境的 6 个基本原理，是本书前 9 章给出的关于一阶语言的基本理论的前提，是对元语言环境的基本要求.

10.3　公理化方法

从 10.1 节的几个例子中，我们不难发现，除例 10.3 和例 10.4 之外，对象语言的论域和元语言环境是很难用形式语言来定义的. 那么如何对论域和元语言环境中的知识进行描述、分析和整理呢？被学术界公认而且被广泛使用的方法是公理化方法.

公理化方法的使用始于古希腊数学家欧几里德. 他在《几何原本》中总结了前人关于几何学的贡献，建立了平面几何的公理系统，也是数学中第一个比较完整的公理系统. 该系统用命题描述几何知识，使用逻辑推理规则，采用数学证明的方法，完成公理系统与其他几何命题之间的逻辑关系的分析. 从那以后，历代数学家，在自己的数学研究活动中，都将《几何原本》作为典范，以建立公理系统为目标，并通过数学证明，完成命题之间逻辑关系的分析，在此基础上形成数学理论. 时至今日，数学的每一个分支都是在公理化方法的框架下建立起来的.

概括地说，公理化方法包括 4 个组成部分，即概念的界定、命题的陈述、公理系统的建立和定理的证明.

(1) **概念的界定**　每一个领域知识都包含一些概念，这些概念有基本概念与复合概念之分. 基本概念是一些不定义的抽象对象，复合概念由若干基本概念或这个理论中已有的复合概念来定义. 例如，几何学中的点、线和面是基本概念，而三角形、矩形和多边形是复合概念.

(2) **命题的陈述**　领域知识是由命题组成的. 而命题是由基本概念与复合概念通过逻辑连接词和量词组成的. 逻辑连接词包括："……之否定"、"……并且……"、"……或者……"、"如果……，那么……"等，量词包括："对任意……"和"存在……"等. 在命题中，逻辑连接词界定了概念之间的逻辑关系.

(3) **公理系统的建立**　领域知识的命题可分为基本命题和被证明的命题. 基本命题通常称为公理，也称为原理或规则，在平面几何学中称为公设. 公理是那些与人们的经验和直觉一致的基本命题，它们被直接承认，而无需证明. 例如平面几何的命题："过两点只能做一条直线"以及"过直线外一点只能做一条与此线平行的直线"等都是公理.

(4) **定理的证明** 在领域知识中, 除公理以外的命题, 都必须通过数学证明, 才能被确认为真. 已被证明的命题称为定理. 人们根据一个定理在证明其他命题中的作用和重要性, 又分别将其称为定理、引理和推论等.

对公理系统中的一个命题而言, 它的数学证明是: 将公理系统和已有的定理作为前提, 对这个命题中出现的逻辑连接词使用相应的逻辑推理规则进行推理, 最终将此命题作为逻辑结论推导出来.

对于每一个关于领域知识的公理系统, 人们都可以研究这个公理系统是否具有下列 5 个基本性质.

(1) **有穷性** 公理系统只包含有穷条公理.

(2) **不矛盾性** 组成公理系统的各个公理彼此不矛盾.

(3) **完全性** 关于领域知识的任何一个命题和它的否定, 这二者必有一个是这个公理系统的定理.

(4) **可判定性** 存在一个 P 过程, 使得对于领域知识的任何一个命题, 此 P 过程在有限步内可以判定该命题是否为此公理系统的定理.

(5) **独立性** 组成公理系统的每个公理都不是其余公理的逻辑结论.

公理化方法是指: 使用命题描述领域知识, 以确定公理系统为首要目标, 将公理系统作为整理领域知识的前提和基本出发点, 通过使用逻辑推理规则, 进行数学证明, 建立起命题之间的逻辑关系. 对数学和自然科学的研究而言, 公理化方法的优点是: 它使得人们在对领域知识进行分析和整理时, 彻底摆脱了似是而非的论证, 代之以关于命题的严格数学证明.

公理化方法的使用是有条件的. 只有在关于领域知识的研究已经相当成熟的条件下, 即通过大量的实验和观测, 积累了丰富的数据, 而这些数据与研究者提出的基本概念一致, 并支持公理系统对领域知识结构的描述, 公理化方法的优越性才能充分体现.

公理化方法也具有局限性. 这包括两个方面. 一方面, 我们都知道有穷并且包含自然数四则运算的公理系统, 从根本上说是不完全的, 而且公理系统的不矛盾性不能以自身为前提, 通过使用逻辑推理的方法加以证明. 这两个结论可以视作哥德尔定理在论域中的解释. 实际上, 哥德尔定理只有在一阶语言的框架下才能被严格地加以证明. 另一方面, 对于一个领域知识, 公理系统的建立都不是一蹴而就的, 都需要经过大量的实验和观测, 以及反复多次的论证, 而且在此之后, 还需要经过实践的进一步检验. 有关这方面的问题正是本书第 6 章至第 9 章研究的内容.

进入 20 世纪之后, 公理化方法不仅被广泛应用到数学的各个分支, 而且被应用到力学、天文学、物理学、化学和生物学等学科的研究之中. 如今, 对于数学和自然

科学的某一个研究领域而言，领域知识的公理化程度已成为评价该研究领域是否已
经成熟的标准. 总之，公理化方法的建立和使用是人类在知识理论方面里程碑式的进
步，它已成为现代科学文明的一个重要组成部分.

10.4　形式化方法

随着公理化方法在数学和自然科学各个领域中的使用和传播，人们对公理化方
法自身的研究也必然会逐步深化.

在过去的百余年中，许多优秀的数学家和逻辑学家对公理化方法进行了大量卓
有成效的研究. 他们所取得的主要研究成果包括：一阶语言的语法，一阶语言的模
型，形式推理系统及其可靠性和完全性，可计算性与可表示性以及形式理论的协调
性和不完全性. 这些是本书前 5 章的内容，通常被称为经典数理逻辑. 从本书第 6 章
开始，我们研究了形式理论的公理化进程问题. 我们所取得的主要研究成果包括：形
式理论的版本序列及其极限，新公理和事实反驳，$\mathbf{R}$ 演算及其可达性、可靠性和完全
性，以及过程模式及其合理性. 它们称为一阶语言的公理化进程理论. 本书将两部分
内容合在一起，总称为一阶语言的理论框架. 这个理论框架由下述 12 个基本点组成.

(1) **一阶语言**　每一个一阶语言都定义在 8 个符号集合之上，这些符号集合又分
为对象符号集合与逻辑符号集合两类. 常元符号集合 $\mathscr{L}_c$、变元符号集合 V、函数符
号集合 $\mathscr{L}_f$ 以及谓词符号集合 $\mathscr{L}_P$ 称为对象符号集合. 逻辑符号集合包括：逻辑连接
词符号集合 C，量词符号集合 Q 和等号符号集合 E 以及括号符号集合. 逻辑符号集
合对每个一阶语言都相同，对象符号集合随领域知识而异，即不同的领域知识有不
同的对象符号集合 (参见 1.1 节).

每一个一阶语言都定义了项和逻辑公式两种对象. 每种对象被各自上下文无关语
法规则生成，而量词符号的约束变元的作用域被上下文相关语法规则决定. 每一个项
或逻辑公式都是一个字符串，它们经过解释之后才有意义 (参见 1.2 节、1.3 节).

(2) **论域、解释和模型**　结构 $M = (\mathbb{M}, I)$ 由论域 $\mathbb{M}$ 与解释映射 I 组成. 论域 $\mathbb{M}$
是一个数学系统，是关于领域知识的数学描述. 解释映射 I 是一阶语言到论域的一一
映射. 此映射将一阶语言的项解释为论域中的常量、变量和函数，将一阶语言的谓词
解释为关系和概念，将一阶语言的语句解释为论域中的命题. 模型 $\mathbf{M} = (M, \sigma)$ 是由
结构 M 与赋值 σ 组成，它可以描述数学和自然科学中的公理系统 (参见 2.1 节、2.2
节).

(3) **形式推理系统和形式证明**　本书使用的形式推理系统是 $\mathbf{G}$ 系统，它由公理、
逻辑连接词符号的推理规则、量词符号的推理规则和删除规则组成. 每一条逻辑连
接词符号的推理规则都是关于此符号的演算规则，它在模型中被解释为相应逻辑连
接词的推理规则. 每一条量词符号的推理规则都是关于此量词符号的演算规则，它在模

型中被解释为该量词的推理规则. 删除规则是删除逻辑公式的规则, 它在模型中被解释为: 凡是使用删除规则证明的定理, 都可以只使用关于逻辑连接词符号和量词符号的推理规则来直接证明 (参见 3.1 节).

G 系统的作用是构成形式证明. G 系统的基本对象是序贯 $\Gamma \vdash A$, 其中 Γ 称为序贯的前提, 而 A 是序贯的形式结论. 一个序贯的形式证明是一个树型结构, 树的根为这个序贯, 树的每一个节点也都是一个序贯, 它是 G 系统中某一条形式推理规则的实例, 而树的叶是公理序贯的实例 (参见 3.2 节).

由于序贯中出现的逻辑公式都是符合语法规则的符号串, 而在形式证明中使用的形式推理规则又都是关于逻辑连接词符号或量词符号的演算规则, 所以每一个形式证明过程都是符号的演算过程, 并由此可以设计出关于序贯可证性的 P 过程. 当序贯可证时, 该过程停机.

(4) **G 系统的可靠性和完全性** G 系统的可靠性是指: 如果 $\Gamma \vdash A$ 可证, 那么 $\Gamma \models A$ 成立, 即对任意模型 **M**, 只要 Γ 在模型 **M** 中的解释为真, 那么 A 在 **M** 中的解释亦真 (参见 3.3 节).

由于 $\Gamma \vdash A$ 的证明是通过对逻辑连接词符号和量词符号的演算完成的, 所以可靠性提供了下述保证: 只要在进行形式证明时, 正确地使用形式推理规则, 那么如果 Γ 在论域中的解释为真, 则 A 在论域中的解释为真. 这说明: 在进行形式证明时, 无需考虑项和逻辑公式被解释为论域的函数和命题之后, 所涉及的领域知识的具体内容.

G 系统的完全性是指: 如果 $\Gamma \models A$ 成立, 即对任意模型 **M**, 只要 $\mathbf{M} \models \Gamma$, 则有 $\mathbf{M} \models A$, 那么 $\Gamma \vdash A$ 可证. G 系统的完全性所提供的保证是: 论域中公理系统的任何逻辑结论, 都可使用 G 系统, 通过形式证明的方法得到 (参见 3.5 节).

(5) **形式理论** 形式理论是我们关于一阶语言的基本研究对象. 每一个形式理论是一个彼此协调的语句集合. 形式理论所包含的每一个语句称为该形式理论的 (非逻辑) 公理. 形式理论被解释为论域中的一个公理系统, 或者说, 一阶语言的形式理论描述论域中的公理系统. 根据这个观点, 每个一阶语言都是为描述论域中的某个公理系统定义的, 它的非逻辑符号集合都是为这个形式理论定制的 (参见 4.1 节). 例如, 一阶语言 $\mathscr{A}$ 是专门为初等算术理论 Π 定制的, 或者说, 它是为描述自然数的四则运算定义的.

一个形式理论可以是关于在这个形式理论中出现的常元符号、函数符号和谓词符号的演算系统. 例如, Π 是一个关于函数符号 S、$+$ 和 $\cdot$ 的演算系统, Π 的每一个语句都是关于这些符号的演算规则.

(6) **形式理论的协调性和完全性** 只有在一阶语言中, 形式理论的协调性和完全性才能被严格地定义 (参见 4.1 节). 经典数理逻辑关于形式理论最重要的结论是哥德尔的两个定理. 也就是, 一阶语言的有穷并且包含初等算术 Π 的形式理论是不完全的, 而且它的协调性不能以自身为前提, 使用任何关于逻辑连接词符号和量词符号的形式推理系统, 例如 **G** 系统, 加以证明 (参见 5.4 节、5.5 节).

　　两个定理的证明都是在元语言环境中完成的. 证明的关键是: 由于形式理论包含初等算术理论, 而初等算术理论又包含一元函数符号 S, 这里 S 可以被解释为自然数的后继函数, 所以 S 的引入可以解释为可数无穷集合的引入, 而可数无穷性的引入导致自指语句可以在此形式理论中被描述, 并使描述自指语句的不动点方程有解, 从而导致形式理论的不完全性.

　　由于一阶语言的形式理论在模型中被解释为公理系统, 而它的协调性和完全性被解释为该公理系统的不矛盾性和完全性, 所以哥德尔的两个定理表明了能被一阶语言描述的公理系统的局限性. 换言之, 只有借助一阶语言, 公理系统的不矛盾性和完全性才能得以精确地界定, 公理化方法的局限性才能得到严格地证明.

　　(7) **新猜想和事实反驳**　对于给定的模型 **M** 和形式理论 Γ 以及公式 A, 如果 $\Gamma \vdash A$ 可证, 且 $\mathbf{M} \models \neg A$ 成立, 那么模型 **M** 关于 $\neg A$ 构成 Γ 的事实反驳. 如果 $\mathbf{M} \models A$ 成立, 而 $\Gamma \vdash A$ 和 $\Gamma \vdash \neg A$ 均不可证, 那么公式 A 是 Γ 关于模型 **M** 的新公理 (参见 7.2 节、7.3 节).

　　这里模型 **M** 是给定的. 对于 Γ 而言, 无论是它的新猜想, 还是它的事实反驳, 都不是 Γ 的逻辑结论, 它们是在模型 **M** 中为真的语句. 新猜想和事实反驳是在讨论如何以 **M** 为基准, 对 Γ 进行修正的情况下出现的. 或者说, 事实反驳和新猜想是在公理化进程中出现的概念. 对一个形式理论的改进或修正可以导致新版本的产生. 至于选择哪个模型作为改进形式理论的基准, 这是研究者的决择, 是由实验和观测数据决定的.

　　(8) **修正演算**　也称为 **R** 演算, 是由关于 **R** 表达式 $\Delta \mid \Gamma$ 的演算系统, 其中 Γ 为有穷公式集合, 而 Δ 是由原子语句和原子语句的否定组成的形式理论, 是 Γ 的 **R** 反驳. **R** 演算由关于 **R** 公理、**R** 逻辑连接词符号演算规则、**R** 量词符号演算规则以及 **R** 删除规则组成. **R** 演算的作用是: 以 Δ 为依据, 使用 **R** 逻辑连接词符号和量词符号规则以及 **R** 删除规则, 消去 Γ 中与 Δ 不协调的公式 (参见 7.4 节).

　　(9) **R 演算的可达性、可靠性和完全性**　**R** 演算的可达性是指: 对任意给定的正则 **R** 表达式 $\Delta \mid \Gamma$, 任何与 Δ 协调的、Γ 的极大子集都可使用 **R** 演算推导出来. 这就是, 使用 **R** 演算对 Γ 中与 Δ 不协调的公式进行删除, 经有限次使用 **R** 演算规则后到达一个 **R** 终止式. 如果所得的 **R** 终止式为 $\Delta \mid \Gamma'$, 那么 Γ' 是与 Δ 协调的 Γ 的极大子集.

　　R 演算的可靠性是指: 对任意给定的正则 **R** 表达式 $\Delta \mid \Gamma$, 使用 **R** 演算对 Γ 中与 Δ 不协调的公式进行删除, 到达的 **R** 终止式为 $\Delta \mid \Gamma'$. 如果 **M** 是 Γ' 的模型, 那么它是 Γ 关于 Δ 的理想事实反驳模型.

R 演算的完全性是指: 对任意模型 **M**, 如果 Δ 与 Γ' 在 **M** 中为真, 而 Γ 为假, 并且 Γ' 是与 Δ 协调的 Γ 的极大子集, 那么 Γ' 必可通过对 $\Delta \mid \Gamma$ 使用 **R**- 演算形式地推出 (参见 7.6 节、7.7 节).

(10) **版本序列及其性质** 在公理化进程中, 每一个形式理论都以版本 Γ_n 的形式出现. 当 Γ_n 遇到事实反驳或新猜想时, 它将被修正或扩充, 并产生新版本 Γ_{n+1}. 版本序列 $\{\Gamma_n\}$ 记录了版本的进化过程. 下述 3 条基本性质描述了版本序列的进化特征, 也就是公理化进程的进化特征.

$\mathfrak{M}$ **收敛性** 版本序列 $\{\Gamma_n\}$ 具有 $\mathfrak{M}$ 收敛性, 即不仅版本序列的上极限 $\{\Gamma_n\}^*$ 与它的下极限 $\{\Gamma_n\}_*$ 相等, 而且等于 $Th(\mathbf{M})$. 版本序列的 $\mathfrak{M}$ 收敛性可以解释为该序列的极限是所研究的领域知识的全部真命题 (参见 6.2 节、8.1 节、8.3 节).

Th **可交换性** 极限运算与形式推理的可交换性, 即

$$\lim_{n \to \infty} Th(\Gamma_n) = Th(\lim_{n \to \infty} \Gamma_n)$$

成立, 也就是形式理论闭包的极限等于形式理论极限的闭包. 可交换性说明, 求解形式理论闭包的极限只需求解形式理论序列的极限, 反之亦然. 如果版本序列中的初始形式理论是有穷的, 那么可以通过对每一个有穷的 Γ_n 的修正与扩充, 求解无穷的 $\lim\limits_{n \to \infty} Th(\Gamma_n)$ (参见 8.4 节) [①].

$\mathfrak{S}$ **极小性** 本书关于版本序列 $\{\Gamma_n\}$ 的 $\mathfrak{S}$ 极小性的结论是: 如果每一个版本 Γ_n 是极小形式理论, 并且 $\{\Gamma_n\}$ 收敛, 那么 $\lim\limits_{n \to \infty} \Gamma_n$ 也是极小形式理论 (参见 8.5 节).

形式理论的极小性, 在模型中的解释就是公理系统所包含的公理的独立性. 公理的独立性在数学和自然科学领域知识的公理化进程中占有重要地位, 人们通常认为, 具有极小性的公理系统才是理想的公理系统. 在数学和自然科学中的领域知识, 例如群、环、域、经典力学、电磁学和量子力学等, 它们各自所包含的公理都彼此独立, 都是极小理论. 在科学理论的应用中, 为了便于理解和使用, 许多公理系统常常舍弃对极小性的要求. 例如, 增加了删除规则的 **G** 系统就不具有极小性. 在计算机设计和软件开发领域中, 绝大多数计算机的指令系统和软件系统都不是极小的, 因为对信息系统的应用而言, 方便使用、节约时间和提高效率是第一位的.

(11) **过程模式 proxcheme** 过程模式是第 4 章 P 过程的一种扩充. 首先, 它是对 P 过程的条件指令和循环指令中的条件作了下述扩充: 既允许它们是布尔表达

[①] 在计算机上运行的软件系统所包含的语句个数都是有穷的, 而每个软件系统的应用相当于理论闭包, 可以是无穷的. 在每个软件系统版本的更新过程中, 如果版本序列具有极限运算与形式演算的可交换性, 那么人们只要对每个有穷的软件版本进行更新, 就可以保证所有应用的有效性. 在软件工程界, 人们称一个软件系统所提供的功能为"业务逻辑", 而将软件的应用称为业务逻辑的"服务". 从一阶语言的抽象层面来考察, 这些业务逻辑都可用形式理论及相关的演算系统完成, 而业务逻辑的服务可以用形式理论闭包来描述. 所以软件版本序列的可交换性也称为软件功能的可扩展性.

式，也允许它们是 $\Gamma \vdash A$ 可证或 consistent(Γ, A) 成立 (即 Γ 与 A 协调) 等不可判定关系; 其次，过程模式的输入是一个语句序列，而它的输出是一个形式理论序列. 从数学证明的观点看，我们可以将通过精心设计的过程模式给出的数学证明称为构造性证明. 例如，本书中关于 Lindenbaum 引理和第 8 章、第 9 章中有关定理的证明都可以认为是构造性证明 (参见 6.3 节、8.3 节～8.5 节、9.4 节～9.7 节).

设 P 为一个过程模式，它以 Γ 为初始形式理论，以 $\{A_n\}$ 为输入语句序列，以 $\{\Gamma_n\}$ 为输出版本序列. 称过程模式 P 是合理的，如果 P 具有 $\mathfrak{M}$ 收敛性以及 Th 可交换性. 称过程模式 P 是理想的，如果 P 是合理的并具有 $\mathfrak{G}$ 极小性. 本书第 8 章、第 9 章中的 OPEN 和 GUINA 过程模式都是合理的过程模式. 在进行适当修改之后，它们都可以成为理想的过程模式.

不论是提出领域知识的公理系统，还是为客户开发和维护一个软件系统，人们都会自觉或不自觉地遵从某种研究方法或使用某种开发策略. 研究方法或开发策略决定了研究和开发工作的质量. 在这些研究方法或开发策略可以用过程模式描述的情况下，如果这些过程模式是合理的，那么收敛性将保证这些研究方法或开发策略最终获得领域知识的全体真命题; 而可交换性表明，在公理化进程中，公理系统的每一个版本只要是有穷的就足够了; 极小性则保证公理系统的每一个版本所包含的公理都彼此独立. 这就是合理和理想过程模式的意义所在.

(12) **元语言环境**　每一个一阶语言和它的模型都是在一个元语言环境中定义并被说明的. 这个元语言环境被称作该一阶语言及其模型的元语言环境. 与一阶语言及其模型有关的定理是在它们的元语言环境中被证明的. 每一个元语言环境都必须遵守 10.2 节给出的 6 个基本原理 (参见第 2 章前言、10.2 节).

本书称上述 12 个基本点为**一阶语言的理论框架**. 其中第 1～6 点是通常所说的"经典数理逻辑"的主要内容，它们只涉及一个形式理论或者形式理论的一个版本. 这包括，用形式理论来描述公理系统，形式理论与模型和应用的关系，形式推理系统，通过符号演算的方法获得形式结论以及形式理论的协调性和完全性等问题. 第 7～11 点是有关一阶语言公理化进程的理论. 它涉及形式理论版本序列的极限，形式理论的修正演算，它的可达性、可靠性和完全性，生成版本序列的过程模式，以及它们的 $\mathfrak{M}$ 收敛性、Th 可交换性和 $\mathfrak{G}$ 极小性等问题. 最后，第 12 点给出元语言环境所遵从的基本原理，这些基本原理是一阶语言的理论框架中前 11 点所涉及的定理证明的前提.

一阶语言的理论框架是继公理化方法之后，人类在知识理论方面的又一个重大进步. 这可以通过下述 4 个方面加以说明.

(1) 使公理化方法研究中提出的概念和问题得到严格地描述. 只有在定义了一阶语言及其模型和它们的元语言环境之后，逻辑连接词推理规则和量词推理规则的

"可靠性"和"完全性"才能被严格地定义和证明. 不仅如此, 只有在这三个语言环境中, 关于公理系统的协调性、完全性、可判定性和独立性等性质才能被严格地描述, 而且也只有在这三个语言环境中, 哥德尔关于形式理论的不完全性和协调性的一般性定理才能被严格地证明.

(2) 将公理化方法中有关定理的数学证明转变为符号演算. 由于每一个形式理论都是符合一阶语言语法规则的字符串, 而在形式证明中所使用的推理规则又都是关于逻辑连接词符号和量词符号的演算规则, 所以人们可以设计人机交互式的 P 过程来完成形式结论的证明. 而形式推理系统的可靠性和完全性的证明, 使得在进行关于形式证明的符号演算时, 无需考虑项和公式被解释为函数和命题后所涉及的领域知识的具体内容. 这两方面结合在一起的必然结论是: 在一阶语言的理论框架下, 公理化方法中有关定理的数学证明被转变为程序化的符号演算过程.

我们在上节中指出: 公理化方法的优点是将对领域知识中命题的逻辑分析, 转变为对定理的数学证明. 使用公理化方法给出一个定理的数学证明是一种"艺术", 特别是给出一个难题的数学证明, 通常需要有把握全局的证明策略和纯熟的证明技巧. 在这两方面, 长期的专门训练以及对问题的直觉起着决定性作用. 与之相比, 对于那些能用一阶语言描述的领域知识而言, 在一阶语言的理论框架中, 一旦将领域知识中的命题转变为语句, 那么有关定理的数学证明都将转变为程序化的符号演算过程, 并可以通过使用人机交互式软件工具完成. 这就使得数学和自然科学的研究重点转向了公理系统的建立、其协调性的证明以及有效软件工具的实现等问题.

(3) 事实反驳、修正演算、版本序列及其极限和过程模式的引入, 使在公理系统的形成过程中所涉及的问题, 能在一阶语言的层面上加以严格地描述和证明. $\mathbf{R}$ 演算的提出以及 $\mathbf{R}$ 演算的可达性、可靠性和完全性的证明, 一方面使得那些根据事实反驳, 对公理系统进行改进和修正的经验和技术, 可以用关于逻辑连接词符号和量词符号的演算规则来描述; 另一方面使得对公理系统所作的改进和修正, 可以通过 $\mathbf{R}$ 演算转变为符号演算, 并可以通过专门设计的人机交互式的软件系统来完成.

在软件系统的开发中, 如果用一阶语言来描述软件系统的规约, 并且用该一阶语言中的原子语句或原子语句的否定来描述测试样例, 那么 $\mathbf{R}$ 演算系统及其可达性、可靠性和完全性以及测试基本定理就构成了测试工作机械化的理论框架.

(4) 过程模式的提出, 使在公理系统的形成过程中人们所使用的"研究方法"或"开发策略"得以严格地描述. 这包括: 用版本序列的极限描述版本的进化趋势, 通过引入版本序列的 $\mathfrak{M}$ 收敛性、Th 可交换性和 $\mathfrak{G}$ 极小性, 给出关于"研究方法"和"开发策略"的合理性的形式化描述, 并给出证明过程模式的合理性的方法和途径.

需要指出的是, 一阶语言的理论框架不是解决一切自然科学和数学问题的灵丹妙药, 它只适用于可数无穷对象. 不仅如此, 一个形式理论一旦包含初等算术理论,它就不可能具有完全性, 而且对于这种形式理论, 它们的协调性也不能使用形式推理系统加以证明. 这就是基于一阶语言理论框架的逻辑分析方法的局限性.

一阶语言理论框架的研究还告诉我们: 只有在关于领域知识的公理化方法已经比较成熟的条件下, 即对于论域而言, 以公理系统为核心的知识结构已经基本形成, 而且积累了大量的经验模型和观测数据的情况下, 一阶语言理论框架的上述优越性才能发挥出来.

在计算机科学、程序设计语言、软件工程、数字化设计和制造以及人工智能的研究中, 人们所使用的概念、方法和研究模式与一阶语言理论框架如出一辙. 事实上, 如果领域知识能够使用乔姆斯基的三种语法规则所定义的形式语言来描述, 那么一阶语言理论框架不但可以推广到领域知识的研究之中, 而且还保持其对领域知识的分析和处理的全部优越性. 由于我们已经将使用乔姆斯基的三种语法规则定义的对象语言称作形式语言, 如果我们再将一阶语言理论框架中的一阶语言推广到形式语言, 那么这个理论框架将有更大的应用空间, 并且有一个更合适的专有名词, 这就是**形式化方法**. 反之, 一阶语言理论框架又是形式化方法的一个典型样例.

如果我们对形式化方法加以限制, 规定形式语言只能是程序设计语言, 那么形式化方法被称为**数字化方法**. 数字化方法作为一种整理领域知识的方法, 与一般的形式化方法 (例如一阶语言的理论框架) 相比, 其优点是: 对于那些可以被程序设计语言描述的领域知识的分析和处理, 都可以借助计算机实现. 由于大规模集成电路和 Internet 技术的快速发展, 人们获得了更高的计算能力、更大的存储空间和更多的知识储备. 这些进步使诸多自然科学学科和工程技术分支的研究方法正在实现从公理化向数字化的转变, 面向各种领域知识的处理和应用的计算网格 (computational grid) 随之而生, 它们正在成为现代社会必不可少的信息基础设施, 而本书给出的一阶语言的理论框架, 从抽象的数学层面上来看, 是建造这些信息基础设施的理论基础.

10.5　科学研究的工作流程

上一节我们给出了一阶语言的理论框架, 或者更一般地说, 给出了形式化方法的主要内容. 在本节中, 我们将讨论如何使用这个理论框架. 为此, 我们给出一个关于数学和自然科学研究的一个理性的工作流程.

自然科学与工程研究的目的在于探求知识, 并使用所获得的知识, 解释已发生的自然现象, 预言未观测到的自然现象. 人们根据这些知识, 建立可重复使用的人工手段, 进而制造机器、设计软件、合成物质, 以改善人们的生存条件, 提高人们的生活质量.

众所周知, 数学和自然科学的研究活动包括下述步骤: 通过大量试验和反复观察获取数据; 通过对数据的归纳, 提出描述自然现象或事物一般规律的命题, 并择其要者, 构建关于领域知识的理论 (公理系统). 如果这个理论的逻辑结论, 既能解释已观察到的现象或说明事物的性质, 又能准确预言尚未观测到的自然现象或事物的性质, 而且这些预言又被人们进一步的试验和观测所证实, 那么这个理论将被人们所接受. 反之, 如果这个理论受到事实反驳, 那么就要对它进行修正, 并提出新的猜想. 在上述步骤循环往复乃至无穷的进程中, 理论的版本逐步逼近领域知识的全部真理.

使用一阶语言的理论框架, 或者更一般地说, 使用形式化方法, 人们可以将上述科学研究活动中出现的"归纳、证明、解释、预言、反驳、修正", 以及其他"可重复使用的人工手段"等, 在三个语言环境中加以界定, 并设计人机交互的软件系统加以辅助, 进而给出一个关于特定领域的科学研究的工作流程. 以下是这个工作流程的核心内容.

(1) 元语言环境 $\mathfrak{L}$ 的建立和使用.

(a) 取一种自然语言作为元语言环境 $\mathfrak{L}$. 该环境包括与所研究的知识领域有关并包括已被学术界广泛接受和承认的知识和理论. $\mathfrak{L}$ 遵从 10.2 节给出的、关于元语言环境的 6 个基本原理.

(b) 在元语言环境 $\mathfrak{L}$ 中, 描述对试验的设计和观测计划, 记录试验和观测数据. 使用 $\mathfrak{L}$ 的命题, 描述试验数据之间的关系和所观察到的现象, 这些命题用

$$\mathrm{A}_n = \{a_1, \cdots, a_k\}$$

代表, 并根据这些数据和现象, 提出关于一般规律的猜想, 这些猜想用命题

$$\mathrm{B}_n = \{b_1, \cdots, b_l\}$$

来代表.

(c) 在元语言环境 $\mathfrak{L}$ 中, 我们还将建立模型, 定义相应的一阶语言, 设计过程模式, 证明关于一阶语言、模型和它们之间关系的各种性质.

(2) 论域的建立和数学命题的使用.

(a) 引入常量和变量来描述所获得的试验和观测数据, 引入函数来描述数据之间的关系, 引入集合将数据分类.

(b) 提出常量、变量、函数和概念所满足的数学方程式, 而这些方程式应得到试验和观测数据的支持. 这些方程式和一些基本概念构成原子命题或原子命题的否定, 它们用

$$\mathcal{A}_n = \{\alpha_1, \cdots, \alpha_s\}$$

代表.

(c) 使用逻辑连接词和量词将原子命题连接起来构成命题. 那些与所观测到的某一个现象一致的命题称为真命题, 记为 β_j, 而与所有观察到的现象都一致的命题称为一般规律. 这些真命题构成集合

$$\mathcal{B}_n = \{\beta_1, \cdots, \beta_t\}.$$

(d) 从 $\mathcal{B}_n$ 中选择那些在数学证明中最基本的命题, 构成公理系统并记为 $\mathcal{T}_n$. 需要指出, $\mathcal{T}_n$ 不包含逻辑上永真或永假的命题, 也不包含关于逻辑连接词的推理规则. $\mathcal{T}_n$ 只能包含关于领域知识的命题, 例如, 算术的四则运算规则, 群、环、域的性质, 微积分的导数规则以及关于数学方程式的求解规则等.

(e) 上述常量、变量、函数以及 $\mathcal{A}_n, \mathcal{B}_n$ 和 $\mathcal{T}_n$ 构成了关于领域知识的论域, 记为 M. 论域 M 是一个数学系统. 一般而言, 论域不只一个, 它既可以是描述个别现象的数学系统, 也可以是描述领域知识的某一个方面或整体的数学系统.

(3) 一阶语言及其符号演算系统的建立和程序化使用.

(a) 根据论域的常量、变量、函数和原子命题, 定义与之相对应的常元符号集合、变元符号集合、函数符号集合和谓词符号集合, 从而定义相应的一阶语言 $\mathscr{L}$. 它的项用 t_i 代表, 它的原子语句和复合语句分别用 A_i 和 B_j 代表, 而 Γ_n 代表形式理论, 即形式理论 Γ 的第 n 个版本.

(b) 定义解释映射 I, 确保每一个论域 M 都是 $\mathscr{L}$ 的一个模型, 使 $\mathscr{L}$ 的原子语句或原子语句的否定 A_i 在模型中解释为命题 α_i, 语句 B_j 解释为命题 β_j, 而形式理论 Γ_n 解释为公理系统 $\mathcal{T}_n$.

(4) 过程模式的建立和版本在 3 个语言环境中的进化.

(a) 以 $\Gamma = \Gamma_n$ 和 $\{A_1, \cdots, A_s\}$ 为输入调用 GUINA 过程模式, 生成形式理论 Γ_s. 在执行 GUINA 过程模式时, 分下述两种情况处理.

(i) 当需要证明 $\Gamma_i \vdash A_i$ 成立时, 调用 3.2 节的证明程序 CP, 用人机交互的计算机辅助工具进行证明.

(ii) 当形式反驳出现时, 即 $\Gamma_i \vdash \neg A_i$ 成立时, 调用基于 $\mathbf{R}$ 演算系统的人机交互式的计算机软件辅助工具, 求解 Γ_i 关于 A_i 的极大缩减.

(b) 以 $\Gamma = \Gamma_s$ 和 $\{B_1, \cdots, B_t\}$ 为输入, 调用 OPEN 过程模式, 生成形式理论 Γ_t. 在执行 OPEN 过程模式时, 也分下述 3 种情况进行处理.

(i) 当需要证明 $\Gamma_j \vdash B_j$ 时, 调用 3.2 节的证明程序 CP, 用人机交互的计算机辅助工具进行证明.

(ii) 当对某个 j, 形式反驳 $\Gamma_j \vdash \neg B_j$ 出现时, 将 $\neg B_j$ 分解为原子语句和原子语句的否定 $A_{j_1}, \cdots, A_{j_k}$, 在论域中解释为命题 $\alpha_{j_1}, \cdots, \alpha_{j_k}$, 在元语言环境 $\mathfrak{N}$ 中验证这些原子语句的真假性.

(iii) 以 Γ_j 和 $\{A_{j_1}, \cdots, A_{j_k}\}$ 为输入调用 GUINA 过程模式, 产生新版本 Γ_{j+1}.

上述研究工作流程是合理的, 这是因为:

(1) 根据本书第 6～9 章, 此工作流程具有 $\mathfrak{M}$ 收敛性和 Th 可交换性.

(2) 对每一个理论版本而言, 元语言环境中对命题之间的逻辑关系的分析, 以及论域中的数学证明, 在一阶语言中可以通过基于 $\mathbf{G}$ 系统的人机交互式的计算机软件来完成.

(3) 当事实反驳出现时, 对当前理论版本中与之不协调的命题的删除, 在一阶语言中使用基于 $\mathbf{R}$ 演算系统的人机交互式的计算机软件来完成.

(4) 研究活动的每一个阶段中所进行的数学演算, 例如函数的求值以及方程的求解问题, 在一阶语言中, 也可以由人机交互式的计算机软件来完成, 而这些软件是根据面向该领域知识的符号演算系统 (形式理论) 设计的.

需要指出的是, 这个工作流程对那些可以用形式语言描述的领域知识都是适用的. 其次, 工作流程中使用的过程模式 GUINA 和 OPEN 只是为了保证工作流程的合理性, 即满足上述四点要求. 实际上, 研究者完全可以设计出满足这些要求的、更为有效的过程模式, 以提高研究工作的质量和效率.

总之, 本书为数学和自然科学的研究者提供了三个语言环境的思想和一个工作流程. 这三个语言环境是元语言环境、模型和形式语言. 在元语言环境中, 人们设计试验和观测计划, 描述观测到的自然现象和事物, 记录试验和观测的结果, 提出关于一般结论的猜想, 利用学术界广泛接受的知识, 定义一阶语言及其模型, 并证明与语言和模型有关的性质. 这是一个描述自然现象和使用人类已有知识的环境. 在模型中, 人们提出概念、定义函数、对理论进行逻辑分析、对定理进行数学证明, 这是一个定义数学概念并进行数学演算和数学证明的环境. 在形式语言环境中, 人们定义面向领域知识的形式语言及其符号演算系统, 并通过基于符号演算系统的、人机交互式的软件工具进行符号演算、逻辑推导和理论修正. 这是一个人与计算机交互作用的环境, 是在计算机软件控制下、以机械可重复的方式生成人造的物质或数字化的虚拟环境. 我们所给出的工作流程是通过设计具有 $\mathfrak{M}$ 收敛性和 Th 可交换性, 其至具有 $\mathfrak{S}$ 极小性的过程模式, 使科学研究的成果和理论的版本不断改进, 并最终逼近所研究领域的全部知识.

附录 1 集合与映射

一些能彼此分辨的对象组成的整体称为集合. 集合通常用黑体 **A, B, M, N,** $\cdots$ 表示. 集合中的个体称为元素, 通常用 $a, b, \cdots$ 表示. 若 a 是集合 **A** 的元素, 记为 $a \in \mathbf{A}$, 读作 a 属于 **A**; 若 a 不是 **A** 中的元素, 则记作 $a \notin \mathbf{A}$. 如果一个集合不包含任何元素, 则称之为空集, 记为 $\varnothing$. 由有限个元素 $a_1, a_2, \cdots, a_n$ 构成的集合用 $\{a_1, a_2, \cdots, a_n\}$ 表示.

定义 A1.1　子集

如果 **A** 与 **B** 都是集合, 且对任意 $a \in \mathbf{A}$ 都有 $a \in \mathbf{B}$, 则称 **A** 是 **B** 的子集, 记为 $\mathbf{A} \subseteq \mathbf{B}$. 如果存在 $b \in \mathbf{B}$, 使得 $b \notin \mathbf{A}$, 那么称 **A** 为 **B** 的真子集, 并记为 $\mathbf{A} \subset \mathbf{B}$.

定义 A1.2　相等

如果对集合 **A** 与 **B**, $\mathbf{A} \subseteq \mathbf{B}$ 及 $\mathbf{B} \subseteq \mathbf{A}$ 均成立, 则称 **A** 与 **B** 相等, 记为 $\mathbf{A} = \mathbf{B}$.

定义 A1.3　并集

$\mathbf{A} \cup \mathbf{B}$ 称为集合 **A** 与 **B** 的并集, 如果 $x \in \mathbf{A} \cup \mathbf{B}$ 成立当且仅当 $x \in \mathbf{A}$ 或 $x \in \mathbf{B}$ 成立.

定义 A1.4　交集

$\mathbf{A} \cap \mathbf{B}$ 称为集合 **A** 与 **B** 的交集, 如果 $x \in \mathbf{A} \cap \mathbf{B}$ 成立当且仅当 $x \in \mathbf{A}$ 和 $x \in \mathbf{B}$ 均成立. 若 $\mathbf{A} \cap \mathbf{B}$ 是空集, 则称集合 **A** 与 **B** 不相交.

定义 A1.5　余集

$\mathbf{A} - \mathbf{B}$ 称为集合 **B** 关于集合 **A** 的余集, 如果 $a \in \mathbf{A} - \mathbf{B}$ 成立当且仅当 $a \in \mathbf{A}$ 但 $a \notin \mathbf{B}$.

定义 A1.6　映射

设 **A, B** 为两个集合. 若有一个对应方法 φ, 使对任意 $a \in \mathbf{A}$ 均有一个唯一的元素 $b \in \mathbf{B}$ 与之对应, 则称此对应方法 φ 为由 **A** 到 **B** 的映射, 记为

$$\varphi : \mathbf{A} \to \mathbf{B}.$$

A 称为 φ 的定义域, $\varphi(\mathbf{A})$ 称为 **A** 关于 φ 的像集. a 称为 b 的一个原像, b 称为 a 关于映射 φ 的像, 记为 $\varphi(a)$.

映射 φ 称为单射, 如果对 **A** 的两个不同元素 $a \neq b$, 它们的像也不同, 即: 若 $a \neq b$, 则 $\varphi(a) \neq \varphi(b)$.

映射 φ 称为满射或者映上的, 如果 **B** 中的任意元素 $b \in \mathbf{B}$ 都是 **A** 中的某一元素的像, 即 $b = \varphi(a)$.

如果 φ 既是单射又是满射, 那么称 φ 为一一映射.

定义 A1.7　自然数集 $\mathbb{N}$

全体自然数构成的集合称为自然数集, 记为 $\mathbb{N}$. 即

$$\mathbb{N} : \{0,\ 1,\ 2,\ \cdots,\ n,\ \cdots\}.$$

定义 A1.8　可数集合

集合 **A** 称为可数集, 如果存在一个一一映射 $\varphi : \mathbb{N} \to \mathbf{A}$.

例 A1.1　偶数集

偶数集合 **E** 是一可数集. 因为可以建立如下一一映射:

$$
\begin{array}{ccccccc}
0, & 1, & 2, & 3, & \cdots & n, & \cdots \\
\downarrow & \downarrow & \downarrow & \downarrow & \downarrow & \downarrow & \downarrow \\
0, & 2, & 4, & 6, & \cdots, & 2n, & \cdots
\end{array}
$$

只要取 $\varphi : \mathbb{N} \to \mathbf{E},\ \varphi(n) = 2n$ 即可.

例 A1.2　真分数集

介于 0 和 1 之间的全体有理数是一可数集. 由于任何有理数都可以表示成 $\dfrac{p}{q}$ 的分式形式, 我们可以采用下述方法把介于 0 和 1 之间的全体有理数列出来. 首先列出分母是 2 的有理数, 只有一个, 就是 $\dfrac{1}{2}$. 接着列出分母是 3 的有理数, 有两个, 它们是 $\dfrac{1}{3}, \dfrac{2}{3}$. 然后列出分母是 4 的有理数, 也有两个, 它们是 $\dfrac{1}{4}, \dfrac{3}{4}$, 其中 $\dfrac{2}{4}$ 与 $\dfrac{1}{2}$ 相同, 前面已经列出, 这里略去. 这样任意 $\dfrac{p}{q}$ 都可以在某一步被列出, 所以映射是映上的. 这样的列法也保证不同的有理数有不同的原像, 所以映射又是单射. 因此有理数的全体可以排为可数序列

$$\frac{1}{2}, \frac{1}{3}, \frac{2}{3}, \frac{1}{4}, \frac{3}{4}, \cdots,$$

它们与自然数一一对应.

定义 A1.9　特征函数

对每一个集合 $\mathbf{A}$, 都有一个映射函数 $\mathcal{X}_{\mathbf{A}} : \mathbf{A} \to \{0, 1\}$, 满足

$$\mathcal{X}_{\mathbf{A}}(x) = \begin{cases} 1, & \text{如果 } x \in \mathbf{A}, \\ 0, & \text{如果 } x \notin \mathbf{A}. \end{cases}$$

$\mathcal{X}_{\mathbf{A}}$ 称为集合 $\mathbf{A}$ 的特征函数.

集合与它们的特征函数有一一对应关系, 集合的一切运算都可以借助它们的特征函数表示出来.

定义 A1.10　集合序列的并集和交集

设 $\mathbf{A}_1, \cdots, \mathbf{A}_n, \cdots$ 为一个集合序列, 则

$$\bigcup_{i=1}^{\infty} \mathbf{A}_i$$

是一个集合, 称为集合序列的并集, 如果 $a \in \bigcup_{i=1}^{\infty} \mathbf{A}_i$ 当且仅当存在某个 i 使 $a \in \mathbf{A}_i$ 成立.

$$\bigcap_{i=1}^{\infty} \mathbf{A}_i$$

也是一个集合, 称为集合序列的交集, 如果 $a \in \bigcap_{i=1}^{\infty} \mathbf{A}_i$ 当且仅当 $a \in \mathbf{A}_i$ 对所有 $\mathbf{A}_i$ 成立.

集合的并与交运算, 不但满足交换律和结合律, 而且还满足分配律:

$$\mathbf{A} \cup \mathbf{B} = \mathbf{B} \cup \mathbf{A},$$

$$\mathbf{A} \cup (\mathbf{B} \cup \mathbf{C}) = (\mathbf{A} \cup \mathbf{B}) \cup \mathbf{C},$$

$$\mathbf{A} \cap \mathbf{B} = \mathbf{B} \cap \mathbf{A},$$

$$\mathbf{A} \cap (\mathbf{B} \cap \mathbf{C}) = (\mathbf{A} \cap \mathbf{B}) \cap \mathbf{C},$$

$$\mathbf{A} \cap (\mathbf{B} \cup \mathbf{C}) = (\mathbf{A} \cap \mathbf{B}) \cup (\mathbf{A} \cap \mathbf{C}),$$

$$\mathbf{A} \cup (\mathbf{B} \cap \mathbf{C}) = (\mathbf{A} \cup \mathbf{B}) \cap (\mathbf{A} \cup \mathbf{C}).$$

集合的余集则满足下列 3 条性质:

$$(\mathbf{A} - \mathbf{B}) \cap \mathbf{B} = \varnothing,$$

$$\mathbf{A} - (\mathbf{B} \cap \mathbf{C}) = (\mathbf{A} - \mathbf{B}) \cup (\mathbf{A} - \mathbf{C}),$$

$$\mathbf{A} - (\mathbf{B} \cup \mathbf{C}) = (\mathbf{A} - \mathbf{B}) \cap (\mathbf{A} - \mathbf{C}).$$

以上关于集合的等式都可以根据集合相等及集合的并、交和余的定义直接验证.

附录 2　替换引理及其证明

引理　替换引理

设 $\mathscr{L}$ 是一阶语言，$\mathbf{M}$ 和 σ 分别是 $\mathscr{L}$ 的结构与赋值. 又设 t,t' 和 A 分别为 $\mathscr{L}$ 的项和公式. 则下列两个等式

$$(t[t'/x])_{\mathbf{M}[\sigma]} = t_{\mathbf{M}[\sigma[x:=t'_{\mathbf{M}[\sigma]}]]},$$

$$(A[t/x])_{\mathbf{M}[\sigma]} = A_{\mathbf{M}[\sigma[x:=t_{\mathbf{M}[\sigma]}]]}$$

成立.

证明　　下面给出此引理的结构归纳证明. 让我们先通过对项的结构做归纳，证明第一个关于项的替换等式.

(1) t 为变元 y. 根据第 1 章形式替换的定义 1.6，应分两种情况加以证明：若 $x \neq y$，有 $y[t'/x] = y$，故

$$\begin{aligned}
(y[t'/x])_{\mathbf{M}[\sigma]} &= y_{\mathbf{M}[\sigma]} \\
&= \sigma(y) \\
&= y_{\mathbf{M}[\sigma[x:=t'_{\mathbf{M}[\sigma]}]]}.
\end{aligned}$$

上式最后一步成立，则是根据 $\sigma[x := t'_{\mathbf{M}[\sigma]}]$ 的定义，由于 $x \neq y$，它与 σ 在变元 y 上的值相同.

若 $x = y$，则有 $y[t'/x] = x[t'/x] = t'$，故

$$\begin{aligned}
(y[t'/x])_{\mathbf{M}[\sigma]} &= (x[t'/x])_{\mathbf{M}[\sigma]} && \text{(因为 } x = y) \\
&= t'_{\mathbf{M}[\sigma]} && \text{(根据形式替换规则)} \\
&= x_{\mathbf{M}[\sigma[x:=t'_{\mathbf{M}[\sigma]}]]} && \text{(项的语义定义)} \\
&= y_{\mathbf{M}[\sigma[x:=t'_{\mathbf{M}[\sigma]}]]}. && \text{(因为 } x = y)
\end{aligned}$$

(2) 若 t 为 c，证明与 (1) 相似.

(3) 若 t 为 $ft_1 \cdots t_n$，则

$$(ft_1 \cdots t_n)[t'/x]_{\mathbf{M}[\sigma]}$$

$$= (ft_1[t'/x] \cdots t_n[t'/x])_{\mathbf{M}[\sigma]} \qquad \text{(替换定义 1.6)}$$

$$= f_{\mathbf{M}}((t_1[t'/x])_{\mathbf{M}[\sigma]} \cdots (t'_n[t/x])_{\mathbf{M}[\sigma]}) \qquad \text{(项的语义定义 2.5)}$$

$$= f_{\mathbf{M}}((t_1)_{\mathbf{M}[\sigma[x:=t'_{\mathbf{M}[\sigma]}]]} \cdots (t_n)_{\mathbf{M}[\sigma[x:=t'_{\mathbf{M}[\sigma]}]]}) \qquad \text{(结构归纳假设)}$$

$$= (ft_1 \cdots t_n)_{\mathbf{M}[\sigma[x:=t_{\mathbf{M}[\sigma]}]]}. \qquad \text{(项的语义定义 2.5)}$$

由此，引理中第一个等式，即关于项的替换等式得证.

下面证明引理中第二个等式，即关于公式的替换等式成立. 对公式 A 的结构做归纳证明. 本证明考虑 $Pt_1 \cdots t_n$, $t_1 \doteq t_2$, $\neg B$, $B \vee C$, 及 $\exists x B$ 这 5 种情况.

(1) 若 A 为 $Pt_1 \cdots t_n$，则

$$(Pt_1 \cdots t_n)[t/x]_{\mathbf{M}[\sigma]}$$

$$= (Pt_1[t/x] \cdots t_n[t/x])_{\mathbf{M}[\sigma]}$$

$$= P_{\mathbf{M}}((t_1[t/x])_{\mathbf{M}[\sigma]} \cdots (t_n[t/x])_{\mathbf{M}[\sigma]})$$

$$= P_{\mathbf{M}}((t_1)_{\mathbf{M}[\sigma[x:=t_{\mathbf{M}[\sigma]}]]} \cdots (t_n)_{\mathbf{M}[\sigma[x:=t_{\mathbf{M}[\sigma]}]]})$$

$$= (Pt_1 \cdots t_n)_{\mathbf{M}[\sigma[x:=t_{\mathbf{M}[\sigma]}]]}.$$

这组等式中，根据定义 1.7 关于谓词的形式替换规则，第一个等式成立. 根据谓词的语义定义 2.8，第二个等式成立. 根据前面刚刚证明的本引理关于项的替换等式，第三个等式成立. 根据谓词语义定义，最后一个等式成立.

(2) 若 A 为 $t_1 \doteq t_2$，则有

$$((t_1 \doteq t_2)[t/x])_{\mathbf{M}[\sigma]}$$

$$= ((t_1[t/x]) \doteq (t_2[t/x]))_{\mathbf{M}[\sigma]}$$

$$= \begin{cases} T & \text{如果 } (t_1[t/x])_{\mathbf{M}[\sigma]} = (t_2[t/x])_{\mathbf{M}[\sigma]}, \\ F & \text{否则}, \end{cases}$$

$$= \begin{cases} T & \text{如果 } (t_1)_{\mathbf{M}[\sigma[x:=t_{\mathbf{M}[\sigma]}]]} = (t_2)_{\mathbf{M}[\sigma[x:=t_{\mathbf{M}[\sigma]}]]}, \\ F & \text{否则}, \end{cases}$$

$$= (t_1 \doteq t_2)_{\mathbf{M}[\sigma[x:=t_{\mathbf{M}[\sigma]}]]}.$$

在这组等式中，根据定义 1.7 关于 $\doteq$ 的形式替换规则，第一个等式成立. 根据定义

2.8 中 $\doteq$ 的语义，第二个等式成立. 对 t_1 及 t_2 使用归纳假设，知第三个等式成立. 最后一个等式则是根据定义 2.8 关于 $\doteq$ 的语义，而赋值变为 $\sigma[x := t_{\mathbf{M}[\sigma]}]$.

(3) 若 A 为 $\neg B$，则有

$$((\neg B)[t/x])_{\mathbf{M}[\sigma]}$$

$$= (\neg(B[t/x]))_{\mathbf{M}[\sigma]} \qquad (根据 \neg 替换规则)$$

$$= H_\neg((B[t/x])_{\mathbf{M}[\sigma]}) \qquad (根据 \neg 的语义)$$

$$= H_\neg(B_{\mathbf{M}[\sigma[x := t_{\mathbf{M}[\sigma]}]]}) \qquad (根据结构归纳假设)$$

$$= (\neg B)_{\mathbf{M}[\sigma[x := t_{\mathbf{M}[\sigma]}]]}. \qquad (根据 \neg 的语义)$$

(4) 若 A 为 $B \vee C$，则有

$$((B \vee C)[t/x])_{\mathbf{M}[\sigma]}$$

$$= ((B[t/x]) \vee (C[t/x]))_{\mathbf{M}[\sigma]}$$

$$= H_\vee((B[t/x])_{\mathbf{M}[\sigma]}, (C[t/x])_{\mathbf{M}[\sigma]})$$

$$= H_\vee(B_{\mathbf{M}[\sigma[x := t_{\mathbf{M}[\sigma]}]]}, B_{\mathbf{M}[\sigma[x := t_{\mathbf{M}[\sigma]}]]})$$

$$= (B \vee C)_{\mathbf{M}[\sigma[x := t_{\mathbf{M}[\sigma]}]]}.$$

与上一组类似，这组等式是依次根据 $\vee$ 的形式替换规则，$\vee$ 的语义，对公式 B 和 C 分别使用结构归纳假设以及 $\vee$ 的语义但赋值为 $\sigma[x := t_{\mathbf{M}[\sigma]}]$ 而得.

(5) A 为 $\exists y B$. 根据形式替换规则，应分为两种情况证明：

(a) t 对 x 在 $\exists y B$ 中自由，即 $y \neq x$, $y \notin FV(t)$ 或 $x \notin FV(B)$. 则有

$$((\exists y B)[t/x])_{\mathbf{M}[\sigma]}$$

$$= (\exists y(B[t/x]))_{\mathbf{M}[\sigma]}$$

$$\Leftrightarrow 存在 a \in M 使 (B[t/x])_{\mathbf{M}[\sigma[y := a]]} = T 成立$$

$$\Leftrightarrow 存在 a \in M 使 B_{\mathbf{M}[(\sigma[y := a])[x := t_{\mathbf{M}[\sigma[y := a]]}]]} = T$$

$$\Leftrightarrow 存在 a \in M 使 B_{\mathbf{M}[(\sigma[x := t_{\mathbf{M}[\sigma]}])[y := a]]} = T$$

$$\Leftrightarrow (\exists y B)_{\mathbf{M}[\sigma[x := t_{\mathbf{M}[\sigma]}]]}.$$

今后，我们用等价符号 $\Leftrightarrow$ 表示"当且仅当"，$\Leftrightarrow$ 是在元语言中使用的符号.

在这组等式和等价式中，根据定义 1.7 中 $\exists$ 的形式替换规则，第一个等式成立. 根据定义 2.8 中 $\exists$ 的语义，第一个等价式成立. 对 B 使用归纳假设，得第二个等价

式. 由于 $x \neq y$ 并且 $y \notin FV(t)$, 根据定义 2.4 关于赋值的定义,

$$(\sigma[y := a])[x := t_{\mathbf{M}[\sigma[y:=a]]}] \; = \; (\sigma[x := t_{\mathbf{M}[\sigma]}])[y := a]$$

成立. 从而第三个等价式成立. 最后一个等价式是根据 $\exists$ 的语义, 但赋值取 $\sigma[x := t_{\mathbf{M}[\sigma]}]$ 而得.

　　(b) t 对 x 在 $\exists y B$ 中不自由, 即 $y \neq x$, 但 $y \in FV(t)$ 并且 $x \in FV(B)$. 在这种情况下, 根据定义 1.7 第 (10) 条关于 $\exists$ 的替换规则, 要将 $(\exists y B)[t/x]$ 用 $\exists z B[z/y][t/x]$ 进行替换, 其中 z 是一新变元. 为此, 有

$$((\exists y B)[t/x])_{\mathbf{M}[\sigma]}$$

$$= (\exists z(B[z/y][t/x]))_{\mathbf{M}[\sigma]}$$

$$\Leftrightarrow 存在\ a \in M\ 使\ (B[z/y][t/x])_{\mathbf{M}[\sigma[z:=a]]} = T$$

$$\Leftrightarrow 存在\ a \in M\ 使\ (B[z/y])_{\mathbf{M}[(\sigma[z:=a])[x:=t_{\mathbf{M}[\sigma[z:=a]]}]]} = T$$

$$\Leftrightarrow 存在\ a \in M\ 使\ (B[z/y])_{\mathbf{M}[(\sigma[z:=a])[x:=t_{\mathbf{M}[\sigma]}]]} = T$$

$$\Leftrightarrow 存在\ a \in M\ 使\ (B[z/y])_{\mathbf{M}[(\sigma[x:=t_{\mathbf{M}[\sigma]}])[z:=a]]} = T$$

$$\Leftrightarrow (\exists z B[z/y])_{\mathbf{M}[\sigma[x:=t_{\mathbf{M}[\sigma]}]]}$$

$$= (\exists y B)_{\mathbf{M}[\sigma[x:=t_{\mathbf{M}[\sigma]}]]}.$$

上述等式和等价式中, 根据 $\exists$ 的形式替换规则, 第一个等式成立. 根据 $\exists$ 的语义定义, 第一个等价式成立. 对 $(B[z/y])$ 使用结构归纳法假设, 得到第二个等价式. 因为 z 是一新变量, 它不出现在 t 中, 故不是 t 的自由变量, 因此, 由精简引理

$$t_{\mathbf{M}[\sigma]} = t_{\mathbf{M}[\sigma[z:=a]]}$$

成立. 所以, 第三个等价式成立. 至于第四个等价式, 因为 z 是一新变量, 故 $z \neq x$, 有

$$(\sigma[z := a])[x := t_{\mathbf{M}[\sigma]}] = (\sigma[x := t_{\mathbf{M}[\sigma]}])[z := a]$$

成立. 所以, 第四个等价式成立. 再根据 $\exists$ 的语义定义, 第五个等价式成立. 最后一个等式则是根据对 $\exists$ 的形式替换规则而得.　　　　　　　　　　　　　　□

附录 3   可表示性定理的证明

本附录将证明第 4 章中提出的可表示性定理. 前面我们已经提到, 可表示性定理证明的关键在于找出一个 $\mathscr{A}$ 公式 $A(x_1, x_2, x_3)$ 来表示相应的 P 过程 $F(x_1, x_2, x_3)$. 这样可表示性定理的证明就自然地分成了两个部分, 即构造公式 $A(x_1, x_2, x_3)$ 和证明它是 P 过程 $F(x_1, x_2, x_3)$ 在 Π 中的表示. 在第 4 章中, 我们给出了公式 $A(x_1, x_2, x_3)$ 的构造思路, 即使用结构归纳的方法来构造公式 $A(x_1, x_2, x_3)$, 也就是首先分别给出 P 过程的指令在 Π 中的表示, 然后结构归纳地定义出 P 过程在 Π 中的表示. 与第 4 章的规定一样, 我们也使用 $\tau := \{x_1, x_2, x_3\}$ 和 $\tau' := \{y_1, y_2, y_3\}$ 来分别表示初始状态变元集合和终止状态变元集合. 这样 P 过程的指令将由仅以状态变元 $\{x_1, x_2, x_3\}$ 和 $\{y_1, y_2, y_3\}$ 为自由变元的 $\mathscr{A}$ 公式来表示. 对于赋值指令、条件指令、顺序指令和过程调用指令来说, 要得到相应的表示相对容易, 其具体表示已经在第 4 章中给出, 然而对于循环指令来说, 要表示成为这样的公式并不容易, 为此我们引入了哥德尔证明的一个引理, 并以此为基础给出了构造循环指令在 Π 中表示的思路. 在本附录中我们将详细地给出循环指令在 Π 中表示的构造过程, 并证明 P 过程体的可表示性.

A3.1   循环指令在 Π 中的表示

根据循环指令的结构操作语义, 我们容易知道 $\sigma_0 = \sigma$, $\sigma_l = \sigma'$, l 为循环体的执行次数, 并且循环指令的第 $i+1$ 轮执行是在存储状态 σ_i 下执行过程体 α', 循环指令的判定条件 $0 < [x_1]_{\sigma_i}$ 成立, 执行后得到的存储状态为 σ_{i+1}, 其中 $0 \leqslant i < l$. 所以引理 4.6 显然成立.

根据第 4 章的讨论, 循环指令的语义由它的循环体执行状态序列唯一决定. 而引理 4.6 则证明了, 满足引理中 4 个条件的存储状态序列就是循环体执行状态序列. 这样循环指令的表示就可转化为 "存在一个存储状态序列使得引理 4.6 中的 4 个条件均满足" 这一命题在 Π 中的表示. 在第 4 章中我们提到了在 Π 中表示上述命题的难点在于条件 (4) 的表示, 并且简单介绍了哥德尔的解决方案, 即使用一个矩阵来表示循环体执行状态序列, 然后再使用一个自然数来表示这一矩阵, 使得我们可以通过这一自然数求解出矩阵的每一个元素. 下面我们将沿着第 4 章提出的思路, 逐步地给出循环指令的表示.

下面我们将对第 4 章引入的引理 4.7 给出一个严格的证明, 即构造出函数 β 和自然数 a. 这一证明参考了 [Shoenfield, 1967] 中 6.4 节的证明.

引理 A3.1 (Gödel)

存在一个 $\mathbb{N}$ 上定义的，并可以在 Π 中表示的函数 $\beta(x,y)$，使得对任意一个 $\mathbb{N}$ 中的序列 $a_0, a_1, \ldots, a_{n-1}$，存在一个自然数 a 使得 $\beta(a,i) = a_i$ 并且 $\beta(a,i) \leqslant a-1$，其中 $i < n$.

证明 证明的关键是构造满足引理条件的自然数 a 和函数 β，在以下证明中我们称 a 为序列 $a_0, a_1, \ldots, a_{n-1}$ 的生成元，并称 β 为生成函数. 从序列 $a_0, a_1, \ldots, a_{n-1}$ 构造其生成元 a 的过程如下：首先，从程序设计的角度，我们需要将序列中的元素 a_i 与相当于 a_i 的临时存储地址的另一个自然数 b_i 对应起来，即需要找到一个单射 $OP: (a_i, i) \mapsto b_i$. 这样对于不同的 i，a_i 的临时地址 b_i 也就不同，而且一旦知道了临时地址 b_i，那么从理论上来说也就可以确定其相应的元素 a_i 和它的下标 i. 我们定义函数 OP 为

$$OP(x,i) = (x+i) \cdot (x+i) + x + 1$$

可以证明它具有下述性质

$$OP(x,i) = OP(y,j) \text{ 当且仅当 } x = y, i = j,$$

即 OP 是一个单射. 这里 $OP(a_i, i)$ 可以视作 a_i 的临时地址 b_i. 由于 OP 仅由 $+, \cdot$ 构成，显然在 Π 中可表示，它的表示为

$$f(x,i) := (x+i) \cdot (x+i) + Sx.$$

接下来我们要做的是，找到一个通过 a_i 的临时地址构造序列 $a_0, a_1, \ldots, a_{n-1}$ 的生成元 a 的方法，也就是要找出通过临时地址序列 $OP(a_0, 0), OP(a_1, 1), \ldots, OP(a_{n-1}, n-1)$ 构造出生成元 a 的方法.

我们不难证明下述结论：假设 c 为任意一个大于 0 的自然数，$1 \leqslant g, h \leqslant c$，令 z 是 $1, 2, \ldots, c$ 的最小公倍数，如果 $g \neq h$，那么 $1 + g \cdot z$ 就与 $1 + h \cdot z$ 互质. 从而 $1 + g \cdot z$ 整除 $1 + h \cdot z$ 当且仅当 $g = h$.

根据 a_i 的临时地址 $OP(a_i, i)$，定义 $c := \max_{0 \leqslant i < n}\{OP(a_i, i) + 1\}$，并且定义 z 是 $1, 2, \ldots, c$ 的最小公倍数. 令 a_i 的地址 $AD(a_i, i) := 1 + (OP(a_i, i) + 1) \cdot z$，那么 a_i 的地址就是 $AD(a_i, i)$. 由于 AD 也是由 $+, \cdot$ 构成，所以 $AD(x,i)$ 也在 Π 中可表示. 它的表示为

$$S((Sf(x,i)) \cdot z).$$

由于 OP 是单射，所以当 $x < a_i$ 时，$OP(x,i) \neq OP(a_i, i)$ 并且对于 $0 \leqslant j < n$，如果 $j \neq i$，那么 $OP(x,i) \neq OP(a_j, j)$. 从而当 $x < a_i$ 时，对任意 $0 \leqslant j <$

n, $OP(x,i) + 1 \neq OP(a_j, j) + 1$. 再根据上一段的结论可知, 当 $x < a_i$ 时, 对任意 $0 \leqslant j < n$, $AD(x,i)$ 不能整除 $AD(a_j, j)$. 这就表明 a_i 是使

$$AD(x,i) \text{ 整除 } \prod_{j=0}^{n-1} AD(a_j, j) \qquad (\text{此处的} \prod \text{代表乘积})$$

的最小自然数 x. 我们令二元关系 $Div(a,b)$ 表示 b 整除 a, 那么 $Div(a,b)$ 可以由 Π 中的公式

$$D(a,b) := \exists d((\neg(a < d)) \wedge a \doteq d \cdot b)$$

来表示, 所以 $Div(a,b)$ 是一个可以在 Π 中表示的关系. 令 $y := \prod_{j=0}^{n-1} AD(a_j, j)$, 那么 a_i 就是使关系

$$Div(y, AD(x,i)) \qquad\qquad\qquad (\text{A3.1})$$

成立的最小自然数 x. 这样对于给定的 i, 我们可以从 $x = 0$ 开始, 通过逐个判断 $AD(x,i)$ 是否整除 y 来求出 a_i, 这说明通过 y, z 我们可以求出序列的所有元素. 如果我们定义序列的生成元 $a := OP(y,z)$, 那么由于 OP 是单射, y, z 被 a 唯一决定. 从而我们可以通过 a 和下面构造的生成函数 β, 求出序列 $a_0, a_1, \ldots, a_{n-1}$ 的所有元素.

综合公式 (A3.1) 和以上 a 的定义, a_i 就是使

$$a = OP(y,z) \text{ 和 } Div(y, AD(x,i)) \qquad\qquad (\text{A3.2})$$

同时成立的最小自然数 x. 而以上公式中的常数 y, z 就是使下述命题可满足的约束变元 y, z 的取值.

存在 $y < a$ 和 $z < a$ 使得 $a = OP(y,z)$ 并且 $Div(y, AD(x,i))$ 成立.

设 $\cdots x \cdots$ 为 $\mathbb{N}$ 上的在 Π 中可表示的可满足命题, 我们定义 $\mu x(\cdots x \cdots)$ 为

$$\mu x(\cdots x \cdots) := x, \ x \text{ 为使命题} \cdots x \cdots \text{ 成立的最小自然数}.$$

如果我们设命题 $\cdots x \cdots$ 在 Π 中的表示为 $P(x)$, 那么公式

$$P[y/x] \wedge \forall x(x < y \to \neg P(x))$$

就表示函数 $y = \mu x(\cdots x \cdots)$, 所以 $\mu x(\cdots x \cdots)$ 是一个在 Π 中可表示的函数. 令命题 Q 为

$x \leqslant a - 1$, 并且存在 $y < a$ 和 $z < a$ 使得

$$a = OP(y,z) \text{ 和 } Div(y, AD(x,i)) \text{ 都成立}$$

那么 Q 在 Π 中的表示为

$$\neg(a-1<x) \wedge \exists y \exists z(y<a \wedge z<a \wedge a \doteq f(y,z) \wedge D(y,S((Sf(x,i))\cdot z)))$$

综合上面的讨论，我们定义

$$\beta(a,i) := \mu x(Q).$$

根据 (A3.2) 可知 $\beta(a,i)=a_i$. 如果令 $A(x,y,h)$ 代表公式

$$\neg(x-1<h) \wedge \exists u \exists v(u<x \wedge v<x \wedge x \doteq f(u,v) \wedge D(u,S((Sf(h,y))\cdot v))),$$

那么函数 $z=\beta(x,y)$ 在 Π 中的表示为

$$B(x,y,z) := A(x,y,h)[z/h] \wedge \forall h(h<z \rightarrow \neg A(x,y,h)).$$

所以 β 是在 Π 中可表示的函数，这样我们就得到了所需的生成函数 β. □

由于 $B(x,y,z)$ 是函数 $z=\beta(x,y)$ 在 Π 中的表示，显然有下述引理成立.

引理 A3.2   如果 $\beta(a,i)=a_i$, 那么 $\Pi \vdash B[S^a0,S^i0,S^{a_i}0]$ 可证；如果 $\beta(a,i) \neq a_i$, 那么 $\Pi \vdash \neg B[S^a0,S^i0,S^{a_i}0]$ 可证.

只有在给定了序列的长度以后，我们才能从序列的生成元中求出序列的所有元素. 但是使用上面求序列生成元的方法，得到的生成元里面不包含序列长度的信息. 这一缺陷可以通过将序列的长度作为序列的第一个元素的方法加以解决. 由此得到的新序列的生成元就是我们下面要引入的序列数 (sequence number).

定义 A3.1   序列数
设 $a_1,...,a_n$ 为一个 $\mathbb{N}$ 上的序列，命题 Q 为

$$\beta(x,0)=n, \text{ 并且 } \beta(x,1)=a_1,..., \text{ 并且 } \beta(x,n)=a_n$$

我们称

$$Sq(a_1,...,a_n) := \mu x(Q)$$

为上述序列的序列数.

由上述定义以及引理 4.7 (即本附录的引理 A3.1) 可知，序列数就是一个与序列长度无关的生成元，从程序设计的角度看，它相当于一个指向数组的指针，即数组的存储地址. 通过一个序列的序列数以及 β 函数，我们可以计算出这个序列的长度和序列中的每一个元素.

由于循环指令中使用的变量个数总是有限的，对于含有 k 个变量的循环指令，不妨假设它的第 $i+1$ 个循环体执行状态 $\sigma_i := (x_1^i \mapsto m_1^i, \ldots, x_k^i \mapsto m_k^i)$，这样变量 x_j 在 σ_i 下的值就是 $[x_j]_{\sigma_i} = m_j^i$，其中 $1 \leqslant j \leqslant k$. 从而变量 x_j 在状态序列 $\{\sigma_i\}_0^l$ 下的值也组成了一个自然数序列 $\{m_j^0, m_j^1, \ldots, m_j^l\}$，其中 $1 \leqslant j \leqslant k$. 于是循环体执行状态序列就可以由下述 $(l+1) \times k$ 的自然数矩阵 $M[l+1][k]$ 来表示.

$$M[l+1][k] := \begin{pmatrix} m_1^0 & m_2^0 & \ldots & m_k^0 \\ m_1^1 & m_2^1 & \ldots & m_k^1 \\ \vdots & \vdots & & \vdots \\ m_1^l & m_2^l & \ldots & m_k^l \end{pmatrix} \tag{A3.3}$$

而根据定义 A3.1，我们知道序列数的思想是用一个生成元来生成序列的长度和序列的所有元素. 所以我们可以用一个生成元来生成矩阵 (A3.3) 的行数、列数和矩阵的所有元素，其具体定义如下.

定义 A3.2 矩阵数

设 $M[l+1][k]$ 是 (A3.3) 定义的 $(l+1) \times k$ 矩阵，命题 Q 为

$\beta(x,0) = l+1$，并且 $\beta(x,1) = k$，并且 $\beta(x,2) = M[0][1], \ldots$，并且

$\beta(x, i \cdot k + j + 1) = M[i][j], \ldots$，并且 $\beta(x, (l+1) \cdot k + 1) = M[l][k]$

我们称使命题 Q 成立的最小自然数为 $M[l+1][k]$ 的矩阵数，并记为

$$Matrix(M[0][1], \ldots, M[i][j], \ldots, M[l][k]) := \mu x(Q).$$

为书写方便，我们用 m 来表示前面定义的矩阵 $M[l+1][k]$ 的矩阵数. 根据矩阵数的定义，$(l+1) \times k$ 矩阵的生成函数 γ 为

$$\gamma(m,i,j) := \beta(m, i \cdot k + j + 1).$$

显然，$\gamma(m,i,j) = M[i][j] = m_j^i$.

这一组函数的作用可以用程序设计中间接寻址的思想来解释. 自然数 m 可以视作矩阵 $M[l+1][k]$ 的存储地址，即 C 语言中所说的二维数组. 而函数 γ 则可以视作 C 语言中的下标操作符 []，是一个取出给定二维数组的第 i 行、第 j 列上元素的函数.

由定义 A3.2，上述矩阵的生成元为 m，所以循环体执行状态序列可以由自然数 m 来生成. 根据引理 4.6，直接可得下述引理成立.

引理 A3.3   设 m 为一个自然数，$\sigma = (x_1 \mapsto m_1, \ldots, x_k \mapsto m_k)$，$\sigma' = (y_1 \mapsto n_1, \ldots, y_k \mapsto n_k)$. 则 m 是循环指令 **while** $0 < x_1$ **do** α' 的循环体执行状态序列所对应的矩阵的矩阵数，当且仅当它满足下述 4 个条件.

L_1：$\beta(m, 0) = l + 1$，其中 l 为循环次数；$\beta(m, 1) = k$，其中 k 为循环指令中使用的变量个数.

L_2：$\gamma(m, 0, j) = m_j$，其中 $1 \leqslant j \leqslant k$.

L_3：$\gamma(m, l, j) = n_j$，其中 $1 \leqslant j \leqslant k$，并且循环判定条件 $0 < [x_1]_{\sigma'}$ 不成立.

L_4：对任意 $0 \leqslant i < l$，循环体 α' 在第 $i+1$ 轮执行时的初始状态为 $\sigma_i = (x_1^i \mapsto \gamma(m, i, 1), \ldots, x_k^i \mapsto \gamma(m, i, k))$，循环判定条件 $0 < [x_1]_{\sigma_i}$ 成立，执行得到的终止状态为 $\sigma_{i+1} = (x_1^{i+1} \mapsto \gamma(m, i+1, 1), \ldots, x_k^{i+1} \mapsto \gamma(m, i+1, k))$.

这样循环指令在 Π 中的表示就转化为命题："存在一个自然数 m，使得条件 L_1，L_2，L_3，L_4 满足" 在 Π 中的表示. 为此我们需要给出函数 $z = \gamma(x, i, j)$ 在 Π 中的表示 $C(x, i, j, z)$.

根据 $z = \beta(x, y)$ 在 Π 中的表示，函数 $z = \gamma(x, i, j)$ 在 Π 中的表示定义如下.

定义 A3.3 $\gamma(x, i, j)$ **在 Π 中的表示**

令 k 为一个常数，表示循环指令中使用的变量的个数. 函数 $z = \gamma(x, i, j)$ 在 Π 中的表示 $C(x, i, j, z)$ 定义如下

$$C(x, i, j, z) := B(x, i \cdot S^k 0 + j + S0, z)$$

由于我们只考虑的包含 3 个变量的 P 过程，所以在后面的讨论中我们假定 $k = 3$. 为了后面的书写简单起见，我们令 $G(x, i, \tau)$ 代表公式

$$(C(x, i, S0, [x_1]_\tau) \wedge C(x, i, S^2 0, [x_2]_\tau) \wedge C(x, i, S^3 0, [x_3]_\tau)).$$

根据引理 A3.2，下述引理成立.

引理 A3.4   令 $\sigma := (x_1 \mapsto m_1, x_2 \mapsto m_2, x_3 \mapsto m_3)$，相应的变元集合为 $\tau = \{x_1, x_2, x_3\}$. 如果 $\sigma = (x_1 \mapsto \gamma(m, i, 1), x_2 \mapsto \gamma(m, i, 2), x_3 \mapsto \gamma(m, i, 3))$，那么

$$\Pi \vdash G(S^m 0, S^i 0, \tau)[S^{m_1} 0, S^{m_2} 0, S^{m_3} 0]$$

可证；否则

$$\Pi \vdash \neg G(S^m 0, S^i 0, \tau)[S^{m_1} 0, S^{m_2} 0, S^{m_3} 0]$$

可证.

经过了上面这些准备工作，现在我们可以给出引理 A3.3 中的 4 个条件在 Π 中的表示.

(1) 条件 L_1 在 Π 中的表示为

$$F_1(S^m0, l) := B(S^m0, 0, Sl) \wedge B(S^m0, S0, S^30)$$

其中 l 为循环次数在 Π 中的表示. 这一公式的含义是：m 所表示的循环体执行状态序列的长度为 $l+1$，并且变元集合中变元的个数为 3.

(2) 条件 L_2 在 Π 中的表示为

$$F_2(S^m0, \tau) := G(S^m0, 0, \tau)$$

这一公式的含义是：变量在 m 所表示的循环体执行状态序列的第一个状态下的值，与变量在循环指令的初始状态下的值相同.

(3) 条件 L_3 在 Π 中的表示为

$$F_3(S^m0, l, \tau') := G(S^m0, l, \tau') \wedge \neg(0 < [x_1]_{\tau'})$$

公式 $G(S^m0, l, \tau')$ 的含义是：变量在 m 所表示的循环体执行状态序列的第 $l+1$ 个状态下的值，与变量在循环指令的终止状态下的值相同. 公式 $\neg(0 < [x_1]_{\tau'})$ 的含义是：循环指令的判定条件在循环体的终止状态下不成立.

(4) 条件 L_4 在 Π 中的表示为

$$F_4(S^m0, l) := \forall j(j < l \rightarrow \exists u_1 \exists u_2 \exists u_3 \exists v_1 \exists v_2 \exists v_3$$
$$(G(S^m0, j, \tau_u) \wedge G(S^m0, Sj, \tau_v) \wedge 0 < [x_1]_{\tau_u} \wedge T_{\alpha'}(\tau_u, \tau_v)))$$

整个公式的含义是：对于任何一个 $j < l$，存在 τ_u 对应的存储状态 σ_u 和 τ_v 对应的存储状态 σ_v，使得变量在 σ_u 下的值，与变量在 m 所表示的循环体执行状态序列的第 j 个状态下的值相同；而变量在 σ_v 下的值，与变量在 m 所表示的循环体执行状态序列的第 $j+1$ 个状态下的值相同，循环指令的判定条件在 σ_u 下成立，并且在将公式 $T_{\alpha'}(\tau_u, \tau_v)$ 中的自由变元替换为相应变量在 σ_u 和 σ_v 下的值后，得到的公式成立.

这样循环指令 α 在 Π 中的表示 $T_{\alpha}(\tau, \tau')$ 为

$$\exists w \exists l(F_1(w, l) \wedge F_2(w, \tau) \wedge F_3(w, l, \tau') \wedge F_4(w, l))$$

为了在后面的证明过程中叙述方便，接下来我们将引入循环指令的特征数这一概念.

定义 A3.4　循环指令的特征数

称 m 为循环指令 α 的特征数，如果 m 满足条件 L_1, L_2, L_3, L_4. 特别地，假设 α 中使用的变元为 $x_1, \ldots, x_k$，α 对应的循环体执行状态序列为 $\{\sigma_i\}_0^l$，如果令

$$M[l+1][k] := \begin{pmatrix} [x_1]_{\sigma_0} & [x_2]_{\sigma_0} & \cdots & [x_k]_{\sigma_0} \\ [x_1]_{\sigma_1} & [x_2]_{\sigma_1} & \cdots & [x_k]_{\sigma_1} \\ \vdots & \vdots & & \vdots \\ [x_1]_{\sigma_l} & [x_2]_{\sigma_l} & \cdots & [x_k]_{\sigma_l} \end{pmatrix},$$

那么 $Matrix(M[0][1], \ldots, M[0][k], M[1][1], \ldots, M[l][k])$ 就是循环指令 α 的极小特征数.

A3.2　P 过程体的可表示性

根据上面的讨论，我们可以将 P 过程的指令在 Π 中的表示归纳定义如下.

定义 A3.5　P 过程的指令在 Π 中的表示

P 过程的指令 α 在 Π 中的表示 $T_\alpha(\tau, \tau')$ 归纳定义如下：

(1) 如果 α 是赋值指令 $x_3 := e$，那么它在 Π 中的表示 $T_{x_3:=e}(\tau, \tau')$ 定义为

$$(y_1 \doteq x_1) \wedge (y_2 \doteq x_2) \wedge (y_3 \doteq [e]_\tau)$$

(2) 如果 α 是条件指令 **if** $0 < x_1$ **then** α_1 **else** α_2，并且 α_1 和 α_2 在 Π 中的表示分别为 $T_{\alpha_1}(\tau, \tau')$ 和 $T_{\alpha_2}(\tau, \tau')$，那么它在 Π 中的表示 $T_{\textbf{if } 0<x_1 \textbf{ then } \alpha_1 \textbf{ else } \alpha_2}(\tau, \tau')$ 定义为

$$\mathrm{cond}(0 < [x_1]_\tau, T_{\alpha_1}(\tau, \tau'), T_{\alpha_2}(\tau, \tau'))$$

(3) 如果 α 是顺序指令 $\alpha_1; \alpha_2$，并且 α_1 和 α_2 在 Π 中的表示分别为 $T_{\alpha_1}(\tau, \tau_z)$ 和 $T_{\alpha_2}(\tau_z, \tau')$，那么它在 Π 中的表示 $T_{\alpha_1;\alpha_2}(\tau, \tau')$ 定义为

$$\exists z_1 \exists z_2 \exists z_3 (T_{\alpha_1}(\tau, \tau_z) \wedge T_{\alpha_2}(\tau_z, \tau'))$$

(4) 如果 α 是循环指令 **while** $0 < x_1$ **do** α'，并且 α' 在 Π 中的表示为 $T_{\alpha'}(\tau_u, \tau_v)$，那么它在 Π 中的表示 $T_{\textbf{while } 0<x_1 \textbf{ do } \alpha'}(\tau, \tau')$ 定义为

$$\exists w \exists l (F_1(w, l) \wedge F_2(w, \tau) \wedge F_3(w, l, \tau') \wedge F_4(w, l))$$

(5) 如果 α 是过程调用指令 $F(m_1, m_2, x_3)$，并且它的过程体 α' 在 Π 中的表示为 $T_{\alpha'}(\tau_u, \tau_v)$，那么它在 Π 中的表示 $T_{F(m_1,m_2,x_3)}(\tau, \tau')$ 定义为

$$(y_1 \doteq x_1) \wedge (y_2 \doteq x_2) \wedge (\exists v_1 \exists v_2 (T_{\alpha'}(\tau_u, \tau_v)[S^{m_1}0/u_1, S^{m_2}0/u_2, x_3/u_3, y_3/v_3]))$$

我们可以证明下述引理成立.

引理 A3.5

$$\frac{\Gamma \vdash \neg A, \Theta}{\Gamma \vdash \neg (A \wedge B), \Theta}$$

证明

$$\frac{\dfrac{\Gamma \vdash \neg A, \Theta \qquad \neg A \vdash \neg A, \neg B}{\dfrac{\Gamma \vdash \neg A, \neg B, \Theta}{\dfrac{\Gamma, B \vdash \neg A, \Theta}{\dfrac{\Gamma, A, B \vdash \Theta}{\dfrac{\Gamma, A \wedge B \vdash \Theta}{\Gamma \vdash \neg (A \wedge B), \Theta}}}}}{}}$$

$\square$

引理 A3.6

$$\frac{\Gamma \vdash \forall x \neg A, \Theta}{\Gamma \vdash \neg \exists x A, \Theta}$$

证明

$$\frac{\dfrac{\Gamma \vdash \forall x \neg A, \Theta}{\dfrac{\Gamma \vdash \neg A[y/x], \Theta}{\dfrac{\Gamma, A[y/x] \vdash \Theta}{\dfrac{\Gamma, \exists x A \vdash \Theta}{\Gamma \vdash \neg \exists x A, \Theta}}}}}{}$$

$\square$

接下来，我们将证明过程体的可表示性引理成立。

引理 A3.7　过程体的可表示性

设过程体为 α，初始存储状态 $\sigma = (x_1 \mapsto m_1, x_2 \mapsto m_2, x_3 \mapsto m_3)$，过程体执行的终止存储状态为 $\sigma^t = (y_1 \mapsto k_1, y_2 \mapsto k_2, y_3 \mapsto k_3)$，而 $\sigma' = (y_1 \mapsto n_1, y_2 \mapsto n_2, y_3 \mapsto n_3)$。

(1) 如果 $\sigma' = \sigma^t$，也就是 $n_1 = k_1$, $n_2 = k_2$, $n_3 = k_3$ 成立，那么

$$\Pi \vdash T_\alpha(\tau, \tau')[S^{m_1}0, S^{m_2}0, S^{m_3}0, S^{n_1}0, S^{n_2}0, S^{n_3}0] \text{ 可证.}$$

(2) 如果 $\sigma' \neq \sigma^t$，也就是 $n_1 \neq k_1$, $n_2 \neq k_2$ 或 $n_3 \neq k_3$ 成立，那么

$$\Pi \vdash \neg T_\alpha(\tau, \tau')[S^{m_1}0, S^{m_2}0, S^{m_3}0, S^{n_1}0, S^{n_2}0, S^{n_3}0] \text{ 可证.}$$

证明   对过程体 α 作结构归纳.

1. α 为赋值指令 $x_3 := e$

对于赋值指令 $x_3 := e$, 根据其操作语义有 $k_1 = m_1$, $k_2 = m_2$, $k_3 = [e]_\sigma$.

如果 $\sigma' = \sigma^t$, 则 $n_1 = m_1$, $n_2 = m_2$, $n_3 = [e]_\sigma$. 根据第 4 章中引理 4.3 可得 $\Pi \vdash S^{n_1}0 \doteq S^{m_1}0$, $\Pi \vdash S^{n_2}0 \doteq S^{m_2}0$, $\Pi \vdash S^{n_3}0 \doteq S^{[e]_\sigma}0$ 均可证. 再根据第 4 章中引理 4.4 可得 $\Pi \vdash S^{[e]_\sigma}0 \doteq Tr([e]_\sigma)$, 所以

$$\Pi \vdash S^{n_1}0 \doteq S^{m_1}0 \wedge S^{n_2}0 \doteq S^{m_2}0 \wedge S^{n_3}0 \doteq Tr([e]_\sigma)$$

可证, 也就是

$$\Pi \vdash T_\alpha(\tau, \tau')[S^{m_1}0, S^{m_2}0, S^{m_3}0, S^{n_1}0, S^{n_2}0, S^{n_3}0]$$

可证.

如果 $\sigma' \neq \sigma^t$, 则 $n_1 \neq m_1$, $n_2 \neq m_2$ 或者 $n_3 \neq m_3$. 根据第 4 章中引理 4.3 可得 $\Pi \vdash \neg S^{n_1}0 \doteq S^{m_1}0$ 可证, 或者 $\Pi \vdash \neg S^{n_2}0 \doteq S^{m_2}0$ 可证, 或者 $\Pi \vdash \neg S^{n_3}0 \doteq S^{[e]_\sigma}0$ 可证. 再根据第 4 章中引理 4.4 可得 $\Pi \vdash S^{[e]_\sigma}0 \doteq Tr([e]_\sigma)$, 所以

$$\Pi \vdash \neg S^{n_1}0 \doteq S^{m_1}0 \vee \neg S^{n_2}0 \doteq S^{m_2}0 \vee \neg S^{n_3}0 \doteq Tr([e]_\sigma)$$

可证. 也就是

$$\Pi \vdash \neg(S^{n_1}0 \doteq S^{m_1}0 \wedge S^{n_2}0 \doteq S^{m_2}0 \wedge S^{n_3}0 \doteq Tr([e]_\sigma))$$

可证, 即

$$\Pi \vdash \neg T_\alpha(\tau, \tau')[S^{m_1}0, S^{m_2}0, S^{m_3}0, S^{n_1}0, S^{n_2}0, S^{n_3}0]$$

可证.

2. α 为条件指令 **if** $0 < x_1$ **then** α_1 **else** α_2

对于 $m_1 > 0$ 的情况, 显然有 $\Pi \vdash 0 < S^{m_1}0$ 可证, 也即 $\Pi \vdash (0 < [x_1]_\tau)[S^{m_1}0]$ 可证. 从而

$$\Pi, \neg(0 < [x_1]_\tau)[S^{m_1}0] \vdash T_{\alpha_2}(\tau, \tau')[S^{m_1}0, S^{m_2}0, S^{m_3}0, S^{n_1}0, S^{n_2}0, S^{n_3}0]$$

也可证. 再由条件指令的语义可知, 这种情况下将执行 α_1, 即在 σ 下执行 α_1 得到终止状态 σ^t.

根据归纳假设, α_1 满足引理, 所以当 $\sigma' = \sigma^t$ 时,

$$\Pi \vdash T_{\alpha_1}(\tau, \tau')[S^{m_1}0, S^{m_2}0, S^{m_3}0, S^{n_1}0, S^{n_2}0, S^{n_3}0]$$

可证，因此

$$\Pi, (0 < [x_1]_\tau)[S^{m_1}0] \vdash T_{\alpha_1}(\tau, \tau')[S^{m_1}0, S^{m_2}0, S^{m_3}0, S^{n_1}0, S^{n_2}0, S^{n_3}0]$$

也可证. 再由 $\wedge$-R 规则和引理 A3.5，这也就是

$$\Pi \vdash T_\alpha(\tau, \tau')[S^{m_1}0, S^{m_2}0, S^{m_3}0, S^{n_1}0, S^{n_2}0, S^{n_3}0]$$

可证.

　　同样，当 $\sigma' \neq \sigma^t$ 时，根据归纳假设有

$$\Pi \vdash \neg T_{\alpha_1}(\tau, \tau')[S^{m_1}0, S^{m_2}0, S^{m_3}0, S^{n_1}0, S^{n_2}0, S^{n_3}0]$$

可证，再由 $\Pi \vdash (0 < [x_1]_\tau)[S^{m_1}0]$ 可证，以及 $\neg$ 规则和 $\wedge$-R 规则有

$$\Pi \vdash (\neg\neg(0 < [x_1]_\tau)[S^{m_1}0]) \wedge (\neg T_{\alpha_1}(\tau, \tau')[S^{m_1}0, S^{m_2}0, S^{m_3}0, S^{n_1}0, S^{n_2}0, S^{n_3}0])$$

可证，也就是

$$\Pi \vdash \neg((0 < [x_1]_\tau) \to T_{\alpha_1}(\tau, \tau'))[S^{m_1}0, S^{m_2}0, S^{m_3}0, S^{n_1}0, S^{n_2}0, S^{n_3}0]$$

可证. 由引理 A3.5，这也就是

$$\Pi \vdash \neg T_\alpha(\tau, \tau')[S^{m_1}0, S^{m_2}0, S^{m_3}0, S^{n_1}0, S^{n_2}0, S^{n_3}0]$$

可证.

　　对于 $m_1 = 0$ 的情况，同理可证.

　　3. α 为顺序指令 $\alpha_1; \alpha_2$

　　记在初始状态 σ 下执行 α_1 所得的状态为 $\sigma_z := (z_1 \mapsto s_1, z_2 \mapsto s_2, z_3 \mapsto s_3)$，那么根据顺序指令的语义，在状态 σ_z 下执行 α_2 所得的状态就是 σ^t.

　　根据归纳假设有

$$\Pi \vdash T_{\alpha_1}(\tau, \tau_z)[S^{m_1}0, S^{m_2}0, S^{m_3}0, S^{s_1}0, S^{s_2}0, S^{s_3}0]$$

可证；如果 $\sigma' = \sigma^t$，那么

$$\Pi \vdash T_{\alpha_2}(\tau_z, \tau')[S^{s_1}0, S^{s_2}0, S^{s_3}0, S^{n_1}0, S^{n_2}0, S^{n_3}0]$$

可证. 再根据 $\wedge$-R 规则和 $\exists$-R 规则可得

$$\Pi \vdash T_\alpha(\tau, \tau')[S^{m_1}0, S^{m_2}0, S^{m_3}0, S^{n_1}0, S^{n_2}0, S^{n_3}0]$$

也可证.

根据归纳假设有

$$\Pi, \neg(z_1 \doteq S^{s_1}0 \land z_2 \doteq S^{s_2}0 \land z_3 \doteq S^{s_3}0) \vdash \neg T_{\alpha_1}(\tau, \tau_z)[S^{m_1}0, S^{m_2}0, S^{m_3}0]$$

可证. 如果 $\sigma' \neq \sigma^t$, 那么根据归纳假设有

$$\Pi, z_1 \doteq S^{s_1}0 \land z_2 \doteq S^{s_2}0 \land z_3 \doteq S^{s_3}0 \vdash \neg T_{\alpha_2}(\tau_z, \tau')[S^{n_1}0, S^{n_2}0, S^{n_3}0]$$

可证. 再由 A3.5 和分情况证明规则有

$$\Pi \vdash \neg(T_{\alpha_1}(\tau, \tau_z) \land T_{\alpha_2}(\tau_z, \tau'))[S^{m_1}0, S^{m_2}0, S^{m_3}0, S^{n_1}0, S^{n_2}0, S^{n_3}0]$$

可证. 然后使用 $\neg$ 规则和 $\exists$-L 规则得

$$\Pi \vdash \neg \exists z_1 \exists z_2 \exists z_3 (T_{\alpha_1}(\tau, \tau_z) \land T_{\alpha_2}(\tau_z, \tau'))[S^{m_1}0, S^{m_2}0, S^{m_3}0, S^{n_1}0, S^{n_2}0, S^{n_3}0]$$

可证. 此即

$$\Pi \vdash \neg T_\alpha(\tau, \tau')[S^{m_1}0, S^{m_2}0, S^{m_3}0, S^{n_1}0, S^{n_2}0, S^{n_3}0]$$

可证.

4. α 为循环指令 **while** $0 < x_1$ **do** α'

如果 $\sigma' = \sigma^t$, 设 m_0 为循环指令 α 的极小特征数, l_0 为循环次数, 那么根据引理 A3.3、引理 A3.2 和引理 A3.4 可知

$$\Pi \vdash (F_1(S^{m_0}0, S^{l_0}0) \land F_2(S^{m_0}0, \tau) \land F_3(S^{m_0}0, S^{l_0}0, \tau') \land F_4(S^{m_0}0, S^{l_0}0))$$
$$[S^{m_1}0, S^{m_2}0, S^{m_3}0, S^{n_1}0, S^{n_2}0, S^{n_3}0]$$

可证. 根据 $\exists$-R 规则, 这也就是

$$\Pi \vdash T_\alpha(\tau, \tau')[S^{m_1}0, S^{m_2}0, S^{m_3}0, S^{n_1}0, S^{n_2}0, S^{n_3}0]$$

可证.

如果 $\sigma' \neq \sigma^t$, 那么可以分为下述两种情况来论证.

(1) 若 m 为循环指令的特征数, 则可分为两种情况讨论.

i) 如果 l_0 是循环指令的循环次数, 那么根据循环指令的操作语义有 $\sigma^t = (y_1 \mapsto \gamma(m, l_0, 1), y_2 \mapsto \gamma(m, l_0, 2), y_3 \mapsto \gamma(m, l_0, 3)$ 成立. 根据引理 A3.4, 序贯

$$\Pi \vdash \neg G(S^m 0, S^{l_0}0, \tau')[S^{n_1}0, S^{n_2}0, S^{n_3}0]$$

可证，再根据引理 A3.5 得，序贯

$$\Pi \vdash \neg F_3(S^m 0, S^{l_0} 0, \tau')[S^{n_1} 0, S^{n_2} 0, S^{n_3} 0]$$

可证. 根据引理 A3.5 得，序贯

$$\Pi \vdash \neg(F_1(S^m 0, S^{l_0} 0) \wedge F_2(S^m 0, \tau) \wedge F_3(S^m 0, S^{l_0} 0, \tau') \wedge F_4(S^m 0, S^{l_0} 0))$$
$$[S^{m_1} 0, S^{m_2} 0, S^{m_3} 0, S^{n_1} 0, S^{n_2} 0, S^{n_3} 0]$$

也可证.

ii) 如果 l_0 不是循环指令的循环次数，那么有 $l_0 + 1 \neq \beta(m, 0)$. 根据引理 A3.2，序贯

$$\Pi \vdash \neg B(S^m 0, 0, S^{l_0+1} 0)$$

可证. 根据 $\vee$-R 规则，

$$\Pi \vdash \neg B(S^m 0, 0, S^{l_0+1} 0) \vee \neg B(S^m 0, S0, S^3 0)$$

可证，再根据 $\neg$ 规则和 $\wedge$-L 规则可得，序贯

$$\Pi \vdash \neg F_1(S^m 0, S^{l_0} 0)$$

可证. 再根据引理 A3.5 得，序贯

$$\Pi \vdash \neg(F_1(S^m 0, S^{l_0} 0) \wedge F_2(S^m 0, \tau) \wedge F_3(S^m 0, S^{l_0} 0, \tau') \wedge F_4(S^m 0, S^{l_0} 0))$$
$$[S^{m_1} 0, S^{m_2} 0, S^{m_3} 0, S^{n_1} 0, S^{n_2} 0, S^{n_3} 0]$$

也可证.

(2) 若 m 不是循环指令的特征数，则引理 A3.3 中的 4 个条件不可能同时满足，所以可分为下述 4 种情况论证：

(a) 条件 L_1 不满足，即 $\beta(m, 0) \neq l_0 + 1$ 或者 $\beta(m, 1) \neq 3$. 根据引理 A3.2 可得序贯

$$\Pi \vdash \neg B(S^m 0, 0, S^{l_0+1} 0) \vee \neg B(S^m 0, S0, S^3 0)$$

可证，再根据 $\neg$ 规则和 $\wedge$-L 规则可得，序贯

$$\Pi \vdash \neg F_1(S^m 0, S^{l_0} 0)$$

可证. 再根据引理 A3.5 得，序贯

$$\Pi \vdash \neg(F_1(S^m 0, S^{l_0} 0) \wedge F_2(S^m 0, \tau) \wedge F_3(S^m 0, S^{l_0} 0, \tau') \wedge$$
$$F_4(S^m 0, S^{l_0} 0))[S^{m_1} 0, S^{m_2} 0, S^{m_3} 0, S^{n_1} 0, S^{n_2} 0, S^{n_3} 0]$$

也可证.

(b) 条件 L_2 不满足, 即 $\sigma \neq (x_1 \mapsto \gamma(m,0,1), x_2 \mapsto \gamma(m,0,2), x_3 \mapsto \gamma(m,0,3)$.
根据引理 A3.4, 序贯

$$\Pi \vdash \neg G(S^m 0, 0, \tau)[S^{m_1} 0, S^{m_2} 0, S^{m_3} 0]$$

可证. 再根据引理 A3.5, 这就是

$$\Pi \vdash \neg F_2(S^m 0, \tau)[S^{m_1} 0, S^{m_2} 0, S^{m_3} 0]$$

可证. 再根据引理 A3.5 得, 序贯

$$\Pi \vdash \neg (F_1(S^m 0, S^{l_0} 0) \wedge F_2(S^m 0, \tau) \wedge F_3(S^m 0, S^{l_0} 0, \tau') \wedge$$
$$F_4(S^m 0, S^{l_0} 0))[S^{m_1} 0, S^{m_2} 0, S^{m_3} 0, S^{n_1} 0, S^{n_2} 0, S^{n_3} 0]$$

也可证.

(c) 条件 L_3 不满足, 即 $\sigma' \neq (y_1 \mapsto \gamma(m, l_0, 1), y_2 \mapsto \gamma(m, l_0, 2), y_3 \mapsto \gamma(m, l_0, 3)$
或者 $0 < [x_1]_{\sigma'}$ 成立. 根据引理 A3.4, 序贯

$$\Pi \vdash \neg G(S^m 0, S_0^l 0, \tau')[S^{n_1} 0, S^{n_2} 0, S^{n_3} 0] \vee \neg\neg(0 < [x_1]'_\tau)[S^{n_1} 0]$$

可证, 再根据 $\neg$ 规则和 $\wedge$-L 规则, 序贯

$$\Pi \vdash \neg F_3(S^m 0, S_0^l 0, \tau')[S^{n_1} 0, S^{n_2} 0, S^{n_3} 0]$$

可证. 再根据引理 A3.5 得, 序贯

$$\Pi \vdash \neg (F_1(S^m 0, S^{l_0} 0) \wedge F_2(S^m 0, \tau) \wedge F_3(S^m 0, S^{l_0} 0, \tau') \wedge$$
$$F_4(S^m 0, S^{l_0} 0))[S^{m_1} 0, S^{m_2} 0, S^{m_3} 0, S^{n_1} 0, S^{n_2} 0, S^{n_3} 0]$$

也可证.

(d) 条件 L_4 不满足. 假设 $\sigma_u := (u_1 \mapsto s_1, u_2 \mapsto s_2, u_3 \mapsto s_3)$, $\sigma_v := (v_1 \mapsto t_1, v_2 \mapsto t_2, v_3 \mapsto t_3)$, 那么存在 $j_0 < l_0$, 使得下述 4 种情况中至少有一种成立.

i) 初始状态 $\sigma_u \neq (u_1 \mapsto \gamma(m, j_0, 1), u_2 \mapsto \gamma(m, j_0, 2), u_3 \mapsto \gamma(m, j_0, 3))$, 根据引理 A3.4, 序贯

$$\Pi \vdash \neg G(S^m 0, S^{j_0} 0, \tau_u)[S^{s_1} 0, S^{s_2} 0, S^{s_3} 0]$$

可证. 再根据引理 A3.5 得, 序贯

$$\Pi \vdash \neg (G(S^m 0, S^{j_0} 0, \tau_u) \wedge G(S^m 0, S^{j_0+1} 0, \tau_v) \wedge (0 < [x_1]_{\tau_u}) \wedge$$
$$T_{\alpha'}(\tau_u, \tau_v))[S^{s_1} 0, S^{s_2} 0, S^{s_3} 0, S^{t_1} 0, S^{t_2} 0, S^{t_3} 0]$$

可证.

ii) $0 < [x_1]_{\sigma_u}$ 不成立, 那么

$$\Pi \vdash (\neg 0 < [x_1]_{\tau_u})[S^{s_1}0/u_1]$$

可证. 再根据引理 A3.5 得, 序贯

$$\Pi \vdash \neg(G(S^m0, S^{j_0}0, \tau_u) \wedge G(S^m0, S^{j_0+1}0, \tau_v) \wedge (0 < [x_1]_{\tau_u}) \wedge$$
$$T_{\alpha'}(\tau_u, \tau_v))[S^{s_1}0, S^{s_2}0, S^{s_3}0, S^{t_1}0, S^{t_2}0, S^{t_3}0]$$

可证.

iii) 终止状态 $\sigma_v \neq (v_1 \mapsto \gamma(m, j_0+1, 1), v_2 \mapsto \gamma(m, j_0+1, 2), v_3 \mapsto \gamma(m, j_0+1, 3))$.
根据引理 A3.4, 序贯

$$\Pi \vdash \neg G(S^m0, S^{j_0+1}0, \tau_v)[S^{t_1}0, S^{t_2}0, S^{t_3}0]$$

可证. 再根据引理 A3.5 得, 序贯

$$\Pi \vdash \neg(G(S^m0, S^{j_0}0, \tau_u) \wedge G(S^m0, S^{j_0+1}0, \tau_v) \wedge (0 < [x_1]_{\tau_u}) \wedge$$
$$T_{\alpha'}(\tau_u, \tau_v))[S^{s_1}0, S^{s_2}0, S^{s_3}0, S^{t_1}0, S^{t_2}0, S^{t_3}0]$$

可证.

iv) 初始状态 $\sigma_u = (u_1 \mapsto \gamma(m, j_0, 1), u_2 \mapsto \gamma(m, j_0, 2), u_3 \mapsto \gamma(m, j_0, 3))$, 终止状态 $\sigma_v = (v_1 \mapsto \gamma(m, j_0 + 1, 1), v_2 \mapsto \gamma(m, j_0 + 1, 2), v_3 \mapsto \gamma(m, j_0 + 1, 3))$, 但是在初始存储状态 σ_u 下执行循环体 α' 得到的终止存储状态不是 σ_v, 那么根据归纳假设

$$\Pi \vdash \neg T_{\alpha'}(\tau_u, \tau_v)[S^{a_3}0, S^{s_1}0, S^{s_2}0, S^{s_3}0, S^{t_1}0, S^{t_2}0, S^{t_3}0]$$

可证. 再根据引理 A3.5 得, 序贯

$$\Pi \vdash \neg(G(S^m0, S^{j_0}0, \tau_u) \wedge G(S^m0, S^{j_0+1}0, \tau_v) \wedge (0 < [x_1]_{\tau_u}) \wedge$$
$$T_{\alpha'}(\tau_u, \tau_v))[S^{s_1}0, S^{s_2}0, S^{s_3}0, S^{t_1}0, S^{t_2}0, S^{t_3}0]$$

可证.

综合上述 4 种情况, 序贯

$$\Pi \vdash \forall u_1 \forall u_2 \forall u_3 \forall v_1 \forall v_2 \forall v_3 \neg(G(S^m0, S^{j_0}0, \tau_u) \wedge$$
$$G(S^m0, S^{j_0+1}0, \tau_v) \wedge (0 < [x_1]_{\tau_u}) \wedge T_{\alpha'}(\tau_u, \tau_v))$$

可证. 再根据引理 A3.6 可得，序贯

$$\Pi \vdash \neg \exists u_1 \exists u_2 \exists u_3 \exists v_1 \exists v_2 \exists v_3 (G(S^m 0, S^{j_0} 0, \tau_u) \wedge$$
$$G(S^m 0, S^{j_0+1} 0, \tau_v) \wedge (0 < [x_1]_{\tau_u}) \wedge T_{\alpha'}(\tau_u, \tau_v))$$

可证. 又由于 $j_0 < l_0$，所以

$$\Pi \vdash S^{j_0} 0 < S^{l_0} 0$$

可证. 根据 $\rightarrow$-L 规则和 $\neg$ 规则和 $\exists$-R 规则，得

$$\Pi \vdash \exists j \neg (j < S^{l_0} 0 \rightarrow \exists u_1 \exists u_2 \exists u_3 \exists v_1 \exists v_2 \exists v_3 (G(S^m 0, S^j 0, \tau_u) \wedge$$
$$G(S^m 0, S^{j+1} 0, \tau_v) \wedge (0 < [x_1]_{\tau_u}) \wedge T_{\alpha'}(\tau_u, \tau_v)))$$

可证. 再根据引理 A3.6，可得

$$\Pi \vdash \neg F_4(S^m 0, S^{l_0} 0)$$

可证. 根据引理 A3.5 得，序贯

$$\Pi \vdash \neg (F_1(S^m 0, S^{l_0} 0) \wedge F_2(S^m 0, \tau) \wedge F_3(S^m 0, S^{l_0} 0, \tau') \wedge$$
$$F_4(S^m 0, S^{l_0} 0))[S^{m_1} 0, S^{m_2} 0, S^{m_3} 0, S^{n_1} 0, S^{n_2} 0, S^{n_3} 0]$$

也可证.

再综合 (1) 和 (2) 两种情况，我们有

$$\Pi \vdash \forall w \forall l \neg (F_1(w, l) \wedge F_2(w, \tau) \wedge F_3(w, l, \tau') \wedge F_4(w, l))$$
$$[S^{m_1} 0, S^{m_2} 0, S^{m_3} 0, S^{n_1} 0, S^{n_2} 0, S^{n_3} 0]$$

可证. 根据引理 A3.6，这也就是

$$\Pi \vdash \neg T_\alpha(\tau, \tau')[S^{m_1} 0, S^{m_2} 0, S^{m_3} 0, S^{n_1} 0, S^{n_2} 0, S^{n_3} 0]$$

可证.

5. α 为过程调用指令 $F(m_1, m_2, x_3)$

此处 F 的实际参数就是初始状态的 m_1 和 m_2. 记此过程调用指令的过程体为 α'，那么根据归纳假设，α' 满足本引理. 由过程调用指令的语义可知，$k_1 = m_1$，$k_2 = m_2$ 并且在状态 $\sigma_u = (u_1 \mapsto m_1, u_2 \mapsto m_2, u_3 \mapsto 0)$ 下执行 α' 将得到某一终止状态 $\sigma_v = (v_1 \mapsto t_1, v_2 \mapsto t_2, v_3 \mapsto t_3)$，其中 $t_3 = k_3$. 所以 $\Pi \vdash S^{m_1} 0 \doteq S^{k_1} 0$ 和 $\Pi \vdash S^{m_2} 0 \doteq S^{k_2} 0$ 均可证. 再根据归纳假设，若 $n_3 = k_3$，则

$$\Pi \vdash (\exists v_1 \exists v_2 T_{\alpha'}(\tau_u, \tau_v)[S^{m_1} 0/u_1, S^{m_2} 0/u_2, x_3/u_3, y_3/v_3])[0/x_3, S^{n_3} 0/y_3]$$

可证；若 $n_3 \neq k_3$，则

$$\Pi \vdash \neg(\exists v_1 \exists v_2 T_{\alpha'}(\tau_u, \tau_v)[S^{m_1}0/u_1, S^{m_2}0/u_2, x_3/u_3, y_3/v_3])[0/x_3, S^{n_3}0/y_3]$$

可证. 如果 $\sigma' = \sigma^t$，那么 $n_i = k_i$ 成立，$i = 1, 2, 3$，所以

$$\Pi \vdash T_{\alpha}(\tau, \tau')[S^{m_1}0, S^{m_2}0, S^{m_3}0, S^{n_1}0, S^{n_2}0, S^{n_3}0]$$

也可证. 如果 $\sigma' \neq \sigma^t$，那么 $n_i \neq k_i$ 中至少有一个成立，$i = 1, 2, 3$，所以

$$\Pi \vdash \neg T_{\alpha}(\tau, \tau')[S^{m_1}0, S^{m_2}0, S^{m_3}0, S^{n_1}0, S^{n_2}0, S^{n_3}0]$$

可证.

根据结构归纳法，引理得证. □

参考文献

[AGM, 1985] Alchourrón C E, Gärdenfors R and Makinson D. On the Logic of Theory Change: Partial Meet Contraction and Revision Functions, The Journal of Symbolic Logic, Vol. 50, No. 2, pp. 510~530, June 1985

[Backus, 1959] Backus J W. The Syntax and Semantics of the Proposed International Algebraic Language of Zürich ACM-GAMM Conference, Proceedings of the International Conference on Information Processing, pp. 125~131, 1959

[Burgess, 1977] Burgess J P. Forcing, Handbook of Mathematical Logic (Ed. J. Barwise), North-Holland Publishing Company, Amsterdam, pp. 403~452, 1977

[Chomsky, 1956] Chomsky N. Three Models for the Description of Language, Institute of Radio Engineers Transactions on Information Theory, Vol. IT-2, No. 3, pp. 113~124, 1956

[Church, 1941] Church A. The Calculi of Lambda-Conversion, Princeton University Press, Princeton, NJ, USA, 1941

[Cohen, 1966] Cohen P J. Set Theory and the Continuum Hypothesis, Benjamin, Inc., New York, 1966

[Davis, 1958] Davis M. Computability and Unsolvability, McGraw-Hill Book Company, Inc., New York, 1958

[Dijstra, 1976] Dijkstra E. W. A Discipline of Programming, Prentice-Hall PTR, Upper Saddle River, NJ, USA, 1976

[Ebbinghaus, 1994] Ebbinghaus H D, Flum J and Thomas W. Mathematical Logic (2nd Edition), Springer-Verlag, New York, 1994

[Einstein & Infeld, 1938] Einstein A, Infeld L. The Evolution of Physics: The Growth of Ideas from Early Concepts to Relativity and Quanta, Free Press, New York, 1938

[Flew, 1979] Flew A. A Dictionary of Philosophy, Pan Books Ltd., London, 1979

[Galilei, 1632] Galilei G. Dialogo Sopra i due massimi Sistemi del mondo, Italy, 1632

[Gallier, 1986] Gallier J H. Logic for Computer Science: Foundations of Automatic Theorem Proving, Harper & Row, New York, January 1986

[Gärdenfors, 1988] Gärdenfors P. Knowledge in Flux: Modeling the Dynamics of Epistemic States, Bradford Books, The MIT Press, Cambridge, Massachusetts, 1988

[Garey& Johnson, 1979] Garey M R, Johnson D S. Computers and Intractability: A Guide to the Theory of NP-Completeness, W.H. Freeman and Company, San Francisco, January 1979

[Gentzen, 1969] Gentzen G. Investigations into Logical Deduction, The Collected Papers of Gerhard Gentzen (Ed. M.E. Szabo), North-Holland, Amsterdam, pp. 68~131, 1969

[Gödel 1930] Gödel K. Die Vollständigkeit der Axiome des Logichen Founktionenkalküls, Monatshefte für Mathematik und Physik, Vol. 37, pp. 349~380, 1930

[Gödel, 1931] Gödel K. Über formal unentscheidbare Sätze der Principia Mathematica und verwandter System I, Monatshefte für Mathematik und Physik, Vol. 38, pp. 173~198, 1931

[Halliday, 2000] Halliday D, Resnick R and Walker J, Fundamentals of Physics (7th Edition), John Wiley & Sons, Inc., July 2000

[Hilbert, 1899] Hilbert D. Grundlagen der Geometrie, Goettingen, 1899

[Hilbert, 1925] Hilbert D. On the Infinite, Mathematische Annalen, Vol. 95, pp. 161~190, 1925

[Hoare, 1969] Hoare C A R. An Axiomatic Basis for Computer Programming, Communications of the ACM, ACM Press, New York, NY, USA, Vol. 12, No. 10, pp. 576~580, October 1969

[Landin, 1964] Landin P J. The Mechanical Evaluation of Expressions, Computer Journal, Vol. 6, No. 4, pp. 308~320, January 1964

[Landau, 1960] Landau L D, and Lifshitz E M. Mechanics, Addison-Wesley, Reading, Massachusetts, 1960

[Li, 1982] Li W. An Operational Semantics for Ada Multi-tasking and Exception Handling, Proceedings of AdaTec Conference, ACM Press, New York, pp. 138~151, 1982

[Li, 1983] Li W. An Operational Approach to Semantics and Translation for Concurrent Progamming Languages, Ph.D thesis, CST-20-83, University of Edinburgh, January 1983

[Li, 1992] Li W. 一个开放的逻辑系统，中国科学 A 辑，Vol. 22, pp. 1103~1113, 1992 年 10 月

[Li, 1993] Li W. A Theory of Requirement Capture and its Applications, TAPSOFT'93, LNCS 668, Springer-Verlag, London, UK, pp. 406~420, 1993

[Li, 1994] Li W. A Logical Framework for the Evolution of Specifications, ESOP'94, LNCS 788, Springer-Verlag, London, UK, pp. 394~408, 1994

[Li, 2007] Li W. R-Calculus: An Inference System for Belief Revision, The Computer Journal, Vol. 50, No. 4, pp. 378~390, 2007

[Milner, 1980] Milner R. A Calculus of Communicating System, LNCS 92, Springer-Verlag New York, Inc., Secaucus, NJ, USA, 1980

[Mo, 1993] Mo S (莫绍揆). 归纳逻辑探微，逻辑学研究专辑，哲学研究，1993 增刊

[Plotkin, 1981] Plotkin G D. A Structural Approach to Operational Semantics, DAIMI FN-19, Computer Science Department, Aarhus University, Denmark, 1981

[Popper, 1959] Popper K. The Logic of Scientific Discovery, Basic Books, Inc., New York, July 1959

[Reiter, 1980] Reiter R. A Logic for Default Reasoning, Artificial Intelligence, Vol. 13, No. 1-2, pp. 81~132, 1980

[Robinson, 1965] Robinson J A. A Machine-Oriented Logic Based on the Resolution Principle, Journal of the Association for Computing Machinery, ACM Press, New York, NY, USA, Vol. 12, No. 1, pp. 23~41, 1965

[Shoenfield, 1967] Schoenfield J R. Mathematical Logic, Addison-Wesley, Reading, Massachusetts, 1967

[Turing, 1936] Turing A. On Computable Numbers, With an Application to the Entscheidungsproblem, Proceedings of the London Mathematical Society, Ser. 2, Vol. 42, pp. 230~265, 1936

[Wang, 1987] 王世强. 模型论基础. 北京：科学出版社，1987

索 引